π 的前百万位数字

编辑

戴维・E・麦克亚当斯

欲了解更多信息，请访问 http://www.piday.org。
编辑的网站是 http://www.demcadams.com。

本书仅供教育和娱乐之用。出版商和作者并不是为了提供数学建议而提供它。

大衛・E・麥克亞當斯 的其他书籍

鹦鹉的颜色 - 使用鹦鹉插图介绍颜色概念。适合学龄前儿童。

花的顏色 - 使用花的插图介绍颜色概念。适合学龄前儿童。

宇宙的顏色 - 使用 NASA 照片介绍颜色概念。适合学龄前儿童。

形狀 - 形状介绍。适合学龄前儿童。Numbers（用英语讲）- 数字概念介绍。适合 K-2 年级。

What is Bigger Than Anything (Infinity)（用英语讲）- 无穷大概念介绍。适合 1-3 年级。

Swing Sets (Set Theory)（用英语讲）- 集合论简介。适合 2-4 年级。

One Penny, Two（用英语讲）- 如果杰瑞的分钱每天翻倍，他多久才能买一辆深绿色跑车？适合 3-6 年级。

Learning With Play Money Activity Kit（用英语讲）- 使用超过 1,000,000 美元的游戏币教授大数字和计数。

我最喜歡的分形（第 1、2 卷） - 以高分辨率图像呈现奇妙分形的图画书。适合所有年龄段。

Monster Creatures of the Deep Sea（用英语讲）- 探索海洋最深处，详细了解生态系统和 44 种生活在深海的生物。

All Math Words Dictionary（用英语讲）- 适合初等代数、代数、几何和初等微积分学生的数学词典。

π 的前百万位数字 - 圆周率的前百万位。适合所有年龄段。

欧拉数的前百万位数字 - 欧拉常数 e 的前百万位。适合所有年龄段。

二的平方根的前百万位数字 - 2 的平方根的前百万位。适合所有年龄段。

前十万个素数 - 前十万个质数。适合所有年龄段。

多面體的展開視圖 - 活動手冊 - 80 个几何网格，可复制、剪切并用胶带粘贴成三维多面体。适合 9 岁及以上儿童。

Geometric Nets Mega Project Book（用英语讲）- 253 个几何网格，可复制、剪切并用胶带粘贴成三维多面体。适合 9 岁及以上儿童。

有关最新列表，请参阅 https://www.DEMcAdams.com。

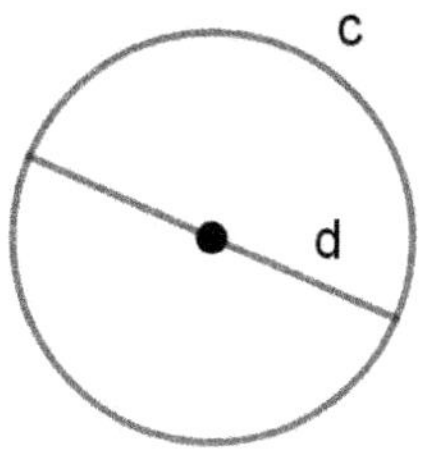

$$\Pi = \frac{c}{d}$$

$$\Pi = \frac{\text{圆周}}{\text{直径}}$$

Π ≈ 3.141592653589793238462643383279502884197169399375105820974944
592307816406286208998628034825342117067982148086513282306647093844
609550582231725359408128481117450284102701938521105559644622948954
930381964428810975665933446128475648233786783165271201909145648566
923460348610454326648213393607260249141273724587006606315588174881
520920962829254091715364367892590360011330530548820466521384146951
941511609433057270365759591953092186117381932611793105118548074462
379962749567351885752724891227938183011949129833673362440656643086
021394946395224737190702179860943702770539217176293176752384674818
467669405132000568127145263560827785771342757789609173637178721468
440901224953430146549585371050792279689258923542019956112129021960
864034418159813629774771309960518707211349999998372978049951059731
732816096318595024459455346908302642522308253344685035261931188171
010003137838752886587533208381420617177669147303598253490428755468
731159562863882353787593751957781857780532171226806613001927876611
195909216420198938095257201065485863278865936153381827968230301952
035301852968995773622599413891249721775283479131515574857242454150
695950829533116861727855889075098381754637464939319255060400927701
671139009848824012858361603563707660104710181942955596198946767837
449448255379774726847104047534646208046684259069491293313677028989
152104752162056966024058038150193511253382430035587640247496473263
914199272604269922796782354781636009341721641219924586315030286182
974555706749838505494588586926995690927210797509302955321165344987
202755960236480665499119881834797753566369807426542527862551818417
574672890977772793800081647060016145249192173217214772350141441973
568548161361157352552133475741849468438523323907394143334547762416
862518983569485562099219222184272550254256887671790494601653466804
988627232791786085784383827967976681454100953883786360950680064225
125205117392984896084128488626945604241965285022210661186306744278
622039194945047123713786960956364371917287467764657573962413890865
832645995813390478027590099465764078951269468398352595709825822620
522489407726719478268482601476990902640136394437455305068203496252
451749399651431429809190659250937221696461515709858387410597885959
772975498930161753928468138268683868942774155991855925245953959431
049972524680845987273644695848653836736222626099124608051243884390
451244136549762780797715691435997700129616089441694868555848406353
422072225828488648158456028506016842739452267467678895252138522549
954666727823986456596116354886230577456498035593634568174324112515
076069479451096596094025228879710893145669136867228748940560101503
308617928680920874760917824938589009714909675985261365549781893129
784821682998948722658804857564014270477555132379641451523746234364

542858444795265867821051141354735739523113427166102135969536231442
952484937187110145765403590279934403742007310578539062198387447808
478489683321445713868751943506430218453191048481005370614680674919
278191197939952061419663428754440643745123718192179998391015919561
814675142691239748940907186494231961567945208095146550225231603881
930142093762137855956638937787083039069792077346722182562599661501
421503068038447734549202605414665925201497442850732518666002132434
088190710486331734649651453905796268561005508106658796998163574736
384052571459102897064140110971206280439039759515677157700420337869
936007230558763176359421873125147120532928191826186125867321579198
414848829164470609575270695722091756711672291098169091528017350671
274858322287183520935396572512108357915136988209144421006751033467
110314126711136990865851639831501970165151168517143765761835155650
884909989859982387345528331635507647918535893226185489632132933089
857064204675259070915481416549859461637180270981994309924488957571
282890592323326097299712084433573265489382391193259746366730583604
142813883032038249037589852437441702913276561809377344403070746921
120191302033038019762110110044929321516084244485963766983895228684
783123552658213144957685726243344189303968642624341077322697802807
318915441101044682325271620105265227211166039666557309254711055785
376346682065310989652691862056476931257058635662018558100729360659
876486117910453348850346113657686753249441668039626579787718556084
552965412665408530614344431858676975145661406800700237877659134401
712749470420562230538994561314071127000407854733269939081454664645
880797270826683063432858785698305235808933065757406795457163775254
202114955761581400250126228594130216471550979259230990796547376125
517656751357517829666454779174501129961489030463994713296210734043
751895735961458901938971311179042978285647503203198691514028708085
990480109412147221317947647772622414254854540332157185306142288137
585043063321751829798662237172159160771669254748738986654949450114
654062843366393790039769265672146385306736096571209180763832716641
627488880078692560290228472104031721186082041900042296617119637792
133757511495950156604963186294726547364252308177036751590673502350
728354056704038674351362222477158915049530984448933309634087807693
259939780541934144737744184263129860809988868741326047215695162396
586457302163159819319516735381297416772947867242292465436680098067
692823828068996400482435403701416314965897940924323789690706977942
236250822168895738379862300159377647165122893578601588161755782973
523344604281512627203734314653197777416031990665541876397929334419
521541341899485444734567383162499341913181480927777103863877343177
207545654532207770921201905166096280490926360197598828161332316663
652861932668633606273567630354477628035045077723554710585954870279
081435624014517180624643626794561275318134078330336254232783944975
382437205835311477119926063813346776879695970309833913077109870408
591337464144282277263465947047458784778720192771528073176790770715
721344473060570073349243693113835049316312840425121925651798069411
352801314701304781643788518529092854520116583934196562134914341595
625865865570552690496520985803385072242648293972858478316305777756
068887644624824685792603953527734803048029005876075825104747091643
961362676044925627420420832085661190625454337213153595845068772460
290161876679524061634252257719542916299193064553779914037340432875
262888963995879475729174642635745525407909145135711136941091193932
519107602082520261879853188770584297259167781314969900901921169717
372784768472686084900337702424291651300500516832336435038951702989
392233451722013812806965011784408745196012122859937162313017114448
464090389064495444006198690754851602632750529834918740786680881833
851022833450850486082503930213321971551843063545500766828294930413

776552793975175461395398468339363830474611996653858153842056853386
218672523340283087112328278921250771262946322956398989893582116745
627010218356462201349671518819097303811980049734072396103685406643
193950979019069963955245300545058068550195673022921913933918568034
490398205955100226353536192041994745538593810234395544959778377902
374216172711172364343543947822181852862408514006660443325888569867
054315470696574745855033232334210730154594051655379068662733379958
511562578432298827372319898757141595781119635833005940873068121602
876496286744604774649159950549737425626901049037781986835938146574
126804925648798556145372347867330390468838343634655379498641927056
387293174872332083760112302991136793862708943879936201629515413371
424892830722012690147546684765357616477379467520049075715552781965
362132392640616013635815590742202020318727760527721900556148425551
879253034351398442532234157623361064250639049750086562710953591946
589751413103482276930624743536325691607815478181152843667957061108
615331504452127473924544945423682886061340841486377670096120715124
914043027253860764823634143346235189757664521641376796903149501910
857598442391986291642193994907236234646844117394032659184044378051
333894525742399508296591228508555821572503107125701266830240292952
522011872676756220415420516184163484756516999811614101002996078386
909291603028840026910414079288621507842451670908700069928212066041
837180653556725253256753286129104248776182582976515795984703562226
293486003415872298053498965022629174878820273420922224533985626476
691490556284250391275771028402799806636582548892648802545661017296
702664076559042909945681506526530537182941270336931378517860904070
866711496558343434769338578171138645587367812301458768712660348913
909562009939361031029161615288138437909904231747336394804575931493
140529763475748119356709110137751721008031559024853090669203767192
203322909433467685142214477379393751703443661991040337511173547191
855046449026365512816228824462575916333039107225383742182140883508
657391771509682887478265699599574490661758344137522397096834080053
559849175417381883999446974867626551658276584835884531427756879002
909517028352971634456212964043523117600665101241200659755851276178
583829204197484423608007193045761893234922927965019875187212726750
798125547095890455635792122103334669749923563025494780249011419521
238281530911407907386025152274299581807247162591668545133312394804
947079119153267343028244186041426363954800044800267049624820179289
647669758318327131425170296923488962766844032326092752496035799646
925650493681836090032380929345958897069536534940603402166544375589
004563288225054525564056448246515187547119621844396582533754388569
094113031509526179378002974120766514793942590298969594699556576121
865619673378623625612521632086286922210327488921865436480229678070
576561514463204692790682120738837781423356282360896320806822246801
224826117718589638140918390367367222088832151375560037279839400415
297002878307667094447456013455641725437090697939612257142989467154
357846878861444581231459357198492252847160504922124247014121478057
345510500801908699603302763478708108175450119307141223390866393833
952942578690507643100638351983438934159613185434754649556978103829
309716465143840700707360411237359984345225161050702705623526601276
484830840761183013052793205427462865403603674532865105706587488225
698157936789766974220575059683440869735020141020672358502007245225
632651341055924019027421624843914035998953539459094407046912091409
387001264560016237428802109276457931065792295524988727584610126483
699989225695968815920560010165525637567856672279661988578279484885
583439751874454551296563443480396642055798293680435220277098429423
253302257634180703947699415979159453006975214829336655566156787364
005366656416547321704390352132954352916941459904160875320186837937

023488868947915107163785290234529244077365949563051007421087142613
497459561513849871375704710178795731042296906667021449863746459528
082436944578977233004876476524133907592043401963403911473202338071
509522201068256342747164602433544005152126693249341967397704159568
375355516673027390074972973635496453328886984406119649616277344951
827369558822075735517665158985519098666539354948106887320685990754
079234240230092590070173196036225475647894064754834664776041146323
390565134330684495397907090302346046147096169688688501408347040546
074295869913829668246818571031887906528703665083243197440477185567
893482308943106828702722809736248093996270607472645539925399442808
113736943388729406307926159599546262462970706259484556903471197299
640908941805953439325123623550813494900436427852713831591256898929
519642728757394691427253436694153236100453730488198551706594121735
246258954873016760029886592578662856124966552353382942878542534048
308330701653722856355915253478445981831341129001999205981352205117
336585640782648494276441137639386692480311836445369858917544264739
988228462184490087776977631279572267265556259628254276531830013407
092233436577916012809317940171859859993384923549564005709955856113
498025249906698423301735035804408116855265311709957089942732870925
848789443646005041089226691783525870785951298344172953519537885534
573742608590290817651557803905946408735061232261120093731080485485
263572282576820341605048466277504500312620080079980492548534694146
977516493270950493463938243222718851597405470214828971117779237612
257887347718819682546298126868581705074027255026332904497627789442
362167411918626943965067151577958675648239939176042601763387045499
017614364120469218237076488783419689686118155815873606293860381017
121585527266830082383404656475880405138080163363887421637140643549
556186896411228214075330265510042410489678352858829024367090488711
819090949453314421828766181031007354770549815968077200947469613436
092861484941785017180779306810854690009445899527942439813921350558
642219648349151263901280383200109773868066287792397180146134324457
264009737425700735921003154150893679300816998053652027600727749674
584002836240534603726341655425902760183484030681138185510597970566
400750942608788573579603732451414678670368809880609716425849759513
806930944940151542222194329130217391253835591503100333032511174915
696917450271494331515588540392216409722910112903552181576282328318
234254832611191280092825256190205263016391147724733148573910777587
442538761174657867116941477642144111126358355387136101102326798775
641024682403226483464176636980663785768134920453022408197278564719
839630878154322116691224641591177673225326433568614618654522268126
887268445968442416107854016768142080885028005414361314623082102594
173756238994207571362751674573189189456283525704413354375857534269
869947254703165661399199968262824727064133622217892390317608542894
373393561889165125042440400895271983787386480584726895462438823437
517885201439560057104811949884239060613695734231559079670346149143
447886360410318235073650277859089757827273130504889398900992391350
337325085598265586708924261242947367019390772713070686917092646254
842324074855036608013604668951184009366860954632500214585293095000
090715105823626729326453738210493872499669933942468551648326113414
611068026744663733437534076429402668297386522093570162638464852851
490362932019919968828517183953669134522244470804592396602817156551
565666111359823112250628905854914509715755390024393153519090210711
945730024388017661503527086260253788179751947806101371500448991721
002220133501310601639154158957803711779277522597874289191791552241
718958536168059474123419339842021874564925644346239253195313510331
147639491199507285843065836193536932969928983791494193940608572486
396883690326556436421664425760791471086998431573374964883529276932

822076294728238153740996154559879825989109371712621828302584811238
901196822142945766758071865380650648702613389282299497257453033283
896381843944770779402284359883410035838542389735424395647555684095
224844554139239410001620769363684677641301781965937997155746854194
633489374843912974239143365936041003523437770658886778113949861647
874714079326385873862473288964564359877466763847946650407411182565
837887845485814896296127399841344272608606187245545236064315371011
274680977870446409475828034876975894832824123929296058294861919667
091895808983320121031843034012849511620353428014412761728583024355
983003204202451207287253558119584014918096925339507577840006746552
603144616705082768277222353419110263416315714740612385042584598841
990761128725805911393568960143166828317632356732541707342081733223
046298799280490851409479036887868789493054695570307261900950207643
349335910602454508645362893545686295853131533718386826561786227363
716975774183023986006591481616404944965011732131389574706208847480
236537103115089842799275442685327797431139514357417221975979935968
525228574526379628961269157235798662057340837576687388426640599099
350500081337543245463596750484423528487470144354541957625847356421
619813407346854111766883118654489377697956651727966232671481033864
391375186594673002443450054499539974237232871249483470604406347160
632583064982979551010954183623503030945309733583446283947630477564
501500850757894954893139394489921612552559770143685894358587752637
962559708167764380012543650237141278346792610199558522471722017772
370041780841942394872540680155603599839054898572354674564239058585
021671903139526294455439131663134530893906204678438778505423939052
473136201294769187497519101147231528932677253391814660730008902776
896311481090220972452075916729700785058071718638105496797310016787
085069420709223290807038326345345203802786099055690013413718236837
099194951648960075504934126787643674638490206396401976668559233565
463913836318574569814719621084108096188460545603903845534372914144
651347494078488442377217515433426030669883176833100113310869042193
903108014378433415137092435301367763108491351615642269847507430329
716746964066653152703532546711266752246055119958183196376370761799
191920357958200759560530234626775794393630746305690108011494271410
093913691381072581378135789400559950018354251184172136055727522103
526803735726527922417373605751127887218190844900617801388971077082
293100279766593583875890939568814856026322439372656247277603789081
445883785501970284377936240782505270487581647032458129087839523245
323789602984166922548964971560698119218658492677040395648127810217
991321741630581055459880130048456299765112124153637451500563507012
781592671424134210330156616535602473380784302865525722275304999883
701534879300806260180962381516136690334111138653851091936739383522
934588832255088706450753947395204396807906708680644509698654880168
287434378612645381583428075306184548590379821799459968115441974253
634439960290251001588827216474500682070419376158454712318346007262
933955054823955713725684023226821301247679452264482091023564775272
308208106351889915269288910845557112660396503439789627825001611015
323516051965590421184494990778999200732947690586857787872098290135
295661397888486050978608595701773129815531495168146717695976099421
003618355913877781769845875810446628399880600616229848616935337386
578773598336161338413385368421197893890018529569196780455448285848
370117096721253533875862158231013310387766827211572694951817958975
469399264219791552338576623167627547570354699414892904130186386119
439196283887054367774322427680913236544948536676800000106526248547
305586159899914017076983854831887501429389089950685453076511680333
732226517566220752695179144225280816517166776672793035485154204023
817460892328391703275425750867655117859395002793389592057668278967

764453184040418554010435134838953120132637836928358082719378312654
961745997056745071833206503455664403449045362756001125018433560736
122276594927839370647842645676338818807565612168960504161139039063
960162022153684941092605387688714837989559999112099164646441191856
827700457424343402167227644558933012778158686952506949936461017568
506016714535431581480105458860564550133203758645485840324029871709
348091055621167154684847780394475697980426318099175642280987399876
697323769573701580806822904599212366168902596273043067931653114940
176473769387351409336183321614280214976339918983548487562529875242
387307755955595546519639440182184099841248982623673771467226061633
643296406335728107078875816404381485018841143188598827694490119321
296827158884133869434682859006664080631407775772570563072940049294
030242049841656547973670548558044586572022763784046682337985282710
578431975354179501134727362577408021347682604502285157979579764746
702284099956160156910890384582450267926594205550395879229818526480
070683765041836562094555434613513415257006597488191634135955671964
965403218727160264859304903978748958906612725079482827693895352175
362185079629778514618843271922322381015874445052866523802253284389
137527384589238442253547265309817157844783421582232702069028723233
005386216347988509469547200479523112015043293226628272763217790884
008786148022147537657810581970222630971749507212724847947816957296
142365859578209083073323356034846531873029302665964501371837542889
755797144992465403868179921389346924474198509733462679332107268687
076806263991936196504409954216762784091466985692571507431574079380
532392523947755744159184582156251819215523370960748332923492103451
462643744980559610330799414534778457469999212859999939961228161521
931488876938802228108300198601654941654261696858678837260958774567
618250727599295089318052187292461086763995891614585505839727420980
909781729323930106766386824040111304024700735085782872462713494636
853181546969046696869392547251941399291465242385776255004748529547
681479546700705034799958886769501612497228204030399546327883069597
624936151010243655535223069061294938859901573466102371223547891129
254769617600504797492806072126803922691102777226102544149221576504
508120677173571202718024296810620377657883716690910941807448781404
907551782038565390991047759414132154328440625030180275716965082096
427348414695726397884256008453121406593580904127113592004197598513
625479616063228873618136737324450607924411763997597461938358457491
598809766744709300654634242346063423747466608043170126005205592849
369594143408146852981505394717890045183575515412522359059068726487
863575254191128887737176637486027660634960353679470269232297186832
771739323619200777452212624751869833495151019864269887847171939664
976907082521742336566272592844062043021411371992278526998469884770
232382384005565551788908766136013047709843861168705231055314916251
728373272867600724817298763756981633541507460883866364069347043720
668865127568826614973078865701568501691864748854167915459650723428
773069985371390430026653078398776385032381821553559732353068604301
067576083890862704984188859513809103042359578249514398859011318583
584066747237029714978508414585308578133915627076035639076394731145
549583226694570249413983163433237897595568085683629725386791327505
554252449194358912840504522695381217913191451350099384631177401797
151228378546011603595540286440590249646693070776905548102885020808
580087811577381719174177601733073855475800605601433774329901272867
725304318251975791679296996504146070664571258883469797964293162296
552016879730003564630457930884032748077181155533090988702550520768
046303460865816539487695196004408482065967379473168086415645650530
049881616490578831154345485052660069823093157776500378070466126470
602145750579327096204782561524714591896522360839664562410519551052

235723973951288181640597859142791481654263289200428160913693777372
229998332708208296995573772737566761552711392258805520189887620114
168005468736558063347160373429170390798639652296131280178267971728
982293607028806908776866059325274637840539769184808204102194471971
386925608416245112398062011318454124478205011079876071715568315407
886543904121087303240201068534194723047666672174986986854707678120
512473679247919315085644477537985379973223445612278584329684664751
333657369238720146472367942787004250325558992688434959287612400755
875694641370562514001179713316620715371543600687647731867558714878
398908107429530941060596944315847753970094398839491443235366853920
994687964506653398573888786614762944341401049888993160051207678103
588611660202961193639682134960750111649832785635316145168457695687
109002999769841263266502347716728657378579085746646077228341540311
441529418804782543876177079043000156698677679576090996693607559496
515273634981189641304331166277471233881740603731743970540670310967
676574869535878967003192586625941051053358438465602339179674926784
476370847497833365557900738419147319886271352595462518160434225372
996286326749682405806029642114638643686422472488728343417044157348
248183330164056695966886676956349141632842641497453334999948000266
998758881593507357815195889900539512085351035726137364034367534714
104836017546488300407846416745216737190483109676711344349481926268
111073994825060739495073503169019731852119552635632584339099822498
624067031076831844660729124874754031617969941139738776589986855417
031884778867592902607004321266617919223520938227878880988633599116
081923535557046463491132085918979613279131975649097600013996234445
535014346426860464495862476909434704829329414041114654092398834443
515913320107739441118407410768498106634724104823935827401944935665
161088463125678529776973468430306146241803585293315973458303845541
033701091676776374276210213701354854450926307190114731848574923318
167207213727935567952844392548156091372812840633303937356242001604
566455741458816605216660873874804724339121295587776390696903707882
852775389405246075849623157436917113176134783882719416860662572103
685132156647800147675231039357860689611125996028183930954870905907
386135191459181951029732787557104972901148717189718004696169777001
791391961379141716270701895846921434369676292745910994006008498356
842520191559370370101104974733949387788598941743303178534870760322
198297057975119144051099423588303454635349234982688362404332726741
554030161950568065418093940998202060999414021689090070821330723089
662119775530665918814119157783627292746156185710372172471009521423
696483086410259288745799932237495519122195190342445230753513380685
680735446499512720317448719540397610730806026990625807602029273145
525207807991418429063884437349968145827337207266391767020118300464
819000241308350884658415214899127610651374153943565721139032857491
876909441370209051703148777346165287984823533829726013611098451484
182380812054099612527458088109948697221612852489742555551607637167
505489617301680961380381191436114399210638005083214098760459930932
485102516829446726066613815174571255975495358023998314698220361338
082849935670557552471290274539776214049318201465800802156653606776
550878380430413431059180460680083459113664083488740800574127258670
479225831912741573908091438313845642415094084913391809684025116399
193685322555733896695374902662092326131885589158083245557194845387
562878612885900410600607374650140262782402734696252821717494158233
174923968353013617865367376064216677813773995100658952887742766263
684183068019080460984980946976366733566228291513235278880615776827
815958866918023894033307644191240341202231636857786035727694154177
882643523813190502808701857504704631293335375728538660588890458311
145077394293520199432197117164223500564404297989208159430716701985

746927384865383343614579463417592257389858800169801475742054299580
124295810545651083104629728293758416116253256251657249807849209989
799062003593650993472158296517413579849104711166079158743698654122
234834188772292944633517865385673196255985202607294767407261676714
557364981210567771689348491766077170527718760119990814411305864557
791052568430481144026193840232247093924980293355073184589035539713
308844617410795916251171486487446861124760542867343670904667846867
027409188101424971114965781772427934707021668829561087779440504843
752844337510882826477197854000650970403302186255614733211777117441
335028160884035178145254196432030957601869464908868154528562134698
835544456024955666843660292219512483091060537720198021831010327041
783866544718126039719068846237085751808003532704718565949947612424
811099928867915896904956394762460842406593094862150769031498702067
353384834955083636601784877106080980426924713241000946401437360326
564518456679245666955100150229833079849607994988249706172367449361
226222961790814311414660941234159359309585407913908720832273354957
208075716517187659944985693795623875551617575438091780528029464200
447215396280746360211329425591600257073562812638733106005891065245
708024474937543184149401482119996276453106800663118382376163966318
093144467129861552759820145141027560068929750246304017351489194576
360789352855505317331416457050499644389093630843874484783961684051
845273288403234520247056851646571647713932377551729479512613239822
960239454857975458651745878771331813875295980941217422730035229650
808917770506825924882232215493804837145478164721397682096332050830
564792048208592047549985732038887639160199524091893894557676874973
085695595801065952650303626615975066222508406742889826590751063756
356996821151094966974458054728869363102036782325018232370845979011
154847208761821247781326633041207621658731297081123075815982124863
980721240786887811450165582513617890307086087019897588980745664395
515741536319319198107057533663373803827215279884935039748001589051
942087971130805123393322190346624991716915094854140187106035460379
464337900589095772118080446574396280618671786101715674096766208029
576657705129120990794430463289294730615951043090222143937184956063
405618934251305726829146578329334052463502892917547087256484260034
962961165413823007731332729830500160256724014185152041890701154288
579920812198449315699905918201181973350012618772803681248199587707
020753240636125931343859554254778196114293516356122349666152261473
539967405158499860355295332924575238881013620234762466905581643896
786309762736550472434864307121849437348530060638764456627218666170
123812771562137974614986132874411771455244470899714452288566294244
023018479120547849857452163469644897389206240194351831008828348024
924908540307786387516591130287395878709810077271827187452901397283
661484214287170553179654307650453432460053636147261818096997693348
626407743519992868632383508875668359509726557481543194019557685043
724800102041374983187225967738715495839971844490727914196584593008
394263702087563539821696205532480321226749891140267852859967340524
203109179789990571882194939132075343170798002373659098537552023891
164346718558290685371189795262623449248339249634244971465684659124
891855662958932990903523923333364743520370770101084388003290759834
217018554228386161721041760301164591878053936744747205998502358289
183369292233732399948043710841965947316265482574809948250999183300
697656936715968936449334886474421350084070066088359723503953234017
958255703601693699098867113210979889707051728075585519126993067309
925070407024556850778679069476612629808225163313639952117098452809
263037592242674257559989289278370474445218936320348941552104459726
188380030067761793138139916205806270165102445886924764924689192461
212531027573139084047000714356136231699237169484813255420091453041

037135453296620639210547982439212517254013231490274058589206321758
949434548906846399313757091034633271415316223280552297297953801880
162859073572955416278867649827418616421878988574107164906919185116
281528548679417363890665388576422915834250067361245384916067413734
017357277995634104332688356950781493137800736235418007061918026732
855119194267609122103598746924117283749312616339500123959924050845
437569850795704622266461900010350049018303415354584283376437811198
855631877779253720116671853954183598443830520376281944076159410682
071697030228515225057312609304689842343315273213136121658280807521
263154773060442377475350595228717440266638914881717308643611138906
942027908814311944879941715404210341219084709408025402393294294549
387864023051292711909751353600092197110541209668311151632870542302
847007312065803262641711616595761327235156666253667271899853419989
523688483099930275741991646384142707798870887422927705389122717248
632202889842512528721782603050099451082478357290569198855546788607
946280537122704246654319214528176074148240382783582971930101788834
567416781139895475044833931468963076339665722672704339321674542182
455706252479721997866854279897799233957905758189062252547358220523
642485078340711014498047872669199018643882293230538231855973286978
092225352959101734140733488476100556401824239219269506208318381454
698392366461363989101210217709597670490830508185470419466437131229
969235889538493013635657618610606222870559942337163102127845744646
398973818856674626087948201864748767272722206267646533809980196688
368099415907577685263986514625333631245053640261056960551318381317
426118442018908885319635698696279503673842431301133175330532980201
668881748134298868158557781034323175306478498321062971842518438553
442762012823457071698853051832617964117857960888815032960229070561
447622091509473903594664691623539680920139457817589108893199211226
007392814916948161527384273626429809823406320024402449589445612916
704950823581248739179964864113348032475777521970893277226234948601
504665268143987705161531702669692970492831628550421289814670619533
197026950721437823047687528028735412616639170824592517001071418085
480063692325946201900227808740985977192180515853214739265325155903
541020928466592529991435379182531454529059841581763705892790690989
691116438118780943537152133226144362531449012745477269573939348154
691631162492887357471882407150399500944673195431619385548520766573
882513963916357672315100555603726339486720820780865373494244011579
966750736071115935133195919712094896471755302453136477094209463569
698222667377520994516845064362382421185353488798939567318780660610
788544000550827657030558744854180577889171920788142335113866292966
717964346876007704799953788338787034871802184243734211227394025571
769081960309201824018842705704609262256417837526526335832424066125
331152942345796556950250681001831090041124537901533296615697052237
921032570693705109083078947999900499939532215362274847660361367769
797856738658467093667958858378879562594646489137665219958828693380
183601193236857855855819555604215625088365020332202451376215820461
810670519533065306060650105488716724537794283133887163139559690583
208341689847606560711834713621812324622725884199028614208728495687
963932546428534307530110528571382964370999035694888528519040295604
734613113826387889755178856042499874831638280404684861893818959054
203988987265069762020199554841265000539442820393012748163815853039
643992547020167275932857436666164411096256633730540921951967514832
873480895747777527834422109107311135182804603634719818565557295714
474768255285786334934285842311874944000322969069775831590385803935
352135886007960034209754739229673331064939560181223781285458431760
556173386112673478074585067606304822940965304111830667108189303110
887172816751957967534718853722930961614320400638132246584111115775

835858113501856904781536893813771847281475199835050478129771859908
470762197460588742325699582889253504193795826061621184236876851141
831606831586799460165205774052942305360178031335726326705479033840
125730591233960188013782542192709476733719198728738524805742124892
118347087662966720727232565056512933312605950577772754247124164831
283298207236175057467387012820957554430596839555568686118839713552
208445285264008125202766555767749596962661260456524568408613923826
576858338469849977872670655519185446869846947849573462260629421962
455708537127277652309895545019303773216664918257815467729200521266
714346320963789185232321501897612603437368406719419303774688099929
687758244104787812326625318184596045385354383911449677531286426092
521153767325886672260404252349108702695809964759580579466397341906
401003636190404203311357933654242630356145700901124480089002080147
805660371015412232889146572239314507607167064355682743774396578906
797268743847307634645167756210309860409271709095128086309029738504
452718289274968921210667008164858339553773591913695015316201890888
748421079870689911480466927065094076204650277252865072890532854856
143316081269300569378541786109696920253886503457718317668688592368
148847527649846882194973972970773718718840041432312763650481453112
285099002074240925585925292610302106736815434701525234878635164397
623586041919412969769040526483234700991115424260127343802208933109
668636789869497799400126016422760926082349304118064382913834735467
972539926233879158299848645927173405922562074910530853153718291168
163721939518870095778818158685046450769934394098743351443162633031
724774748689791820923948083314397084067308407958935810896656477585
990556376952523265361442478023082681183103773588708924061303133647
737101162821461466167940409051861526036009252194721889091810733587
196414214447865489952858234394705007983038853886083103571930600277
119455802191194289992272235345870756624692617766317885514435021828
702668561066500353105021631820601760921798468493686316129372795187
307897263735371715025637873357977180818487845886650433582437700414
771041493492743845758710715973155943942641257027096512510811554824
793940359768118811728247215825010949609662539339538092219559191818
855267806214992317276316321833989693807561685591175299845013206712
939240414459386239880938124045219148483164621014738918251010909677
386906640415897361047643650006807710565671848628149637111883219244
566394581449148616550049567698269030891118568798692947051352481609
174324301538368470729289898284602223730145265567989862776796809146
979837826876431159883210904371561129976652153963546442086919756737
000573876497843768628768179249746943842746525631632300555130417422
734164645512781278457777245752038654375428282567141288583454443513
256205446424101103795546419058116862305964476958705407214198521210
673433241075676757581845699069304604752277016700568454396923404171
108988899341635058515788735343081552081177207188037910404698306957
868547393765643363197978680367187307969392423632144845035477631567
025539006542311792015346497792906624150832885839529054263768766896
880503331722780018588506973623240389470047189761934734430843744375
992503417880797223585913424581314404984770173236169471976571535319
775499716278566311904691260918259124989036765417697990362375528652
637573376352696934435440047306719886890196814742876779086697968852
250163694985673021752313252926537589641517147955953878427849986645
630287883196209983049451987439636907068276265748581043911223261879
405994155406327013198989570376110532360629867480377915376751158304
320849872092028092975264981256916342500052290887264692528466610466
539217148208013050229805263783642695973370705392278915351056888393
811324975707133102950443034671598944878684711643832805069250776627
450012200352620370946602341464899839025258883014867816219677519458

316771876275720050543979441245990077115205154619930509838698254284
640725554092740313257163264079293418334214709041254253352324802193
227707535554679587163835875018159338717423606155117101312352563348
582036514614187004920570437201826173319471570086757853933607862273
955818579758725874410254207710547536129404746010009409544495966288
148691590389907186598056361713769222729076419775517772010427649694
961105622059250242021770426962215495872645398922769766031052498085
575947163107587013320886146326641259114863388122028444069416948826
152957762532501987035987067438046982194205638125583343642194923227
593722128905642094308235254408411086454536940496927149400331978286
131818618881111840825786592875742638445005994422956858646048103301
538891149948693543603022181094346676400002236255057363129462629609
619876056425996394613869233083719626595473923462413459779574852464
783798079569319865081597767535055391899115133525229873611277918274
854200868953965835942196333150286956119201229888988700607999279541
118826902307891310760361763477948943203210277335941690865007193280
401716384064498787175375678118532132840821657110754952829497493621
460821558320568723218557406516109627487437509809223021160998263303
391546949464449100451528092508974507489676032409076898365294065792
019831526541065813682379198409064571246894847020935776119313998024
681340520039478194986620262400890215016616381353838151503773502296
607462795291038406868556907015751662419298724448271942933100485482
445458071889763300323252582158128032746796200281476243182862217105
435289834820827345168018613171959332471107466222850871066611770346
535283957762599774467218571581612641114327179434788599089280848669
491413909771673690027775850268664654056595039486784111079011610400
857274456293842549416759460548711723594642910585090995021495879311
219613590831588262068233215615308683373083817327932819698387508708
348388046388478441884003184712697454370937329836240287519792080232
187874488287284372737801782700805878241074935751488997891173974612
932035108143270325140903048746222629423443275712600866425083331876
865075642927160552528954492153765175149219636718104943531785838345
386525565664065725136357506435323650893679043170259787817719031486
796384082881020946149007971513771709906195496964007086766710233004
867263147551053723175711432231741141168062286420638890621019235522
354671166213749969326932173704310598722503945657492461697826097025
335947502091383667377289443869640002811034402608471289900074680776
484408871134135250336787731679770937277868216611786534423173226463
784769787514433209534000165069213054647689098505020301504488083426
184520873053097318949291642532293361243151430657826407028389840984
160295030924189712097160164926561341343342229882790992178604267981
245728534580133826099587717811310216734025656274400729683406619848
067661580502169183372368039902793160642043681207990031626444914619
021945822969099212278855394878353830564686488165556229431567312827
439082645061162894280350166133669782405177015521962652272545585073
864058529983037918035043287670380925216790757120406123759632768567
484507915114731344000183257034492090971243580944790046249431345502
890068064870429353403743603262582053579011839564908935434510134296
961754524957396062149028872893279252069653538639644322538832752249
960598697475988232991626354597332444516375533437749292899058117578
635555562693742691094711700216541171821975051983178713710605106379
555858890556885288798908475091576463907469361988150781468526213325
247383765119299015610918977792200870579339646382749068069876916819
749236562422608715417610043060890437797667851966189140414492527048
088197149880154205778700652159400928977760133075684796699295543365
613984773806039436889588764605498387147896848280538470173087111776
115966350503997934386933911978988710915654170913308260764740630571

1411098839388095481437828474528838368079418884342666222070438722887
741394780101772139228191199236540551639589347426395382482960903690
028835932774585506080131798840716244656399794827578365019551422155
133928197822698427863839167971509126241054872570092407004548848569
295044811073808799654748156891393538094347455697212891982717702076
661360248958146811913361412125878389557735719498631721084439890142
394849665925173138817160266326193106536653504147307080441493916936
326237376777709585031325599009576273195730864804246770121232702053
374266705314244820816813030639737873664248367253983748769098060218
278578621651273856351329014890350988327061725893257536399397905572
917516009761545904477169226580631511102803843601737474215247608515
209901615858231257159073342173657626714239047827958728150509563309
280266845893764964977023297364131906098274063353108979246424213458
374090116939196425045912881340349881063540088759682005440836438651
661788055760895689672753153808194207733259791727843762566118431989
102500749182908647514979400316070384554946538594602745244746681231
468794344161099333890899263841184742525704457251745932573898956518
571657596148126602031079762825416559050604247911401695790033835657
486925280074302562341949828646791447632277400552946090394017753633
565547193100017543004750471914489984104001586794617924161001645471
655133707407395026044276953855383439755054887109978520540117516974
758134492607943368954378322117245068734423198987884412854206474280
973562580706698310697993526069339213568588139121480735472846322778
490808700246777630360555123238665629517885371967303463470122293958
160679250915321748903084088651606111901149844341235012464692802880
599613428351188471544977127847336176628506216977871774382436256571
177945006447771837022199910669502165675764404499794076503799995484
500271066598781360380231412683690578319046079276529727769404361302
305178708054651154246939526512710105292707030667302444712597393995
051462840476743136373997825918454117641332790646063658415292701903
027601733947486696034869497654175242930604072700505903950314852292
139257559484507886797792525393176515641619716844352436979444735596
426063339105512682606159572621703669850647328126672452198906054988
028078288142979633669674412480598219214633956574572210229867759974
673812606936706913408155941201611596019023775352555630060624798326
124988128819293734347686268921923977783391073310658825681377717232
831532908252509273304785072497713944833389255208117560845296659055
394096556854170600117985729381399825831929367910039184409928657560
599359891000296986446097471471847010153128376263114677420914557404
181590880006494323785583930853082830547607679952435739163122188605
754967383224319565065546085288120190236364471270374863442172725787
950342848631294491631847534753143504139209610879605773098720135248
407505763719925365047090858251393686346386336804289176710760211115
982887553994012007601394703366179371539630613986365549221374159790
511908358829009765664730073387931467891318146510931676157582135142
486044229244530411316065270097433008849903467540551864067734260358
340960860553374736276093565885310976099423834738222208729246449768
456057956251676557408841032173134562773585605235823638953203853402
484227337163912397321599544082842166663602329654569470357718487344
203422770665383738750616921276801576618109542009770836360436111059
240911788954033802142652394892968643980892611463541457153519434285
072135345301831587562827573389826889852355779929572764522939156747
756667605108788764845349363606827805056462281359888587925994094644
604170520447004631513797543173718775603981596264750141090665886616
218003826698996196558058720863972117699521946678985701179833244060
181157565807428418291061519391763005919431443460515404771057005433
900018245311773371895585760360718286050635647997900413976180895536

366960316219311325022385179167205518065926351803625121457592623836
934822266589557699466049193811248660909979812857182349400661555219
611220720309227764620099931524427358948871057662389469388944649509
396033045434084210246240104872332875008174917987554387938738143989
423801176270083719605309438394006375611645856094312951759771393539
607432279248922126704580818331376416581826956210587289244774003594
700926866265965142205063007859200248829186083974373235384908396432
614700053242354064704208949921025040472678105908364400746638002087
012666420945718170294675227854007450855237772089058168391844659282
941701828823301497155423523591177481862859296760504820386434310877
956289292540563894662194826871104282816389397571175778691543016505
860296521745958198887868040811032843273986719862130620555985526603
640504628215230615459447448990883908199973874745296981077620148713
400012253552224669540931521311533791579802697955571050850747387475
075806876537644578252443263804614304288923593485296105826938210349
800040524840708440356116781717051281337880570564345061611933042444
079826037795119854869455915205196009304127100727784930155503889536
033826192934379708187432094991415959339636811062755729527800425486
306005452383915106899891357882001941178653568214911852820785213012
551851849371150342215954224451190020739353962740020811046553020793
286725474054365271759589350071633607632161472581540764205302004534
018357233829266191530835409512022632916505442612361919705161383935
732669376015691442994494374485680977569630312958871916112929468188
493633864739274760122696415884890096571708616059814720446742866420
876533479985822209061980217321161423041947775499073873856794118982
466091309169177227420723336763503267834058630193019324299639720444
517928812285447821195353089891012534297552472763573022628138209180
743974867145359077863353016082155991131414420509144729353502223081
719366350934686585865631485557586244781862010871188976065296989926
932817870557643514338206014107732926106343152533718224338526352021
773544071528189813769875515757454693972715048846979361950047772097
056179391382898984532742622728864710888327017372325881824465843624
958059256033810521560620615571329915608489206434030339526226345145
428367869828807425142256745180618414956468611163540497189768215422
772247947403357152743681940989205011365340012384671429655186734415
374161504256325671343024765512521921803578016924032669954174608759
240920700466934039651017813485783569444076047023254075555776472845
075182689041829396611331016013111907739863246277821902365066037404
160672496249013743321724645409741299557052914243820807609836482346
597388669134991978401310801558134397919485283043673901248208244481
412809544377389832005986490915950532285791457688496257866588599917
986752055455809900455646117875524937012455321717019428288461740273
664997847550829422802023290122163010230977215156944642790980219082
668986883426307160920791408519769523555348865774342527753119724743
087304361951139611908003025587838764420608504473063129927788894272
918972716989057592524467966018970748296094919064876469370275077386
643239191904225429023531892337729316673608699622803255718530891928
440380507103006477684786324319100022392978525537237556621364474009
676053943983823576460699246526008909062410590421545392790441152958
034533450025624410100635953003959886446616959562635187806068851372
346270799732723313469397145628554261546765063246567662027924520858
134771760852169134094652030767339184114750414016892412131982688156
866456148538028753933116023229255561894104299533564009578649534093
511526645402441877594931693056044868642086275720117231952640502309
977456764783848897346431721598062678767183800524769688408498918508
614900343240347674268624595239589035858213500645099817824463608731
775437885967767291952611121385919472545140030118050343787527766440

276261894101757687268042817662386068047788524288743025914524707395
054652513533945959878961977891104189029294381856720507096460626354
173294464957661265195349570186001541262396228641389779673332907056
737696215649818450684226369036784955597002607986799626101903933126
376855696876702929537116252800554310078640872893922571451248113577
862766490242516199027747109033593330930494838059785662884478744146
984149906712376478958226329490467981208998485716357108783119184863
025450162092980582920833481363840542172005612198935366937133673339
246441612522319694347120641737549121635700857369439730597970971972
666664226743111776217640306868131035189911227133972403688700099686
292254646500638528862039380050477827691283560337254825579391298525
150682996910775425764748832534141213280062671709400909822352965795
799780301828242849022147074811112401860761341515038756983091865278
065889668236252393784527263453042041880250844236319038331838455052
236799235775292910692504326144695010986108889991465855188187358252
816430252093928525807796973762084563748211443398816271003170315133
440230952635192958868069082135585368016100021374085115448491268584
126869589917414913382057849280069825519574020181810564129725083607
035685105533178784082900004155251186577945396331753853209214972052
660783126028196116485809868458752512999740409279768317663991465538
610893758795221497173172813151793290443112181587102351874075722210
012376872194474720934931232410706508061856237252673254073332487575
448296757345001932190219911996079798937338367324257610393898534927
877747398050808001554476406105352220232540944356771879456543040673
589649101761077594836454082348613025471847648518957583667439979150
851285802060782055446299172320202822291488695939972997429747115537
185892423849385585859540743810488262464878805330427146301194158989
632879267832732245610385219701113046658710050008328517731177648973
523092666123458887310288351562644602367199664455472760831011878838
915114934093934475007302585581475619088139875235781233134227986650
352272536717123075686104500454897036007956982762639234410714658489
578024140815840522953693749971066559489445924628661996355635065262
340533943914211127181069105229002465742360413009369188925586578466
846121567955425660541600507127664176605687427420032957716064344860
620123982169827172319782681662824993871499544913730205184366907672
357740005393266262276032365975171892590180110429038427418550789488
743883270306328327996300720069801224436511639408692222074532024462
412115580435454206421512158505689615735641430688834431852808539
592773443365538418834030351782294625370201578215737326552318576355
409895403323638231921989217117744946940367829618592080340386757583
411151882417743914507736638407188048935825686854201164503135763335
550944031923672034865101056104987272647213198654343545040913185951
314518127643731043897250700498198705217627249406521461995923214231
443977654670835171474936798618655279171582408065106379950018429593
879915835017158075988378496225739851212981032637937621832245659423
668537679911314010804313973233544909082491049914332584329882103398
469814171575601082970658306521134707680368069532297199059990445120
908727577622535104090239288877942463048328031913271049547859918019
696783532146444118926063152661816744319355081708187547705080265402
529410921826485821385752668815558411319856002213515888721036569608
751506318753300294211868222189377554602722729129050429225978771066
787384000061677215463844129237119352182849982435092089180168557279
815642185819119749098573057033266764646072875743056537260276898237
325974508447964954564803077159815395582777913937360171742299602735
310276871944944491793978514463159731443535185049141394155732938204
854212350817391254974981930871439661513294204591938010623142177419
918406018034794988769105155790555480695387854006645337598186284641

9905220452803306263695626490910827627115903856995051246529996062855443838330327638599800792922846659503551211245284087516229060262011857775313747949362055496401073001348853150735487353905602908933526400713274732621960311773433943673385759124508149335736911664541281788171454023054750667136518258284898099512139193995633241336556777098003081910272040997148687418134667006094051021462690280449159646545330107754695413088714165312544813061192407821188690056027781824235022696189344352547633573536485619363254417756613981703930632872166905722259745209192917262199844409646158269456380239502837121686446561785235565164127712826918688615572716201474934052276946595712198314943381622114006936307430444173284786101777743837977037231795255434107223445512555589998646183876764903972461167959018100035098928641204195163551108763204267612979826529425882951141275841262732790798807559751851576841264742209479721843309352972665210015662514552994745127631550917636730259462132930190402837954246323258550301096706922720227074863419005438302650681214142135057154175057508639907673946335146209082888934938376439399256900604067311422093312195936202982972351163259386772241477911629572780752395056251581603133359382311500518626890530658368129988108663263271980611271548858798093487912913707498230575929091862939195014721197586067270092547718025750337730799397134539532646195269996596385654917590458333585799102012713204583903200853878881633637685182083727885131175227769609787962142372162545214591281831798216044111311671406914827170981015457781939202311563871950805024679725792497605772625913328559726371211201905720771409148645074094926718035815157571514050397610963846755569298970383547314100223802583468767350129775413279532060971154506484212185936490997917766874774481882870632315515865032898164228288232746866106592732197907162384642153489852476216789050260998045266483929542357287343977680495774091449538391575565485459058976495198513801007958010783759945775299196700547602252552034453988712538780171960718164078124847847257912407824544361682345239570689514272269750431873633263011103053423335821609333191218806608268341428910415173247216053355849993224548730778822905252324234861531520976938461042582849714963475341837562003014915703279685301868631572488401526639835689563634657435321783493199825542117308467745297085839507616458229630324424328237737450517028560698067889521768198156710781633405266759539424926280756968326107495323390536223090807081455919837355377748742029039018142937311529334644468151212945097596534306284215319445727118614900017650558177095302468875263250119705209476159416768727784472000192789137251841622857783792284439084301181121496366424659033634194540657183544771912446621259392656620306888520055599121235363718226922531781458792593750441448933981608657900876165024635197045828895481793756681046474614105142498870252139936870509372305447734112641354892806841059107716677821238332810262185587751312721179344448201440425745083063944738363793906283008973306241380614589414227694747931665717623182472168350678076487573420491557628217583972975134478990696589532548940335615613167403276472469212505759116251529654568544633498114317670257295661844775487469378464233737238981920662048511894378868224807279352022501796545343757274163910791972952950812942922205347717304184477915673991738418311710362524395716152714669005814700002633010452643547865903290733205468338872078735444762647925297690170912007874183736735087713376977683496344252419949951388315074877537433849458259765560996555954318040920178497184685497370696212088524377013853757681416632722412634423982152941645378000492507262765150789085071265997036708726692764308377229685985169122305037462744310852934305273078865283977335246017463527703205938179125396915621063637625882937571373840754406468968

4783100704580613446731271591194608435935825987782835266531151065O4
1623295329047772174083559349723758552138048305090009646676088301 54
0612824308740645594431853413755220166305812111033453120745086824 33
9432159043594430312431227471385842030390106070940315235556172767 99
4160020393975099897629335325855575624808996691829864222677502360 19
3257974726742578211119734709402357457222271212526852384295874273 50
1563660093188045493338989741571490544182559738080871565281430102 67
0460284316819230392535297795765862414392701549740879273131051636 11
9137577008929564823323648298263024607975875767745377160102490804 62
4301856524161756655600160859121534556267602192689982855377872583 14
5144082654583484409478463178777374794653580169960779405568701192 32
8608041130904629350871827125934668712766694873899824598527786499 56
9165464029458935064964335809824765965165142090986755203808309203 23
0487342703468288751604071546653834619611223013759451579252696743 64
2531927390036038608236450762698827497618723575476762889950752114 80
4852527950845033958570838130476937881321123674281319487950228066 32
0170022460331989671970649163741175854851878484012054844672588851 40
1562725019821719066960812627785485964818369621410721714214986361 91
8774754509650308957099470934337856981674465828267911940611956037 84
5397855839240761276344105766751024307559814552786167815949657062 55
9755074306521085301597908073343736079432866757890533483669555486 80
3913433720156498834220893399971641479746938696905480089193067138 05
7171505857307148815649920714086758259602876056459782423770242469 80
5328056632787041926768467116266879463486950464507420219373945259 26
2668613552940624781361206202636498199999498405143868285258956342 26
4328707663299304891723400725471764188685351372332667877921738347 54
1480022803392997357936152412755829569276837231234798989446274330 45
4566790062032420516396282588443085438307201495672106460533238537 20
3143242112607424485845094580494081820927639140008540422023556260 21
8564348994145439950410980591817948882628052066441086319001688568 15
5169229486203010738897181007709290590480749092427141018933542818 42
9995988169660993836961644381528877214085268088757488293258735809 90
5670755817017949161906114001908553744882726200936685604475596557 47
6485674008177381703307380305476973609786543859382187220583902344 44
3508867499866506040645874346005331827436296177862518081893144363 25
1205107094690813586440519229512932450078833398788429339342435126 34
3365204385812912834345297308652909783300671261798130316794385535 72
6296998740359570458452230856390098913179475948752126397078375944 86
1139451960286751210561638976008880092746115860800207803341591451 79
7073036835196977766076373785333012024120112046988609209339085365 77
3222392412449051532780950955866459477634482269986074813297302630 97
5028812103517723124465095349653693090018637764094094349837313251 32
1862080214809922685502948454661814715557444709669530177690434272 03
1892770604717784527939160472281534379803539679861424370956683221 49
1465438014593829277393396032754048009552231816667380357183932757 07
7142046723838624617803976292377131209580789363841447929802588065 52
2129262093623930637313496640186619510811583471173312025805866727 63
9992763579078063818813069156366274125431259589936119647626101405 56
3503399523140323113819656236327198961837254845333702062563464223 95
2766943568376761368711962921818754576081617053031590728828700712 31
3666308722754918661395773730546065997437810987649802414011242142 77
3668082751390959313404155826266789510846776118665957660165998178 08
9414985754976284387856100263796543178313634025135814161151902096 49
9133548733131115022700681930135929595971640197196053625033558479 98
0963488718039111612813595968565478868325856437896173159762002419 62
1552896297904819822199462269487137462444729093456470028537694958 85
9591606789282491054412515996300781368367490209374915732896270028 65

6829344431342347351239298259166739503425995868970697267332582735590
3121288746660451461487850346142827765991608090398652575717263081833
3494441820193533385071292345774375579344062178711330063106003324055
3991693682603746176638565758877580201229366353270267100681261825177
2914608202541892885935244491070138206211553827793565296914576502044
8643282865557934707209634807372692141186895467322767751335690190155
3723669036865389161291688887876407525493494249733427181178892759933
1596719354758988097924525262363659036320070854440784544797348291800
2082044926670634420437555325050527522833778887040804033531923407688
5630109347772125639088640413101073817853338316038135280828119040833
2564401842053746792992622037698718018061122624490909242641985820866
1751177113789051609140381575003366424156095216328197122335023167422
2600567941281406217219641842705784328959802882335059828208196666244
9035857789940333152274817776952843681630088531769694783690580671066
4828083598046698841098135158654906933319522394363287923990534810988
7830274500172065433699066117784554364687723631844464768069142828000
4551074686645392805399409108754939166095731619715033166968309929466
6349142798780842257220697148875580637480308862995118473187124777299
1910070227588893486939456289515802965372150409603107761289831263588
9964893410247036036645058687287589051406841238124247386385427908288
2733827973326885504935874303160274749063129572349742611221517417155
3133618622410913869500688835898962349276317316478340077460886655599
8733382113829928776911495492184192087771606068472874673681886167500
7221017261103830671787856694812948785048943063086169948798703160511
5884108282351274153538513365895332948629494495061868514779105804699
6039069372662670386512905201137810858616188886947957607413585534588
5151768051973334433495230120395770739623771316030242887200537320999
8253008977618973129817881944671731160647231476248457551928732782822
5127182446807824215216469567819294098238926284943760248852279003622
0219386696482215628093605373178040863727268426696421929946819214900
8701707533361094791381804063287387593848269535583077395761447997277
0003472880182785281389503217986345216111066608839314053226944905455
5527867894417579202440021450780192099804461382547805858048442416400
4775031536054906591430078158372430123137511562284015838644270890711
8284816757527123846782459534334449622010096071051370608461801187544
3120725491334994247617115633321408934609156561550600317384218701577
0226103101916603887064661438897736318780940711527528174689576401588
1047016965247557740891644568677717158500583269943401677202156767722
4068128366565264122982439465133197359199709403275938502669557470233
1813203243716420586141033606524536939160050644953060161267822648944
2437397166717661231048975031885732165554988342121802846912529086100
1485527815277625623750456375769497734336846015607727035509629049399
2487088406281067943622418704747008368842671022558302403599841645955
1122485272633632645114017395248086194635840783753556885622317115522
0947223065437092606797351000565549381224575483728545711797393615755
6167641692895805257297522338558611388322171107362265816218842443177
8857488798109026653793426664216990914056536432249301334867988154888
6628665052346997235574738424830590423677143278792316422403877764333
0192600192284778313837632536121025336935812624086866699738275977366
5682227907215832478888642369346396164363308730139814211430306008733
0666164803678984091335926293402304324974926887831643602681011309577
0716141912830686577323532639653677390317661361315965553584999398600
0565155921936759977717933019744688148371103206503693192894521402655
0915465184309936553493337183425298433679915939417466223900389527677
3813330617747629574943868716978453767219493506590875711917720875477
7107189937960894774512654757501871194870738736785890200617373321077
5693302216320628432065671192096950585761173961632326217708945426211

4609858410237813215817727602222738133495410481003073275107799948991977963883530734443457532975914263768405442264784216063122769646967156473999043715903323906560726644116438605404838847161912109008701019130726071044114143241976796828547885524779476481802959736049439700479596040292746299203572099761950140348315380947714601056333446998820822120587281510729182971211917876424880354672316916541852256729234429187128163232596965413548589577133208339911288775917226115273379010341362085614577992398778325083550730199818459025958355989260553299673770491722454935329683300002230181517226575787524058832249085821280089747909326100762578770428656006996176212176845478996440705066241710213327486796237430229155358200780141165348065647488230615003392068983794766255036549822805329662862117930628430170492402301985719978948836897183043805182174419147660429752437251683435411217038631379411422095295885798060152938752753799030938871683572095760715221900279379292786303637268765822681241993384808166021603722154710143007377537792699069587121289288019052031601285861825494413353820784883465311632650407642428390870121015194231961652268422003711230464300673442064747718021353070124098860353399152667923871101706221865883573781210935179775604425634694999787251125440854522274810914874307259869602040275941178942581281882159952359658979181144077653354321757595255536158128001163846720319346507296807990793963714961774312119402021297573125165253768017359101557338153772001952444543620071848475663415407442328621060997613243487548847434539665981338717466093020535070271952983943271425371155766600025784423031073429551533945060486222764966687624079324353192992639253731076892135352572321080889819339168668278948281170472624501948409700975760920983724090074717973340788141825195842598096241747610138252643955135259311885045636264188300338539652435997416931322894719878308427600401368074703904097238473945834896186539790594118599310356168436869219485382055780395773881360679549900085123259442529724486666766834641402189915944565309423440650667851948417766779470472041958822043295380326310537494883122180391279678446100139726753892195119117836587662528083690053249004597410947068772912328214304635337283519953648274325833119144459017809607782883583730111857543659958982724531925310588115026307542571493943024453931870179923608166611305426253995833897942971602070338767815033010280120095997252222280801423571094760351925544434929986767817891045559063015953809761875920358937341978962358931125983902598310267193304189215109689156225069659119828323455503059081730735195503721665870288053992138576037035377105178021280129566841984140362872725623214428754302210909472721073474134975514190737043318276626177275996888826027225247133683353452816692779591328861381766349857728936900965749562287103024362590772412219094300871755692625758065709912016659622436080242870024547362036394841255954881727272473653467783647201918303998717627037515724649922289467932322693619177641614618795613956699567783068290316589699430767333508234990790624100202506134057344300695745474682175690441651540636584680463692621274211075399042188716127617787014258864825775223889184599523376292377915585744549477361295525952226578636462118377598473700347971408206994145580719080213590732269233100831759510659019121294795408603640757358750205890208704579670007055262505811420663907459215273309406823649441590891009220296680523325266198911311842016291631076894084723564366808182168657219688268358402785500782804043453710183651096951782335743030504852653738073531074185917705610397395062640355442275156101107261779370634723804990666922161971194259120445084641746383589938239946517395509000859479990136026674261494290066467115067175422177038774507673563742154782905911012619157555870238957001405117822646989944917908301795475870

676016809410013583761357859135692445564776446417866711539195135769
610486492249008344671548638305447791433009768048687834818467273375
843689272431044740680768527862558516509208826381323362314873333671
476452045087662761495038994950480956046098960432912335834885999029
452640028499428087862403981181488476730121675416110662999555366819
312328742570206373835202008686369131173346973174121915363324674532
563087134730279217495622701468732586789173455837996435135880095935
087755635624881049385299900767513551352779241242927748856588856651
324730251471021057535251651181485090275047684551825209633189906852
761443513821366215236889057878669943228881602837748203550601602989
400911971385017987168363374413927597364401700701476370665570350433
812111357641501845182141361982349515960106475271257593518530433287
553778305750956742544268471221961870917856078393614451138333564910
325640573389866717812397223751931643061701385953947436784339267098
671245221118969084023632741149660124348309892994173803058841716661
307304006758838043211155537944060549772170594282151488616567277124
090338772774562909711013488518437411869565544974573684521806698291
104505800429988795389902780438359628240942186055628778842880212755
388480372864001944161425749990427200959520465417059810498996750451
193647117277222043610261407975080968697517660023718774834801612031
023468056711264476612374762785219024120256994353471622666089367521
983311181351114650385489502512065577263614547360442685949807439693
233129712737715734709971395229118265348515558713733662912024271430
250376326950135091161295299378586468130722648600827088133353819370
368259886789332123832705329762585738279009782646054559855513183668
884462826513379849166783940976135376625179825824966345877195012438
404035914084920973375464247448817618407002356958017741017769692507
781489338667255789856458985105689196092439884156928069698335224022
563457049731224526935419383700484318335719651662672157552419340193
309901831930919658292096965624766768365964701959575473934551433741
370876151732367720422738567427917069820454995309591887243493952409
444167899884631984550485239366297207977745281439941825678945779571
255242682608994086331737153889626288962940211210888442737656862452
761213037101730078513571540453304150795944777614359743780374243664
697324713841049212431413890357909241603640631403814983148190525172
093710396402680899483257229795456404270175772290417323479607361878
788991331830584306939482596131871381642346721873084513387721908697
510494284376932502498165667381626061594176825250999374167288395174
406693254965340310145222531618900923537648637848288134420987004809
622717122640748957193900291857330746010436072919094576799461492929
042798168772942648772995285843464777538690695014898413392454039414
468026362540211861431703125111757764282991464453340892097696169909
837265236176874560589470496817013697490952307208268288789073019001
825342580534342170592871393173799314241085264739094828459641809361
413847583113613057610846236683723769591349261582451622155213487924
414504175684806412063652017038633012953277769902311864802006755690
568229501635493199230591424639621702532974757311409422018019936803
502649563695586642590676268568737211033915679383989576556519317788
300024161353956243777784080174881937309502069990089089932808839743
036773659552489130015663329407790713961546453408879151030065132193
448667324827590794680787981942501958262232039513125201410996053126
069655540424867054998678692302174698900954785072567297879476988883
109348746442640071818316033165551153427615562240547447337804924621
495213325852769884733626918264917433898782478927846891882805466998
230368993978341374758702580571634941356843392939606819206177333179
173820856243643363535986349449689078106401967407443658366707158692
452118299789380407713750129085864657890577142683358276897855471768

7184427726120509266486102051535642840632368481807287940717127966820060727559555904040233178749447346454760628189541512139162918444297651066947969354016866010055196077687335396511614930937570968554559381513789569039251014953265628147011998326992200066392875374713135236421589265126204072887716578358405219646054105435443642166562244565042999010256586927279142752931172082793937751326106052881235373451068372939893580871243869385934389175713376300720319760816604464683937725806909237297523486702916910426369262090199605204121024077648190316014085863558427609537086558164273995349346546314504040199528537252004957805254656251154109252437991326262713609099402902262062836752132305065183934057450112099341464918433323646569371725914489324159006242020612885732926133596808726500045628284557574596592120530341310111827501306961509835515632004310784601906565493806542525229161991819959602752327702249855738824899882707465936355768582560518068964285376850772012220347920993936179268206590142165615925306737944568949070853263568196831861772268249911472615732035807646298116244013316737892788689229032593349861797021994981925739617673075834417098559222170171825712777534491508205278430904619460835217402005838672849709411023266953921445461066215006410674740207009189911951376466904481267253691537162290791385403937560077835153374167747942100384002308951850994548779039346122220865060160500351776264831611153325587705073541279249909859373473787081194253055121436979749914951860535920403830235716352727630874693219622190064260886183676103346002255477477813641012691906569686495012688376296907233961276287223041141813610060264044030035996988919945827397624114613744804059697062576764723766065541618574690527229238228275186799156983390747671146103022776606020061246876477728819096791613354019881402757992174167678799231603963569492851513633647219540611171767387372555728522940054361785176502307544693869307873499110352182532929726044553210797887711449898870911511237250604238753734841257086064069052058452122754533848008205302450456517669518576913200042816758054924811780519832646032445792829730129105318385636821206215531288668564956512613892261367064093953334570526986959692350353094224543865278677673027540402702246384483553239914751363441044050092330361271496081355490531539021002299595756583705381261965683144286057956696622154721695620870013727768536960840704833325132793112232507148630206951245395003735723346807094656483089209801534878705633491092366057554050864111521441481434630437273271045027768661953107858323334857840297160925215326092558932655600672124359464255065996771770388445396181632879614460817789272171836908880126778207430106422524634807454300476492885553409062185153654355474125476152769772667769772777058315801412185688011705028365275543214803488004442979998062157904564161957212784508928489806426497427090579129069217807298769477975112447305991406050629946894280931034216416629935614828130998870745292716048433630818404126469637925843094185442216359084576146078558562473814931427078266215185541603870206876980461747400808324343665382354555109449498431093494759944672673665352517662706772194183191977196378015702169933675083760057163454643671776723387588643405644871566964321041282595645349841388412890420682047007615596916843038999348366793542549210328113363184722592305554383058206941675629992013373175489122037230349072681068534454035993561823576312837767640631013125335212141994611869350833176587852047112364331226765129964171325217513553261867681942338790365468908001827135283584888444111761234101179918709236507184857856221021104009776994453121795022479578069506532965940383987369907240797679040826794007618729547835963492793904576973661643405359792219285870574957481696694062334272619733518136626063735982575552496509807260123668283605928341855840

802695841377255897088378994291054980033111388460340193916612218669
605849157148573356828614950001909759112521880039641976216355937574
371801148055944229873041819680808564726571354761283162920044988031
540210553059707666636274932830891688093235929008178741198573831719
261672883491840242972129043496552694272640255964146352591434840067
586769035038232057293413298159353304444649682944136732344215838076
169483121933311981906109614295220153617029857510559432646146850545
268497576480780800922133581137819774927176854507553832876887447459
159373116247060109124460982942484128752022446259447763874949199784
044682925736096853454984326653686284448936570411181779380644161653
122360021491876876946739840751717630751684985635920148689294310594
020245796962292456664488196757629434953532638217161339575779076637
076456957025973880043841580589433613710655185998760075492418721171
488929522173772114608115434498266547987258005667472405112200738345
927157572771521858994694811794064446639943237004429114074721818022
482583773601734668530074498556471542003612359339731291445859152288
740871950870863221883728826282288463184371726190330577714765156414
382230679184738603914768310814135827575585364359772165002827780371
342286968878734979509603110889919614338666406845069742078770028050
936720338723262963785603865321643234881555755701846908907464787912
243637555666867806761054495501726079114293083128576125448194444947
324481909379536900820638463167822506480953181040657025432760438570
350592281891987806586541218429921727372095510324225107971807783304
260908679427342895573555925272380551144043800123904168771644518022
649168164192740110645162243110170005669112173318942340054795968466
980429801736257040673328212996215368488140410219446342464622074557
564396045298531307140908460849965376780379320189914086581466217531
933766597011433060862500982956691763884605676297293146491149370462
446935198403953444913514119366793330193661766365255514917498230798
707228086085962611266050428929696653565251668888557211227680277274
370891738963977225756489053340103885593112567999151658902501648696
142720700591605616615970245198905183296927893555030393468121976158
218398048396056252309146263844738629603984892438618729850777592879
272206855480721049781765328621018747676689724884113956034948037672
703631692100735083407386526168450748249644859742813493648037242611
670426687083192504099761531907685577032742178501000644198412420739
640013960360158381056592841368457411910273642027416372348821452410
134771652960312840865841978795111651152982781462037913985500639996
032659124852530849369031313010079997719136223086601109992914287124
938854161203802041134018888721969347790449752745428807280350930582
875442075513481666092787935356652125562013998824962847872621443236
285367650259145046837763528258765213915648097214192967554938437558
260025316853635673137926247587804944594418342917275698837622626184
636545274349766241113845130548144983631178978448973207671950878415
861887969295581973325069995140260151167552975057543781024223895792
578656212843273120220071673057406928686936393018676595825132649914
595026091706934751940897535746401683081179884645247361895605647942
635807056256328118926966302647953595109712765913623318086692153578
860781275991053717140220450618607537486630635059148391646765672320
571451688617079098469593223672494673758309960704258922048155079913
275208858378111768521426933478692189524062265792104362034885292626
798401395321645879115157905046057971083898337186403802441751134722
647254701079479399695355466961972676325522991465493349966323418595
145036098034409221220671256769872342794070885707047429317332918852
389672197135392449242617864118863779096281448691786946817759171715
066911148002075943201206196963779510322708902956608556222545260261
046073613136886900928172106819861855378098201847115416363032626569

928342415502360097804641710852553761272890533504550613568414377585
442967797701466029438768722511536380119175815402812081825560648541
078793359892106442724489861896162941341800129513068363860929410008
313667337215300835269623573717533073865333820484219030818644918409
372394403340524490955455801640646076158101030176748847501766190869
294609876920169120218168829104087070956095147041692114702741339005
225334083481287035303102391969997859741390859360543359969707560446
013424245368249609877258131102473279856207212657249900346829388687
230489556225320446360263985422525841646432427161141981780248259556
354490721922658386366266375083594431487763515614571074552801615967
704844271419443518327569840755267792641126176525061596523545718795
667317091331935876162825592078308018520689015150471334038610031005
591481785211038475454293338918844412051794396997019411269511952656
491959418997541839323464742429070271887522353439367363366320030723
274703740712398256202466265197409019976245205619855762576000870817
308328834438183107005451449354588542267857855191537229237955549433
341017442016960009069641561273229777022121795186837635908225512881
647002199234886404395915301846400471432118636062252701154112228380
277853891109849020134274101412155976996543887719748537643115822983
853312307175113296190455900793806427669581901484262799122179294798
734890186847167650382732855205908298452980625925035212845192592798
659350613296194679625237397256558415785374456755899803240549218696
288849033256085145534439166022625777551291620077279685262938793753
045418108072928589198971538179734349618723292761474785019261145041
327487324297058340847111233374627461727462658241532427105932250625
530231473875925172478732288149145591560503633457542423377916037495
250249302235148196138116256391141561032684495807250827343176594405
409826976526934457986347970974312449827193311386387315963636121862
349726140955607992062831699942007205481152535339394607685001990988
655386143349578165008996164907967814290114838764568217491407562376
761845377514403147541120676016072646055685925779932207033733339891
636950434669069482843662998003741452762771654762382554617088318981
086880684785370553648046935095881802536052974079353867651119507937
328208314626896007107517552061443378411454995013643244632819334638
905093654571450690086448344018042836339051357815727397333453728426
337217406577577107983051755572103679597690188995849413019599957301
790124019390868135658553966194137179448763207986880037160730322054
742357226689680188212342439188598416897227765219403249322731479366
923400484897605903795809469604175427961378255378122394764614783292
697654516229028170110043784603875654415173943396004891531881757665
050095169740241564477129365661425394936888423051740012992055685428
985389794266995677702708914651373689220610441548166215680421983847
673087178759027920917590069527345668202651337311151800018143412096
260165862982107666352336177400783778342370915264406305407180784335
806107296110555002041513169637304684921335683726540030750982908936
461204789111475303704989395283345782408281738644132271000296831194
020332345642082647327623383029463937899837583655455991934086623509
096796113400486702712317652666371077872511186035403755448741869351
973365662177235922939677646325156202348757011379571209623772343137
021203100496515211197601317641940820343734851285260291333491512508
311980285017785571072537314913921570910513096505988599993156086365
547740355189816673353588004821466509974143376118277772335191074121
757284159258087259131507460602563490377726337391446137703802131834
744730111303267029691733504770163210661622783002726928336558401179
141944780874825336071440329625228577500980859960904093631263562132
816207145340610422411208301000858726425211226248014264751942618432
585338675387405474349107271004975428115946601713612259044015899160

022982780179603519408004651353475269877760952783998436808690898919
783969353217998013913544255271791022539701081063214304851137829149
851138196914304349750018998068164441212327332830719282436240673319
655469267785119315277511344646890550424811336143498460484905125834
568326644152848971397237604032821266025351669391408204994732048602
162775979177123475109750240307893575993771509502175169355582707253
391189233407022383207758580213717477837877839101523413209848942345
961369234049799827930414446316270721479611745697571968123929191374
098292580556195520743424329598289898052923336641541925636738068949
420147124134052507220406179435525255522500874879008656831454283516
775054229480327478304405643858159195266675828292970522612762871104
013480178722480178968405240792436058274246744307672164527031345135
416764966890127478680101029513386269864974821211862904033769156857
624069929637249309720162870720018983542369036414927023696193854737
248032985504511208919287982987446786412915941753167560253343531062
674525450711418148323988060729714023472552071349079839898235526872
395090936566787899238371257897624875599044322889538837731734894112
275707141095979004791930104674075041143538178246463079598955563899
188477378134134707024674736211204898622699188851745625173251934135
203811586335012391305444191007362844756751416105041097350585276204
448919097890198431548528053398577784431393388399431044446566924455
088594631408175122033139068159659251054685801313383815217641821043
342978882611963044311138879625874609022613090084997543039577124323
061690626291940392143974027089477766370248815549932245882597902063
125743691094639325280624164247686849545532493801763937161563684785
982371590238542126584061536722860713170267474013114526106376538339
031592194346981760535838031061288785205154693363924108846763200956
708971836749057816308515813816196688222204757043759061433804072585
386208356517699842677452319582418268369827016023741493836349662935
157685406139734274647089968561817016055110488097155485911861718966
802597354170542398513556001872033507906094642127114399319604652742
405088222535977348151913543857125325854049394601086579379805862014
336607882521971780902581737087091646045272797715350991034073642502
038638671822052287969445838765294795104866071739022932745542678566
977686593992341683412227466301506215532050265534146099524935605085
492175654913483095890653617569381763747364418337897422970070354520
666317092960759198962773242309025239744386101426309868773391388251
868431650102796491149773758288891345034114886594867021549210108432
808078342808941729800898329753694064496990312539986391958160146899
522088066228540841486427478628197554662927881462160717138188018084
057208471586890683691939338186427845453795671927239797236465166759
201105799566396259853551276355876814021340982901629687342985079247
184605687482833138125916196247615690287590107273310329914062386460
833337863825792630239159000355760903247728133888733917809696660146
961503175422675112599331552967421333630022296490648093458200818106
180210022766458040027821333675857301901137175467276305904435313131
903609248909724642792845554991349000518029570708291905255678188991
389962513866231938005361134622429461024895407240485712325662888893
172211643294781619055486805494344103409068071608802822795968695013
364381426825217047287086301013730115523686141690837567574763723976
318575703810944339056456446852418302814810799837691851212720193504
404180460472162693944578837709010597469321972055811407877598977207
200968938224930323683051586265728111463799698313751793762321511125
234973430524062210524423435373290565516340666950616589287821870775
679417608071297378133518711793165003315552382248773065344417945341
539520242444970341012087407218810938826816751204229940494817944947
273289477011157413944122845552182842492224065875268917227278060711

675404697300803703961878779669488255561467438439257011582954666135
867867189766129731126720007297155361302750355616781776544228744211
472988161480270524380681765357327557860250584708401320883793281600
876908130049249147368251703538221961903901499952349538710599735114
347829233949918793660869230137559636853237380670359114424326856151
210940425958263930167801712866923928323105765885171402021119695706
479981403150563304514156441462316376380990440281625691757648914256
971416359843931743327023781233693804301289262637538266779503416933
432360750024817574180875038847509493945489620974048544263563716499
594992098088429479036366629752600324385635294584472894454716620929
749549661687741412088213047702281611645604400723635158114972973921
896673738264720472264222124201656015028497130633279581430251601369
482556701478093579088965713492615816134690180696508955631012121849
180584792272069187169631633004485802010286065785859126997463766174
146393415956953955420331462802651895116793807457331575984608617370
268786760294367778050024467339133243166988035407323238828184750105
164133118953703648842269027047805274249060349208295475505400345716
018407257453693814553117535421072655783561549987444748042732345788
006187314934156604635297977945507535930479568720931672453654720838
168585560604380197703076424608348987610134570939487700294617579206
195254925575710903852517148852526567104534981341980339064152987634
369542025608027761442191431892139390883454313176968510184010384447
234894886952098194353190650655535461733581404554483788475252625394
966586999205841765278012534103389646981864243003414679138061902805
960785488801078970551694621522877309010446746249797999262712095168
477956848258334140226647721084336243759374161053673404195473896419
789542533503630186140095153476696147625565187382329246854735693580
289601153679178730355315937836308224861517777054157757656175935851
201669294311113886358215966761883032610416465171484697938542262168
716140012237821377977413126897726671299202592201740877007695628347
393220108815935628628192856357189338495885060385315817976067947984
087836097596014973342057270460352179060564760328556927627349518220
323614411258418242624771201203577638889597431823282787131460805353
357449429762179678903456816988955351850447832561638070947695169908
624710001974880920500952194363237871976487033922381154036347548862
684595615975519376541011501406700122692747439388858994385973024541
480106123590803627458528849356325158538438324249325266608758890831
870070910023737710657698505643392885433765834259675065371500533351
448990829388773735205145933304962653141514138612443793588507094468
804548697535817021290849078734780681436632332281941582734567135644
317153796781805819585246484008403290998194378171817730231700398973
305049538735611626102399943325978012689343260558471027876490107092
344388463401173555686590358524491937018104162620850429925869743581
709813389404593447193749387762423240985283276226660494238512970945
324558625210360082928664972417491914198896612955807677097959479530
601311915901177394310420904907942444886851308684449370590902600612
064942574471035354765785924270813041061854621988183009063458818703
875585627491158737542106466795134648758677154383801852134828191581
246259933516019893559516796893285220582479942103451271587716334522
299541883968044883552975336128683722593539007920166694133909116875
880398882886921600237325736158820716351627133281051818760210485218
067552664867390890090719513805862673512431221569163790227732870541
084203784152568328871804698795251307326634027851905941733892035854
039567703561132935448258562828761061069822972142096199350933131217
118789107876687204454887608941017479864713788246215395593333327556
200943958043453791978228059039595992743691379377866494096404877784
174833643268402628293240626008190808180439091455635193685606304508

914228964521998779884934747772913279726602765840166789013649050874
114212686196986204412696528298108704547986155954533802120115564697
997678573892018624359932677768945406050821883822790983362716712449
002676117849826437703300208184459000971723520433199470824209877151
444975101705564302954282181967000920251561584174205933658148134490
269311151709387226002645863056132560579256092733226557934628080568
344392137368840565043430739657406101777937014142461549307074136080
544210029560009566358897789926763051771878194370676149821756418659
011616086540863539151303920131680576903417259645369235080641744656
235152392905040947995318407486215121056183385456617665260639371365
880252166622357613220194170137266496607325201077194793126528276330
241380516490717456596485374835466919452358031530196916048099460681
490403781982973236093008713576079862142542209641900436790547904993
007837242158195453541837112936865843055384271762803527912882112930
835157565659994474178843838156514843422985870424559243469329523282
180350833372628379183021659183618155421715744846577842013432998259
456688455826617197901218084948033244878725818377480552226815101137
174536841787028027445244290547451823467491956418855124442133778352
142386597992598820328708510933838682990657199461490629025742768603
885051103263854454041918495886653854504057132362968106914681484786
965916686184275679846004186876229805556296304595322792305161672159
196867584952363529893578850774608153732145464298479231051167635774
949462295256949766035947396243099534331040499420967788382700271447
849406903707324910644151696053256560586777857417472110827435774313
519406075798356362914332639781221894628744779811980722564671466405
485013100965678631488009030374933887536418316513498254669467331611
812336485439764932502617954935720430540218829748712511070400116114
058999110930624923128431154267315672188628932768161383371802
853505650359195274140086951092616754147679266803210923746708721360
627833292223864136195941213392780361182763241060047409711110481400
362334271451448333641675466354699731494756643423659493496845884558
152415075637660508663282742479413606287604129064491382851945640264
315322585862404314183866959063324506300039221319264762596269151090
445769530144054618037857503036686212462278639752746667870121003399
298487337501447560032210062235802934377495503203701273846816306102
657030087227546296679688089058712767636106622572235222973920644309
352432722810085997309513252863060110549791564479184500461804676240
892892568091293059296064235702106152464620502324896659398732493396
737695202399176089847457184353193664652912584806448019652016283879
518949933675924148562613699594530728725453246329152911012876377060
557060953137752775186792329213495524513308986796916512907384130216
757323863757582008036357572800275449032795307990079944254110872569
318801466793559583467643286887696661009739574996783659339784634695
994895061049038364740950469522606385804675807306991229047408987916
687211714752764471160440195271816950828973353714853092893704638442
089329977112585684084660833993404568902678751600877546126798801546
585652206121095349079670736553970257619943137663996060606110640695
933082817187642604357342536175694378484849525010826648839515970049
059838081210522111091943323951136051446459834210799058082093716461
452312770402316007213854372346126726099787038565709199850759563461
324846018840985019428768790226873455650051912154654406382925385127
631766392205093834520430077301702994036261543400132276391091298832
786392041230044555168405488980908077917463609243933491264116424009
388074635660726233669584276458369826873481588196105857183576746200
965052606592926354829149904576830721089324585707370166071739819448
502884260396366074603118478622583105658087087030556759586134170074
540296568763477417643105175103673286924555858208237203860178173940

π 的前百万位数字 25

517513043799486882232004437804310317092103426167499800007301609481
458637448877852227307633049538394434538277060876076354209844500830
624763025357278103278346176697054428715531534001649707665719598504
174819908720149087568603778359199471934335277294728553792578768483
230110185936580071729118696761765505377503029303383070644891281141
202550615089641100762382457448865518258105814034532012475472326908
754750707857765973254284445935304499207001453874894822655644222369
636554419422544133821222547749753549462482768053333698328415613869
236344335855386847111143049824839899180316545863828935379913053522
283343013795337295401625762322808113849949187614414132293376710656
349252881452823950620902235787668465011666009738275366040544694165
342223905210831458584703552935221992827276057482126606529138553034
554974455147034493948686342945965843102419078592368022456076393678
416627051855517870290407355730462063969245330779578224594971042018
804300018388142900817303945050734278701312446686009277858181104091
151117293748736278878749074652855654347488868310641100510230208751077689187815256227352515503795324448577872776170019648537035551676
5520911933934376286628461984402629525218367852236747510880978150709
897841308624588152266096355140187449583692691779904712072649490573
726428600521140358123107600669951853612486274675637589622529911649
606687650826173417848478933729505673900787861792535144062104536625
064046372881569823231750059626108092195521115085930295565496753886
261297233991462835847604862762702730973920200143224870758233735491
524608560821032888297418390647886992327369136004883743661522351705
843770554521081551336126214291181561530175888257359489250710887926
212864139244330938379733386780613179523731526677382085802470143352
700924380326695174211950767088432634644274912755890774686358216216
604274131517021245858605623363149316464691394656249747174195835421
860774871105733845843368993964591374060338215935224359475162623918
868530782282176398323730618020424656047752794310479618972429953302
979249748168405289379104494700459086499187272734541350810198388186
467360939257193051196864560185578245021823106588943798652243205067
737996619695547244058592241795300682045179537004347245176289356677
050849021310773662575169733552746230294303120359626095342357439724
965921101065781782610874531887480318743082357369919515634095716270
099244492974910548985151965866474014822510633536794973714251022934
188258511737199449911509758374613010550506419772153192935487537119
163026203032858865852848019350922587577559742527658401172134232364
808402714335636754204637518255252494432965704386138786590196573880
286840189408767281671413703366173265012057865391578070308871426151
907500149257611292767519309672845397116021360630309054224396632067
432358279788933232440577919927848463333977773765590187057480682867
834796562414610289950848739969297075043275302997287229732793444298
864641272534816060377970729829917302929630869580199631241330493935
049332541235507105446118259114111645453471032988104784406778013807
713146540009938630648126661433085820681139583831916954555825942689
576984142889374346708410794631893253910696395578070602124597489829
356461356078898347241997947856436204209461341238761319886535235831
299686226894860840845665560687695450127448663140505473535174687300
980632278046891224682146080672762770840240226615548502400895289165
711761743902033758487784291128962324705919187469104200584832614067
733375102719565399469716251724831223063391932870798380074848572651
612343493327335666447335855643023528088392434827876088616494328939
916639921048830784777704804572849145630335326507002958890626591549
850940797276756712979501009822947622896189159144152003228387877348
513097908101912926722710377889805396415636236416915498576840839846
886168437540706512103906250612810766379904790887967477806973847317

047525344215639038720123880632368803701794930895490077633152306354
837425681665336160664198003018828712376748189833024683637148830925
928337590227894258806008728603885916884973069394802051122176635913
825152427867009440694235512020156837777885182467002565170850924962
374772681369428435006293881442998790530105621737545918267997321773
502936892806521002539626880749809264345801165571588670044350397650
532347828732736884086354000274067678382196352222653929093980736739
136408289872201777674716811819585613372158311905468293608323697611
345028175783020293484598292500089568263027126329586629214765314223
335179309338795135709534637718368409244442209631933129562030557551
734006797374061416210792363342380564685009203716715264255637185388
957141641977238742261059666739699717316816941543509528319355641770
566862221521799115135563970714331289365755384464832620120642433801
695586269856102246064606933079384785881436740700059976970364901927
332882613532936311240365069865216063898725026723808740339674439783
025829689425689674186433613497947524552629142652284241924308338810
358005378702399954217211368655027534136221169314069466951318692810
257479598560514500502171591331775160995786555198188619321128211070
944228724044248115340605589595835581523201218460582056359269930347
885113206862662758877144603599665610843072569650056306448918759946
659677284717153957361210818084154727314266174893313417463266235422
207260014601270120693463952056444554329166298666078308906811879009
081529506362678207561438881578135113469536630387841209234694286873
083932043233387277549680521030282154432472338884521534372725012858
974769146080831440412586818154004918777228786980185345453700652665
564917091542952275670922221747411206272065662298980603289167206874
365494824610869736722554740481288924247185432360575341167285075755
205713115669795458488739874222813588798584078313506054829055148278
529489112190538319562422871948475940785939804790109419407067176443
903273071213588738504999363883820550168340277749607027684488028191
222063688863681104356952930065219552826152699127163727738841899328
713056346468822739828876319864570983630891778648708667618548568004
767255267541474285102814580740315299219781455775684368111018531749
816701642664788409026268282444825802753209454991510451851771654631
180490456798571325752811791365627815811128881656228587603087597496
384943527567661216895926148503078536204527450775295063101248034180
458405943292607985443562009370809182152392037179067812199228049606
973823874331262673030679594396095495718957721791559730058869364684
557667609245090608820221223571925453671519183487258742391941089044
411595993276004450655620646116465566548759424736925233695599303035
509581762617623184956190649483967300203776387436934399982943020914
707361894793269276244518656023955905370512897816345542332011497599
489627842432748378803270141867695262118097500640514975588965029300
486760520801049153788541390942453169171998762894127722112946456829
486028149318156024967788794981377721622935943781100444806079767242
927624951078415344642915084276452000204276947069804177583220909702
029165734725158290463091035903784297757265172087724474095226716630
600546971638794317119687348468873818665675127929857501636341131462
753049901913564682380432997069577015078933772865803571279091376742
080565549362464641260024379684543777339026472512819416320076848736
251764065967540693621758879307855916478777274739272002910342949562
447661308200729250734529170764226621047673037863169954237455117456
522022783324096803524667663190861011206745856287317413511162292078
865132941244815471628182079877168346341322362234117788231027659825
109358892359162055108763298087993165172528938001237817434896832151
590562493347370206832232100118637395770567473867102173212375224325
241626358034376253606808669163571594551527817803921774322823436633

772811186390511893075901666650742952758384008544635419317190531363
659724905158409106582201814734799022359067138146905116051922301269
482316113417439944714833040862484269139502336713412425123864026657
258130943967621939655407386524229897879782198637918299709557924747
320303239116410445906907977862315518349593035305923789817515891457
650408025109479123421758482841881950138546165680301755035580054944
894884871351605375593402345748979516602442338321406030095937105588
457052515704266284600354402823678768550982678161765520375795655481
677896038927498355608791541177749423573400764161093294003899982199
267257086957326068774974224802023307525187650255968420760693229988
587579898896460744381788170081548895226516722834045277219106991415
764639485231126794730865803195076455197675628957428881796812090026
387145257858315277615109088631740243695680567873015235427804793414
266495223833707117511265375503942372098784668049139473446530714079
622597287130503077258714875570502582573466866613802351426056116197
405543436548698005444879295970287590352258409782683598666446586045
694241390729095266249932902973440568160683805726626057277088407073
471496060064561454070734432782514087474275506722304845357006092214
390002992981608211717047917614505191008132670375214930740567853311
106058352912781007391749949197845112915913681107394055175208019630
539350740248509553772500367054665162330430425087442324262404632115
078997336929985407041656261041976700202415094892411856092409637604
429612002364590706449770627207919019235964807048923636979860198283
087284228564752353162882791324295524814447505521909672046080689545
181712204930321853740627247421519740305769043602686360780792004776
232429551829473522027244376339027721392087767065716241639751785859
254426923428535274328856336850789651962072519416556061870370550218
462845434257850383000095374518292958440464918838685793483961151297
160581665745096703677495836666693121881763679644943617130416037243
050658485131749264055855194018005180908475211868224616976149243238
319486434415908558011073070311201502243416073157929528752936835820
397003389112114170685219366589789459503154389589015303827143001929
589074149943592894083097077078362875914484037045038618966975811201
852319231868659968038583812370329156207578835948780941688205531605
128190152647592807574958154564221341459378167056992868299895611982
353837157880480478704584175394665497690173220310890070303362911767
308448450372145669644401469545173857434157810158618783839278552609
399130570255575559060947051498093487773320072797573038245989466809
680822221348485873822999281794090825665209581655472475244566743697
594474686376332428904269776106791933910983300422310293728298798903
209391092682836306173610173878123679898645149311702437128285882630
486298884492207415640607147059137405524665756971870217355287245439
427714809179364437650637861861324348635797411258520863459927803688
792498354363298457687650165065115345008695721239507544785683173631
557153527046524235259737513408825461609661440746675514226836031959
801072152463551069171871335731685485631280857834435623670959650949
946968820661185118086034202821331801249410991502601435450017432730
793625113070298250499417994284451146479329154599555909587807621636
668591791065435966065253525320273650725989121255686842802077246487
722010996631829559552903393312284364864475973560859840760947298389
542433932623153239918981852264180831296333546356874828863465618504
810632288805596737844562000941465603499280879405115310057587129552
571964111506850340773710604380371259575596985949362058477512026354
947347534748189262254190352671614429284899857536740692165271630086
060654373736823556588626486343689153218095572204456777137368310458
075584529612832832606319629728527966674362974800821318627921869044
284342630735760703999669430789508147269730253817375694922751795354

326156912040594832860949992366412287881226419148504856328072066418
557059520375030322916894489427578306090910852410601400683274205583
969773823150734996108758763704255564964086855071942256344966732430
656259250474581762733281816017019698166542426378763601453035946538
450325476674999737340835665138186025156520283637389171016545414882
674448009105704186162626837971120886141357279611099088292970229692
128180978798951391504270936786444983196420134566833908775943006442
485623012124614511697921939634409508083229281294270436599146482749
984375942113020418297308417178813090379558545603247170819195302771
465794555475544754284434408139388908609776017857389307518661906505
018077165001840744325854024184360501118242990702323417243674525365
349594799063334540754371812699399833719218485418735979845348934592
268515068182662490078029335012658824974226241885352526636702827662
499349829488748331061764208429016923052899608978604130065109028179
805040587107671179041130217482796682353001960220253185576789843317
586806378359968791601538922220236575765581586611409199394861599209
159917553341783033347643131635012705390697079326567812415906434284
721360235218236741214733124499944334155915274315931687477882533155
092770336202901222597794809855392200064527162280855398278906584233
447552821276517650572663267691141075034845871896996434875775138479
148183635100621466818585096348887081456976722020167991199462417776
688907917136865945960726468538810778783002161368276697026223459418
737476733537998884403427046803042551694127158739320398444374604547
816113056625176412759821181939661101850562880555942566060032312116
180994622129301002470913347150682268430458680300904242861682025562
140946087900065191099495570815816505828983340739466084457565780636
690272843462018587328252924796505286681408503538519837523637451925
622795490290557907030283950104854835929834542814487304358047053315
081510503001521428117175393649133166172621235405527863308002083177
055630294963594201654333094094177196326234119387105161570101798053
551679370860291366756986097124120368583812957695307798141365700174
761356966986146068491439699573837631695824602513342108072621713601
943018087209888551415024163818325975259593165531865833117126857941
527206612218422661411825154657484878312610347834546749258308729985
447421206445095233245050877431496166555251797168020991720026409374
921907569936896330281391647208963581771735555848592706524504862516
419540550801343510323389813378302497701822754906381499964723334079
613041469739476372650869273347108415685608430921316240434629863920
841660055904598506491243505264766067600344441618186403670083774114
101094320588955598658670077863671896944089622321374034113597199133
135946553685446692367652589012108413777432482191812747847892287264
892970032371873456157981599834839100412601050746964599430331978810
634913923812490503061433407918328004063907098672596197098311265960
147473725330526853717742146554005873924623727617364905198713368067
723952570781360686683261395014329509474851594724667527201684316586
608807512768584755541184381169011622005552113484488960668259227431
319007963011587084670117654935393046563356225311244727796669005831
190616101972663073970542531439818457379449486780134618217875939076
999602029083965677287846905736401564015047696448993947541474608339
918696889271156942345492651246645507792554028105037622035967530558
601856492056062879090769453339208808849477828894851122154743230191
383245562993881020614490266876010207753210915684977830740859649857
967152617010039475494539917698791323546550106407355816999409756248
149967443278429202762644189793918158394562708173301582160225519659
898769376164019861207466755048861110855726764507052622446130222335
852072273620485057289238815884938754535229186399714380884061757286
220950122506515863104258884134355431973729856217753072022629475552

483044445340434888878581170341345342522354319407877972846760181583
227097745180929342193189815812482832658950040704855206099893783900
341914163044639163880549658786501375046341695655156618298878630705
842306967660254053024811471007899784211830489010464056896539702885
595530925558636052158957375114089564905844156774937105859648014315
874614491250549253191164653821585197370093280194530320572628452658
046046337816631429933076646646530760590548962888724189716060225882
617577539922055131509377200624863085562820493575752724995567089221
634233983602565328731029194007041176919220850015116735670101958971
001797019578120892910969417754369904368202563024054822625401905696
507710581574240721496339560365270283334407305750073674562260584649
886115101689612181119058471714461068719761017456587373796740697137
423238753839030317200200207205928488785123911746471673743737923283
881966201687622191346233893762599527025672138622112458980212130501
407288904300322535504095866818724139369938193069148744717186646183
111942603161664070377316487001864799600243044003242241809402278533
309011509880870678268835317200767522553138008818780431690190072804
831799287414125476123089606833095828377667688287578688683092976001
011974533898331952588619630132917094385816615374171794496319177154
312506959853481285684619377669894277459170918802520012749905559407
289696594793331672243621567896776966708035229039018485730806275670
867658627104769409203565593025352743418965927002227049233186829991
560936413757004988537304596396152734629396974951748062696451793018
719986788537581415975799314806608557232568374305282764175670050288
040489429899580948103534833934144927885925262192415547231997143385
086637320926632728243514933640704589683852345624744361175256766987
767597223439206357507471552918102762614012992480422883990297879925
418517499129630283990729635588579890593317795908769073905646025623
533567221552259468838298452882922966275137162422172954678670715840
924184084147557582539385240963302051349704740695399567897981727860
920462286839735779815111868152659884606949758965481314651150392626
377749513761557248195116119877250344564710738513435927355538712462
375598193813214238441581929070046389771683887207916361741432497079
109658162746429717072871725142745898356897095534626820169085356108
944898407100581920302176945120771774588795519510473384184739980796
306767885845167575729904306971542642383498009870869933670912108394
453506245922432312348278549660374657188014892937945147870540607924
575900601219622123928720017215588666345734971409533721151655985757
941724419889026167016101611557834315025460328781198424027484608510
722406676778760855247617773833089502610064388350550205456324346167
859451941795669874968515244883847513618180667108316165564209369270
520611898517292617141714434655508706306063551012949400309759167799
158426049197120954322702678432654296572403272088714321999645313202
587109677165128549669962552698607311763718207498827399770601991362
093083230736838206455732563765982912578131492224220427971241441629
951265945639792759380383804782623160424325399132851123032247037561
942321733047854078576244013291717992979240783390715757981426816864
655382946847399205888631655934919867896962840447344968024077092831
376408103352255242717404107673565424441004483347440101726441052954
787296345898640501203608024451190350994974493973617181575277093780
209236668135841636268319263406714182797421342546220705415600050959
674045616840451771747952790353254932589120483385746590096781730416
000521088934610768754004241977803082885181200173369559127137714195
011361304409753279190504891583246399143483531648681548579178632935
123925552510211182788573696060276931301469661433449642302114382483
705633532793858895267672076688971274435815632088106650149568143558
796576909857765902768707453659276364975553449617308078160987103248

0137951361703677634575949756862080139963745517624251477806287222265
971455482906769295713643572152674468987889418820751292225756509143
552828874614195097862427527881571566400763721037803194043095844272
549269987169234331890022141503113998765260688761566740210197201719
602390861082974927639569541153032275460173870795625993579785302443
476716399591462317931239989986928437975702492369551587297683854005
227651495614447105971962889888157109415171701518114743513643854005
116246202131174800791983749700100471363432523281578911355450453371
905275068229156185003328469567926226208190442473340362503892792071
585960039363153368842724375366799698647934741133198328619441460653
922784099903143840354565047056789552024827176011874335643690243503
085631309559055250390492731613311734922584644609024535079190184411
299321699770451832853586480428556822208737213616490586303256368913
084103760215679927020005322355439804653119339775459044045078568021
398465009693429547310269249947586466058091669984160684646087293943
808274308285817479694172872990311013192675573897984091364253479694
943480377703364634958476862982590103470727861218623001986607987782
684245933835638919570206853521603211635230064988744600200170413056
985365154668752023859375183280372851143274811699683692849220447380
570633496618711240947835915869626858643589141359854253577688774932
743634514754488640868818030369652431755688300205860773256959716086
485415834468432489963077011371344675156930244885482077124133557732
306949458067267845235943631507872728157901573070033178796854436279
525719023623274614262868732738009497741122856237663214904653294072
026197539071740422259539242888164559796570030957141389106936845036
268231053986743753240052701534745893325679514941854537808827063457
295962169085383535370381418115573816378209032561519869745357646412
125498076005156141707298046994813593483150568116642793219335279822
714715767340186088721518799669350252700757556099719882863064285448
128275139280694702750148163289727314347348528529504604883271673978
981563678804780443602109007320727369749344630499731442571560433133
690387618100948873120713482710815889857483265854207510077953118326
861708037070935927614936782530858340482351003632166378957426202550
350116861543407379504516482896755698358935522020173679548075781909
502697981271148703431190363112246128295303820512870430929471974594
690821025634788995431771524379696211281224503426066399268852133079
196370277780448857920573046990800923440186638113252097123096476059
989947925759851008173039606822219975327301606582628527582576695078
547260349382981335825281786706085126560022688717811253597829337347
791412736284188656175920832879447410969703879854736984025458063294
835022359393543587480223989760916296250110473931169449100666907230
634693130169711820632535269244043840093724284428209709364856909468
920087371753252557030543539828727812301139808093867015474885803445
631871319602678548793893316205007675264112044390237583342724298699
654786368534102848857370254725502365663418680919038388670787907208
403619402164670121534837978151832826472578628815207101081499558980
338118961569441756761340717046538512170902123777884333649651872119
905407581877394397528364143953044245913903178813004188791887114553
148267469987055587931040240388884083850687341625071657274185134952
084963670955542450439483948045979156228282483787934152720362263369
561805556371076814888893619275742659935823559431530887933052767558
747512365065843969475604297192002319868024351719937868100361102312
568364256079597410574153628297180046497748573718378639037039015397
374911654685499716453941611216417610717145401765190565052520662277
883129045719693205990241375395983861982603205495839501675552509644
137118222561496014003023035407899209698677507867200038074267970530
307167932296015648622808518403352350170608589512912223246117830253

1636289439460736527713365116316464461990990212249224123151689927678
8558637363155260025034884878132330019101893996167027314169996265111
9457426367619650024347371727290284622097983948710659822700099549188
8776961885054326532118022194442822284251525561411874340180419461411
3945147128725275923912559644373568339728963312676782349103563329611
2947191015157143115795490933903261411918654752376247215311020793691
1158487422058227473432017355850771224379698579654915806279502740977
7168861148076163151618553068566924571717692204436684331273989337944
1116297224516999854685622157024175947117699529165502116855001089855
7619346394559088262707753114657752238846343519376539734984802454977
6076024403080844890106838786972612370978357824516680117148598367944
0552904619826216566917202742628548239339600182545994092543081696911
0329784112340228856001905493427502231852947128296096939768137341977
7042781213001473286776057194059699792755124617184349569856417128722
4811834654206423187145518241528676305675131162677177350617511245466
3387994265291270105789956718057214365579183506917779307040757329044
3974949958224106238105149176502385041827300966201717509405908054088
9572837554063551522199658207573513157075923615398639459211155864000
0988097552610538382568992721584785041746065161511337883360976012111
4848700556016581249247068256844272045472896309420306650445298646222
3594226008554991589149953606498428034579492757009497959450602378777
5019470624632394954957823082283066840818802521076639074230973720911
6285337176806216446935432317917855305833171420847988630340846572644
2693955700268576057539347888587094600582723230519108117514234912688
7336585960799891732928915896001815091816337400806035475200051511755
1029012299248709615459280262060761698272181029167315548929423740855
1967433079166078499055782101935713662435990883613859808516156417477
6946054785540081953530670803089697630452946868233210532878237438944
4115685176271711636309401479909649456354592950130739003626821007322
6370082356150691269643183351716254390304698989314261544263595113633
4660573786549512445747526216789547036289048304849968040377225134311
9373734412366185869445880640185840731476337929403863404359194198722
3552630156546080518686760680431608451284591604244132698791253856022
9915996727876619519505317648831346932573668946443825581391084862099
6637426745798313012223438725831244220330945714575414704792938758588
2389977385152135237238955966431223564326262860114748908681715928100
6687270840082033771869215352352692634722680908259898898400262081522
1782826112293131182086600709968603654098183268075582477670695041099
9758614362435521619453530292002546673679964850433731334952082107511
1992589266389956475698587079018561237915788643744690378715095001122
5502100388453119236529655994619004748466206423479423296700605290033
7091755781887081935221468714272352776325598980869487211138459800144
1238421638278244127365424467488333816797162011288619141540193671299
0947899026466664431560983729615019686242282506723061667209435465714
2514930864248877859868275958874906507726025095182953676518118236866
1694472436078376429476246922631949892196464406831692876616150605088
1384631941511620257790786307180123115945860389656252655422334623444
5450739478869026815949751311688514369452102168831904461686297633255
2298638518188500492869357276476682385556463655449640063176482855755
7858666102285515648599088209586894443625469867952382268611596991000
5636608292679153375381606611224786953132615853187176388598937792911
8890299879387981000369730784895927062541048485931585432339568310422
3902990702634437978756918554340897644076013084448197862650794764400
8301349424358342818859152592934714363175337495897010728735012707888
9804816350456766676932075530518404324461007403216764718360837084755
0651269307076608498252990003178503058536821395127350386382460564255
1033777558098646433980171862081426630741725922260005110913426810744

670129014301654101064933212283790827515001003530015654597508323772
965439697382047741626571065740821649960626227496187953347907065988
974871779564334064841745645747906925170149499810095353413548908754
836327579522407206986291024671703579251441766703886609906985726260
581240825336225218992000418975745765315123000064445715931701771688
635483333051921582055946117357716321132233931965320386199005116178
171334001070576652689919708169202219464704323795356411866063920558
609034457064151797782145054722278852987210197858846070047420028468
873795844228949974333656271877991721137916164492541329715652879529
532639759538535920950138633380507561369530899547584883024261962758
985941513780515805025767540401785795852448831172105089277089227273
431973823884687307168230248788688585510108073522781405371406520758
107270848167263977098731455162646911423286103036932984330300323676
162714264067587806731883971515002798163374779078775038307986759404
591073921034587404219617034925808189907205961291586420202885734009
114955238865107911371495334639763988183948804530075074740372280936
820535430494951948332833470075161979008687285439962981575605891637
624723069162871111137676086480323752459664930411753946136464337804
671165055504670671836221285795048067165630427626711429999113487698
447050370637900181096888629721757951732433802780617470496302042492
916619171886243355599282093243919445711886321556320161654247055375
938696624656334121541014032286990930159132885808831241242882876373
872742838038590710292748633351503090445328052597795658920554562434
297982794134891756382400771612173324736428540160610044337641457220
785921715591401037832020132133833096380778904095723810558829392796
374381660686835195059277019515361601722158904287856784820682919441
698718192862730827044416303962547130532843883379133747687358261221
162583602728961624559041896770247453827583966522993712351630489833
012421417455788591594256059792427721819908556279848605617453684478
923796907975594555154646853163024462325674034895845462256744858202
042457391994253094264224504202689038150152683602412559807597523648
162809304891274615119623154611400822056396780658535407668688227542
650381225999162076017089556747446524234452017661650325945665912966
786324621379919222961458671422482492880647680321086477994100410060
033906792752373625460277429600734788038356687522003482457694908456
862696057715701919174892260635208129738797443835483286136939562450
392976805783223402171676555917766840375723484409461762931288492689
936871389838822271060279037990019045583360079739277410926655739233
147025909233890654388422351324115388018559234956139930223919645050
450369352927011566305153351918641864823442499919272027295345959906
304872360804159576002966812111683172366038110542803591445720248256
456105714055462420821343520948108417158289572445072063546816002305
120140848054358742526171017681853883557558717415424775449772221419
261315525269109175563331932322243218525422182729149159810583689702
503522813002141192486014248068079753699647771939490680468355280834
732761030604940973309169031678309793463661183278453186871646268073
883365670456601042376850580139507443647963922284112697945134773004
924987864965636794909929132712528977651918175427962806084932375520
815361113240339713165504391887960198382138585000773242461778849187
581459642642337889793330819488160040113126525635693244659398400636
890315254722923991414474377069633893576192603918924793631780083102
611419548543605157787160049557886565797066588551042882466363057207
778902266777042512681571979533225107638903681976284402861025880539
233932947467202408854127649238644760216116262082421299166036229918
492378223630098347811952291382184732634228575912097980547828525059
183798336801787411242644746002256241498069140074097972102327853957
561512834580616541111792671042799057939449713494632895045651286884

7841871758020504583283874853137369113510255062010277534580943910 50
0102183397324565047288947687929892594501987507671223637918758647 20
1214966061151280487096488630562284408393694438721692120849200851 55
8381251070741955187208093746942459731172811721051928903896370394 23
5776862127668210931827636649840421249381440979598631142254364839 65
4999834790843070217643855543512574368282281530322223808347679511 13
5570148063182004532207237948918635721491062425269939946710153668 46
2341051533381426847706275852035240992079720869914537301095516415 03
3176282001969164115460268207236692552751418429969920539853433073 06
8057372380504167197221127374050789272663406388506867344585607732 66
6483845780277189114758013231055198784133652185190714606813898688 67
1031475982646112937954395266728672759948335902597445878687684964 62
6834844344141359177145877660880778453571839329371937393236408356 33
7576688468211117993505541020855618849010201600505639541687451082 20
6035554108176664605241249662244228045452432160320360194641356097 92
0019590240497929236732989245539901019801121402908686999205758917 77
1880741461222050247285857153675307478143897305717872683663601576 13
6100772286319638852646235125538077319459563567965382362499926551 80
4330796359621106745528521429026294982656755335273100468788657310 47
2466493326567927331345122955059186232937393326086077451350775309 01
5744438294873397796053228493583013618379586264803212973684748175 16
4769136621103603695091066665051717115082782009327883587225983940 46
3068376318118089044236262199881236826807857952621972166872017455 17
4726278180326830585488039709770479348310354398559078435527766760 33
1398846052715031388563324676889271045958519328951391678238577357 72
6581004798256393551935200552040800287059678249739374788605283564 93
5914978380377964960005212445834779001756042465866651998077028839 43
8516380955043049219603244360903400851746604296274309768387151945 98
2644735940234248211044757291117779587731341553609527595708986125 86
7714562523994500759380206093550248920084767332293085742222550206 45
5690239126543663578524272429056053205754030821014512382090217466 97
5797653475172501465837478848080537735150422224042957603613754324 86
1996558919392205046999821062931609675651790751322960777857553310 26
5858425760866867645355209277482755675451771699508789411805936305 24
9944967012375980065534998739666395394417017059698101512719333118 40
7679232718539539809764048527846743872316432910029065495308612833 30
2664007580129618499207022002555972156957588376168784364346792755 86
3573972253564884133060119289574642809357858081132331433115287482 17
9766039712579528900364071989233281316116404169377366280132597382 22
2374268189176489596422703380390592959649696482133114473166765041 97
6781108490966469425717069457007871264014486522428469488976172567 46
5352205061621073001019262483146821203551699501522007316384004132 03
0333242312167082685468931758436630430784350785928104478492663952 65
2398718644173380085681692321347429754583269402161253332837900960 64
8627785494126679513674045877416945596140762656625029900692267267 87
6036587137932796041848883939339346926354341548095183623323317522 937
0352102914641331275203711716675487206347389232937851072902951446 29
2741546761947942747166916030497829288961474587026499797079206387 24
0825023006425544995904011974108535167844409018806462937483544396 14
4003535233103040411784572289029581805810321237438258987027473704 01
0683777715925126453570650830092147925834989247512745362200610585 45
7599736931352970781437428413405519544467214894150574528391716037 15
4530825255583432025125424166244575245629644579107697171521470951 85
0550035505439063168825810578507463565620479146676805569843845520 27
7099697198898072337148695635670317768776378974327349282934390514 55
6706074460797047693164627812141713818274378561462197088087021064 21
1057377851471358837377388240765280451914271374881105597447183100 93

937519765980210024101251123081368260338474491087716132285766026393
884928495989823656572720426357202637482564949491262914191713064628
059566982549360326132019252804346170439028926027993140436137026582
012131285148815857311178210413103357288871817295262711200081475064
026830464189887697478791731737038139991888242416994212152776045185
956711909418073734793310997092831554681656395271010461137625406644
958618385463898220899677832955011143149959368039822230371363295742
321735744647342109741491743641994731958840052638726959231836423254
918455955045343778467094704509594201202114220864191279049359945213
739248711074323149511380429379365543637217263481907571135312709307
952729522112479531498969908089466574769556512436056114200866399056
099000380302506124236077503293413472890501316772809713162683495963
409292243031195084878867103533520023712730202916592975252657039210
421496349523857085605723434621576956985134068304548331545907536471
146996824209102321431171769227738534770417794076441001301048596092
707211320523185382227444870243327103987811479127546080836115687792
151311310450083663631007517511025900280864277150209627136623974010
752884454683316182115027892643072976355761055112462033248005310599
511150543148482955343295983057427245173788652719300073232173623758
732731489091094553740270481185557199051683938745352067970859211896
407854895041094056996598871598863362077955045219321563361246853031
747054439402941829263552401554523160986825531389701880153970459625
016917966481250155593231148267300563383579726032860177847414960045
697257834956205873287301245145557634523029864814954410090788352980
120701265410952518460666201767420452573679946907719084537874820608
029048251670176619820730618331239219353569004070521549893903446593
880904750772416954365185807506649045944318886297872357160302248135
220460109063521450828063974927551284769435499620339916448879197437
902095718886320024750207910237907307296374632633667459427556378453
569136734552401489712590948036856628232100500394007310663207525728
314711519263328928520696723934717509829526021254947643301953574383
509258283111339115390633766173730772363027988986998579945016592376
906754883798892940060516282614004815046948281403308391643424865093
963545890913280595111633455036563482451915058317949808318272813479
505077271733594966337188214919283787116463903566925779942457394355
473044935559396848032790208614196815082606481092468854338332986639
074547805263629161562798803187828270745163032786390756653362197506
322424864576945975359667320060389826293000076125149479800895671245
256955982758548576901246368659494224227727177151849641751071598416
357207241224371968067203927064789427894217128426413342711831847944
133460647243141150155098551171241466824331235206284065722692606904
747919644729752832274956981963277872816259540120205380732958250049
744593080978240952991296542331849879880077168163198608651208831586
725650659441406184468374963189291374599342160348482288315828973094
216147368925585169927155311558888760072170341024458744020844342827
300467309795555666811501300338889583802314643138290026007632285034
758307808788951803139810207627889851743534782251208467594974300244
378958428956807526632036276962994601808349419949127065591308400058
626563996391104068510412820071532462564263714563557576945284927112
635577196325065896545536482125459263355257292595281499341587877651
569223119151023373440716991656476398200089698462984399775938539811
213321810328198969945792617649358297483733877523528594640351382382
306269453634581003193672502069828073843334117528315731434263989641
634712705303477569915580031181591809113788026883854757697292339888
286032302997704306662886955301210272705763395989768941024996847949
816842011992561348075644040655946238370872368881254894914879487348
086141681055211400184551700844448429484755073273664282722206336582

401745498808291301883914015680905000084954657373000327477972099175
074617859515799532022372852359204007425152256386166756203188398117
618611960221628474319079702503674592828046781785366473935600354038
278281845766947823374571138221219326167295010427069409520265028052
289859093500239449087456262053452217311940957783019536051850385496
140621825306182036518273370621119893902448897538635818099449181578
487833652886543654224830202789241704968965110417275947501781226785
814391748649424357300909171264877160595920974458114629554223100220
085120522589764778114827039426776664278274625939511743807198618722
265586504030028469146927864680031836034638172640570270742262034297
187555809938687124046562233389146465830554301315509528510972630050
805188265272685335372937338569182693717167730316118647494810424215
127915910146065697953331337740959367493264414637024275245393350301
309928336485407069840343991212452492755802997988240920664464042585
966200888741916498773027540372920421581093781471313622628866669454
742124495528490914921933719362340294337125575569988652966236450353
519202677763794248208286056893623152152317885014521313214914698685
483594470686585010981314205892676416115162109405356780736810089734
245872932705210853572676380564228840929665884477795279546710735193
295474713015079220840328232204428944678218396547110902117340725139
724757357008555312743219996751259582568063235880883884366203262266
191414934740436498000247398332092411838667429609269460701418388178
110714282439657796388439864782313715424989472583041145149526872423
618996763058816820846327437441210390552765218710735564525713360114
558045585684558650432859917676519619327114349866540777451450047307
271171479571222757201812886446440777517460328242317338533765298981
044232240467724632047951798097157602580088576897513405948054826877
288477629384645496040270370508539419092769937066804551719416040376
351180185513657545109524703460226002074174282384948178225490636599
208474903758320574467795910675566064077500934712981700581876940802
799269046059498721176341519148822518670439557310017937100046657292
180372848797971569227888839704198254565706428908985827958625659901
375968750078569853420944399597152366767355991155709006141301885395
600693305082611578831597901882912877765396964067539208084858229047
556190518637549059417647208090848523929966365377746870985680142361
370763704674236180292186795924769777652926292904179839275053432943
384476533398501228283627985150263745427966717714841975733906572871
543054321575235449320534653754238204844850884634590853386677292538
520444984413136863751894117684862613603681937363513393254080685226
921474307329134467625293226408453308449386471515618139413634350364
817794755097633925598827869036963238633034257944529229237752032874
489020040532668139354752855017464531717214599508145561364692526650
227115337381817597855795041988075485811336289154900903908060775415
757361373755988018757307536248737001291223826113438103923437231353
689889153374949378632498494176428141704528408296939917243232867725
641504837657731144933521553852300178110827616363037090205259503779
092534110470570046565251977925679331410886632640592623178893126031
528575871642421190333798725775874290129037593626972723431489357257
241883794186276864566775868692027601439805016387143520477673880900
578928363381779738845734410014996643323582225792535171105948560789
182401521998285226946509587631492471279520164467647402704689545435
103069826179991402234072854891546806842095743207506621154487626644
675798636443880232586360886918759442271521429650664161384963815027
972173071265920578266002784718140034209265693070309044570245964675
764901852781393148131509203641049845969060225314474822945707025270
436304061114455142227669366501254252372074394018277525089414329152
151705997454593125946821214351062276330331850433948895127672063729

151249368193570319104693572905276288768782500485054800597323075326
522779255241991315961791152206941968547918734156699781096702562993
993208164507174173490564339865219986639055709352119852439067986150
214486239284387398201876022854712303949459661572587509650320071247
665759381372124801134153550616754720369579105597461067112541711745
369543014719141993731972279716902116135726252431164722893666441426
212438549813623694963571282116036854416071082317751078012983042538
141908922492085953646108213956481132053160737077720760559934981503
424064077512331512158999246297497845474385785595227089267102479199
199645043040166005621762962340149282181611520504643814051201017632
797902693271222701259270816304579408695938850308858577776769880577
120277461858372818585997017721116037109827393241471979376638648431
600084157927253061164085015150016520300200142743376390418788622635
274702258984849469077694747613276391052599405660382382371636943555
470658174827307182474182726362724046239944028444473642458644475104
690299765267497344356985708539057819159958599609675061283091019474
886565075126139713632927641583491304208300950851100414074557443784
927898576072610576974181963369679075518838322017344376439805368296
268732851893953081597213840998753657746635493253113936255978954300
091191426740753859254969015797341918371040169991790094567835962857
3222447147907320456964719786315490862841233325174812784828809848761
022100974278347516462790553938519668895696510876062872957459088920
170238672074010602453894151954739328142466223126892362650272056402
643021776903189555520611271146314671703891577339006545286923272080
811157875737499103532444669361653517522124688660805939738054689486
755602588706871030811898922024217495293458219535300991561355360731
590956734699069924874268001953821752462105349862701061321590757260
240804300827868356293198384271052198354727511764233027995892687273
053118355805687527612409197424447633568095687484441045467028352365
141527656270080436309747745376780982087349803849825992488106702977
549495352282995165465598506874283176285208571961393797828505779014
996232139220462341524168238038894466242673730018965433764765036341
251828509512088864856294714398779566559280749164896256218592671541
469217676839605450082164216260561064231444357982306919657804705747
148460072968182372287977560496089158178686729363237902415792047283
646970210313975180097841598550007055364938753212574961674875872583
259925957615074339186228437988301346044540880817809685491194541193
470268965059919860410997653211196581062966550051161836517062029288
087760914984616731644268641970892306484630567545738872024760165257
760852937721093358445387107402729259191524626762353817978693064215
340131633701135735635111098141821129662210736726269615672674830775
248874448416766573702400485083937025583859101226694835806839154547
916601645691486305239359779324467255886717416048550387114903176075
537321944728305822191558078807524536969327446017473605242058646968
697577061218677619720587491045165142715495423853920232526975123495
465463090613294600566507283098728033873735155375223563183570253700
649409263808031737463485403611466000484687624231089472379165007451
797052486284672766337551730368736838564403704980661790920083171078
821049818331552614850537354075035108223939247445630109692042278844
737169688950911185736926890336659718522537770329622016708106551812
675800940852515068477579219138932138092869611953122090503801810765
874883683178827814252786261879667606821977039093260067296151275571
252786437069898354444096139173790354548518040397333137480523587910
955583040481534804539187854038243236907304310274062641777762657301
034703384021129669084818046162496487394734584412155302581522214994
582224994194195472564103175021144228086523028022134240931939327276
781959906081125986239673394589896190716797777802595116314775762640

285882625148158216439944135061960811758904619511585390826133549603
880323713522245169681180597512189590028591797390866524495280407827
130270045377437267855532504850397463757394646098408565893018482234
161498658315034660821862236058019481145549035154742662660612950268
784097547798140726823956931472487609828034508118938340409615343148
630112486764653154787584549465222275318773560890835043837081120882
441759938586466309397048117253004020305813409044745051156377054103
501416686191248525269493348297851018111472329874045396127540222219
095844050872306623268888497042234567000119497518597964940991489713
853622794588740760990432854228127730581830402494510870633698694686
740089481097539710090849476830410711529550638887652490545659994260
773886347394552511448972036104793757254472396602354774812749416069
835101314764023641949146105980556375704465155667123652568282701574
452847602207817539723371640969862649205576687615644577446446649254
773467297255570538828590789231759706768639824966294555601938731527
103627201242931201764252246448031819544683337639946131383614457041
608883422253715587835807016115602717754142472333152781356694009898
004445823899842006407489589238923892752289147329455312404247755208
380523795101239384358587754549990012720682866599985790984293038460
073296238426290797218233372747669464015269204881430422739438838386
988072365034008809524512726001361525704157749789546427459286696216
415427519072078965765676204708762910259298887712834058061317182068
879509627355230802280366588530930270461940061446449186278566424494
208162102038327611169622442138639731157130118991853169915158165025
834281284874149275360507355014927516496556894986881445782807241540
090116176936589862811374592790322578489093397688160867085700299534
572157942098099722053214575142715411220939886987456280116533207925
455196985191038428157268351201092367995242906867995456830838859301
366721852113536417244228370492060364815444971779988618739061970126
506684370640425124459951909006226082179845415139874086156189246593
084402747014710167254716016686017397691997662011119989301553540628
177813282386798739883185480936514175269040502739923269532293931036
045698425205947108776022321016774679279356253076833772206929809952
133275493410764068293696256538097982992215020076190656713323330719
175311095376967431445827047452191856565617305618532166042594645538
561688375993453276738278878122231537281113417355451707355320827604
407745254423078545374811259665463557459604327036854215738696224447
960925936750083098914000685383635881778748642710688257878740799283
418251977140842230489497915517987678274684754084928993864763498391
753924459329312913808073876500505220066666272734384454049896801183
432553499976250119217678755809806723324167826178257089116301798088
195583791075401180509621601093080422570180549297646784115387691430
708824753121723137940372365928771043455446962665999926233933298641
137100126804081160276969402287136507298106445252016551733860468650
406212924578927147227426763861426823676408516411947662651437101393
855680642700778296596804860775179492212156291738671635464988985383
575153249743158354139913221365051551384109030902755433236441202253
007704282111471419181475709618331378229434207254341031555828186693
283866836607269163836967793201021420290468133704915343805924654711
497083540122724100650394974216418866922744736899506252894502777189
894691329634675858792642352116335464746864260548561315778403611431
490269544275056480384788879432956556048443391840602027045146827824
231514065070221048519592072312004933717673835237093088565264344841
946773453824132968854306302477825543502819595717543326873583172827
933774101026347172525800055108998087920427447783853642749720654309
224796057214003306615979398156970613660983964055202876699917225472
402063960609642994542705915460007353673154988077390830015813351603

573011111410928015412280666670587855509270333850098311567628516164
924255092928303908770988934946072349028658560205422067037156804635
003826052763710823986597931848309367641656360790706605233434111377
931216120205880951461437739476835388395047212945283498654808648378
850194676769456232670199871331845545348373608451276718005678754235
887195105895652797804537834484650468146951677538136951845103083239
037496571621433079638601544816144955239351112121894430238269540578
601164673736647956520658725081592753057131343835699200489996180432
549502052195550206179277993056424583665872167535192817503344992391
833256236162650208149035578612440518344040381599135827173843373404
529744999640599186566641535612424308001626179337509214296580882832
219570578431716979462845513309683824600036989961805929879506603760
712432725597536508820386360958809040038001760475078669744332587723
215438325998399864395011449541507700972822653695839438085091284110
416290966370127424988176163441016674234005068361676482327103889422
394820253086967222925243407506026512988576358781375008510056886874
328274718732324289847733542581504162589550238544890684967676489282
970728115843511676077617260489135585109814789508429849836055936593
710532020599790443697353401662876453206371886938218978015732190762
998103612568387648387269853601294481607317618658066805968373389411
982650087326242669600240908832076226117839991574402105842789845063
036014199339283624554027683509989720421859620902016210156519223584
211948820209123783927557185605541656205455347196978661235058348962
821286082084034973119988107725904545863376610850509582385030751284
259642859749471596754259240349558609796434019664667217572372370707
851846466383706717029954169832988691247281876802738125496293898760
722340846570950989432016548760479339467946851343732630392230933179
068730316994180074048000687251365978579585994780199496523427286889
887178135161715505778391587138640405789565918232137081400587138088
365230471671271822006018608811257260339862403542067521276908921081
552260329300444101890637236591957119530302882485868478256488300525
181260810354213518122471584004627510592444870583709540835318975215
236103420408450764137674234730058822034323160474633043506281423210
829487240902594764411891032233740497947408578277622048261821951428
217981124372676625846895195106998673740227323002602615059706421527
460232699949700615823592828222978328684019972903653781681600288411
730673324496628384032435365041397536205509105219749095799860595726
941384024267555967486377429308583140664803184453153290815321549434
582880442937355680052766701800094788733588609136494945838526892791
365594342881741864555941029617929958126080970645474650902342618403
450108124033539000610734694120978386716277216137083614515110500772
011704214057510295511491370255453350206814116524476917845869435403
411879135071947286833389662476101183017004972618956118398981605390
920089117277245282732995868083801073781314001876067250126926454645
097673374700236767820135235673242624788804823436290099963301097657
305710745086213218779682807434398964835524271448757305830321802494
521092319912041786298321106456189823450495054397161803039568512653
801492251694878479554724186382786275823278212993978207428675547109
249821824468614795808140835500466875596261579061717590219271869723
784547241129855757317937479535182955842991336928140588480421571538
074685311302335494627214184400563239744587537727518071466016570650
353750000780005476100367863699111323985862132218224624643435010363
223985967017289928425234113154343262930390735953429144139338742821
872148418613127907162685826684720595466403565113327927292836704215
333378156489787872434723165771081189058811592205341344776752129774
635506551109801811454708921701244106349239492424226738349439407865
465836386859700260199154168385586155789670127220023220031686195419

7028924757421666766801524808240221111561909829095288293422784064900
3953396720086499569654470752118461343409778577773642631658691698760
2749541886831332475145315900233544095171491408135927319114619200670
7579215856331076125470709339611644150880072729394563684925327185890
1551688147209601141540566400389210281186485459504119005580079283940
7161996760030187700072991661348781038991897992779330826033333833400
5791933860125992663543506471009126063462523857434635268474929790650
7800172876659682562194685410779874218445504710482511389936542799440
5932024438989851344256726693278613295048517020426704168104239887870
7662828350193125454951010870376696381206031276179962188931877783050
2045019481204742705204573212548733903930286680853928985514539518300
7016773725339156792769039073362485903433514761178705177976647101070
5024507681616557253954820094809110586317329891753118416036402195030
4635732195947558600832082926751237884955166725064922072060974120310
2931357435374521855454983025804156517986227801646893748172397133810
1236953637358110573939105369179739293431977518803252435258608082750
5374099972101540080046979927943422345447689707580313149065499764570
2719969962803326920908915583817603213989264488023769100827420906680
0800437399250454122368497194097746704673167378878520494165644737070
1325437283139540962318133764738488941218277568760582754721153484060
4111928660919806142282295524907588525871140721341401635238119989120
7477891313975746828093424728231102189843007024439996429064445084470
8802766865394635783597863301435743073855224801180578551630030594800
3517023052917619376680448974551900622981417402254687938598091422850
8374494142946684056784478629968730373668633975101391007984558831970
1893984042058517831262556099075164256666091448576606836793744806520
9724037099333962928343483326610413687134472596294417153661683256920
9874607519349004367548712450125173882289594264322061718377059516650
6649038896234159034283659246762389215431621094739650098692570895070
5041141578197189457994851682923997676852605909408476925555603209470
3017988926182294738346886884787742147478211246290050487616242097570
2295178607339598869641860539956912742611053799648648272882147298650
4479372705114310364153995043024924890389871904738048121737057256630
7134651471541312220563195699529710744845423257854093196070374806240
3288730574037414313238215835562671427568755755136182019176330108620
8379725855115674172305047190608736162770832629644295804827975636300
8237643616154555406169800458196446706678102433478459880692484772740
8952982620451694370037112019129535311291971380175955779745321797060
8998107869799671161406472583557313852803781447946186458216347452030
9855897512317136407974683851455920414500521772122914466992786476520
0100365397889970941956779542290004143845487143488528556517630802990
2516764442476821864906215121917234256868516006058597808966236688320
0128396531227030746548182119994822538814300401681144503621167202440
4620482829677761601656378975763497955487255108091057813394203472770
4484748769898419218280856304164926029917623036263225044182962965210
5438562876070374218681400473863094501591091325421030325613511075750
5828734786562608093256450743463372334224085585816338537153069458780
2692020523950672724753690013980114964316594582971648686322048417950
2196424498327948806313464620108913932870531345561503788769211459270
2685051467713559958906322386507647782826901680360130617085698288630
3635339821664116613355480403703821003445838081505583034017971208220
4939095038566095855713953746347628324042175193426566863925591774330
7832554820703861056330126237628769817347282242509461531890702150820
0504218103977489407657214990832478528545951002467959739308411062720
5225415696493892368273581434607727598033462643125982788894418184910
7380268704496038867071864770831564787589117803543082013186565820340
3540734229283474557696514986839150397614126133607894809975591648240

906255168553679482474050984649608568188917203699873757964398001165
295270277237226019357555720232631014768692847626362851893048492690
926409854724936481814128316893832831257956621359883554452066740895
840923148625755911051962200050308020425737002899660124136355648802
803399956946560958857632199260300046853975598028765558317107063997
506660476148677763563226116127152242671096736184025291082552446153
885776660277960808983028370687781398492381254517178987577906769165
132460310875518147960012167620168554361388753511114464644596594898
628685003842938167759796191272999045913439604283622782145743849108
066267372039815968331145831327755737193964762139470369487134483796
533672088650760949443106748938628101668608093548762040629531426836
790162232434421625009619198865282501847807500930929896168789351440
485278448521019497293149122933664283836109583591179266973210503286
586371961913064985733208661524319891775175613307253369060628944014
036246735791686124190767973072153896099260914778003921829096605678
051574245394812705158278656086176628088767548528264353457929751091
037432431480490509972013400938712099679922667327456972199757397498
352955663444532434557032626027829313689388962967691490051117916415
739641516223459624143879984997239721062591045242665562829601459679
012861764153524786433047855814962571113956032515036318374506194258
790732974799065403378129323435496477095994159702169181036814733833
330641513877132215173398409381746568333237521245212042635149480179
573706485748255881296241114146469266177478173860156155696776808063
542808133926222268057358604395739162738771435084847701866265316974
888647386824309419601892875891202138727709615384880950656532073442
058984978568214481099344327143794129234072975479326476182962040361
443641127465240436917542835856614059594332610091323144864164204976
494795520171710865170698122416084821707217101649482479807749180166
663180760457163952518386095827183272086570529825589266492312740506
731234877203497799829560941063603051658168190384801114703042390182
045758372731652085922539947510938900121122194266654459086779269137
115495078966657667654609628827777519957055450729792366620852350781
689434003204754374040076217990918813510949939669431342798599215806
292704213826756214353405924672023502064258541096859551282959888016
794748534882762322608988214260279669494883399735380911531026157275
260615166467574723112673113045630210164427562827821914879246698975
320978326529216825843304790854783365426975843307795571952000101207
872401988134949844384367638270411742100369511690111801683269994661
201008605320941579019288976139784035165111599346420444148276820545
506341848306161979946027048964895243897025843417177319031533093214
798054202089619512507592936490162781474077322477257322019135045680
559997856927754305465787984285946840858678413411453824124072065675
598264826257619030338341742518485385403847037100690876508085350864
021762101015672829143567367711035116439783634404283023478073545669
143817704745089458721178783915416653092472697951952686392823300371
685067876207877548178391081973218290478799329139607887417683308186
531819994065979267822132271345963247140952946307619739674998463493
636097580672536615518078598145349535821601480260233176252015063663
993913514287751153532124112251505706572311520853765028432210158406
189825700470439171864907241208917145612024917300437993499942065866
379857873460604806192281194643315629256867108796971234962364061937
388112180207379159818010975908011327225784300250111378803495792043
918992883005162429217600337641079337196813319206758299182607848524
757117752420168349348194140053916463935218273710489150036580479259
761583436513553494384319150921462930819950183591670942530265403298
032496761584396347114353247143703922148617843828261138668855215984
613445058033026369143941743559917537871666881400452968934351987652

723008458465501565659895211301104852881693941568670635178319221855
955305000298648325444774777199550165082658896713964088988056795806
691606580609404851392801022276976156138260831907603324548465286614
649429483966773300807073200675104262514142962447145368750970687850
660059394026518778610327654702806325729906196897591887386672305110
123794932925976495748262551959273944717640092556185211857724430888
945893130457097527258670714556514236034181989031519545721886211491
710345305965784508261868074364977358317577008647587996432274454895
007809667119616215136769508530892336123866628348110293980460743553
427272442810490328075676700337727112094912843448745081356882215603
305043883517541081483037534434208412208168360581326234576775427931
619860454305044485105558004116794337671320558147058727208825360473
106496793184796373527884478852058731828660065633493256023590888983
537772507970200505414402105594610720764924409136337227897399466397
512341178836631250900614162322765702854104850679744981271814676430
841410300237525653730495276727548454599978716332533105061902402151
814681001465126285103975983941288236986211318315247764967957774419
133239479855287165302319986980239839847319817881713331034433989083
795800005131965345233833901090970444714347942650262857403151815203
546507282311838519865802936213522437975431938019834329143125027577
667543168698886028656770135003725896964458686834176473878390665444
218192358577310787002319174454287141600302682837240494643603478769
035733261881143101081321885527985897303450534403303722769151404531
823618783217199889890550829089662419765855980578341428737306480985
290782145941126494992196511361256777307699460580206407239180866900
201756956417595527211359337589791160475982315587253564456825714374
658566889820373705497045290715846973763555870609280120176978053293
579678380795022792200105201676898873254108389319250907174288810810
708623207551018480041769696826290392399839381162366384787130819320
185559267865898070985022953739494217542469625354704395473241339247
648521037611777311231385001618713047106477839324875850063619911967
787753268071392468984403882659360510854652369222619272403499121038
316226297241144083556868049980746048371359252075390170144693739164
092864863919053757393294556536775435632948953085479197356181168943
469443443643030871444254910609829482881581159563562993377947392209
785110406721664480320531067091303759488434578734398473707653747404
793080903438244339705830532695856299847938304808177975089019323978
819644747281348548648563997367907690393025212859195095945330313797
518529818662620117612609532139263391827182563275830591189372106915
776438388722784228529009122612514080523150812027262477370667161537
297962365171711830918171522805265375933737558128234864296932266784
713386959887691580950811504993633735690590084289200705482525461768
954164710778011758607143286624044830552364259377579855244869608072
673059076502488514081476189179998962929079540606916509862750703309
100886611993183653478110689500553232123231040994315669757128432110
589272907562665298306834612688174350276344573487313081278785396682
594804502445089945385062622281565720665625908071060090719474158064
342896173131515706055811399896076568427723954812062465492792246644
108673930170526784065224750410536043235086881525438218840578152295
198789560649956069827453289227327038537584520927092429466734689593
377789658067695128590449057399130794876253979899894685344867084276
328476440980465348855120943606428893738371053515595879507510368199
958600924794052205154880777749983061313790264128273715757106128173
624978364745020722775619521267432735816854961196988825831126166950
522240218811466930625749538470869958657459988789278684738719864383
790480463746222816126871276345113094783166175997075950853325746028
493740010436450345565804494429503453183381290785088833385837869771

084982066510206279570766983344517793452718037691141020755747743154
293290326295321149788262035159874125464228843952777954992895647543
471058985851590055084900569690369399463805412744078272079588120610
950182666750528291004286440115969091560260245872117456045510940768
469797368274814597904045521904841801154566347833534380881534140372
398178819077576306472338368480766171878875254440731865830501186475
632030171398339007898754244110262777492594557872631516087487025048
062038162606284156754299711008457236079436838831775697116071774760
197736299860847092256124190334430386806075160778365027891666283609
317675969553014936812797935466652393898654922082126132776378982029
467995816243987059362391705117507050493924429371228752072100479003
695203530541747026881003131427531174456246407354520013033515441611
612845306363822062031827141203471057333057060956104199977441294378
972333619529368071162946497417467460616194428419577150642124491154
067073122138420641412696715456643891594717779694935195834684336783
221413037431073429174373437635441590737738077683355454522041607558
324500141271289974101494705488647243415899129609228298624074551605
891496310210005958713471920979723983683128011017526431868611183517
017358675406492657915137405821629724201883751029772027692280780173
235365852486610373552463605197417587182349087381977451996041351604
688086082725590610482822257576746358191662903439070547597034809044
004304333317413461423454127456779872589232409091510873059202427900
149673701513477215142571480238781897278909931923211885180400304976
289387311988687633977056903190741451762975055829507905515712897726
034354672225187519472277750347806298881580276408830585887321140899
356256544526325626293042854399332825503295028936990777054902947079
622008390293221444112657382089568543447852253558437312693375479376
599430699100569908215603145081988649438948867959773652023776380526
949555871454270658517474445964682352694105685193373700491448623760
659795743742949313762849542374769629842362040406990322328625482822
335420165228291288443421575127060202153831784521856484115066939436
436446339032946286921500120033173722315945993702440466546440107095
463778627366769045642599775860341423376275925853631264370897307579
552699685031320690918306791326542030640031482455986239265759757317
759128625308946541251662284071633701497902673843253016190101372978
864695403425694557263052203876294232648064996238163085500312651680
544788556819973108967957554426839220485130919026882403377120177863
986046398002560372060692953460153673513009351664904759969041534844
228406494643578396273959796970119995996897055007139802671431539123
914611613581834068087605346672553050422397928096566221091111847789
650335190031281930814047064787403671555521140340703039890722323391
594235126529717112144915912874696964544557092280434733841013858874
280507251493201836765498654426190687675030397956939024213437475259
202844493707032198240950852874392941278159586475430366953365464650
438122955385696018708146303600068102231935356775884221706627177875
228953937497394498460688195899260579042663242818188329768257087830
890164354054641753677975214014916981613499304491042042741729907318
379698513124559586063991996596689961080050494007296397098959517574
634950113152395405436384247715767305796899780935112310127000606831
560134705616884208186210590658438546853522653099408095506864518196
431045500569852864036972272644964072209107280506565175900536331942
571882619016852091109444623049387276226013009665098018150216116189
314991755448664845101939640892424535185862966853588072370252086290
396375135442408416767961062540774535439718720220389829258815048817
462632144019324591263846776453878214900321873605288401615814676934
097243424966959679745512952152475413003838241759677554225154868903
498467584610663159419881211797133452509275307014085614263503015271

473708797902296635683001787990288084193893922491884489117670080380
387588878016977011134533491153480210658508757002551736325688200975
955274871225357182551697875315095569086898546483794843035187061492
313573402963136527912761526230610431409239565352297493261018023574
144940020107575292488958929324580351889348336232266211070472227951
789643113533222151331112813026996570565423666607124273606758337678
351910125109944370304629076346614964495599673032125852284006812886
320601384391535239320911579060473413936297323492759180894233656526
093948313364810290643586311830825965878597847150234490787476787995
667424852051040103999757103940220630691734742020896991756005288898
736759396629367401720982195418337128233932862477317196438625665314
551269922236776677708198643496799841526045194640459016395789604927
913929104349027568381726840470522981408906713149152625044175452710
112357868012989368284933913963833660781422917945543449168097066491
318845378120257962155232128839888294830960254154515830155645623132
845031741857697997991078955656799608252916553758612233838070069219
579639419837426117676769100507357501471041273917783596347944115924
160740964918923864162314431509843379999957412386084556879065017966
046590401190093106491459764550874416917093615978054671746589930170
413753904682544419849306977396303361433004032263704413884245648531
960009102403591486043419567188919858561565546577508901443177712861
645686219001284594607421607429571045831400462012463901102101932368
874623187463906390518460908247466122225868317169890636064025404893
508750600193538323584777977777184156692711224004455167705419310730
388369438797889046242175900466660910401636227006450671672563298135
619169577585613333903982775996522509904038709327898622159549437997
063064807096494177080058122705593309162118440046358937856324358641
910615400682047879016214044578771739810295260717300099121797113754
243334882266618671805934535003597940626101694558948798528738239461
925927383005865786236901271929638265926393781959687776344919278138
391527346851031712835011677541289696340176336880334761324250065479
448355160024231256646080107867025860376099390800451756260090655554
130984042735743005006687743313528206170729903389370532225467004205
889640465239361428307918540416966678324070955958770942320094156109
555343344349138543884086108248624289859619741256571704240067876712
368593537227109156704060621943472602040994139547201317552449158345
944274919192913502355834404187206974345886053833701858976572062254
668638991474061713844091114054244489241812528058737844437599033702
714432320785204641931475594758314291941697190629769790449882130801
925875904858757010280498900927646674318174193127387987919086670564
601741410451836547363921120183127264213529907507531674186041139085
079174044172658009288966400350856182993724721368434131495692957040
198130016060875412795746641903179733259392402107416767024235351742
211828571516183297681422260730902963694871330880778555666323972833
422527065650730725189030903950229751455450814134444281654143644104
921750622706436286101757171120483665814970582463578007550456264537
446280525932841567885798506901058045279756262857220830478354366813
133031723323813526470752577952330152891663952865431899957317457801
678267281460222640381899566937994842421098248974200882331114001341
044095160930831309054655031595551547397748022146240676110527161375
799862835439696657835524567007936049751876795850043478594444834874
734552599963239258820104452878957672333911085208137994842347153189
526128187510890512135465496924606655767345185717740511398090050749
322800709405692065544287992897680913853288239231274264963790719799
785249090304609585020328130118819189798753861277050983112679686721
178100609428860334160740802044853244141445794547210546989291664998
194159975081170839975855253125347930707237719482373833676065541850

211333735753571160498408863069626498901511556298277922304333498449367839151985626850432520084479855462969126299788313029363064633704503315526375204047392241570728577799880296353289006984007678189697563540217661942944247537256498457226550678735909340572389793781914608031982711392480497941100492298143175949919931032808979574725337681460617454331326448924803701346264266926317342443574270517747565067556341333600591783137637375920389020426517169186542244841360946598636267754333221729097280677212181229450177664232716733109192752337724245059080858927565564344115484438889532132702856054060064352403401177439426383149269420366767731249233446046152792228711747373206820737950407753807024875139736974872208079418362724579267158605875684373825696601528845015936360579976487955466689796317276414458267140983930260584443731183219527357824299238053046097925321759529437646696717859956554797526010481116090019255987703160369289053546421969361790098547207855125725975325768780341842823941930116764712780200132449054170687194060874864250992490041243777990256723623875213448754686801805700267716590457174167509358537466327846614717022291277538164893581403754204131631796620462601683005835840278084250847061028563214676349216441559656539951244111527225209885576318078808628374443953733638662891394399045918693562979931691320743108491238782696708173798380276007328352371305703835388120192178074557053921312504821976693406394280234533509698054521919641649696642051922322293325224980990680943829860823933868677395445267363219444015986590406652867020651004940978671302450896050636311474978975431863273763793202279530010877176844026182180038590906077029345978640932969511233853261494565585967711754424619462086741789881434778027023789183865475073672507012316459542104230368253015499272923049706500688744552908893664655148193848056374554470319717186422720965870630049834366571830309458525285629892546132607901723746233601382089476404721767102107836353063283918528942630970835241842688066639724543519498745949527236882351106475938370531361494523326299006061354420207900800784435918514238109540624635928800749174723260142829150664735646949149075313040411948746127584251725422993376561913228344136159688451230509792290809347780610001202430793367546069567188678475890291671628151047910984819968795053757476103438392892981834755913533728342888492285393965950164594229684902163576984603656667706884979061493789586623897851395030195525207115947916243038057133910441235127977174258949971813208993972409457630504381765420237749372929236666408582635630470188942847136621796280779475814106472039686900573358837832383938515643676929109532126309530237234188776377595132558571988684156351143465444921346183625820017739111963565973620917480289510711911931216161504935661400198915406771914740604502008489007852104489840715587249131814241237453147390958592854919261955127528154045555489486053043951830551638652963511435855426789578843322470303223984629694037003638667059755189622821668494721551679940102372605276192061750456049663717076263845953005334443878994432854366301464142075150267652998714841483859242046843515052858926483541295999641906383622255006162029851790807999551716142892743322162806963512162902965050345455980024292038066113122499875748777814543334957813655800830045879054556552375964308994728294156584689806294311272597554693021887912731035300216864227633661031890511086335963986070974737419552934178507801365337868776791151473833252513002371910235875886798039385529704998321830389985333735331510345804434025730422758682609723983422315017640803327317622631967565989772971839422971652277619673408573444137475914779317933398924359940581396032281346592478558756550575159428611613176739552834815080851852071547951439266728751057441386769718902087776119592459359290863839696200576865099

```
7350370590760938575244000094748229713623772159263083602213915885590
9461407406976301297086569690667624421861836355204727903533175309360
7797787984708023902185958744878960745237490562837474189310268062804
8174338130019822127770609218470081525232714598672343785431049783904
3649305860764535756025983828162540984963998318112971881438639542654
4082800861930572917995688879881825724409230860777086263513136094630
9767740997028472766829666854290845405202291900303432247189820499382
4806075163872794566894084973666516228133694882858339531350502170536
1118175021010169609373728821746838926180687188721171220320673364983
1281254572692763105648258790106857520808063392875136481758375810969
5596993384841991062692241136561171129547967778123862393493414008547
0537845837828515123279873088409373572110045860365454494530186810732
9376110867978282803436613333978053861486359437163500877119311955984
8021828992677797694091393084926892397161087516259813646427951911630
3391796129190017609532216557349110374712094579004186028992215511759
1568303624947160865051863227974295613651983035189714287602237507160
5999046852270284824202570096299382791478180154066416917925969650230
6167496772478419474142009242977297138883251166552227303389644473052
7049024147727564715409237680664165282261122166055190351049532169538
2999570174114651029984898251643905699093945986820498552525831287644
5683898434210936589431051140755538492789369974095013891988212479916
2098883924355873655545237536238906410726631365733868871501437667657
4392829832073461314039495261709530844896580056555846309523296318712
4518366166304277498527362023490678591557693622053472426111253263891
4302528937667373926286064609916642583999874647434141925962677732246
9333134089892282135236716095628251349234859268040735518153607196567
3950072069135357634343764431172490845537767032666988414491148088848
0132493025843817701187856663572935398781140646588369417283873657084
3375751044799123597365972434455742718384733620516409860393102195921
2112257203436510013963890649452967142056089086176982883163882838252
2970765818961189545729825810733945401727749783454068776411077800440
7429296639807958026689312946890891500618618418921853041643322169492
7821339211827719021675202080596726274946300280538877794596218568307
4384298925646302408906336676064738970496873626773471431934643782695
2783760286146583892789336232361603686965888599440717090143857650085
6237035707472881230042776474747037794632000554372747365847240261839
0250818502039941310950397081248122107761283245956399564073037842282
9494179041799135336533706092953580412844901956771743632655873343028
4401481499075465103281813878210907214339837454150957218087233216393
1411848854048824761331564993540303113131971438856668338021766683608
0829503236040595136775927155165679680295859733803613440693078137573
0116130026579702426559178634319436264662301868725879630575563660782
8996953634981452238866007301477118791986416066143908057772551924487
0708291097673554991120061231753618478131765439557295038545292365366
9413348562178789261547404561504523088531184389783350748069944802081
5830478029291395027421867886919801765554681814454430741911022927219
3186444074979031725993977136218099711117614689000137724070092348499
6330832030429732196758278940008466523507115511183481032014483529474
4885188632413303960676395857662392727435386476553325926113916010589
7206949121604194384362769225020408360183481182715855343925553745823
6282552372625331435969964636667825593382100917598744440271852251290
6425157453594796130527189599488847824353172256275413109599850442774
7532638887118926497707170550220105682325307115438956475830312255116
2876396883514326272862981524075588799596209804394659688932951904490
1057419141998149858790000533489612069163111754682534858290076839537
```

078651380572241506897185582776538952151358565897640730148811113373
869245888909822760229733951244135075100387258948206647854453929055
116049254655683017922363526377554626840904947800372684716102649508
826206935748463164396897896270083376303743017561945738907884810424
309285523631029835517451745446606529767081994743205995165291596008
715652115461296735413957327751678443484864598339137584856250554601
750792209883587719338601394896751483376380213903415290428362645376
374580878281537904708544575967614210377236123296196402292022895146
968811447058289309803570015041036948417054728692275197044694697292
034951969766217664143620321098749717299081440003715739281891528408
319742294373367747782587092187172252984069305556935225836786253877
699037108329877979505169169629957607026624877256111532102452287179
703093738005633540592931089018740049575133056457554686458819253443
722717048411076045834505257242917684423561001394566824566042880004
740729261916575440953365000544583331333348665819727492760012423238
225171846893069408572324615542392813887422027661693797935663441045
037115598236757714312491279623141150164528880440942390051734645637
803629395327787801636044104275918642025167711823591081249478448954
880725855125745496079956918012971317205403842490960873636213513109
752862098622426241874243578376772912641791880137675200320563326189
241018616513034810244006856808606110481129427409009375274857858586
840922973157793668860861996442907361574905330345107467921392139357
341469378267840533131992354433034607195155205700661001169301061146
455648916805009145005561378494045436931348591061841933018954548638
521986008082004028633222685779286594749900693607510578023474201503
531773730083649498916728935090935421209752074727250436661880061334
959093061140711046459924475971754240199654073065408416973523925041
563550039026440029227515519108629413672360002694120712781130876365
316152244335162266919012310171362950133169807700976703122592334099
542352764898442089109243902756481617004072173927256602429583715571
067168541418713003571310230544725937706454206437302838147841910218
688218466567138326128263780697530988608290663303966984683962467476
885114506491315186155246294792481115987311090797711529805880920928
581622770652756777195393112035731943345934347337295189941572147227
619036780043087959047999266424281962016300988837148845043980122446
245560266040861613319972328497876159317126814004045056189668690984
708239413708551813261996376889702124152313781873313001560112199565
703541410653535638452439655642672721743450531708970862034765475867
412814640719792280574469540684927959945904582090187317658661625178
733129693572624876301827480530656002946241810151431318690240874938
411242158215083730741283373100322266839576907350698817682754848177
304995391310318465327838386562671747600180627887580492540088784039
279856464964515527892734502001541003131905096271080962889523768982
872651391408194511671959166631818853373127982279478096384186330812
324934368273270884716848408230651068049840198996614184868219292371
243226293284424830236101798391004269904077447991908376102111123960
672507192997931365177067316450479862322551979702992566531510159660
459669015088706888298252728640598951425047655646438613971390930202
571945855825271392719811327758886955446292060520268767522136796682
746877587452876077863449138269956348008254414413182534720494801421
265432982967846686054377906133891020607653897467837990904198226428
291713569800434724666969930157511495371520437403191810795486894324
062290945862326245220966757449528566016465787368842465402656045769
732900129583787420171151005742659749253328682586625702458378115218
220127757607872278753625441767851681849197994949764910003693490955
081945020556381122496479676624965078580232712368944622866979631971
539024990109911767205329659201024327415836646285103519400541457190

714863882469446903822456883885007824410392501635971537484905694524
560531254037917603310165347750019986495805835536614207169974117331
055254042055211077318581045894610462735580709471466835287835222442
439519510959648019339972822544123729119753352333978820050032094830
778066283364606324667100180087066628897715761318039445308517785997
967916175623642457991318747995295187367560206724336078627831644655
047133342557745622032970583706520846148146180327955657231128913791
506107878236724170631574279086027582680483282048253059594486535530
533557360894366837877887790883577331658156656404633363117896557755
386745135965474379288244327761776652997753788443212262675878961266
383306843849005800577613730946043245733141597876165553722630161642
335345100237463536829894247824255806480766433618052377415631403789
337126999008115460840814240586928446408742389124577519366466994637
359158441193177950085848065280520451386178972329910964611770976297
169880547414864040358883927950040568096688268252678332587535835160
050579458531484837770296761832636064913660564711850804916359111816
805735686256767574836279625954231444084268694441780846545900109830
083247012732767325186296528101198756674251237185471917419644610996
381436922527648768652429643328488026710488044888015591064476982918
336443256383798347892249924247347347492558557293151861103453413733
567227462578276718755128522961571935018632517217599994227794412512
769491665964117645331130767839435875570151126833978807782308932767
292196739065650167909884959899971836201837724669791646815888400401
508326413390170244028639070088310664906834976762880088097131577264
334164705251536471773066139272240563257100139729989909559374773055
963634856006159849612535183107450428280599101135615276461371873230
740548644387095103762391293174413926799644747323618213633118585804
069936583777606558414953328326602877854696894300229268531019343019
873705871735821809800669389125076625708474659506289918468346949911
962050562881006235243400502407512125659762183568345522576684049165
251570758414614413289520970093068729022716370563859061059216969457
351312296992925835675318834452109537570173563261816644245918307191
732592805373518481830987229456262172540444189864039750384513606111
006210718088689290538855653803212319776645007978808922913907197183
215533766071468815888614665937080218118486409491244157801586964737
239095958580311735493963934232398121883858322269062273043691547964
773290362031023158462282118660828589608169094090006189644213461734
468252143386306086410764913030963038606156122694775672705661641983
226612829559405418526700993894418145266998151219653967190513843135
365503213138068242451734889475925031241924841752557403818235113902
616355370936864688471015259866820062966604332671588470284672528273
675136369158934985721514957696957393793129333387868587015586438472
121908813119471337087338232750005623992374477172103479216899958700
150469805895623651885426829398566671272305833174739467989387917984
475726396699725651509335049449623932989411838095115220273859361991
620893155937352131938012702984818829682456924664015891024522408334
073529472376766018719083566257343946835470483622445461993712921994
552160770522653798347510666769463255511566494911680705230528173086
908826823801294125418146730584593435812734334074634710981016973378
451137000361466614777973756676762211878253942360370654923722566475
192700250824888860406223409811545113334223901773684113599153372373
184676634050715689668193810358548079907399613453888826857567243504
591899740069104470411162878652679201061613247199984482371523349978
363752301431351328269553952901086494205818604396159053058259754001
573475299749827230953870577210005396418869704874528973591568792707
994416581049442687939022278200261738842463895922113926387495411419
594330027084671423706812813778229848743892258019606732295576646222

5607265008320437346368920697425731014887778328145970055062112529709
943955134820697067809204578900900556359931930300746710425701791847
467995201645098538151015396961735455277804306267757948771097991362
593662234937064837059816841914409008692838417581369607702626526373
984217927518655855340018024947388424795076359369625165815980054901
107970726953244886137434993884408366146859209020138746292972909384
539568930915524703254564948483425584353927500268398089195124385714
727889228818004727979105941649371664175676509443374654097289014406
328130189143863392806334434942400260228810471699972553393957076410
706789505905241632902212917615707202813379630649859882322426710298
264264548227932715480458764992124132126818276723090347559579303115
848248948301417317193431046635619982934226608452419772743000894757
519064436425070401157381317794809599533926915579884005478289536523
956367416572964880463463057367371172158099902098944537332554066492
445556570479772079145812304506188806693477316115492135285980811109
640356420103206503138783298144430856387206579389407056232795868744
608528406980628390128319940403175369817291011930274216487446018619
632159446845380755709872212964758426105804371014414489107488133766
721383545414247871366665387182071284847617070028023077139862001523
285284674980517160094177008483060781630740674129158570458579809143
541609290613494597096889257105679100556752900747504379946338211192
119990091221539655631726332987359358386665001897021037681056553912
581127425650365892142910191935677400796661271382307140818828418649
325456700504789023579983462966520539034526722973679711222964757638
427953370703079415632893117466348996286910518604722726888778758797
953654811330971852577488362549950780896238311682394650511685470862
613640217820445276226218509468771458466676588999479371028457027858
288649455781921024708840980548840494289202758632513512032768369165
509333757568774231103616106683832158080256433346454271722024956218
060593586057783683982546182236449833541991908181754923962168710528
049514224637589120113615979984380345538987436863794164300305130378
895831279248454986839906586006407899335281278519409840167197297270
699322133907184209551782475206802684636165397716512345743403044324
661478177119961085537282430917112635195011915381033226170096078197
922946035526018787669236212486362488512903544283973792325138955506
401423913076654675381145244024706837652806414248720891345137963859
994493516086771074601432747723851028474946663633461941723016077362
976288977251283002580846877265301516820292508730013462199231565387
199041060550741930363390184442397874423384998260696760570205353684
564642727270348943923664845900245979494739486041667113357170281209
226805278156883353132643317590299465385748521847109720477182480567
215619231319966276378282067062797786438225580872740355388755763722
582999050673591541471494743726498397870576633115053342116121745340
896541521554977462478886291183035260403687328220250708935308435234
580815071956958892412605287571839649630550766286009111672617530072
817388845881237359853726929926264266600217297690409322916645780080
286157310501383405996052151802023374674932941095769139999676638521
753746488507214642276836486091831973323639215924903900069678881210
112974635837340525868785445702221462087368587279664145301762633541
558879405907321222539467073782654675608107464960418043395795387211
330646467992861229485713933856329761617850891155827661197902337999
866357704749637968223993509579545082055051118930347793570244303528
304428347024105904612246808113753997074287434351207241798271000829
331913714192887714098986370546271136142170603160388771587341075626
603462603469320575746363265306120596147410967864366328128489246217
276990604400356483137270171843261107628690706296287678248337252181
678495208701873888835266818806885615538210291793846881259759223871

7575687377663652172791829359888912481290484999654764459655545951 53
1923019867342143962690524533746344986037179272054279681688929555 87
9457553413146588128331024557479280502008666957169395778015341439 06
7707468844437199722947314209624309846450531853965219060267110060 56
6217145056523961676291582141003930733389291862567033371447241709 24
0794482208195793496981155249255732540880883164819519948492518859 79
7181791650718864975353694319576366026242617229242548005605957217 48
1535593409253828324333447779423450894659468295480156164008840235 50
3732349654987866217107668010625102744723405477738722823370632442 23
4657130998335356361790451296645359207727938793927009546601461050 91
8027326975551357136549094051709869143338343735386223956625316705 08
1322123467368781442761854788305850058107851555678807693973242122 08
7306618262009083050415060798786720780086387483147104679622180439 47
5755630990862442443828090707516360392136097396719349408198200518 93
0846341841851377586942138597002519235721035235978147565628370064 98
9358061942774783767367165686044012425353942546083747346222496082 98
2724724021875373415104438842714089303290396631705985272743575722 49
1980439640689369083307046069033634037611356692720080172060165258 70
1662092465653183217835903483184668496336231773544630393379348923 79
5838233801483524662070768884177564682572717136191483552894403611 57
9624682534709995778541481648466735735611338031920658221354967829 62
9458379489925909065715085858992403687772470956022520603041059454 72
2357343076199202003870342440222349094967180951194798118123176621 61
3281265741888792671780402385780055985292325615688246765163590483 40
5880044838458230241998417624203975028214420332378136469561291816 09
0880705226927447850235794371561428549610330999701394772146061745 00
7882475417006791781881337307355387867960101242192434173987328976 32
2809867622937453437289981172593008222324624375985400183726608738 32
6471207255449130643364499510019478254452554256119854446896338619 23
3410886119023663625200616717734072684448767087078633992885187857 48
8689069559520575608065535972362554866576806599730026961449979138 63
9491376433439511781865616972457501195552713987666331024199364961 59
3673423336765935189951082105085455865902404524395014958657097516 88
0177298008199222597252891615283264328713301912072026225055993021 05
5200593642720672067436580819591983894686241507538027516566228260 42
5584487236963423152737049647360124729374705823518946377728760858 62
7139523599906922325870359910709275360771787312754815094035127013 81
7079487040027946364336884277169240128264044475383002168060555973 99
1115327567430425079168966493653461066490303392645479826245075275 29
7035511702938954939260502611673280508063619113504150387225535480 52
4950307259220832129916769939385789605219190402265932968932015280 53
8558488326767365756858379942868554314884845987804319937107848408 93
3741977908003386369665963270004800753410733130286958286013592876 61
3508856941307268952706221194446570901350002850781700817329693606 99
4478080116508997746983832753354462231178900414244561256592361906 71
3778221883099012620503871386374611075471382433334260661119112499 60
4311974873003557846753855809319405365641438724087159307028002233 62
0240342092669248410365413924603252815139106025806900867924694784 64
1513774253049081133374859256590325210843787058369018030593385329 70
0109696000874250448141845892598569653455698082723712762554004837 92
7076410170208700067585244432577526457903618268036052623878996687 56
2686845758711349482617027872642077405327791783966059302468053761 25
2878362242163181476420476433345658692429156194617414792930326727 45
3319879627590510582556439064127960599605162941055835770035365632 42
8567139724330935998617848544097181817255447779140932095918405016 49
9843861280737887188167547887565056631963197673047058648946240459 49
2697664532851091987443373512156644888145132509782997998568283018 30

292718126587579974915259421426066384493476182366943613010007783474
504544383940594638253164174696216796375403949152116008355340458730
070341674476885386353724175911919125730296287576998669830602845055
125425577813049196573537081097538898051449828195851720963288792497
596687858557626872836385771428233523466567958926948548919544874241
952228540275810132725725884846046549518516222527214858969727263289
515266100741919597178328836594559768570577262847855954488372407579
162883631484906477914553487265755850111942264869962439109009594842
195050118285457021898741034571838981790486364649082967773150836776
997335515074170081220258053885245195363983453187617781231829233845
161492018946787202174802452815919012422558651698747259021550762497
491226737659456330761660211943484032397991440702488173434330292725
710928657389894240649561810909797654985118424771133900728809299016
301869411421261170343722496674766825988818337774891530013580023146
024260472055275799319899409643161144298528316114869897317486423082
626493416316845278016222869452176524878906995560991510960158794169
103884595635966852936125991245729283769357494996000637454051029331
252353719421156501331547537362809071428157731851185927633100144847
811577305157277411636321762995559710643742787164040829830710463054
191559937148153916125547811264374389039745212073575767777507421150
508298100857375238351838357539933202975989157824880504120705904644
073227688483087435345122645470626940975444513697572570891505730232
425735672721085168470673901113721018280580460322479166007383269145
415931982924325433746486049633965342248172938325475111403759384377
805581002679023593384798958654860787419414168840730434173496904240
691742895829113388157394322771015619624776355190240217127468627824
721979967626629009191769556438105385692640185914761669543194077693
489655590603130341579094455197560296624875454879091117532699370937
126380672256751463060740233445983148205780778552538169343648053568
079452045386888722145805202281371652698201162506165729737974807500
297233921909750122049474941700659392967296028738767195222550630864
385036022864184376624009174719032833908399536747468613101093275450
853701032488164563575489558603679918936112978761908356737312274823
781827018531064263096134724871436054931890377026133291202074118570
203965492336859086327290034787222376598941863189523397575264482623
228467814741678394175878779284134112230198805548371919662085993112
969783033886516758544622791340538447608394235553449033163300012475
799652761685263194532930959627313146726192661819832194566480048912
724042165730413638330422266489785155626456553219711447297326058213
214861528010097276801510402989652020638606860045981614285237499912
085209347292307977350301533905977647834289074748778151734815736268
828728847309608641886645303294760075330935853802770492600732884329
411952086482971131759375253443889588142555483851732952836011377915
329011335759811747590808295590475065765845686049895198699305066250
601709707832987606304681600952109729778751360186320545895578180059
587571719117232350915787137515399125515052606959476059331576350909
179773320833613680719455156407495330357188422563693171183439732516
057365037747321453500563595638262474936382247058368475214260727919
955251074551304244338336405493970033337134880029978594657544942765
183034121119702102998733619911776479300476493264915219099177723625
580527127257799284186221272202594729578364241569518389042618629319
498502398088279018227708670870719353980183576382804721762702614902
491846340252361295645126001797544961312208728483738833193857402018
908281767850298505262156335275083393941014555472125637636854640790
946476538165508050017967373743140990894748416914300650811821039900
941917142905544287434869177808284127163283349333738760189805192382
363730219765007029919984095395364081929393544844337867252570777295

959613871007157921472183707580415005441349860049290749969893790348
810208279250693005742360174677126398250444798794775513836887538882
077572120635319586500300839106544714907549279711557218460901553945
733251863898128582468776959800827417655549925565263787184749887063
291494390803074172603675896802548718373999961968293266122412170677
133971378809252017026230147178208006391621359820529738550555820959
403332647089156195552235663806264125747913463825374925991288014312
614436201171810061047225858418500286341562115688441856620282727660
065536243416531861727054704601829523329536489605733307453064730077
394581740556221801029658695455429623213626808519358450025873573058
666519561744637181113447756361029316422929997712848473992479149975
246975746167652401333988711899350291995072594035417767887842758631
733862021231433122324549995210226464191705902063721563648704410426
983363333138216958848319812093693683591904114931623478727636627592
154568410702417405297925694298191498174063952714478690511842343371
955926123191937579062117858090932058847948363057956121560105651820
752164895293647504997836425968788047609259997018653611113136048448
104343137267327149325176406779591282704180928409930214809574578663
493779227121375537125494983646132191054790119508054816377823175531
880540483447456823482955282130638303595464797553133860371316576407
833408859359457376719674086252518097818178803698601166138834712999
153771123834154528740489956469028260300688542763451896235735546181
582222140719678668431026826557381151949371316182349253043654779188
727730395772916676035989068298497927532644579302056250041982158178
336797583245820167033440163751943613079360668770605961550745818730
074058855418570777129376539546111235520177374526753650277123601026
263711408502493754519972388118497200485295407605375755048633498517
603934340365895296086073448055312295533568821456711805760475884194
205834963384542165377020226288732032814262719241911346980715350623
640604880106101761396430655066646671459774792751275013133465967646
396069944057031186056087812280632896781657653727506296728357626397
482838464729501891798560482491985007991609232399766719647678330126
384650808804283111098502554661296861855650350012361068529743566446
561984920921101266375831195462401126619489300838284386599999928333
379487659821355883933309759653943516874770254203805203373382317893
878282543047736859273772357478886566858736092568691056377446851131
559478673651648492178603892046920573921373965976293426617993875988
610557138473901586953800144003377394259635248692636896090870539526
251096127290887376798222410747678488299026259214172065135443271991
645998333033382050970236703791891297771139000217964645568170138089
418258462959876893635924393798037012604370001954537532094758565668
626186913776932365553855337366401811426040117126345320537251244688
083925045538064254766280934506039108615119488314246477393594536113
462632539790305310615515404757043183580698889116850882783575406260
470081334894277564198811046150339108196697436038560732670871560877
665885891060896072087471582697016905626687199268158483351741024109
506049761333221030468320093162948196664178664108925963354038629241
301524764041519532761824707235278977276957745431491457204054179953
185788374981085050571576711105815852167055220110024031214717157984
645854332489073410987610992956496761565447188062442849337194222747
404498379859647558413348941074260833361521207750192980151294656720
842115507638816459889661764643697603289243245105302982505122426807
037312128083935122022554084151320294799980575137686493365567616784
994713349269562577390784837182482831556792981972877868629036310560
685800990722240215387661471364480196561481124538862716542334288756
197979204855730192999750041758818622035508435269374224183477542357
560534672554956154189883817856029267690850613136595288039173555602

456879717723106032174576049759502322562941963790630937955810449095
876213591677865829539303065765309230704398675706257606714270638526
055475959525321304780063261071076808321621001457946409776926800691
390719372725319228526274289573895041376854774592960335922726252666
683521707031894962827245652845824142546063037280407774797988541294
635397999246474691335524337231830453538489080808931525181357684852
728589173285917464503656120068829470503204716904153768678001929305
063669577855088550542369890122298087791267061052356297358060222018
294315807355521909375865777473626473699288881279782933393499869773 5
232413759931554636311929820706537274786072589973120693062721040157
239438426087560393263870639290221903085890987772201985593853726881
479322882922369825904643093397881652299859711143887919168112556374
983131611093190611563255289261205865159851493976127055624087676714
060590627593678972863204655894075319271591295117018443755758535236
978206034603081114085616222042904289052870934871938753668199421196
787160344751165632170440416053513413901731366894638873855531386368
243369975985970616457062670413045912643728498914835689045560909348
101158092318073018459984087990904615749310986143133159197840606356
831884195057075962103268508407539511046071367743150631865568117504
568429109859360948634686959367227758077306072883798814246810034268
587441953320342225922259113156871855129884383997718184817757527652
868727478679975609559814433269798023224692517480084804373540267386
844464825094568371986966198330889858783525793232810047849800001659
240729031466028150564724110345203157652765771714505108046030512975
963903369048782270839013310400538514937353749729516134897226397902
119889634448662018819029576929504346472305784526520058067990645390
049554274873960333111513343423239392815392857552418925427533689936
707673603270769534071539778317693299858002902473809122227024700301
497321483099349332418808211182569586232946518575636897541635746895
986602665172871063731782115440732830840958229371768628036856451591
525703290275690368571298831278118747345960741731009788473156283864
948619310435016618122663037695937267645885383809430494530230302680
142109755025038907214842460093398754399153838421377545972464098687
379266027941662047086632843876627366087827215003598927765170744547
706538396196028343102852384091338723785639795368257883705830489472
663481348213171908883396336724123153639729520379956140542026523557
331822605360301516107672701613667753472021089952406019019073107167
115721315313139910873460499485588793055573290748667569249917791477
776275257215331530591915437576402085562431149445372545956809702564
757642444230904740701449387200931485566126738641899425494931363104
759618933034909499307284324090098660429647764160636212894769517265
674169221041267919762026291755853059616058835981509438139888155464
739539002210859787185924059647802767889239242804773232416801150880
994290751300672861497273785041600155380972786910116538163760299560
019987567710528743417964863494875902284345081024845232428506194564
649282883380246745314360076653939325316906934715341110259091559509
809996077710819240434008174019090499522416945936708415512633504468
374235408291264653803549416953846871915947864482169071971882790453
741758978656539635436417496421138332391272660853829567746264220437
486137508696560381441154467817463182415780125489762580240567221816
519025525646655104178403139931552734970128274640783796773431039575
001167643501232392187217369395615725612096294658612581792259971229
360156048325293246605900074675382891135887696605023043275464415772
720413553534310692302099040958828028424925456609225504736786633535
977670114754779378951221639503917488370060692083214313105651140321
659149716054503315260875624430397512016270444756654974450829108449
142753286512578843201433719161950742434585426712768110260079969773

273109108740407138883985930205685477056812837003241060994880891203
723375156916771294476770105736285175269226738673324904110576188363
433437399317405736193536907770580699187001103875506825865123396341
929847330966787573203290483700569033536216837286915868224849316458
641309955612807613543158394797965036457984422529399803252134609728
622695362672470762899717796327633461411207041541483053044019675458
162359860634665727330574033424675682539988557003842039565097719954
100268376282975119707156928778058823190261710147580089737378346499
210043057076158595322507336108729570271507431229792031372110315120
578694581824201741832056515117533812845799817329613000972285911308
282090905331476011967818503836753034704700057874836099759090912963
034418276550511984294261174212501745310883761527721032091623308833
571020857721625950992529864364182068943965690856477512431829030183
533951091146751371853424630585177074434321613169130454456207295577
914988904854785029494251869923015642048236729967820854327708171399
372971364728551623691028094394904980957111479873532633610861544909
213621071957862718265898464545958700906924924882052343511286873862
691252933569556562440153334475671624094781182657115595475669936842
356249997922772333285678478624526949813038295767158836825390348461
671496801413859919405559791791785828197578481237247802296273427132
738070171213159345402254416861464162064185495562201758027171741932
960403072428557591403748752412558364868478265305790211293015046009
300979113289391102092842221262887439723987929998722171268024426957
043640826917512394728858097663173521903477402078301082500823068674
816599291621420437855969070083963431749157040070491113309702304687
661585748313508014447599285202072786040624690986245818371056631825
492066663392868941642231681397853741745589835502398141347627568661
622118636756113454018506123014505064146476620025479372737016911509
105700588058385528775155356834613555088814313744985636377736943347
307792236920232819512601988334853193084139129692103451156646155817
184516091865304897119538011024852574989315864723399926745372521914
878779978880756267375063872378056469764352686130677476116156403088
981072299006136202913855386468368424583544342072490652694313192636
306455791910328174622465230508681145392237903469993576181922838411
783111273426609317171605472302748587000104786605983536876204234909
356314679354437007086760444160809343038896416912293846293502166110
021076164054661453282613302509899295539192759629946278263263211656
587431955173359427872479954828722781079314977711035342554381663505
021820047559845719470764296782715877268483623611180659244515952829
152301818089716722717634965228375068073131741445335093301055862157
197336759105167204885674541572816321725939792701826776592787907269
759586524444798627848766953949146101776057760360711075086603455755
571296234540663775844877314065805021814441457012161388944294254301
272614399603975154880968417538877870997710531568960577955363596700
780699856501195536169958191091853337403661999066186774586536593782
895158619216835838537205517181966990029062252442971964776076579212
083499798148310842533800664605646546284410595975870105383783766951
341441171157658015291972393283182374190724182705562114292481259500
862193482545185655397012584064777459094161077898448667987879836035
943067050826469850650965071424287984166501330336475959713294583569
058759697058365984023752645595142841527430934760028480597374451154
823040085774538194414235491878380929229783184414022384436112322168
850562433541858843251154472064328496208456328119410827058831893542
884543650548453563300884266856935636428902027669230848663361182991
429872638798806829980861239497632951046359133826912525187946694508
941539649332734549729944898362994739917547441647197173177987268394
360240105216610149815265541625403854517795215840024958798797410495

248004753558164544116079649674374767184221183581573767370489681657
61864668447399574573863895284956651895744786659777819507522588829 8
702478900964065318520474237695238933550121847859966007408965038385
951470180407234577687838560758095616453392168848975425983059917537
610132320635432534424048860000309082261900373063418486886143876373
649417887401204826095051275986339050977024247252980175882639229387
079367325221116705792644140908543740148530459025037169637477458607
191405425694381561170144378884418883091592292719203584129871622866
850532460389435650023073416708375186459536802527582405209237446765
733512706016011703490806822232723412140846959667332516156575806659
024310130320641153751168740775678740603592587886171973634936771114
265430484708113330323186633985509494314397480484078764776783277053
488015967141016984435669780845487805182319957564073978831770271135
643924204452033300760976436796999004095854955620131358480587537494
725693403309091728323941836921932491518687235477393921275611794664
018511800138075010277721713064204253265553611432390788203509453770
750843488923010206936485172849761293833257931632804024023662247707
358488505586196021481895075688961464986471085846445373294965523337
264188383262127117827240693226571570786417557289614533829164489186
520495527295263300281049823109857339430816022566981711150564218030
749436110781361389682204877365185667020919787109427227650347063385
085500842117094040508256992457562828262781375133270805294552322160
845405765437854007179908127688366953749752286406714615345649011269
387426711403621513820477587549428565722785336658487290869174951010
237587497660723016951857365090579491818691542049514818950633136723
233600179192443975940164167719835945106934272172934837133152708252
285878147644954066168266066328173859064681708480980195630954019100
230303837721074832278139011682082582389277936139561206216213391578
640790409627777430623945887116813593241244337109448308742299489657
270496966891909767872956785683749182662280759470730876390942917918
464672898935038166571603238341300482214907355731011475604391076423
070499714171792722498893625118537718445653611243536680334158347109
999781275045931072949201640040438736891084890000220658968949509883
554543303448063469068362642692622526048050382229656658564454638172
578720242239306031674501605397755165542460307432569145384140667700
093348172625337857836954968801819714207583047902504544932943440806
547069667092081966871809574518223790333116866601065885464616222513
680755807281783990499382032540352222147912787357337924050581704793
436111604657520350964992030094306338515155701039654361560042502091
754083680251075696272405400706130739148399782154975269620067771746
125375177474080770421469498072465669210313803655901391446319337852
495607651289588470395683600524056037732266484889767598647222236870
457260025131465330278949073668317542852793043641684491309014822977
944414539776700050476454539441997442534009022064970795065778667625
625790416787951719322821604842790422281457455552585011050511185 32
051282481704493408500651110585967966113480543157990100271163704146
255884514695315016137653098634679351398306442172125391421048484018
069955555893386469844709722072920441600174464574485789885219133254
971330254820980219920946867055130885041123215989403060607764070886
215302252839630610614984492974704512812064392509526839331630165354
068929280565187157265787411940217478091727995418741181137373534823
204924028544437285424144786673531720397284099921075338521376852189
920275476375155088032382034514104490336878610551139745556445344133
528058933149507241545365042536863587651146455776385286184222500373
544338608419457202578083624670516135441219360521249265478557979011
265815919933225542147336102522035640035827908575507305278835431594
674179374264974074094794894477957316609623021732397288402601621550

8990745102462967183685916037890598163574392667278295029918179570 28
068636510124544515441318142965418452451978873052020028802043389552
095212624250682073625164648296888315050959701000226437213534878582
602533578984284992642598493826986555915745522772230447836700451292
620325907284470070718264639429939710579650492402721513090902016322
578929364662069079114189091709554858581709996939845824188862304346
386468537094692019086644250014237049070605479440163636224484204946
141454073340772056136753779947174346418696144163556429471591970959
124572988939233815001041229439585288124290316381893911829364047567
480132005483777642241308322733790168055134561187865263787390846029
832484496777676526714460909842724092219442087290507772474227128491
998627528840954536122442608122367302636241666463676956582340509347
865011435452230172110431829674611812712477267475584183473918296468
924243908358983041077861222164667413927458084410934467091407688908
115480426990464476617903706913186431644872934811624753142709479512
183711895430801606136867423308652068568392614804784456647494574832
329837112783484945756818482357381296729860250944563100213870768049
043011088410435606595632913551363659537905774508634658418379378550
213855073066062032361892026534379655424091388667805176486602355686
801024443819982174081868308063265793445013660695883116352765901963
710912216830217994317817811597562569334811817590163704539548800254
386919502939484296333878802324540268683115920771472660964081472974
256413523770713265586567292609352131356326973863345139232379491272
741604407165332837276663606992078289885158189007406817883560033839
550249105442191369494384025928975768041647987388754419071010073882
502600250529371571205988217997519052515481351289265070350312953887
973951968071463129797393988552240677107478132966112514244409425462
058656056386484117697376509322232005813738988859893022336308095219
342652281506753067731168349920030749784495333173923562877249889011
049829135380994323467387064792939183829847365091741599344224180136
090702185376839482371972551488138816352825082378087561773037185933
102376901551814895668026451066955667635627033163755042821846935526
079312867717163008152297052501399440411109952375878216898707228324
155404378594936488165971060194170111775308197796006102061075809541
843822637717441589308934402454807763589859838646004481913063291821
212522007280634089056273136156282514259729116909696211674082471631
451891747360069596699142308087833837868659015986702232142869157014
142480704589721910542004790420726183894565916757662433748165233431
013197777875062648144789623796854491833393254452263282389839955214
350864723998824618234678333412034969696346523102970980070312729811
300298748758845155628443101315609908946158784058400383614543062750
283843451683679399431155194067233688033261838130190651593168620191
839636438811828697041164945876942211365769814951731860439447681922
394006701455127928254056530324642352419083789115209165207534501147
751337617613160303463500158304324119830345045973111548023529147267
556528539615498251732218702811891475582192510975188147499627018320
123866466554470962703221196735206682568834873759645072512079691451
687396399872950892928615057450939183524898641711515633710772070437
194298978525854106512202087219851152011968200668515495090775699216
193168057612255084107995644735723621151384426059118785236111157667
462461676058949088473218825118818916537294130184756365083622904096
877270759063075951737344653812358167205699861544933744135511580828
599979725070005425695844829042157032963296954183720611253277818507
824353239187267379753901060421898213335680014917629276358973974915
103361029448548755412659458830826273087297415813599878505897081564
293241595652057224388601584207810475042628112904425526350548296613
431983475578851932222671869303645667271026495994005116630866373172

740445456949737487485211033177549364625380611334474310806832630846
622039370773105244279995137450193526614235225514186805510400502143
876778592990110859251867499131314500087258371166936982497699408416
160624284063083328979971618705057651962404924316599951518966497547
503900114739890318968783264557847453725180452235972687766876242850
753816616792488000823409032034807146522890222308061496574270447722
125026619237142356260929122601825058373181197103907517533857713780
776213177245287947915831714843227314735068371778815798520230352800
599998697766693700822670880420433042717610360443602119574053183239
775082537624353359925874480669523131409508267297420082719591871616
960153406545781475710124329470340498901172403145627070070858913555
130659474830501092675331050476766851006872795324432368964938724349
140188685802176697065515885025617415207031509272651458735885771669
074118956676294168134057842406773388665298433582820992092796000256
053731611957486517297171140435836830233310269244755634963018267857
351110563974947335708175806329870766803421309668272612847950604361
526544217036355406583290195474112632161794143686238782446810885100
608798206571969473153168872765582925484100600262887084707264146369
814546760230690648480001950891529208834752002948330118357071474860
460032318036646630113783461481020801040824162464398628580275352540
541481178772578449824401215358088326311157679388344399416742552671
812706870485790500170018827661154025989664563822695284086125700000
312015134146214627435881881137521596235509096186934825303819680850
849675713080265221001754452150438824469635391354522294838227521939
781610063081571394734757164331002885720115617471919226677195436928
312826604396069925463721960291425377797398316744381208097218818831
236226603387075326789425385591691829772833273126155084174849512359
891579860193104630204088365812328283393282877527485978705364732951
561411429853246103430255531301949643011670379286563766956985479637
443740469514404752486274767380255896740849630272538858173832095777
727044265967645023462419588725735933861552680812047751364027860596
714899368123712011862123490548171292454815430238041036501487535674
543111800604500426130787682215885144267302962084048226136949742620
817609999350033446197688418790304159595153926411196546477482084960
353618894576122048571862646143232749719188085841721650249255612284
867044407945280918253914446987618136633194396064637822450816138177
872928278397648591104634556227172221781769229741153867862146057242
015889821754945547494863631767227436470898021546200732501302370572
121626662522005303961351678831013008568016798771386008087441449608
596103041041197485369831113671070824797474197170808243016916661770
771312763331363815453158913375254168398408478643177506675039488466
367772146792112185361223631672188803806610698593702379096318692240
259119146345846149741712192550199254747960048460063345981864608011
593744703731663195351890879205648107281187772402039744024602129739
110134992696648989782233646553651294973293415434068946943373818266
377860503474934332702908375618011054934690179339428739905663796976
347810695528961987646189850722086345874757753558684468723357249179
047654807751039237363961854667533349597089174705010313969438090236
340457990307072485296328514308887866880742498163585636339314194762
523066152520565896307037142091574467866737683351558224442263717555
290549395328823666896153326331493583928128224584932540555941071950
713799703563742340097316130986462139379530870947165361256508033157
850445730000941413946001474525441403816920993360411596583800506303
682545663080628250094880200341800214558417554634801876535677644115
164771043843669008537061169050325303146835437133581809292400768050
958188888031319229966049866511923553334427159951307690820852662967
740310259473022591776820132591077731585784477312075886450933987756

187266253938362357576251588056203092312138665780721626116181270037
560534462263494983862525666524229234436513969720823782599576261080
998493754227356751224109232447930724282802917623537533863708763873
518155274821112448002459124640511151114996644626198433900579254635
394962288892436232521864025248104905959554083650286893574890542000
912533867434313407342265195998144887626448318552732774941228785613
062258218781200116285735213380860436525201235079083015059632454682
818922475989132871694359851422675732581509249821248990518465907278
237639649232119042056438491725564318734416229620060447190161161278
608069159705072338317990240010621164747758439023757467891316957011
822646217702894571191364126858718686358249327174656270672807513674
315975075657747583764063380449448206683521783321333278967763836574
467462017288395723672110981540162132700681687402313661948332501044
64856464603641253174133323796075672937330521229745793335256616855
892004375962513420306383429430609715847409538019741154953001028216
505595925945919485334822732715544487352136534472942394955964530478
805317945586293418901077793490276022180849918514125716531651374508
750314014667742519764762046166931133260453878964516572908438615194
431140161514230702247163939901004379068641034162367907418506463768
256603895503347734896731133431362942854314887603124731335419670980
008452642740142097631369587622585910093111299737936001355335292074
829853672042761269847640066766986610534552072872187381806791058162
907487010767369652166873448787438277199732718649255424806684238330
274106960918550071153548924174440794337042318254560683867024205233
933058031730647788593322929965546621687057128180663158107596988037
954190286710515896821839986172264565237272159212726998561668843085
968396028717153852669414793173289354584495315021859300866891179713
66494924105395301740136078588915471340850039768036453811157208612
956394709645574270823873126874988730970590053373183461689693417093
000008616802780058956741522844366300229652650701385626568435888629
758589271228973122504501939753988019599295859466744488527923464103
724733413533839025948077395517640674147646580145330375512587839152
060027305459805828008341586750878202182980291241797731523538577064
067711668452133686650109064439918466472914384152284355957780524178
692213439026209703590303502527032839798676548711129716415065768915
393509094042163002921262342347128521083954216649117518876848901601
635079499087251459442840907695196996180377128279292330631394632150
965793664885286718536589854282324046387338281784815302092030883156
972673439255833643216320660898884580711362776399966495706481333243
008044307069228179629683286131639498341581788714262196654990514044
999490513227583290203973389028542575136640742837719838951375846035
685933196763654229787959796756828399831018152542366659857278588886
806485189459707162034673703516804567897410832102068776915310505668
766877329334920023893505744369544516023429794578060306718931576795
190895808112827048686785651794949425317989898545584635110166292415
067016117622197572925577322229957957026951427313412587036021325937
476429476772338553939496080349432963081459079933815943114610237436
482609052748926091149978175992425233969728695252416687315009238204
121285426136163532491366251378662874417287369277732668533899905091
442880593169617682577285592777855488912248808866962902222009071053
198672733203501256083276186546860690046121765511410345328312712044
352295100167947903133505342535567838691922343124905213327943612569
046803304540642593143348598935298788225495318574248810376413754148
449982952274890279695089814986469076164438957523435665064979825941
525032426325529441165969405598958665076121533992974864105280830988
791971237287616972907302953015863380954319401820266910469313930352
663628358321962934195022055821562811510082783702191422318615775289

443074012512069822362570413511621279344747937375070858534490402518
946776914742064913902473152404739223757035683312553974447363697759
131016724855642522704985587132991847584382118515249153210866087093
894774655589097681500909155245318437110167970439422720060659347278
649237655946958471716429025786327183436043870606152679931992517807
196060181997889618914413296815327355365655317827878987704548492565
683154048433686635893482791153784996014629433017853591892226871356
021156380668887360245242861517707711106712851439717394625668407770
725858919518657200283026878274880646248625804514333344541330861637
868233257296257953800673509106053396523255759682415048279519619749
459051008217962365670147705645902747898018100630951888962137903769
365337298726812820884788701063082554158504213341014958285427718069
494633813881682451903444805049224355100033141429208942257683134801
951041953956483428383168994699706893612395299336477360596737956301
617803184226182619920816348676196602758664471180876032530070874535
085357549089483316670801325348249711806765228158023607082333904142
811702294135253600330633026112455168649227533897653332750883730873
546591411189798341977081211090804713744235632419974361958142327674
056004446749156949455787149355479222541764298223075736651596039395
678729520830762129957290564633327979056087360196683806841521600534
098228717682054303049482964071437795896778917852651344209014796569
969586033217610283983223252420909187497569528250236244494235687350
103470187419905300293809698609087614945672871126806871959924240064
653277115700461234695506725963015667229090544556889669490363819793
746846586653406795597194462977563164582434386240379348980473005757
098395158216139214440418894226816655348954143282061553926819933381
323414313987908720655644117610051979103079211594464124822986954039
586697896296360224807663263111856093817090755322596581714925458095
004864281930723758653310934741026846088351017655232979279258864296
905772257139082911909071964170853845945443359918962961825813795766
195253377709395930937558695979150585469590600816003435570792205728
418485855996164771561906337685043293655454747429793082284034010421
477940049481806545729224483426104801520489332597893682357594775848
939079653986132009777388783890023066496506731865265056828395821962
580338070209708988714146215856544262375254313938425321275734074533
191162955171187913699270353917235081499866237794428418843345714929
271033322663099327159181177798427378975014789433268497205154307237
560639987729616687253234709907174640540240739876530764999282725555
733397102244685228197440635674154423398952240404254833976955371473
159903911519958160949598512103745365994424396455866218951207314020
177355678185319574500159138619106408997869328313648390096137571062
723478005228242118426427552831612858697601566046431833533610397233
746019991538893157302858826916092049488454130092262588377714048796
551601554359374511078984718088470096060778907622069368407378496336
096342509584708257256336812670064291029822279991576193941230501066
561932438529131227088307156747196820218627201948474469147750995873
774866029631262112393626268432315339171935691378989196606671277097
343228082519847506195406203449333070378426798379941771882384778573
049239862558566116335286152795713435314524810391638351705507787722
297623979208407088711586623991923319336495574109949375410066796880
142650207310666332190372968824698040807054186317885193804782714122
565417999942520847288328203476858489725525747181941141110041741566
799999641975328403240933119063192104713467023378515181682298661343
846179559222892272724792951269711902324963913804404399574050092712
081861325429437494680803495274028786638624393417108857657456509859
476694892184500640546563007857601863379039611427130965704638609176
346038756811696167424770017570120962241599529760603853488570014814

031370011280296945431637235112508802119138585426221056899489951830
180914171906159263693473649530715417590666788072282014882919882051
557077635832956721911220357704249516850618829530889889133774280092
605574823119088319103131939299334559231342822908244952580052392312
035468409591811803767004110412429520600416749760555822753840278557
228994429097079220373479880867350017022354028870748724156877915062
146524891733255247701844863336042379174274985534336281951376593862
764032817426362481472009657057617273393219713701624994376072232561
327874249377778589269330335964016213344136498402711391338427470757
769543778601175664910861942707182917441242654445981363785943440204
322865897546386434827291483675790906124620843234390391923443343496
772773556111421320014394443227320381369085729795736326744778943865
774890385918099259886296977925891374705285779546130320543303677522
033550855052641852468351949293468352432860294168994575328382103070
059714264453901409018029918233366474407788470720216230623856055975
822134483772962995988321194341336945834461478359693702832682714104
848145288290526166403281494081840243768279808314945204633401314793
187522373778064144956575621060530337373631466749971428199074239705
585981535036662090465058448358290370627882179517010954976396032910
465540606926458630212687402703333762870900863607757172312759161950
765391337763291958221560239574342934468871298084612180268971042434
170908330991098588888835254085942276917768288120756179439690119075
663452417006163200810141847533290811300309310975867707303631842545
293345309766615291752366323656474216904228061697515605333059925079
176825022364645999570337747610841475018859988302655204068322532391
058724489413214920420150763661972890004060592720424962760719992999
765156898504788208519098035733115741544655500524131490124398995076
737791147971421276661555365700029980643522358559463340291519655744
773725774525517368467724114822876372680019635844862426037986498657
582130805125486775367180449618700159104473879342430418785461787045
785436649442843850304116481926667184975252670736583993025400618865
946300442593498642188736746677914010289921935190341984732576022585
319484839338206114648070364899786708653140531734815143246518534005
640853019289907636016009140767076874864987866144724164384262549228
598167910812920521882291519447434704103619261982249688650183287881
228655261494487243355986406705534886676421607699601535508232824182
707156181963143431092962804052569380172100643874560935856366533754
096152099368441090064234555949678992586527173749829803717638644155
408339933247328130954900909116944267647099606051366703401744118303
662250489910202822410449800530639392246517643281963200444786431071
064518182924901554707466301366585027750507967666944709231116950742
845792691986465479689769857442471202502619936276904918689385379697
748241302056076304338922473675747538314713417546782974962447706654
093819818294053395278667728983884828299114239277363245716014373375
263048026324942165455657671976751934720546499442516009891508526537
508002510756054326553772723422307196967945272246615973866021741689
039122722547133825915532284525152266946972817303175525367108519113
588765425443579041298241035431744232764343271370654209963215706364
060968713845246245663352691301220789207803854120376020634119553945
346946694930916207958199116593075741982692987786665036590825853102
107170150184413675291384847390819223564708665621950319865198555690
374767109471408761353154871815930278188382078139400086999967045174
005890292947204951246680739095172243055169301048038278147544641937
702694249327243368125202460157153486104406075905633203741788371475
352143957277788274638618416087213432549823690048373821826384009251
021559976282492414832391100246927892536253848077699875241682775157
981445345592180912352016230923561872620356180637137437050124625681

2488635116226947566896813619087391386116827810422466418488137749 16
3775823530717510933636515920783202850748781773294567957228802702 92
5330393035629609655090811123459904500640983146260011339766003729 81
3388131614498624607384004103873895233467701560476564767743753091 35
3036027730649485481818157985558458713627831537680464822152484180 50
0243604859204248195328836784036387899563193321631831778397529919 37
5524219659608965065537394044608982289650830886050908902496512647 21
1910969229403866059091378266635979448407832676362544382973826316 12
3851271358831895110725809941985723942638965905949827824178092350 47
5995807282287983383670661002041595376456908759360820905304646456 05
4983510903778477908765197460005749378268569622689236564736896640 02
3761421391404088530228530142292402293423918474607289182440158403 16
1965703700511650374832836121305179276792029495844961075787312193 12
3627924907087747049402772076686395128995958103791825552757370199 03
5639855128240294793513430470149853316341488272414708705113722107 32
6378167707957042443525424026587849103230994421850476571047629262 21
5263799117735029455404147197973618939164136467958250810525362210 09
5673087070599535110232822554068808184242461329055034112463682062 59
5644292917574019200970574675178378709497383462000351520235096582 20
5132349518812880974170138280072774927060738429578676545651223280 69
6018735927938422502982394526545661537689095003761204162565183010 73
5370039070291502047537142778943688059173203027118577899176666342 57
1642695371669593318314176864699203932928731478065454996105563585 87
8580355988938253256278427797527748695905829017843531703864196779 14
0765048129809438387688116335995347497834963258404256655648835230 23
0971526389610852632841399355173700557015792433145571339263506491 26
9103287457433680168470883210198318057258996356417499479991411764 64
0878309858738876012622439291525135127431631142409165957985442311 94
0742639141995737008193686324395428889189215907335571177725165886 95
4494464905156957324223604942910611398818787978145692300825681635 08
9337688536087849150976140767272201765263270063040429882985323604 10
0024040182990715058209534866786585491475231039176530439244445196 65
1342514858865935725306187893317329084163403552216474104154352613 75
8218181879127906528210805664458170081884621209532764188236193739 37
1584541654500461376347557269167252476102557802111982212191616769 24
7994681485102211083546869776047065079702326979179446640582545878 41
2351378391598786857658017471735758400554500216991566248934327757 05
3162343985746512112556697615957941655004309278395806436785620176 10
9369534322744203237277829212641072792733153880542657187195231461 47
6085124120711621453707052346098735285253526398555173759886215228 32
5270623317177105764683442071121848969716263292124906141666241887 60
4178683965335208134039931999745848516368676490886859104526807873 06
2160502149585919378227149265333228609685365050398614037995783932 35
9268091077890548555861088592428224225927744773651178182700198138 85
3160730568033657967627178457774291699979193696296290729972681030 49
7096970617503617848728049157145532340248970086518250571841390970 89
9814432108632743076295346483010602917603173983162988558076971443 39
5677290152947924948925730531036288092988571097742034339038942417 74
9608496785311587575244607210626352217999579448328249649817968808 77
7035604906974060975581511209516205013277091078039134611475100496 98
6771957804672823682217588508555121873788238435502397135356476753 12
8488751114558439441307561669080219404705402509256163887305799593 57
1007095421524240238973866144984302696436156975938350358000865252 06
6344823250934289128159468246881311076706480727153921338085490889 32
1744630597885811274425344881319621755074539046922922607786828636 58
7515668094475047862672273570769537148972648601362808015084422632 65
9722114711872171544581877426158697079388695592310355347744844271 02

772791812654193912554760484431809343679664633404282833273374185062
986549946001209056686091094950352084418389916340306963343519971372
234045101839365628394905715741199173881420686449188564896816333551
950660009288433325248067355841713374961715055093426371894023253035
425993843941877187420881455435435616430348910314815205765886944478
270644910995335212843251910491246905432173805106794185988054401289
425123258990996231232405387739821014464058496559741586595232058144
988525103769306549748931350603293607448181499898201118274927781520
113240464303834000930223108054725959755121674670665922944438571075
829356865159801179019948045358247172345030176398914902214494890216
019868415175873791916826610983857384537652804189009337550323487675
887576583508168084898048899461346384675835827589450046648026022470
795960731123470870190122939638421992508876853711199854331293724294
847578836115174083358437533109066594270132580329543981526920681054
804215521024796511454543319711530574099549378383693200170656410239
939685203415131733092513860829839610344837564348547094563741106045
616668328026369760559410786005301485403212528253223272517323249355
788226593959508373340095059845300844861549376083077293236978053902
069489843652286792858078158108085806495326331730564681609178514712
540008807225793713598591960203211769851661813820572666448797145605
056476417427368418914506734245675641604829030981897917595674479970
441848154395604702337843568126761771579873748731652445882100164106
192876715295197730961257950401327995125123044607173765330443488975
837750220067414677801697322800545673449942537241384582367759639957
228554593078385191403950474413617589100741462268192976969498861286
529855178802499331966356382483829419247431923558426763507319858030
301534307486182437832522793357993835685378113275565386473002476743
067237584455570664332239670583789750194011098458453031203974160814
952863365122483951151426513952136199492804776145672284844312856596
154497313827859533076736960149415863707036217565867010430358696114
579171483445820548229597116654702113627728249354079462907060140372
016903577892399326303272607254506004036460502838092961007600067621
093582161548809682798180459087699075582797111496748587103659798177
900559920461992108621883339386436767545357823633698908816193564218
210955951100939837537477554658607786559433062248491278978754508135
580009553618632247789455782167285821565583485741692055782234361503
253555191306945196005289498694046865586452883932391961240439959477
057554351905822581270246825732160269935312376217316256389732475711
628596069997082939495981464546812429119289449321675789363587752365
870831262612976895221403712133337137363657009749611146795473894021
625486684146352498148656843712993256610369032098432452443637457892
832745325401013787354608708578491533913301848796502158881092990371
435011496211919724372703633189011799293100919897206605891949918385
269867800580939230917378195429850851684668129923342594667076177767
558862080126141261464088615606370386756461288814378861816884069210
573731007147127556028255238461049428731994983801419274943751006947
906095976275704074256052792040373513225643720532009690271261787884
195824392343316525246682094254662729793482420950273277702953598156
498247338180616393871547749197535049321791743206684340920620175808
477830518875496124423952011896490704766018606357333213987937346739
149080881235134551377407155868222354558845754468634333775403138713
026260714622401171706024010652254911986468430964157219449244602828
173252536670353723004242498660648053112750195435652322568738263515
606179781774903631475049573203258272282087901580037039472207847114
408535302162674050665051256166950057399083273250689952126975261606
027252472836652446769954693569475947257566855811894258537772576809
839768588064964418575387172908716236658429546000645728360531387581

386362944104313462995374182776271853061591934261217713201031002114
525657669028709745553310907385811128955140392716687522479984987499
178502589268902148245957825905186445482530867096054152463916486748
199695691963759719630398096105803354613278943598184350869745259200
054859003037296168307195762268543536417311817450957993316477690774
640274025905255388091862936860458673952113310468554748440381710725
066369101455731473828250535705756613939175526069518689649250344686
647491465261560855050379139420298199422219947354382317832230368471
373302474855942982638040651298489197127731269793994244683681397971
930894515313010228207176024113229639122806181570953761845202287863
361784261035310734175920397829165437023953430922591085010805655918
772527775548002700192946141441537672275682553321417372014074713478
844343631675916143872255943304949771961233842226616048964396242053
267797041430802411640119680891010920634290380279255156967953244161
928348664108382860544153699643659319691377778700593603048202291302
651459229613455802971827243841968767243708449263675507056334050268
371994493547326526563206627438083699582633516760708235495298561583
433119524392297003987910675268314944224875870597119750135716880807
708801638578432778181513027786831168589194611430108958921839289713
359413928885648854509163725939835974207671570746071497524605986398
966957462315777686048797201480357679564845898219702887616123194701
320955924214488355505762723234434842642601175322306182230356585080
4701101189919325257172054996292664129773504285043702622289723585281
626756378963020389847435594806121738739066853543845303929312988193
883304118342377836147805975750584066225413362933578093194781966392
974235039084805932006978991767883396869131974825886474708627997131
325613717273081653340613946256855059072754586450686465652776825553
429721408833837278820102890293240313242102002610635664244369661208
304176869322010489934515597321174663009086712008355724205292251062
850302940669270580504400681819227351425634658435481109593207340127
496949000254472079736037916466970319503383284835516767605831036545
270857655498002823947822313718870396521642078414038632005016875592
892442489164321079620031371107462606935918955818239988365915310970
042358174294600735961247432905721092909762924104106566209235037924
431392689030306220340787058475213684434981400664399682817772883283
068082967474851072684228563950311923967939970227828083290403918794
270125640317319867054809038172901093826770327618187333823329928735
425179121467416968444384160995792173492547541151695503632929460672
187983817798488683627829099798430217204175362522299672743257163080
332626794270088346679931237227789280490726906343593863344827373494
687180880694508882406899726165871343751874071244353589993574950576
391055026023488483193010977628751845555614279728428487603938721304
909025418488426977514011626937613955045856899047300398762225695695
285227027007070022363127827564720918907236614533831506450866015716
672503044253134573076142482529934735508200948111074026427032879613
545589972387692438810975970444457279722559558214831857922116838192
022376660147053550332990566389961139502003559003953143148531999733
956110064596295558214961621580455163249615249846254913386661556613
057471073066064947612592513473986724042947052713945870057114461774
359248919999779853985891554580117570754584198570746444171573528708
83181556649067116137205248421240675688333463263093946744059153928
124346865274150763671083329467993079601213226236297192288906112943
956865890674688582258888398916501883553307523319815790355358685515
578206546821833215907429103474695675663392485415223645371500388621
789026343137853026622744881799998738533234152500505075994452916010
384924296473792314485199676400312042619311018390010745597693245743
996519682211157017225000078018520076909279952748195722352249009245

5102100832943506047090382176234012352784838737727314319812353312160
7350741624784195463253446152082891223780469229085093862807526773733
3648916752751088671869074857315117987191127589737172122200697902688
6270153977033376235391685730235327780805150085259817532955508078777
8866728156509666916158391127216986993887591126886484854534528983844
5001720075317880961273477440300452416750323930383670617071013055044
3805871730675668335337453783036855999377590869513062184655285792355
9339174191712054179699872561324532665773975697093217056219380046144
8285749989375231643513474707365882098106057788654165147324898178700
0946301385079255922260729715226203881943748439143105940959925843344
4656576817396893261104598701003727543525116377441612272999941018611
9566051421596941206355131448597195452860809748682548745244590362600
4731380648393797344681866249700721554710601935002386483893437562277
6350127925849417326436623720232785535941949304500111524937011476344
6341575426409557473943069445635423620812122411763735769708677763599
3019356383644402889363050783332280366747439432486570798950852508722
7418326835271995157792652719876374997907620843894634721262036078300
8173814280478785549782897862274724417700301632550133970537241768288
1532351617690692199702556999620546424372653577547251024031299435533
8645948314701949401560266849430318378369365546618665662547082586077
4894839728251558916038553495064513847442211882756298620633135692133
4350535417532546229427385701851422160479791812391358185702336381355
4453571127711719432166046614310154741982155492904756210901895720800
6062349088029040678545667463724177248681190074206557848221929501066
5966835352086790875855344900927132510735378131123286004105291883555
0482825682124393180978579666414416419743846503597543167041838521455
9077943357731496484574214860854886745291314574589315184834205058544
2721160275207010530288121820442571850407971773519382644415143034000
0038965083547606952112614351514494096991515178332585172479894740522
4206100459840736384351138298293353702855164153281846898780435921755
8197601110371882601157152121989928035754608388740947375220406391233
3628982806618731953235529204014220009515480880706100745386563972588
9708030327985512405709675299487752503483811914844763960690239980088
5887510116129006008076911943810302609494806598476196904805932178522
1399828659016361397294733342452975784299759023288921228876174536433
4315837531437849574608874737342587958758219901935389814229423917944
1515613153979302514641379860895988767541369432304048702855541978099
2295804469899019290455890684659783833799449251271604941337790706488
6578589496757599405061755763293475680828922029111549186488201592144
6177654499211827254988676568962251706361483219514060308448688429477
4908171412276698952976652846718701072919337792928244353243138285200
6357061580769259282603222119402768779042924083653232321510235407533
4232109476053210171678047889604168510719739693991861879463461896799
7135467867224402905164443964782932669463584918661504011655032137955
8238846403545337067500146824508939635084079633883393164400215576299
4876554514962298494573570455639845828653901031203119955863297898599
9642742416545640221552693117618219340405280497700139581856995045066
2690832184422098580656036039665052040509265294491631122474122439855
4552334593973602158488959564576035601123947226002909110232358183277
0776031819289578931912004228297227192768010578564466733402031860655
7975998976736300451553441212227464921178419210429930233047545934088
1486957338855853118789257243599624701958104940834271300659716364377
5165746371024987053629169290060997979798208147147131128995085184922
0039864046146530250994914143403583695568842161518200066725398585322
0356707875344741018213449970395917873975349621147236777151075064433
4193206709784810139061194681429965659469499803015015050439499165811
9364340617547120060232533051005685661995398852109699179681030651566

627611400123939441274050406560022170985477796442468587486319694618
955103513339164119590397189387610544264230246441278596632014847955
273227434092863462009840598245338576386151933644320983391819574962
950525271704159411032941605520070797004452742655032910680168291821
505488657297908306573320056671104039316642894607397427613272069913
773588877646840767260164503796909067376249123181569461325842146511
243018088628385018727320829304932053488349080225799962089315382043
458746206252362968122407755716676147083325307435180280156466152412
335772666545968950153512096407409879933525112423683932555080407795
389065135984869314857268748994901408530010625403698440243398573821
267762945491927728192707271007595054194545037909180516361580836288
870015386724394500702749898432185567647403247143923664843411160620
931019601825031780683539857258391335713344930361449170866597972333
881453092174031811747752032581674338945826496752752520361126273672
109764543134023806587201125134514611723801638359472687522817638356
655896188613216729989394014941251035646583363688776090658837696741
829191920311945646978094249838609041603309637645292794234193002301
740054343225854625094743545517096835436975603565019923851473718492
670597233277579791173815247435316334241172984589412910750455504288
587776273734066330416039180826874172606596159893360778633070199222
318466648889304527152405511746120223016036619219393661579378673696
158162597300582128112825576467959494028146674576045577470673902200
197698318259700293819541492759081133733236058858777871610067258359
623260496001605899148893422047361613271007545230048439431098999163
722188623262572247230711979182304944435140335744766397083610698607
144570069276396639734920292183462976443818601893766880534512777038
481569085406140328036150280386094903353489323035792511739353041584
113326547129056739888443593082228303303222116592985419196559797184
885423887158089140369301617172570015570614836906812742295502793463
522645006869343077482074666368747614762002275018155179697826673741
459504387058872387338963291213957303994663054340289132774681687546
695021614124655037009126591798302903887348417613972343394556935660
083801609435561378553746892071454423377646719631384646526315701017
132358397487466544236302779285419045015666457881859979478971251481
140502377690261728979301308065657163121212079142907054215088898379
545365916435512334174598794809276941751149031174605522455785458135
586702153090077031955655899599746805741613338361641691140099233415
564386836225866442807940336267010522666936192467472371364090542898
520518835100369268187997465647052545068268393626406994422311791299
733364106678173591597162898327417728872302052609804248757771006988
196240372912716284558358478403404924364878183372432037161878814931
836632132424242420147187986601290829544902098739959542872139066776
982756308916794217401688235876539750420302448986418896369096316270
120557681969929154992775142543788129467665083250351267168466448444
547240410124528064217832732227760436916102880783588718437100518084
017958014108352816351636038053463076389194761501869867367060501475
565451912556348547440616202739383503562785615295889468170169994014
332311095287212448270472060546025850066704075791114136827906978686
587117792043561148929968719888032590349546258685078645156073721715
399533910705457420844700489981128289942160212220926244947274540561
035820926425126780398190545265944373751942813217137033612591057551
698992847294695342429807232562902588836268426784470298363132949660
544162538614748828347981673228810978487694132343671883348297513277
555209811183566129984856870217344971594558142051676013631681044749
870916364943156667001634124731526314664694470222860280711813992815
888751637214266832121415092317205731891117328825980525201560900415
547775952404089135009403651970848700749678332743233588694631268790

0985023131720661411321086076048619570635662452304872049297016794578
814582009036192806782139458937433777693126987686811712481640849105
253884239333690894635409235802310817255763499799694364597544489485
664773280449886762357891730215026987964549842771233602523960136788
902639127631673348690099465888102863102237495535995017161877940595
427203256807509917230406040592447593475587819231150708603864364001
669769358844410773687028457703794092834941402822129586407527063935
399304447238508439688527577798355208317581070948268654551492346771
164511885672238076006299878184487827005272031293884799820971943202
275713635203988800756097935496850722217381909642757568466440784384
976235954164378986071667348604995364292157690926961517095282542108
602668881287621322828870123941112135608499848560226167435034883052
115199522213094722311882454739260808544121534421043454311042835336
107232244610950475490308238497623378772397985764670714850727011550
335079176889428553256555785689141110539376812300764172733233555555
695819795161678765161127158802381737058125843376445496393209033630
888423831346474132541575834085328701621478467527366035329814219899
900103996516639857816270835896248137581128520502746831434621865421
002873579845306419721733111903252007346192981287229517898245111770
328323475986403956270619085455073580791658971007776402290351977055
165146315695428841424375579757096894223288731250154465913235682234
856323088186214869175254442042503115517112520932667209352445385328
575930785720519631126771596563353595646066381215699176134271050357
968934692560977592291135575500449546809395941988076919375288865024
897112468591619511911805736623365074921836732839574906693966899486
388125465885588838303308642792235459716140863913280169686706096747
793497025136967094921185182680683710393297681827934909048809926852
979497855733371545681229119082889999649617367275829677225427182642
232866400132724327309242950923056622134697756027497131137749640216
045186933589599433451701314743167166992535535262519182296068551102
552106617693913058993047044013055539478586631684376918286472343532
485938877973370002374344405223057833850423369748670050160028663716
354807214257274236347165982592000599527350286342941390667926697237
987304373539379577587467043870950735671245544966030978961181945541
702455921930096405938055229427692173509881950338542439019622355656
650959811895084955834758326794413719433477706441743068760728732386
031909376467452918921839273405652449125058695651761156206981250039
315388458184406490819305513822068081023933630856535953832850815185
286024907380888193971974192664563416144842651154131695628352519591
124428382628810103084755454897369025403588236483142440595060433363
721723113697973766253778983291481467685475411897102364658779329452
455366084629871709766714521539359362956508416867938874745177684647
019705601206291119659392716942878200104738422691208420374736338838
627479266343817074600861816517701247380026891028324861454672894643
770339434204648424196702561879164897251838674622230416516000185643
129965411759820850056332395241632046675535001335372968491746764631
941349922374424722463302202185954740646378821188234593940899689958
667766370114295285312707935566323783256196678213665709220602831025
653913540119066214292393816411208069617216043809938799300327913519
396160545906725965724244388667309883949480405001995869954087761066
913890684279935646950245990878656104815262619488029162203772854404
310761915233096761345657898664927602310346708078390992627547645000
231115988151525016675637395740190577034126134204163590448083907653
748582777525966628543162988331420747782612095040776043338836635802
430892448403488354102870614733963283464657835796697459258740113463
457623216081042397622251689597347681742851273772134888431264298689
167069631623873420014694898521423020835510710710502557188462778564

40376053415487371340570353047160477106775293200799083008579633505891364869774715093761225628448351427933875263674570722200256769127483422379436606131986267609440621051523719848597473792974061772433307773538025430221894395766769509566727981248500848626425884845796771935614664646260149649514634714900618867260130216748107466054111926689184063788353110563044170808357801999223295643474303295979135889437938009727044258215069279799888314467253297689672092433109678778704372547040496937826853533277996781762915186712775413657266836934910872925660656228159152633504466949756792294976458396040312478260968080763245729179631357063805530181795061558934619200552502042127689204726523519590844163705976227580527335399057273772924589843113466208946935684628077087959342361434261835739728412166526019543848177450244296873787044781845808456698591816757459363007125099299455902157979712679792868141836179452938114743834591130494949062545777573965744825041893661050156722391140633790442693276717835728234784024292290403767470039713468343855464064270710261175300913084761273575638893444957801436719780138982653424377606720487305659206933281697377077205067321400057367553449808955405386888786715911240760240287649361091464856324351392282896169205384742208960466080590382309965918933425890790062237040800669979202979819440927717350270127336846820867383102707947935530220822775215446092735620715171955387489668190846802860662680526626173073955928932432766560820558926492281145720789325877823680827930505003074177435351425876432091818543266940690676007919082134203963689530945256334022130730209864586297689655472486526242846110473665750904177173205232374140756584899323927086821679426432687569473519121747691115775407999719992668288850793903934061031042132964682504077064770521769095572432685966471769863829141153779769760002581927239446920104966004285085470014809180810817266504567967186688064620584788093007116714190784971339391499399525524545209494650784349719810361428778184033220570694639515476946972767747706424864607939235195654366350830702520798246537427425699694577564626119873862943453280541508276209906622774358444862703767092488431396731265635680597853428581984460900825022815051063672691418876039788319773186265729314218073290550935385624444888087051585120556194413737032854054757221463407137369326552108693222709423907542994089944254445906867574114322524261672343521912782585438845595167978299328323642737457452544546052939896806263513733587214850808820205518659958034081488329701253781235056793050818818568505731233257555542419605427358319447976432499228822660435558523349606680905502905216337784746351934749713022329493965510415987839740167516618593605179338950392466205245511268837311120785257244245799623294450168341713595140252095179264681156829820313618827396426623321676441524695487558164084358212585044247670699693803758573003905790110515414779557179169312729095998221364115981595201458613678920666663532183944579112942949372746424648239215477975615733670895761840575322098504748583570891766352727809495354274482525113739382912378335184147182784881809377625946725543342069023837559765846744498857297100153365702593838609837888370559661656612261881245463878074036437755829259340136451738584462455407649029616220229244791778901424327249245624610572832994427679678314481934670551757083502942567326335264906514141210237861093296718863103717170461762893116167259029067712239858836596414924553081207285708410066076168543516663530341382801133819677912289974126655244951348338934636181282256499053411503179141167093830767768774232569803429140799802919107611396530776180407622194451519402604063470356799353883274378588152011080406490885175270082056238020512864218424823002632432055997998346926232665644701956357300679539057244150398164239082136235132717714586191210328

112357269933087662553440894151205179902731473868182626644475280406
727464085723801550389418912595893739926501687752743769741533748172
422037707128664490771162603154417119414108348606899529507444772203
362744266818471196563615713772424615456070479650878312900133434911
136292975583609060175949453796861506817908507607566212738100117918
293076118629911635574502602021275654360951138569094815424476722607
340061037334261273608044855312147578890237559057711317455009411859
748652962705885639173897159515988987014175869648654185324863779433
780506989345553880505233124949841887573046444733144459850552473986
539970734623381939800857730435695476169828265893810030602411218665
685980207253371656135335099218859560107881521955992984830737114161
764839950330037898824790345410532502054955693588016154598918936886
572124748963613671862818854644786179243581710112551851317871774504
307353645029761507292301108330802551534951869294849716900991730394
769733378956502295614877878048366582834827540230192303690385819788
534303828558273006721561304247679650997367389863963084595330994467
366005278953510077510623540518095062072959121477879266263385428792
589775958630580646504484526239133538342627050430867009467036220406
339767252991365187842306583966702262580562122210733541161850293635
641616655779237766395860494693244550805903617986442755741294983021
046969861644931370103702775084860153961665864512853545304815598296
382985981545562592486591863288176301101499737206920153869877418621
655782087885028970856782970192695827695239408257958934666666883918
358815549069436830703532763207934945109365399450972042836730670351
441963155288753214822189325967173707812714051334747386080963694563
512019018439160557338408051663829148862479351379403713197966875856
259482942074632416148196268288849800968875641317790265769105550802
543228031258589984582872083257358894763134926062496271832200731813
542439536437705648192953995700144554383910878449144193680471065163
474031170374482458505185788180686628844170793566042698003163236349
120302919753700996010666193896217318762267071826314852284417279433
406818103101838417534997349697901352604608389864938417085293469279
158345594247787414758186260672246624811772249856862298974404384392
184024560360919123698959782488064463195555559308328167346023120406
670072487747599806326845273202557015621687662840583268894930505193
900504950495870154003485427760246248588466667342385974454567161141
984303835706397426666703855560964523903570201073652328352769206772
213666358574608076159948257589026155644286649673725692080468511746
267024678766860322879651197857616442650025536622079972039998656146
915511996591892609987569195721982755095064759786156264742355786450
113897041993509976406676557120850295842115591494729075235534992741
008512949193855962594032638202524988224921444475588270029003679518
705235762764423558418333071204601246299399154841958135512551467709
344714433092476373215011861279838185602557163141744264421039231841
248615613047098148024733881256960519677269438321490104652409981501
183394145060084222913194160995009964496196330766171680279966145964
908485717408237805713129439661036877272697904349031896749323216657
233190372154146103647188424635680197125709771242045599277189401630
807555791531803886385226329349122868944587124407187398513109807299
600005402969139086326671417923649756297192502128839909708484680439
071763198298386258976031273818102754934261012824458351039724617260
027124726441028393060367775439840384623746557117766042747940447110
253227526070881915259623881035944912100259215675509990359849028736
639465333622278560198785244807812000092267255630431187021878325473
868804409188331048255150339506237035345911575694871584408122253546
614612133683291417713871207911325632996961058630638814550382930706
507642500409597837720091354284328731106694070419993253056831695331

8544062180960834613197799338171659170654879552114439934636910391 32
585349777380538014249409345036276165813689500309512610570841234456
296013280703948714675890101664115170393932146989030266726605846735
059647527480561780786795393551032684912986766565426312732988529192
700824708774002213743115658696907606589908547798087756486559413089
027045689772974195596550109221935693238497816225875176465524209255
740925717695468860519010003160801289728987052861085422973909396815
077500965971737146008611522092622608527082988364373624387798127745
117082236808061077077413663347955743533547250663440979289899184082
181502006262900581367815452848577595273359535974840872450053882741
039998701952126233169862828034388497269141695862950362027229748868
984900397414716167457511413346027344974235505878072186655258735064
125308324573880356085157662659100847907204770453688975071997435665
063066316758761134751644189050994953044117199851499167397662294269
445166214080877491355367345306518299977582014657530815794081675035
725631308268975276869491317516603141962741227162095782997451259507
368949976478651309830445539167618793163664040969778731171580041226
555288637091406258178846923903643987679438994419596332277331510624
171111117589582042138226824715855862315936615312894321916548928211
959762276658143596743190469318970709546254984802349550186923112936
640292909966700863878400428904420862483661779064302063305933920322
434365160794325702465868466897715343280772170987980118148551579281
644492135430015252996137723601077292108595131459952461659422716415
747632365702571880611706348762926273236008312525699654343218937450
779674452915427894712722894704464813147441242211665900810057217233
044387008737360533164683029287005557200190699431998706454465506242
821727117124592068124294810550504047059241052883574006564845472456
074875624763472596201955416308086991308656786967875539700812791176
866919496838135150988085209582767929487854818158433903895764802898
509257246086253006148886286503065719865793656157955982572991894328
947716189620569354672805441856350184626344267485715560888443376776
775181119587963168418536391233749766123771258705575367714255354528
010236191288246608468567360849341333119579933540423335773588963780
531839093444280492270352162230871494436067300423117979682863905171
951575052097655902730996709989020051300226332647381845202399769112
952460615572933669965418267875614644743693887290887894259922714756
326206666732908094698629295343111076243281643273608630864133864864
668368334034117417243361379086047880568004597543289332721406080344
475032843441146117190967017625398428226686468388170610025364990074
317384700086148176164319642146091993738188776548270699793984153938
974909461030806089521056237233733955299064854565477711132351150583
518723974869707635229334354972561003011215891267832849264645292657
116115146530034496144130407078693714179233116662476964087635487399
017477537102018211428142144824621320489013665523144244134042877529
811835667348556593691796255853153675107980671452796637458994210311
881547454807524651853170218249967058200928170347143305649061103029
660077886218643958620309126219537459319155011169133155954733941172
086135358840520458592736046321982702240715420614033109614862990759
081033133065914757495394365387018430653038342790401430598298810968
662879396068421340105866813687700862550410669655362243076097486920
666744068427555947082594037595454393281264615197860109409221003946
623938100024885780821530539641236263035680445023302479433432134418
808431469281618392368201869189398393330782579391518765988615852658
830313054820647419923861166216919045975656253336318446768950752992
586777308978113220554526893234119637741580704297917296184933765166
937562151464881384172662171532362271080278418137745960978655724521
653492678760880091880707514451795591893207464840761990517355858488

913303280635078797052313167676931577373187959490721237263799259715
349422416504918609591639298051537541530560108354141244266350884117
088954264409770274228232128737818584813773935509749335551140624466
436894204535523793022955699025688892472476482856987927771770439584
369247240062220941325554943292326806265100656067112487799788039988
221458634529591716662481653228741155327526411248966562365362717905
170820153100267353958824702235281639972401534641220320257977808273
135512050193684281552081855499751491511016991412711608445400907620
830051416461882552963462036087371679019058251894683895404682662971
748668008393029512607766929924069435225777438631812759679506943700
156062505627855914341512413394030327712953253107118617480257722349
489292521980974308952122314619576662075923556359726690767986661233
291059527961018343106907702032228716252083611956494811752997132749
730597835528521285785478442861816852571073997916448507379463019479
486010937938364054003035089249948913801089313227030643660409213615
225175033647591255299336234508746206252211615213453346405907315273
240795593956003274879097386942606636143145093479579364252820760576
736682245561277978857985090507465575999523325768019785164732223573
444661249477999064293351032029241706181476957105077280191727166542
272028024548065568292656244457107484434380924735583240595727928137
009317949584280200678166703023483010740547421926860540197880276706
177331169854901005325265807003919332218325517622195004956023295431
880724870989224933073759045534887851895773428251250967651971856799
652910171995101746478143027813335716956422319340757137678346086967
122438121730798969383121704204911241451586221205738198926028132533
616506332709612681127354457645034386271837391993894379695856116712
668383393759855826461542797813317912057829123789989227627725615951
258427540001446320445791065468667324140533658619184280422625821688
273710321538212290016053895557458048149707951428828742756657075814
826054824202210612037688341073437044616953135658473158464995233288
974086138926037436545571031357309787030515797674186488333083334683
061776199649533323434059168678388645247041275531439579402788421613
759684918282328600669289116050761181598098057229676116423560905478
275530999022836011825568757238788125858293421121206435351362342333
545480003763735392284413374664475464899727153248706234324739394940
743678490417272542657426758951827960203343622606184340654829291096
947327758106315005802505689492133983705710619553810369925100616045
006231958956852776338414533870921568787580321274603112849248871469
759238966121654100784516651875999266072990204583456279634204397156
524456500393326975841615274186890528103396227728680145702700318962
787707751372895137492853891601345118147909121245542835114507476620
614502078740552719831064913195084319393794051393560862448712063282
330972563106568067159358712039921409666332251191044508321653543621
993777585843281227230971764972700282533520236033469451608228728472
752281846877737507229883391318768369026382449348885643460614702141
015933553708337592611935438143753258368050686926516021319638590042
494502607779328982929749310257474851915475821236842755637397781015
150277718846739673439741825642715865300921367338800791231126616041
891722846890638267871722469773414700303377094862942467836229172179
125739785889572304938003585912363996896312161385831046483707963766
267992976156682119846593415593391674446886200355689651840618965020
995787949475034213451064682941891357624099495577188337647484493614
890337338736408448766512857990600569180355802175743282237209829640
541398491768614254113578019232843223566220125337569971038210371450
536113521580875443258875177314981234159790077484154852468747186982
843716427756796612188225898363586461233727087316163958782993815527
341580288062228960322744791973151341958948838419529290567529135828

470288997290468242178115881254450027577348975661069369938306002844
248830408556897564911615693828782862045901715920661835559705573502
183092691196050687113637921989163882647003032398559982585297372067
596850212232594796092137013315436900473475800526697316366280876754
686843154412005445181096396331779963270733270078424261594328719836
710018530522110004993585898093472727826132452225547446633652346902
607995201882984865792935643341058619206357658021349497123815423332
633081824963302038636180607430078936284804945727476555968976904796
307725843589609723556268852771769509575485467415631893654443452682
522268733165858336717410453518601689739003705114038721607492565728
669414463434281934220107879944479315289080704416783720859140380787
192020468714895404296577827423277263006754826839257204742895691916
760052052321538211408873240679725588369972297703978174778655445133
936952804673097919875464405405015355984214901764939708993368236817
978618263713774776189924213964754681521802356570084650624621258009
338239375893985352553247370307268761318693261257733337290274919695
015084048179987728373665255064027193614777325988089081494639422730
754621137974252544785730656206162327584566336871604105456555821963
228444258001613092292561169521705856174292971169937298798552686573
679816223076859491733218637615077351715337805336399472531737904670
385755272237382781358856453237660838981202294975179584990141689663
452187860835838411893138472832576864873474621953538997800875424150
586749780156015931136540552070950803525500481212312377181521072980
032310175918378625405659625399485447107620238523408341501421890183
896302766908646062889973158305000605416610521126183324563088749423
761321117383235991026715443333980903010767519215606860915099297579
489847091340484776037253316486633273997745741707870588584989036478
250500607565276677666730181427983462997863115472471904638130827026
950271552434583777132888840113322856123276424758054914145334004307
351368200167103048967407913220417329365588638081990240250424758979
906199739449424061393859002043745081712616036278391241147268209085
690526837422506891099193767722077768737126770152907129682261584375
714966534629615403528980698498199023815881324900728284203166454586
451867787181771772779283212526968322976641245496739715278796804347
658957612653385245739151343813784500518738591532963414053689484439
722550801196079269028116229367043437115837195386577860034194671309
665344253552356135039263743335590248778009316758556650202614245175
520231051803797924160186816532721349074474187926304637935701957254
656870769649025628311394908306598139258771657534329051829883074422
093153945626718913650932778527585614188691505843112818062116453383
461456499861027990887831599923320834970349900964482897361997260841
303050161383437573503350269679199100394576485031398899804053476207
979951035562800942711980771413862537468942006711292903794021105099
312881767863557121288220584525902329882784488972855767643376551320
983720845365197273566294540752078683774825993769508547458537785440
151866870321270325108378857553525327422467456165530175294697049286
034935237663193775815312691121571250545649366284046131575493234361
611438689415519179552116040327941387040597365968287723555493695367
249260335274498928882204488684436527515895468955885890718317292891
292345774428441927250527684755038702706328297997585388259938790678
996367663472636799709113700050045191515070502085744705320311342837
530396450683734947465152543161640695883965696047762481007698125762
324027656324714558678116653563357384133203756328577111457947736117
758910978449597487134549945405008974943123702669160022779621516016
443144632155674657986969134302091737537932953736310293482594184851
531345770064943739097642085895731774231457672882967906750299223152
573286983302634123352631634902064904297082100632648815676763242544

4687039213337678948960012513626523547256517022255955699862842510888
6689684710787260016733242215625124292721308055932622130721409368644
3549968987874303526768849221231834492419076374715747446252159745766
4663572427527952228915040642776786566115191933191817830567164653044
8138101066673424591568641744576883906241920186541022526697061538900
9990725499842854841956681924545197470930614227531512984453091827577
7151361181673035809321460322584723528118255047060621542622432455144
4689645726938231665552509598950410934253743085999797137004258858344
0304497267109629969763233607776743734798788356730102864713845459288
7916374901454066475193948993522123624743661317478304868846315160366
5922435767627623446665395897964687905529239027020107572189191382144
8316268524904958486754329312418264134662722820936532772839766755722
6728973193812934194305723962072329200718638674667030636460133111111
6425468025122894305331125098538601201236070449699785210958598753299
3032771622679823055107676926800022074188490301650050385344759710188
3016737826819436124165696392522947410357431851765836560341232764333
9009565118632607917338991262772072135161752222552418296124339628255
1823286968625444118623812330640345331556016406957472320383651456633
5574987344116859941616551824960425979839267816131483180902534507166
4666442670262761185976491324768295272780570322383435150636721770666
3763740249030465909628596027197972553780014182019981018139812595044
2348662483440439211364872366629202063939628845314483748901026084033
6148407312006741562291596696366940836032643341496371209854547525011
7736696019714617846451555599416726373970858649598779532421583282188
4109391640528356790706864210780346607571979891481554005420051073000
9627962347272499701122177816567984491943322263341503385675308244677
7341045503274285611574553874214000719284301774473142300983657607511
5512777962810147220530668174203505967941050980466563136377825172477
0914099255524710368126705138246752117200528494295219748862848985277
7878356210600487812711440634990881645924451898010442935708329047222
0160726966046198426077224783107171439093492897379507505647105380299
1618749188699463530135729350187320668731150173153109129679486254977
9581512168220757123189190913833835344710236597944808047123388274444
0350534679995291335460941392728446513911908360762265798398156424633
8291599904416284527681893532791356747403227351506890987754721815577
4998488346694622271194343513957275609331877672157428578303301830422
2251704963297161229683675274898329472315069749788741400219267006722
0656772921310849357294076359289561828129001109784724328303846519744
3758573685912309817836030314052823008130266313304139925339921794155
7647985347081786361137720014085708386394377035291834974037418351166
2237004017318826939326308750548756645290932656650302439445362272799
1708003815785132529023651056809625891794240016387149612121694699255
4423986747262060057131153878388338830780165378838775211593119449355
9569491793940578848860623959444184972892872308495579260721132977122
1372388696986360236829162225464710880621094479132399015406678160288
9346942821550627212605417982917817382489199733829530168266790617788
0135336504718863397842735335856232791853579779226627038024456968299
6862549118748685305497857965989184862186237485563935321563048992833
4865561541540649512210466103765481806025067654913403327386294169111
7762638138347851183641056999660949202044895026294461684668551060666
2420883145374012687794781398595777699039877073994170325653193556133
0005281435994560612616083223589903248956595675275769853245744035600
7612886079681857619771788765561985237527447223599272020602389167188
7908147088670683027939897683780233375796837484716792042056118846144
4350842383697378594825884978259521414316768984959213193894128750699
5961491932711470358745336608149437546971429195290310193894356371833
5937491483074230449340295962811166523899581106000938622216226552522

976610650745271358949733447407281673926348622262971347155532936244
457994650823197908769074458525370345709007744081534167863870148099
674124003837808523427397788174691080535330509119443313873040838043
067506030686269532124522901667503856318585859317437769494157410810
572749444384001399152295292401680667458424696605569107697596987310
950784518251857689800093942863712191016698078851710571144669507031
273706962004730035675368235205815249186823908397408809264852704581
680063915340134937352547150923527044161926572110042345848085322398
093081970121586417329130532589871715885516842060650340556996859371
591562193954595558557009347711681179835995842798195564356365309389
050941964641889243417661217711754573714429402729377177659183107443
058151531596094826350633655723861413920813075414610740512741348138
890687520896517547286443489020150187201836613841728079882729582018
977486126338360371109414086804414638189975514419051152014024187628
978688233866528874956474011072459905537992175155647819809184955876
752778280803822629818043941563979561725694090929518577447883651594
478720682678596369454763706238206696202396620665921081278183219127
468081453031421779867353368489380826681896912999835199422321272638
771597576428521321515883717146485428812423122468402839056157796819
989785562510271070628379399431907357979753622873719947845210383168
668521420822019266723155810117372442375609151489386343666526579426
037168289281580693159057152379480256619126870887647506950850111370
257880233381801903021002975975592681821635953507064188571900594974
446797417420252130947246191950277213237247025702961631681464762184
643644651799535877759048091724695567396794553734971032219369455962
778937791938340697253788415502062958387483096195420461546990222684
347461767711319737486600087935443607302433663280865368473350668707
408900184703067698214753133731542862215155131814095414979724670676
343697696458309286795212019941406654043266683440819686918622917654
410364920807857292423388755061809836591222653797288411120130691018
576030498329532694214188425942866214695276880632082571964867134224
698526419419022236241186339130284171844724822755723379969707482002
437580371792180734202080536935740618765664169607739120909813494702
120725197213699642344209305478465069237446490420888732630226156357
919606309236991602782364930003449747123779455951240858239709946570
275366759813304777505050536634574715516558372773100785781787153031
613276848925357607846211478860351804029765696058486717567636659308
748016099927950787178913104203849478943286084797051504283326524571
886423198399932856342268607883443745309272893146092544299060787111
736766959849633062177514884899337787867859785265280570548661217379
213552124702395325608190678852803832422968075544717437748950143023
150146961225494895338362756944869304674198022922555065087429772758
076095106879827109193837142290968268728596321942836727242477443909
060036804852784543854819955828743344189095523099265929588482897771
967505439205771668938552397736092582090693430578986742357295312051
485090384652493140068996173731735816222294455416149357871477506270
376192498036384400160913611713729557661808926386467940279365670385
305779912988573944783757639092679443336505496770742285963808721870
399582714758000440222404214003303590360960548004718847304678286807
740989832225262453168032034084435109374319499380299081241792110895
423927096542582195848586679924115788447815219557498322258335674226
798960098032009354865108549467676713405310343499864349758000215286
835835721365978208435732604661260570464409200520643748808684041999
585408697477316017505390253064903620449458476440882040053860571525
182217793518019414711660086532948281060021915944692783460379829268
818677784883782713148160668128480874790430234200377130896464781785
599461837510620688441358628450630346441913942893762354742777586769

0146782289070060926832522503246399533375667289976602542465979519 63
2609027426151574818652781929779836811013313396516257933184194070 26
9649889513869239612612753695920602296900874208347208408331884158 26
8380193833589732243351364122443211749794047668241678096352035664 15
4332541509645019779105414609437498159904457928380288801335624818 14
0726114232759728948241418870259574549342547227469899768771623160 99
3228850420280708381008140918873526333183584207407484465733978384 29
8053471060023742199872117626833349092090738653379590749280892830 30
1072075504724508511833346763047598206617899980044627448033701965 55
0213204413964236745069537087816973799693790616378482011697962707 21
2703584804794885806583089632312886734029638482411287659521853624 11
2569697491990574782803262998612317247930503236377058456987857745 31
6103866706755584406824089105118184290258032985140961573315387563 11
4385477921529836638382158713588240820127783840973623264758443526 30
2816647560799932214839271563212499908370989309463295598599287284 33
5212524274334943790238249494457851649361270326423390945448086200 28
3535262617529818355252978804650281353991128471612811534144603897 03
1654677395258765383844457461103515616418092733462541422179033107 14
7203105992949538959584368857734894952259821038315964206232730714 83
7166917989674445418418903725112728353005929827393747375710992776 52
3563703606473487247848396842037423097589988743878765428415935659 73
5883450609361299244925874676915428045981328158258729991103007806 31
5924817220522132060107714923366010031827100667272664889495509423 36
8979354810557964237715449541371774079951775014666954655741008015 57
9341795983013187154617138382203332872631369978080937562816985753 52
9253902365681143586553982842832417000516419900517643835120057569 33
4304218029315236854114240598680573897377172090328164862383954980 50
0843602353585825546188559424426129289214341478982670941767604522 25
1349298729974353338206276224063310048837745273811887225818199822 19
4282936766660000403799148700185686745544123195735187123793059951 48
2159548677010540478202585390833356406182622252080286486668097631 56
1071376418909023606039541245535703806675356765247266803675176738 45
5646966935960226342580015557208962384036477132142966921934724207 98
7296298616757967460829597127485706790346703915786585811127382574 32
5190397829954457674305752992830286341862425450224962419791639827 34
9043594113958984043489575783324648221652497253318119305558561405 03
1050765485899155255426528862875288955457736787420297703784684756 36
6424947670848543073541328403616349134710744683298589809511102012 42
5448846430712271748865869643672237512574076638075779685938518232 15
8037901388513245670422527853876610135195682865233946040200356733 86
0252055134753079007468945261436163812466020943396881829985725346 54
3552854046361041312149937692163026148315182346942096279115494171 94
6607206655284400443565753266414389342772209055751842369120803473 79
8867079692283986937508881614607383824642000815393674001886257307 36
9534997308367252810149430436456349752135453195195003507648237036 18
4538497563616339744294309886387198988081880867474958317602229846 72
5019591837178700154647194377440245879644193433052737786174502452 49
7071499070005187269292834587178630917484387855063975477813979761 47
1029748052589306922166622252353734490113539862660281419264762937 09
7680131872041406668762554595422292493849462711775501758620213788 76
7600298051574112378095519278181590820663636540356868332445566200 95
1604633752256882558545829200193063815338736565179457437025887562 64
7321077322764662315226993795825381625074119359925754347032075189 63
9279292162309129902590445512172093189661799346949541502186833770 15
2207591130088868902385799152826398678246546088746278526226814247 33
1885885724166512619590003292244047284089619602649237730727930328 69
8350719950917336222069042662113793573787896339821927111179243751 86

8381757621347292273048411090528931273975665464401599108920563595 39
55062268490348177834016388807477585910604735866456072994009420006 3
12043562308116498145514965551300585461173552405216715566604133347 5
8759879204455921756775632837672276901154164921122464223603954033 68
4550113426542474489895459967920364442296652482735068799649501574 04
6214825111167401638128823705492676797280057463290619456179973094 4
4872374670630628346193769263728437102506294302398387471804112779 44
5151821086400015584757912846401287399509776297708262263458825052 07
8183457605053081571276816461601267456151310391071769738455787322 41
33003000553471951166901258113520801563037304690809309792735365856 4
9135747113509044127590764902991938820082621739395928612333657297 06
6464102705878835513189346579626859330479560260115450359677101400 57
99333688900402207538482513993086371634336600792371240645761765003 6
41061220543568868817740625305700602301898291109153407117751712442 3
70364363715890220116231710263565013024399121540427012730391660434 8
52892171767800544353796026814476987479405571599377835639966210066 9
27419271468108960204073611163472025898624647440819612040336875208 97
01088063354284436925218017425121196785699110583349449991683094494 6
9847078063675466776782538372304052848929117305480298931061328228 5
2430139744212784010822979922563749918616190539509229235240387265 6
3349624474469034805751356594650462503096250111859963630240365418 78
24457074024589488060507416839071505803242418375586267960448940311 8
42071561842663899300596835196088099155005408191160942615617799649 4
55573893623350956021693845302940741535422017008850593410802153774 4
16896976552390007001131094692800034443560636076613103027287389274 2
26652498990981590123765157043277319218502844881119332011035710571 9
44438712183523225548677264408667340544413536740399010464179288114 1
32773295705233233998780091602670028929046700345506321135518225964 5
45636558027046215314706032147678038734544203988775731536419729437 4
65867827633623111986467460831716249593805163179101602174316003637 2
13513550655506811627671648322879623900371433163480958689243847116 90
48307896510059110496501599283143831201893252516678955897310518020
709151628212794785768231503099654870137801420342350862189944111309
174155201212503779765726305117588445579181661243191479349987937188
974667677782724332922702482645480284999856755494526946870327503783
940036651442685682081309020949057899622100814077366965566279789587
599381603739294081898326023119790605145978038449412185507347234440
46413633171482978197669866965514005181845419763310556350448849713
42236033913005897971734678237347232923051738850500463602568199806 2
72825811245559158601501843909040986418097171007546188477393491127 3
57112710753309507903619794617087334466480524178880606773110645588 4
14287431205536864507541312378920501641824559852917028552982349175 6
81519817495365040453735880040973693100210161974099408857233681398
90685230580215225783079858444498849002672215492888861292502885281 3
52717378031820762808665819870213391861211336024618736264912859838 5
70424605478859944208240180919736271175154047465634118048628864398 7
51105260186007632086640320800588098124668287276915828885145355599 2
97214513431881771664556450266633627515714226121270282902358703146 7
86242730233599895133833106908036791228975922320900535339836105280 8
48797434705051051242979946969587732900812070797287965358392324265 7
67339214438047036170652959567299323441686930920186625715820350459 2
22746011334917847686783106363023672435537093256269498230726186313 1
09105016432061267424608679167037793094066960713544777204124017138 7
15254147871337456602291427453682810092920558890079508483723267871 8
6595562128376549304312274644597738111563966740927499199030967831 57
0443792739641666751097892640931174682418788465392879439142807191 37
22819450621119960494201416756751415522656932859693990054101116477 6

π 的前百万位数字

752925649440428795835710036845090703458019087499993092734233237906
647410746289811710104027788338214509831606137185058427903895394961
345986945534332173388380442292218684824710117148515834710609975786
976196816012437330230684469271055789326166001295993498597491718450
334461056240840010952490311291513102073536606699142509744167108918
044279263850255766220625664347056888812091343129654781619845396751
548210810244160624449318587351214286010858155871519419397655261062
478092540814247596466270191943785507186983496876926575171350176402
003599383530178302781767102202449288655654620105595674157711590472
858301654225614200548268513719162768982527266000770336835926768927
117466145886443256295441705121686083735716597610278238848606701446
329636821363730331746487176320142788006742493485684457268867825525
550925006154697582885492108122224766822902775116822369502543987324
561861209996738050145752145346770108025915298160421223116328760264
578489208814442541782351787729463684916863787103355988029352879751
316600965034502135008786148165275693425491575825447858789779004210
159280113548097158154932538649021151389857756639270582004783308103
193586172095928503098371977956384664987334554901336566062958993312
667035425517958589534255685222167057206373166820932241554656528706
208202685332600866580058396609069504970302254534936941843479918148
540317521615318893601698982971238272732961881513540418704927348526
265666408136486378871680299743419921840452670036155802038750040963
721886553766105646252585967623112091455580614923744622486559052594
146783412301336488120864513178145054641794164567238577509045217705
499758332360916182468663731199597425637392431936836066334687888366
489399770870992397517694293270431571634050583519899477212598612465
956758031364020077933287978651130119476790122849334559372745446777
306994245626020238875493090223357398303966428565992346239434307543
557661485851861284466173143979975977684470929792773827647093562794
945093757497580940229719554370143859221216058081004239743853304543
467119143871226627091401261538446277366108865182715566402048997387
185384279740871780398587857487216892636293407937055160183714050877
149628160787383362335559788371360809666315218932287510522740371018
412548297128568954164194927943850639454838617154528632987007434474
646146503414460256193649389255719342320962385728409362207205517646
982530400643228756038069773146999660101861018409083474528089280983
391290914925830365117302996765473925151845027724484495376804763886
401906348729677479902124856127316639984427361862308855173182399678
817158183206309699648514729573723694647944254825014483727864303542
669964431539815277168679844685777773176724214993063597651813595392
768068710323045802519156036464184552722886148251459740929971994529
105998334724104185420272085136054307357487622738407920016763466151
090614719108133008769243989050542838285871745960020088457644825190
313755480860179403410944189883726523194071831370537998352344375954
898132153424084287482442809898880471971054529233998476551717751441
096350331443841574283608079013413016396157944559087366278909144275
984522976305439340866678264314016375717056188134506536372888736845
773001897543538641536393817376290182296333049441891940659730575385
121339862756462498470327918415111491211352501046851190089611707902
188891880624882538422836411906558748088381207312323141344233353144
433609656271921082476403927206088886262852588519928301333058905765
272829571426194979164995894363177324749580959841491639960872405594
058974095185184537010842391107823544795389772207975226175997379931
801766025841678345852154531357858420969913069952099187860988612444
010607411986374471530993510334286163756809485035927570474426589679
566193382876884746673876270357798755596549401466289989209986971648
540723033988839367611013303784045113078379970433116053326219954425

77030710396843975279691973081280251126223600777540005130859749830464540495130970480342613835409134454056413410146219371605655280444840088045303964949297382686502274528229948457746734337867550280099756051009152886664658790262577689571241879315839487297388771483538424812931191683160601354302997848368635277312029030297107783027747389581346519427561606674284360702040023876861045920776965676267878197065606120339730472296548137344619132198858923218674391232241525774192907822570914140181569572845738336229188507948683294933053359319357209167636459558136799238696355674929865113248271394607316285501241323117372648773982965149234267413224728863284602104136696664426772810414959430276723876342860664480790484267719159856451260861870402572744277451430790173615156177315157500598839964014188049730699755066910129240753037495815578462768311483735161008264210568687863568408589201192682524370390352517666900923840826467526170926026971040704714815310205739799768157918298128923530414649198759361563221245168274617227796815733025325573522302296833982779941603482649856938263973605905623213929485507427648532942671058969945892642144119600084535333114504068653731319571484348541504151723470687159665889346879477616050652520532551887794276200067792917428629514803639371556249214921928994506784097205434600195629847440967486246536371130208738141754833381661656151851119113468473236553824853198785818181450105386941315804289410531085026258281571231114555123885490445347986700257077621741380291892762345238939140280529309686455602087074750296305685666872397749985911356208348594264702238540331396655512294052067722982107716988749068312321865667889253484373928939824303927063104601678559287530601787022213306811299142564872664971680328549439089540115982149377017032767620929876361529476102296386400390994665174286052716065117214013250959270559294839736129981798102567138533177106675033131782787325121501327837748650207033135506227558130481080029460517179886418646938301427222915794350397991778016490528277130295624570910278494445900502500126475623251401612039820325502752696951967074235168421191098209014734553452473851605450203448865261194845794673910324946017546065949133473564878481268188018707352591838083903679072721987136512691128737953771599527413426674052986058267277760841997469706419659029959562956055600022176378828180964658424294431160434101540324161837112411833413369086040738182186785929660060152609792043026905143222568143657469655420071610492607105516213629879300555912132665254334472375154831796125640786777424307070087662202918140655021360191663843859998861232751529035298703495321075289690611404016598021882803768053487149020830871917804775313608584141065967519604324017985891535324434233629910033903677261899140466810276148578721543032757524359320503117165170343024273760823271009896214950638496910029025774167136585044898207551353446944194185199121456681506843573075876541271316654235668122273722233387587767393622874603410636815651866493228134230424204001730539139580450340596804482575134055549046416335784381605886860227991791515677699184838574581978981362012970538786726606889518850722007442610297073712835694266977933820878091270526740228190344887810682804959591079430888100469561835872093432323304409697612377196896298211991687870983396113452620176959400345867383397823414732191382499749914065896773447434028358031537479848996761924969985182240176819305210022455108578603846905687663641289089751554366506561650619221818558606395256352043478945916167981232360574968374823438905559643350429275477260719321983082538071553885217730924299413144190263558021105357988665362641510146460711985598292895490755148136944093607176494262910340381718216143960417698528173282088210369061259770468314059876589814268531700310662742574082809102331168159759586548561781614

6064344765193028717343009218001005873954834544037627646013824276340532946558088847737466836256169083430972700699748178242457419426260777097989142290035008433211923977359095594574681566469478110101036963569468678903093375711027620866070878210655553779260881641337529391559615391062381538131481317662760323198880497921677961104910238832275063964710076965247441460982262594476729758448101388084101452159329887353851807306981009460126167868930860243784986072082802669244510981539169597360182132879440792230675841298484903656303436908701425831419899105413985226930754669501999027720119934380998096571948285919876724145591715959557500060243914734649999094962280732089018531774166215707333892838863916441375939741779799619064527740965797692825365348782886469722536557545252280316884710392694299440177441505654108392481853809722462655146890300020782127549450527915436981754966618751347831918657412558355397407737334160156114452815017161751179996399406119110086304704795713409531582791149697550614252596618790194047452875733438892990800297698778930869873399027324722936187651932972809463921588010581209173303560696088255232179700576000415904488179392298445358037974607129470760820065151683365645124128112940020791146082742431095203360028505785103178129690111967320860994900367426065788332367599890317467841882737621128226150437357826128239235832602350621502538812050380876107577923411020066388359646169318157504286066212124025308127579700257872538449057874024076775176118282802205700768033173143733222497208953222317699148309229185252467490518771658719283391451272224391076880381467647768256051991624289946664158685700335897100581727461170013131727201526453957506701723887331443852719496997537245850451851121245323760092430472399543989332763258474199660212612529805661849768230504120572683027889590129847903701012363477732672039081071163930328926896985898027604285309812579195732408053145359995068028164763767861620499087220505717926326447013802103274475785095981537692794373539955990692011086845727615873747414978132199221009794636168368837698006801932672463563313936198022844660290825749708876116126193917988989141472036055993690883893058053593693391145031666583767906825338101549463368505270216052865898969422570963534549240879532449834501523023103683349308340823516829151896416671575047629019534676550504543318915726570514987763841490791267283803179053794039065513432425793133041324948076088104697312495453454578562643292457539754436311066043652894034438429341310299218563861969039536229361901016399352853501057299327718394468786490277192411969477667967432169166174018371906560463900076521196114835072075559291017853787705695420746007253475463298759180083020271502977497891528398945332554071951666575323092649513942114255404511537786456966234680050010557665686222565597532000694853643862230379848569368223874903195490049166578339743669860918339199872371947258845288725401284645056630547236271099264278570245829223730422001039892514376074181197679980049611584889031365744048147277693497933519690791241286804950501774453583056740426732857897572640251681129144017289388939060078622033980666196507858085348249079437151059318692320640496738656353128130407910722221357665482187805198585300198832071946026351214279937006940708565595872468136554341671216007026774829236204014529850560212244185483378259554164191001106984416061119361341572843855737682243702736802105490498596516582972944555191824151604065511839707202720208464020439307298630013905543486080572720871181258779384498490437052921037497010016639981519494762949998642849373675253631752188331308710888079788392417704627889360773769147013802057889504947811588756399045026857550561741605589946250346009210210935213094767593435082242287365273888374232113471060109204939561731748853780227314662884160388678815342375391

003774078668328693984834808067071923600158571920292311134173510221745594119959835444561375619179631107040180474480380943839754826744551977505936659329500786951398347929873388781017794560817544738135591808299812498231500373506626543377645218316617295923566550503629887119356012041679383725200771593141903519272458016944939389396886129000119117055885151579807832197586364396223411559124784518708290402202070552688856767767572084330196215790085294712798233970767046678343101904313793909567418493179487559919905514096196893922557331938718224016540438942429761659128259606455657678962695006754576610574970349472098549641722192264151810279891105903306539154665967022021495454292522568011997322331862993012889772600548883051801907365617848724489615573216482574547538161434670840182571136375339420168400511442960030308232427627244024934395610559393307378279093954401080585108538114412665516154280952868117050960782891078997195299893421677946200201699898496514405533694909314415663747898278927807417117097798317152252276910176290637536782986869272805898815004823069790734921618995536707907033479375433604945307207964877016335038661247716798894046172089012433709581716007094122493621549649575492391338905213792848132560065407087219295204117451146578362108110624285418078166194941845801094848226063578640095318038055317525908824674419440837169751263837722218999035166081850378401036964191489110716279202497884078503577014056163478742264000063558174689957745981617176542473582133634390557463367004182631314361141816033296676296760016799420553340364035181666054990897216378910193314935297881620939541968206581906428364266241323705903925680464546366588202705763264918291587136360468736384505449748883936255634469025847997339724378268667920048942544022238694891720046655825732880233249943539810894646629386210678261585278995737113648254919496669990046514833047867362138961073979915734993372656791738205067948903357851703480156848711905733150307323648157543719277078267888498830184864653982118322884774599068233974621561258538266237228319698602520433786277355751555072010160597871217465069736999774885058236861823974059628238990617184581682396699394042340380271521493416458066506094255166330604931071671973308360331180912226728261653649177815454713336139513693578970790381291008172086749705669639627505283727439791628764864557681076979043877788536898437300360143129486649262310772749037059562142587514293266878284788078762847818624595678168662583026820364459788509829508925259441721135355859411423995153512414886100581148133714476205748937224169221906391313782811620178787608643888605065870832408698639465194511688837952774635359778005996422511881275601601791590224752139769106798632092833840600861021846713981186612051037717967858647158891191978082065110498720927329367444664555227833315561279846519883483619760801583131790674551241002086775238220655461455939748978692163232155531192906025885276633670028108500403677602024625577852652669770340069592157761564764259634743356471602185512767526489221675998015472591183530177901102148470226732507958525275484231626158929674912801498005754149289437240746443811161096891279255334866504394777647016689704662497021733473368079477321086193443422642160858013035024637111089416681026503673752140328243429336919373726378916898338751375557910265452952313728785719567272503523272501149088524011122123152239535668141756360827968894201993232452749115000568066190671007305621131256401829504993342817836112004413870830454117779908282985239103165217553221739083863377240702608516018650975472284511975391203976275960199053838294949822684160694237074685285118596668768797229864602757184502991246920648994694897748305050135197459222778942804945888936266175575585016684911380345406553384045092547795648368531413220672805295322177576799732975000077209

030258510443246399340674510943312435873235986285879361322862400827
815076560815539481580746263592719106228645291219548991273889934768
984063069350153058083956513944024323250666224298765923968269410311
308341511967555361378398542211792194114495619165388491859795707643
267369745935938106687751104593905615875963496617956775816312907314
395200211716241602363878096329901332470378593865529140518948540202
174774349411807469378036532613139946208945557490603976970949550080
264968790833922207730630331527199447948997819818289566397872623599
650538450840226160712887069191795534834127291556345078392909554962
176378094144760392676202991209797852610126161587127075355867886070
133229374148009805349019787651172350139260320282831938137530461743
861854870731522878960438016260215193217278125010153660955395939482
662978500964721476963041420928560836755369714576744658251377926893
003498187673095366561540940181812138145157189348521141376323974759
124935970455118111351262638521822684142229057616723362217416385969
594285558415266032581735696873478715282538546866170831715678979869
207966857938520386732793631311097017509091536397157747854669238984
188000859849849311591372836081341437393598408772681388157631645299
040033170061435515871321048490860408630995545829324985126941508965
889662019644103033569857578797191371874747941989023985576445427531
759127821820679194009597944889802165519947491076702194965961007134
306836058843980625029333392918050437874958457839559752191849939915
665684207644401577026373497360798043894373233710357794629495956975
286424169076671625974311702801304335272139209895910162931503144061
676033044871310888930329252095324604243871580713741133334967521894
678420435201200510171558881014072790337090139060829623257365434902
251585715973438396432549682824253927771242235747636514746268630421
600367373905728097415180263325364778806297783650316962478876630494
658904139814536834964837676379724030131546539880841739693614258671
793819140481431262211849010477107002065136340198655824595491518936
088602077543374425879392350378338502501167727052720609919380261179
501593818710043945478642611784251461725602723804763286997966113116
147174598788554203789603048511936947192108774950855386289958503777
799044798797681917449414290009803597502443144572163879873259333474
843304573940812551247937720838298860465524871445206812031443287202
182491713332412389413032203595572780514404956058136514098616007905
100746445574326539394539164730244554090449359189950093007018061723
337167982022317326195486552606537659624069393912796408926084161148
803306464994054074645973148240396568634321593129943937077821600270
955871259263938062653090637227159030214454082789035367016709815238
983270423840016348101274986996593833187719507936973083569436728856
506110250945352047041905954246820198982796106997322621366281673631
229890562473777629237557610116540065593852372739150669064576794639
205897165228649774345022841403508880830934461816836667371572514163
826056268400920108841378388920760123000864027233105874037792368077
723633760999633454914229514026340740695000357192016355410390524035
290727326982389146458549806071219716833951774684572732705783001650
434385226732890660418884113825083413613799619810169705273677247197
959326117762234453981953204724407339455212937548499646212828779894
759263556471124809844788635485768440400796454086534311784469866699
631550715355346753318278942174905295408470023651559371913007076532
061016462428460575445913627408024944264302474203872311368140350116
491673880339796281288237086263147773710950925211669667728400056696
523553312357273447122505849334210006543804671533515249182317846165
102580881801644604999405884890852354086151838940436071934067129236
726069448064599978077724922090290386244074458697014205902219888068
460965151709482306000964657014364407668066372796875694071351567827

990649079063277209044524503248575792807082252032623968335485158606
931459783852836169456336186314956895751252054275834084337654387735
755811332332244587416913044623332885304034168185327650796295332567
196803046626222693929242338176147406217694381301816446836250602887
868826388486228440768649870505438229258065848704040355625732567495
201114319375477540770919620795371814882506166306925483188887162368
525155484810807574535347566506910899890257900674711653610446354848
625845329601116605524812366581334844340230338387669473085311468229
529009285203397072972478459503263973047096928772755667410787921270
676969147191629646778484264375541857569851081658718271514749550361
565003713207380545212738607371349328329950679483810466721696131667
455649838641066553851957114779798978040531315313046953559560125012
230730135122823590308974131531872460657676506927312075405356228053
969566709404554331001699200934016030151096700708703308962865869548
111711644722242956459262470228438373631682761826381454527381901157
150895220166955589525546220679207427677769230811522647511068244339
134165002524040693302585989456339270364194407539781200821821358504
554735215748043870509653774461478113468716565558883519727921318504
550683553943076050369009362962387836408667012944398938544441878508
815883750876290001144469012888129558556775237521659868493432422064
333126591574887295399533862251753806821534505112447440946911045116
323995851505755123125829401236747715157902678546634378329976843751
816713246639546430207887683845141331311200438362720947289667797439
488890340393339347714916556098784406261235812235129549256259585831
916362448449112395365765871050788073967088109766912105133672021088
490924983481410808514719793119832560149134071181692653771766948863
256773850811309929392427973112696774583490608959014679711219754532
868794910038496940607005645672377105349189064450652802955744757018
578593533302534373141442053035818947250256597419922390085503338479
296623707672334636290375995008754307502579639741502039884959037585
768291001734410030163901748485633064220117520177885798427457959125
026072781470357311880310825407223370561840398146430866701326413991
073500244188772556351318020125185808148975409736973081487305408871
737347442840919291643424402102449642639287357398240381058420037345
869531070327979850229309466268069017927241787098062523829754926742
717401093133908440060317715039883971756517156642506614086351975457
345974732854603525770816379080538731580692280533069866107176170472
318941722385413267567686410850693619772850880899912059322947870172
365995791125474049023042173561164395489353844038661966783227383630
991110052858370782496250614551882569385163576399303075590707409177
917689600909421662686399459309871665187527628061216776559917910290
609779887602911312938589553501801828282284251271767414232794377249
083446842157094679010491342939738156593513336070619125183966348987
890494708726441344580810241396525389714439089177752252411780220168
874982430162373290165423895888029875750062831044553948727701249308
315249497974712676481104179236903256497908621475914072338569985684
899320722812683150370989919313076022276809177596019419663136065337
542651454170789726564216949912776720193565187129742389742007742270
600818331468689266029409808583955345298132643374294839713715782663
489388817585285996432152468492022170504236438629715317037861202578
285472396855010947264868652733936132705317091849608428679730630043
616542134626766101017003598757979069986223205488026418532486292510
961687965980769538976545361454574455400165223914248148929729381427
906255885970122387283489024057385524642344391199345027206577171521
049912790899211699242640970409416207231803949694168898542656153032
807224682554245811114270095732327190155988537895755711619245963123
390013892387272152786124203816814896467821416667587669182854585244

3941373067714640373433094041364476929357832575675472246049237725453
3066312261405501756381159994319702788365614699745356186625199217741
7587896680220466677625977438338995660390403628298614827021386190531
6066366845791514514912966241491896900808153987865583853781157034261
6034430482255013197866047676271115191413296063961296795675148556051
3596642717648733877548421668073267934468273745356610801508605743391
9198621529578787611185592447235271316900900727602292778572040739491
2840810280038898566540215556333756222914589826405817184880903521951
9232298455919169463929579675300915498710901410398873834792493628931
1057971150462061769010546893013669125649607645519105336273179156001
6459648274765480572318894713984109860130286486656162666295762500981
1783944574352039379491631861623245084104361645553981702333968280751
4081606767892350510276470520409956971481930783215993225562257913361
9017793709375425041782576570705962239705424120671641874246415575661
1781751832110091846264871776509119033457230778731788048493776544251
3945247149424091479337073513487876314576985100249674982967257183891
5783784649478639854402312145464070231609321036055594619547608318411
0781549758552449473221438932052337349758294772936978542447331921651
8533831755522494658487593974612031368176924912879005517840370751611
0615086328433445673849566589150349424052007897413832212149246717981
0852846342868204470275783698828657304473701798754988339182164436321
0438360275261130900446100374779902794907612459938112405161919960591
6513900779096342935831190343056243567157340950561636287482782058761
1548998813622840063195111952017808096749067049765894282031932459131
2425596171141643166944161801552406618863311739950687964377815538091
7222929745986867436434377244602250082170131493699181402454209157671
6839550131681810740342830411268652549868032645793231845029509774521
0138980553581941410191319848338679855548199401716615848836118148501
4918646756391772863305837466512519099517627862182217783739216042841
3812365855035987768316798876917667864037696003396728064045734525971
5201932854039038432784751855614753102263637335938463979994511977341
5685665446742838958191103508750244754207501175472655793430406416441
8164000185489617235736987650020914631244006805066561821132029336851
9567547226664660246868542008039260740566298299662282788667330645061
5503288416293882956258875540969468070706581219805085789240566782071
3019132006706036421683649165256313537762548308959484205360987229551
5827524593150094334190090781546711225727107985212227375561583261031
0239205316792788614118329822645975576534045423461049029572239587531
3119579619502289460503083569740319848247937503897398279538992068971
1891296270970268160179994882368515441024906345037933046385059805001
6893688509215960924934546170186966470225326193881930168212264843681
7779523961813687773501783987601428797208483664107732876428869253581
7146978397261888103384503337118151711484715753572829111377136313191
7782120245684609697774921963796847374969109456442146235274675272611
2853018007895735430327535505890027607241710824277977227327359006261
6638666960135223025608509729963153757824337925071621720744063331371
9638751714439266238114553939004388678518424717587537903066366609321
6888319312103232072351409070336054165750822090603372016681138850311
4684644519169504365588661521259506938284344581528708712282931407271
5559336996812109903515910164212560711075765634430635117056731674351
2895819475495216114251931100258904134528900750775831818122670748611
6937051137474051447945461979530174760061067934534837739405521359291
9881834654586798258758604317340405546011823364935533063590832243911
6668061210292859293099627572450312748943909642963320873077467150071
7733008339343158859637012443376957769454826077160976708615481666791
4238910350609046146044130396871368948867998350878040680643816217721
4063479178119162006295777701399370934394432172497221823195212537941

132602753367456855860884410590851123027060655379689486119033343118
293391087619618565414570968938743695706123428019773355738962407681
631584433584877073360720706401263672416841255098300951381957688615
124648660191044190004053873335671201528782626114531444001949050115
641718014623553003346080217675891561479950371467332745815027281127
211826466922555444131883985950933419623985945561184947674786532207
149201414043587348389120710525816364490692039881387927289928539884
606794699973386287843222510037432806665926419930608469361675677484
717995553822497857465567250556748949309600038811165025990005993740
173866604706262123885284817010946710138768352200253700490944667104
755790008627486998607580100559897397752748532074183466193993789997
610753993025114426156892048551972307840758227848383123586478168286
347239705070337701551080372168639415071758912025235200309364453816
100089088130502039169341159108232754929969978413544833229671875424
182246552003796227904310697702416765482939497616404950028309838939
426022430461690484355804747722403871786693491539288578630229892431
436841730470301570109023060675037024472003326413487285601003219723
656520159094929341482621229998231733207306487960120379727647315563
630376092938373423468209183320342088037583199689240992749363529073
564984723927517964835646038113180744527184622345859794497228431805
274062500057844200483005238238751084855426648661840587880464120681
035919898396098727131150641081845490455579927609435421840067176453
548615105282475682962685981806029377282987924425294387085412073102
529404983278917912774900315217552148825260347141601819538454176711
806252183687581941540703676815615766181720477998692331464033613803
346520401842615803902641825361857224684486061288736869992720274162
680637666211206929034619695458113643447415987140189211660466226582
661590542069763943593123662045528756034216500347360119434225614914
032015794171185171542756396517256864538467095452483713059489858255
974527756437837209390373760644875780538089666661399183963055434635
153154818588677926291272536342628898525685446469814497461892414958
636636719814006506858886086022426733798812768796940649702991545245
272132575428195324917311506620858665207749095296510075340404922735
654828295702569062935888169041465106971777242095544613025854381786
304850806058990637380905430695026138424222705375354598590993266967
332165151948172534532747333602744725852724539478578704905484758633
115718366332359132347588259340641521039072871936326796375928473313
161233978154985650774595742630192501361344218177865732684594980392
574196969999876459824956709409559549064514319299753296990292901811
334684918939731673374047376102153497902801317223379127998639147101
057364580882496403779366914426022522432918220359694796522963241504
625930376366432840865616023121610990271779794048244237437724217545
327436903074926261725888065223326141060338165320932320266991087084
758681985639904985750117619963690596992541043687532918190720041575
982623454667270157369711333570414032093793451266060707990655868796
161579984934109540903212436544310873161586375727374817450178665573
793984866922911759920434224760064859760054978280629418739147496645
660197689263616598289656557445804099142689094724970673522047011619
153600945273632530666440201002320187322781976148686634898913273470
144482032429311784100915283333037691119705125251189029708294297488
398137149977805278164934370560432600535269810691898658868981610889
926992043454781553574046529382255475792396512578169849867342182185
312407343115296082141120919999406160101582191273730165017695811861
903668977927569046785710181059393731438811929147494435652218962602
863258663651901745365921218638768107774209158364690909165182739807
531030664998062448492774756188452973294727139148997268407785897786
865604872330575242285717247344366674181812327084159179147861681978

0032875242194648011931593793515239417409041909841257809909038894O7
7942046727049153450002486042745530730683647222075893082199445234 72
1452184282562092914376814387802139693639978602212632210982207735 71
4412941264065376526428543482970693655116806728306148155350067799 27
3428746717408366660205372922048484087025230125857179145696657952 39
6359686270645903720726805879439813400667670141176581252233481048 38
6867717405879736896155996217846549730739340954660431458601540495 61
5776456167344721264274687461408302063879359804284966224722325504 66
0952317681724586362611284833874076507582889567745895887361095197 42
0723212623335561519338247176021818683895300679750212076904388381 28
3562581450125007119027156514434627064814950590196996139040560790 67
3726072411292447199477028384835318633298176199947312833144915968 77
7504290327977034761938062955123840138422910035767692969859590544 39
8289266660878010344059670559052076683702101595219513945447731187 41
0723527945608443549466760792882681935676466658916136214042478564 27
9268156254485063166852683275246560027477652412794270534193482805 46
2670281599245391248739375580940125919778346533655735625937668087 69
9752574602702166964925299837753819693846254708518861510475226475 13
6489188335738189169712195832681004195765377021192118272566508896 68
2467504866699659885042041191615332089885672380926018142811762344 79
5582942880858136988607372754974912130687437421943014866766259691 69
5195368856911749382319697559557940217938873722515159971405447289 70
8395510365486662819650368486846610392745568414363590177744038756 51
2080771456364877728443833156357249683675631481039438968092119282 33
7414507618630565777737794145333025782078879337135523281930667781 03
4744878814533022767115982463014677391318064699017145323181957296 40
1713829934458665281042390292044042050301085037228897072266732041 64
0758383521162554729354209770671865262076294672043633643273505663 20
4112521287225894149976280468914855507597361465051176412579302836 97
4532036046506156923811972132510561806134521343817681732762841418 10
2164413417024917558436568114547977751958280662844249750379174772 36
2042042450573630609111548402426995643360035301436665975118280328 03
9534210540491910305673142107541302357934877234239073959389300436 89
1328148546882197053482680640613344760357465909065646098009717176 99
5752043755635452168504422439082780834807215680031213805137447557 38
6633580661289825695253557232663073951954063697946913927391950929 70
9929134880148676072714978516827026905071076789657653044046336262 68
8872262742931202875173849755421431504998907456461215695542535701 52
0147462658735882915448693671682109726387703669298762703332692676 40
5112356591787736324770461161187528378640880382801363490414508513 18
2955873803365715923755404374036600943126624937447350183694088350 12
3180570255108941846936668830380623604361689986818150462814543993 70
8439467237952819530328860609963154780541105397983173910481917987 93
3763099182400716369535925678358669990852568283461799920448492158 28
6825542660666948065905588375476747789006303076397732011916264419 31
2313733282236418119343830505865855449829986899114668131171194218 91
6017937360257596321853210486874992047347029942678712761333423766 83
4282256575650157489720280343180320624484957230973900571509314538 91
8434494382839737345157998051562591643226270141862062369447593021 41
0508502812036049109939053684780560216627046368552572741329060422 89
9563510252284751907030825327384995555330449578033090259275316352 21
8098898826291159803371125701721767669045456806492230515747468915 57
1710175672403541893506112888730240431443198695865218667607330385 49
0360277460963545019525296534070301597032409851150252930588656719 01
1250832847149680648943813007837186239244681790216217356912288723 94
8021648464737751768189421222071035655596507979484499008271935528 14
7914340403713871720817609031988564587461081099105936917743794712 87

936895032477418648580648196799561464367082487089936839513150720305
653030078868598203607206699167376164147566542877193535910445211691
676928163963645629783407370647882740618340543570774121613832028737
879037858589327455361495644612550505547826687454455090886889469271
859889494234495074838218501843413032362004668070019175045926284083
850536431267686980340268115807098103458986041308417355099569441517
991754323348063307326133913997978800038210913276601454961115704285
802816067516233813538630524295638330950320192878164132492230047611
795358249560591453000424644788062130246897865596926292576357402879
940135692116755390400269966455602568297236950495909960271709738166
616867800483272929905942810296816157469630606061010622671702125396
674795138938137485389535175783294513642600693613777744000566993017
402011366773178770446945060129226074969110615762076378933450413733
651195600329078352359646532657474974352867211162980756758510838501
606998969358671522596463057009139087628741649254170816909684730954
886023329828880010165296280897698772319690742102700934888093445551
218818833651978431853559606747635072216117872873563946565543427614
068559412425912141707811630308010192587621993809895894305093968251
827713033033492664885329561879526644631906349389649279747796305818
237760658035402279669108180932267251426142876850855023403639597056
214125151376204672244428979978554541319013720560029456706340382429
917807512572448446357715258934722336845268000504905794076592611834
046276469983532198933127117327105112938774627200813172632086712472
478310369532505711668466933919993838341653013309247729429358470743
882634240070132171320972827494796116356678261507156628250212520627
638975156658513406045529010926112638166224236689927106490418862700
144211287359239399825005658006432506075094589358500721807293223082
461082581858746713340673344326805154756527611229009421546556183103
412687017228654162269075744666374025785058198390337266853912834251
138897761037015547059697842843812110416674964236193689840635613876
227959545215146892881328239439636612945013878167659092925089753247
166912368348275154607827280445182434537596550492568064853230999281
451475345509275552779627941424557440525521882532395562508572117996
353019567581177443676255097319751155651484513728542407490483808199
558809151611793921910426190928485781613905148231474455310151615917
841459994712239051659694410397272957411583397459390620500775807095
967658989249614373434878156377442083749991461834513411785721356576
510028821653437883890697229988629462268685195628832320570537894217
895936784489997283808225129585737429565314870430403219543301647220
458139790574528802074728588103114085879874721186328648984473405311
460440048001118964742165719993115889037205900314664181261792091194
088785006677801099918546190934892669185091189985328175801561496344
252727420213230832626253782975374780849648620574737729805950490214
555010896934806451097433300599798555320331318269175191591950065584
884365516563352350794974414869955459346826667617498419319232391985
849314290703397249074104335315507161857712844527045561514872082178
790107580994599078190340768484559080348525612112446388323887760077
256405950585761450617292910176342106201632276313357086984161133384
335191595521993423910456556597310082316994799784563195983411430563
705888413585723243945999371608451544322473332574743269029321113405
536052609072416883753354361412870234237825270895382357658516596417
328110042367022479426589489542002462779779309893450760213624171370
310651327597596134899242700470471725333264227742623475663202251798
424952498212765595113945681412700766231548515825735963353826717922
669936333918066855094802896639701633580306357779206151292995868181
602332782682875613869534898338580784048677565029162328102232126286
237036471167259091116220744994447033715467171935579603406495721839

9132431571758689056357820119356227777634216236724756676876172206l0
1521338942884427554638039142982934097063768466511699684549774924B4
216234549879019005901223071102488058804992082026734152133452619482
271804045246592288442955419081544921458089045704939272983216883413
429953682586746410836728468331328743219812300745130314440076835740
244627809770130021421871235118844390781428645714867130316274381405
338857603885294690507769112439640284427539211601124684855885908711
120433136983355129831770447543952735118094562627365072134238675487
816235096639875898907810584333722039754420498618992145343945700107
669930233340450706235582283219793912107163390447845740649596837368
359996102705598109343275457182265819162737640832649194463392541412
570472789300121814099502881776632184985453085666790070376265770583
827317495612091752324760127284885442229898679988266283950867894577
143881580967550580114816329510134178454949532484743502461668260490
860543498626070769522068457693088810199363886020569081016645051872
181500574347274692400456628013524424290432379684768326499597859954
187679609888240649742665229584406972977619146264897831510287400669
792362033206040445354794419819989475253195717052085531617779164107
727646139215711774029913555501516709796619652406222291416099722702
986540871469079193291110174604012065208119033479335074093396733543
810667764425162109106409782774039347240922697139986419324018336762
578795166166921148570844034731109857718604143806570305811408965227
990337070679277771732401960636690599023966006174759660274364772334
171321125640695730430073871896976082625377840761689045650369641210
172605511050631805878307177104571678917209315551005131262488507497
125708827760818462973515666064138131857756923219422161698198183386
159109111212964068347645414987489259676939155208899974348348251097
717173347748490424157044765736574577528870313708739190721825057729
931772042125966177890946278107374893967275333669497759775761401339
096400599495991247742405822602276743479140436597750071174906872762
693456375287627915386103348098692957428984900870413755216037594678
764398436269591372899723772007314533667335269968366292608565705839
038823593831189614763613317043665297644360749401649697173956600232
484753127826135116274516934985914972842578011566354011257488383449
578205475651348675253533930949298777856682473832247136341278156638
245905023073398325360830038730248396399541840286629808766899600543
606746374781759738593200109703840094329084825214860785580072030283
926248148421073567689436508478291723943135377307833828620452560793
714347989024775448000157389116577894911436600367935436393206776263
021105215210135921546945449970588876283657933406061323911023381234
789116513396064823273430276115853432570782259674566926399445065492
819990540278815070629903621350504523173250136706243941061807667613
786614145637857660442074924229269770349845012651492167176963310516
767267848837295490056786572397844276311347324977198906007618759140
896073066582151384491345615555711510845132159738291100111428738959
946162393850583603232344208288145043391507378081863193720783803113
641758373487519765079335205354261064839646800228318032347662678243
897034382828567674099388012245584182825061658871841917739713484249
557535536154283510624483282114107566096796995104825227942158706931
518686822890659905445428976768340784284686635169507359290059446525
171865184120454432711637452459124940510317749743271643304786104252
035794032712103848084464363330137152901498842752377949834574799875
281511965159434402988721491706555591849396373620235346368882181314
372081349365898041885261814616685646389742839150595583703947123832
173452734821361569612832630851650382152956508420824710834855636841
528927797777756366598286215650221250746116759032116542096541470122
942838545756721417389929799800524641816847334818021732521988211950

351846705828084292711592599970153750974790079509303318805655801013
980812298456546816187153857992812861037660068440830849839727976370
041660306524614826604283117793289355874205593451881326476050299179
833827163739598602358878513460926732319515887297292466770976350989
467701402822922459093649319251931742859694152366564659951119254685
886480010377793163073879444378711516343580868385509803616734117746
795525054156963255517565930011098710343833359200752031771871321169
429737366650481616228139743691943602197933189113714775792846048510
574542832874817932872278710961589682604151910321603588677947479259
298850999499049216484971385441255339167379832698374244874127454709
620633713904740483607941575293633639044817954141117349362026048512
012305360554368887938629144807879100525559893282527733543592470673
999726922739927756533972566967152409677307351761299221420255506531
429549087426170533585033317774602589152893788654307666139718694743
502046969668750567663782500133665443412014978039533409484305880408
087138695315898917544323055761484459929712872562076470023808833082
557863754480673545385987638085847636506952673628098611990040267981
130204610101944598035927435305744929624227377339552016915800533206
697551301973113370391256119133054329794169919294829390557267957952
817726968793291142577732050021476019969815220206152451794238984581
852682797897974405416564805621008330286054730103160503201457405188
876198453502969999264657956500190448278241738609540179103702546381
436244525088702922663923366404351967800356654544364250362507952964
892139065648414018273697145021452643164662100373809950418558874896
308246574073342630025309949781559142128751970527100115710171637749
883378795656865393442661195440774144399248742320604226615977147800
654896433496235839622113531257289820135598481565702045748210917373
786628025393070446554368897474906584779494095981224478743221866015
300973454802469617267129477879519441513440173011883236744872044780
623663700352425861765683808485736885690237092290882122272083417008
979129256543541940782689930557315191699011807050189588596474048139
046260970734195449422706775403353710296483606203275561731021591434
684415539095659097465499279153763329473599602008980264079468292536
127789832058536058561861189451406113222427128611166867250257033634
886315857173971160328821238663749187456626042953189852087917692798
532059687082732060772049087562497623985063918737880636107372115907
573362989705665746883773515985230620783485667267399450197245706160
417028656143126685079755716895080673861961335761307793385665294261
178995576128220396278616303669765729274631760052262488130026201593
446959933230130444390851414406961294909514351132404372818037803052
701614745966697318233961655755091009447720112313016992708211043728
483536465802279843531764876043952080736225958640787345819153105945
582524031075377215743214571344778184309844749991891988572348815392
190452015661719255542998753345400238110974852027005371147123897974
701015854753862680281323170286201290386585144236448649286552358171
372029388017529410102252028569118718607964501087652984253297163117
441865075201876929274642106131317620308506790665882560616162451232
983338560212251996132072858164070209062312718344848223007894040924
391632745240874566781367355700397551427807392003435331321282287328
689542061881883291418904239295829349293059481391941921015430324356
744769924306848954952023954564550306504709712589530864100115696873
272805753462888209289499803769427671523724690745276874941173761124
890701919879296423247494837186391329220403340476272852904805702005
887722635976788174715798214217641766434900548515322233513050200474
266084260275811143081158773578536814136568366713391740316070565037
908528432267821646435930151920709912343384447619748970136375189516
849863063347124393571993453325119243402486722685096712244422809548

620967064207146038923593401068440047536963864975135973583310937832
600190925157443192037612293770890557454362847738453351375649811641
233689229522888668519991591629961786720819183717347307006822812701
860650275302983390146699957479446107026716111602787170650023445485
265531804615279803013588943109664382224754397716230467646353180281
996449375662371151160519787587083429214674980001529714109167257057
969361548756157178235831117710135901253539556871274579972017592606
546190059379608978461902722181450723587954842714991331503962030512
411091650441966975582513218186178356942755406145597270535238267357
110231808197208539486018220548268986636028695668183486685245446144
084069521826332804876044469190082669676296454907545722369233274416
649131955648643994588993387758700988054331863998554049323067761591
828592874389605780464098420897405506832961139723922222697903646977
678755173039666447415747265846547806596395648953581955700357971668
912269469927151284486477227398117418148866331928994659470600892113
189894296771965704861852768613423688150000417238002829767005277922
765540848554333486168898497387186788618987323238004240096386406798
435171625112697259246586787211070538015319495771649485062981579894
694171428204216416558665990728619849384917548026958461964229477931
498122383641538557038089789007613901032349717969632547196564912274
558263541323414243643574594749297927856960776359148472801212182057
123722912544332455660534074849518144676905895980695200349230012498
661937621085005123644254782643573382132966096697316535354256247308
090288177611337397206298364305054086194062218385024498547566872126
006763397437315325783835487482440978097393361487310202390453380947
415977664560313768110629892140901661232700390050502294761351885912
410647065603129801460888994927862354781233707563735243212718006105
308551717034053603307376301871136693532176984282601761121860063584
896534143606709141997792464097211427449546989146355548286434011040
147223008474005897193942555677557844039936570126377009233040177201
570971402261897254902499639625668908485897750415713042927159289338
014627628178042451243346115672917087218116986695871312610665581097
155155569633481984422493772789984900169133406501392255837452536445
871131537749642845154005364042185976909329790072008362962024673223
965883741317529058662626944673521044260379193152110356061561327177
958332423894101137830862454629514095817189416538188260985813625507
028147207441010322838569770121266793214647280115968243771101640588
292038122298228255056488502000903159908409669801425015995974256102
202631836172557111491392144361101853384556828607031576644860576825
091946215850695082849408530180664499120714286759898668841279064653
948357153197916296821916428762691256721694722877436722690746310853
419544061133608487163008322078153715481543546458370259485036167470
707302758499672313280960162936123357408505167586704703228598724739
808647326794039491393791308497363241413902943928457663835198421867
634664301808689606921433831960422100947209843976665228225443683042
220547014325651194268703971992934248063911831147159679288276590160
658481161372294419943326376901682224343559260799088203400234350990
585913929771576049472707702830957584270709136977043713575902026722
712135534497330430506741037054407734595843092276937484039563820488
592647043863621119935422550000256114497085052705009162892960498473
983059770893141204198377018700063858078442617736127875809955159503
846662074848157250182123540825433798202752568074574177955302589468
194577646065374993269932888205395151847408514744363568210924250171
052586349534579159028715221299536595915807697373406864938135614834
686259397425293493723922991126095352789014741520946191693752339607
918005888183785066885788221740893022376707892649055901783573302904
986104756624088404630174420916460792765924033500521369750536665803

340501312807124279897000627372915259070166674643724566787432560019
555424209445336334393919567680459087133098344796212966325811637654
664808900711247402815156434346310814453273397154323345449268619307
448373532903424290227063234450908155379512377571610492712179818535
358509941553871821944942708611496926208222831105450526017646944214
984796916249383350864389979794372572585034947332112364201564544595
832321025867338212082720110236171813291628134769361336231630005551
854169945123703087471769347530638094914882823181146014847359176501
968305714704713971680541712076085415277906148408154352770547111386
619355191825554967376875375655901891589207674352614885293763210787
312387572064840823737530328846402348829287586745751741196425955473
254712998878441337697174478289514806062975015981041096517924873725
424158606070926343451122180515157680503952320798390703844559080248
976751242811186831122353594495362332805156428450911638253284682769
037798940560973049659821677479429060522906427115409075963049075004
578669480644240791416042498973639622383553426568824892490309401353
227598292267618021399446801899603206758034293979479500581123563398
697279023670197762898407331986142970899455340903726057682234474886
920102976488719461875862934213170932727776916518710024989966658550
838113356789617481139240080692044146256653829452233915516045948248
702775240265603080241608406335831049915931308539474269073234720884
119182024847075732911507212454468985268553115998511179393810802097
734738174933999888973856536994038759525336217482394715478348005894
603936659188928996217521047163046603844441237345091038293248389456
001298364934173204224321656427582862696462987054943708647463427711
852938248043935821601986070062171196591832591807574493655660319057
421033069753707322301404429391360729974231482186205712797240843229
742225306478470222877289889172044541364168301862059266947810650015
772730346839982955110599642751983442090994298239413615583265388406
852983750196100267432796083226766089824373992304583819359944552036
471095908251899166291593196398638609984425245591944423740980765055
611750578961464359199255642675963119627783751287465379652386652568
169570032696428785072018471660573792272520952321099076112702419491
396280748169651494320431930648996967523523778013360171535579415272
267440438354774783461541713610807197104730886023745031213890081325
624317204976886802282925502433493959917827467695941155443098503616
431316394425732596746141758066342449250604023220280294698737518293
127065541377829886195848109350266364520750931961525082015023951281
069618830208378779175314247378006661366107125561380956875490976302
248182547336957774425013633346505272962419515030700162982343399091
000615550249467371288432197235339945293806722341962170161634329247
937574459146657715626682851107920980138236027790852490861406132382
047029603361421239678916949923423217152888329799391129466525384726
864053187319793226777027601787151571127131902216836416945329045195
204615033553473446978714152244708770708456141208314980110666716520
746555367187872873746904987162762468053085758352280419199560732766
591756957730028792070628730635622829071093172254124410289965621943
930339359793127298249018850599820753028058182687345362620769884288
389289635517726997755270892807119838327126416498135850566092974668
194143322037636016031702386454010380419337568874559351238398276056
529937969463111573623676580351575643680207979098069735892895033363
102750947847813570006470316765317984374893859319928446797050501465
842227782696067591977743142284898346229638095752245329234359223513
044120345909610127448589140505827476775911036197187481126259602724
586676557147275493941205551336228916904263820835739952061572394645
174449899129702110657095944985564756710539101364046559061659117790
624364595739346071857771170611184517001545450809988500405931558750

9512061655456314620073873944332743915654082222655166711498136135O7
373995489339174808637419664809327817100263955025914047775193472052
693611721552919289489112851231256310527709723493867708930988562479
735893275980846342321851624985305036273164555086002448011287948708
902187528734539294131614662088148268086141620159155491220419860259
848860991001008935521986004274340573101214273402947594356726977628
542777276759795406783215499987080260583813286902818386210006100337
642379198001944237044206333199893214651697433457699128223182611409
070898614415408199147374743368164498243252660816669669733619695332
127776912977263579843015097108158562779524101403121972539950098548
370069915726381749334231984170867848596330912936697738356288707840
800239223578231036122923133431387087137560726479553068785676787614
086797853884183975085046835092841447196834356692453914539697267038
657031729624183897923545368707062910535840958625288172928169247104
639591376543397751033038618690541627854067967188564523146253468346
430020306636243007728041839150504839977463906523527004766822033701
569158523770139905412638347648466384117910763416394509626576134524
834091389875379348887108440822515024794471987688839920035737926073
657685493015534302684384838893140272196682038727684904065078641498
395483862399144327100354841428571466367581410868575684974964249205
885698437459468657448018493422802795823563775643882682326241877622
162260709045198459326773477350182854360693935241658960117450737611
406406895988292994464538186860664747288899190982296017892978047357
912479632186915368703655952944433499542516058090830492735940881012
512804591065050476649626758222413393315802709420923435482413754573
059087156567567670109209505467111783773210475976697943635702499917
247764099099618422342259389668469915441887720946530070344371831157
287057320673987595782140794073633423608496383233359179022771268263
032769487753200468018475770539434300795119666775243961591663082780
839590538322951127233820755074415307889777628677166251881091187535
197330098637717478618815476411602223903031955967898153733333258298
360045188973413138579600929777458806142401045915014782067973943636
291993558227602367510347827556486627121882555285317825358601035108
225814502611204747092401718602564690068461731767990573490110072728
768926194527588335875822194738432083457863305280755745493828952390
059845682729141346432348817148584606783059482601453596876215967081
249553230576378156493445652578255229382496265751170749498866876544
103827053374089892104036867736560454285845169503140223236337570264
179657785208175448924655709924081323665578698526453538880111889193
286251925922213556676815576092763061557593066264739260898327834768
021460555713159391575134197362381437944978888581196334372829232196
632033578012611307701085721598982028012452701419440551082110912628
261670708062742710620807375623747391179018806303915191898251718666
137575727597103898114628132094118243212011578288178755591908312841
658981012959939724582828850347090530282922251789724313294878973743
215073413895319923645094033008944417799497855061146956152948565531
122294623526306051560149924641646941653581717906597534647747475189
449033886376945491013384753795701243435328321449298275732064946005
703587974137284730855685002414057806994944420965645454206704067126
917703420558935459214751399465865637953244989394807296345359598977
325035224253669755202625966190223911374464701515637749468173440379
453288595394926777638755908647972478088680068172355853131435632975
431766043925383854057568997429850951712778248854066092032655982812
701957135642813925406613098387251913882874323038507006601992157068
887156531369864586671792836573552565862718814401443171436793748105
969137093212168062424716237296617153934399533680541456986793897178
488910159860309541293529874616910919252380974294455148855831849949

859479590242636642554865556331493468935615034148837488463129465300
565980746769773601945598152863062761262676635577359767581138421612
373314597087298604713841740124888891879713327363626251131133467653
762929984089037789520000853939976358474428197985767807210489634599
077801542669717456754261723840220327733647639755175491665338447273
368535249669156297692483436265047461988233594559385423887390136417
704694539579811875271215977684425117995807169454668617498200389141
367574252951992353630286409958477380806675941697155808335426239966
791371918119745650950142157414450246559428230866854834547550417532
809049243969757733834069200365962698238063210584211683115360806396
000302983486986250141895196159770985309893415906918264474621242983
607543464462434641837589126993823538014384957364332358908803400365
035629450989571731821193875360604033750257331182525704669344702757
566572460202434358051761798043050015766122068591071191644783678775
528755576514955386462900314778433524201822322818628898360499556710
094713073625117504656828874933451108004370570085720732275083196736
841092108726460308626987012176044090402806979491118396436605218431
492307351631588904445480567978322555962857732503063907386237033313
393794864907355954685179650429666182553105264598245173537563250283
739435510180592720530901051429092433527312786900151513055874053955
359526490302813127589266878502683802775398087841969542444707598265
277147636801344512270464696586160140500059813554266004555304125645
385648993160312805596469709727717647751362379318695356428514304456
301276104282649403679748029330190134439986092840586881002688832877
860690700575222916378845954295112712364162904172492592870335181217
772457206347444140710457987011683486538940860879346428858140532372
205220333882782491606550751428498895026730473386894146657715191706
700715462849334130545953261782576247455778605289070556812093921363
602079484001904534822717501991998503517218198291555373940524474881
608401142868298542198154173994615194467566539911086257026617289157
211616708612807864422596878065405524084076980926229798908974388648
718812412152858621071441713146827394151245402315271846416021045875
096948375943180736202192937400119027475027176567343594247367066180
398677673056064018589905357512300230660837087116869147579133638408
623253843492671860661390466843378796516790070950960770044545355631
362405135816161738439970087207800572797374766973300019518157166514
482156340621818656955569523059973209613527960436084916464544009853
402960861674533438096899823943693824949550947169541670641283942451
714126019162473827086697693118069609710155725814785319462574614535
039762605546512543502145241434329824924138121771320340323718671520
627359281633744103154710463963111770834535015448259457608665977571
739145766095877536672498405172457008259582124548521961643789313109
882481700384223320632885004325420849215944237347069301246933339188
876395624142540683244296139656862403164128403058782564652342818336
566518958550369909432595309425060808246841425531437037390665109896
765398087358749937703345895301949519517021752264520732036027546394
1311137116116222899004570802847540361406381477089041361896398146793
609058294820541858067653745684521520114145135847400424917141834979
108526755786923646084051029640568547162911479605166051298601164218
923584706774478369791634369220302198889638490152417264835108736731
345839534421502246261553366336148347864323356138053007496676208428
757530744847676122129520464026842561574021989849634090361092184760
431288829692663808182477416243214918051745760516527671485956723605
854481485440213290753231193378970542137669259894146244375806251615
321799734696371796455473353549249001405607436631064741766799857256
986302528399444346379930518242598412579835864959062789069536518549
591816028252311296488624546624741498780234896199049347281966658307

147577253201586835547077836728257562399243554639377454477973382960
292239539101363924842457990895204656398045121789111868368461117367
495659523732158831922247696642959496940073685050284037768906265808
500246717295897639915288552871279469207921220672013205280939645226
322708682212314758006603178586184106934504552579097773956618012334
187417941362215786050078339034591252524540485754363277089363734813
762506583880204845701532917287753658510284304303738094645827944631
703476961344868288054938747420783607209181966956077978078659557407
096044302978609309079720730749607010815586850159480975343530527293
411617148317473396610051752170023014799010869034522977048775984057
286298941810215296900745556597243348361850377715055086033011150531
7616416961877236613812722278710986517345203857378730216612722258062
394563423895118271063899938281939468089089171426867874887032369742
369825435588883246084582028402348362623588364349326648017559046034
282151721956396349530430084841662178271514494595409011794488525950
494726556911945792036793654037611386749376191352883897654886121318
115303047160619686704364428843498822552331296875029163545865426866
088946046929370596495128448974048567800358527040399356260489828221
525557199699352579454526174074327085989113001429067140022594327469
021898299517955344274871811164211742934346618581259577501754135341
180155914001252399483939017661752161192300632039269350307440800556
485321736481168158330203170589764678232920238182476764490923997157
484669006626848707926979745436105026659791718725654581872259956718
471895396896356398273911694540082867722083973564852019605960672645
551934292523068186375946771657471639851037580102664513149058946532
011702593902980926721553261881121687059584164729322719691537323315
514987881303473988948962542717046310852002030893497607474809695231
438144859523362875963931570347642900052519090875253165740792449294
631761411281605006043323678149217024471810409000252357290745094008
754190944850132342773779028203768777598838891022428946586307188578
363258401140040295820151572777505522049767174180652296812814453596
307746839919743615077556084901483048815266226168875496803462833040
684967248845831448961089841116418534724679049542984233687929502850
535622738086930362906434961063890273423981644437129896752462213499
807179098325385375182451431822981701498047147440520820677173482930
757424460717784725245946185748904930509650979539054225306921236070
170383791085714698302257724852517384591456079105588537047066293052
686115149625701677756605098715221893119931908608040958932727146520
031599118043637406495544985222116311079240253084120858743275083025
736046735590502428762009605821782540707253588194242748229061261156
506709906900009646228666919350261335698044849903060697708791796420
344947066473435831304985932397059589076521205938976976179995460990
255750129252950517564633281937784817982728921626883979150390284154
892848405010183293430169393085976918820760983272888921135516982344
564447333253072962398579235645767684446557407881847532800320620409
124850379079033696967998575698548117548118386688492826248933731346
365620962364360176047562884825574687983523166892032758120831192672
738707762830879194416406020746280318221576402945658339747608798691
752555031704962919619171215072124527733136375472863049900375024593
485960032115144992840662158257436742274475501063912224218890391206
885714990281250332229301019625987938312748207951457466369086901110
213105305738750610287625824804729782975970378866527021744112460837
370072764091503713333614971740090516021354287018659906055371259092
989698875726878000679158690910845740780273990101872583402502706752
349279084556458472338387936948393212193705663102735811096309442346
293573358743954610171509748417603259483536217516712490048287878693
443178634077789561343147653044727101587308359186544227533506094500

454270943829595234500617950815499122260677053695403470872316703773
580038588820185360607740785920309100130736686153320514309483297128
610836602524555926973266001032976141119174374276782789747510302954
650308104060484212662927492258713195804378325583814279728206104671
644545396678275066337611956154718081141066372890445086071121650660
339892385555376753205387993468505034921858653621561162560773785078
336813948450925056970346054311689014345656230772431780451284414990
211879930904828898966619644774295261486897574573204681701313930905
117056129681336246565767032752997884256367261046845139557876174554
261407949927885159419323455730645855363767666277904565194687523590
507070290264235937689217411258335714398554727179693347166990452457
385765734636323402095801122354476444172330199688759484111588591938
802652082412625415775923953557139009940619257885762438343967082535
985086771745203064771259716871629271981108722640716731620311995057
495353350785579058055228056768709400358862145084193945110212966418
030102507190041435180262583918416963342871083924470112172842730327
747013437984117330124469137759748817280837808632835848060410924220
865767728752209963240080429944929304986884989845824998371385891669
131411594805379770420015970689347111831573389010474647987808156521
926441124175366266821681770769432381466336419486790863825847134143
907867852662542025507987500598344208643353203403385407169700485895
423819416463202364499218696935197625148758953644751634449406416198
941671134104435014824843798746391600097858007148865413513572346046
623479297272831424155920800251034678954542752194241325704026306976
946540161354854687985714429486803039101844108638904144811237544371
285330823993732836681962313029569185695856627411377033885853664622
747193167250336110407331565700765207124240797569995015171682190064
511788702874635229298088187710072903397299225664211305601375775977
190139941236326728084538940031909615421499319261336411225553601183
662732783852674019875478187635393573394928471029582528710380997565
439732567129487558224783626807452739034903745390658115194195726455
858788269618859947491839526549635447571365041228605931178327747043
171702175554273381131644612205777914607365779146307623015698777942
799470800066693339080866312852037258042871394552756934418643828321
630754249357674340668984292481754076245634843585997894799507358408
972112726010980185913187269858204360215449353734228209983215127996
754771510867255688821989769067943231991850034564659754689420908586
518688541565005301770434777447943867270393095250807174811438806676
944040880337002762289229403949546456869467365627651215744427275561
854727297092316077100833032761204644001950108825543666118384017506
433079878960184957256409227026453638384878282644377846764678894521
861373535543656377606476678170898450543551146912314274141648367976
459749610075175159580739164799319511126936601648584829390733187973
916908788195618674358831373515539061314098627551521295444877104580
897721910582763398947484910278339169952254377681439407418668237567
124423323514823465867649964519452476330870536440687141456832606639
769454801930943710086795751239891190608598079561897702861704671402
026390040755211696790396797200717133559771467791845713611149407966
712462922999331477634216541227783574825862753499006792111978060307
885749546973284196464487248154923884504168748844032656277470952960
677481195278592514810702849070915018652287534294183631406112370858
732629402433909819838680897918601274620818939502098874883195920209
202041991431102432886184043867214698447218058827477611885531433454
775949915708112154724304881109826753085018792712236067265424722554
951167783499513760704930313675989221645767417615608894882995093114
276568187950445739072603866015581213816955577135842043549347895364
202338974649549276685353620131752865705505880944097716682618778503

5656932488370061916868813257698988921537701642941547703528005611194
8422472985187487774953546599864731283766810231684783864208035715O6
610437608027590099241762684102073191041168647523492506036456386777
296180495366105618145387474536473562955760076828385002653903382204
235925539829328419394494205000899887248918062112870490391300294855
651474954344575244822871583406545423074678494274930963470015143263
124161298211097657797808646208963643472088059155364232264831264515
021605196502658472066706130120493386969922060721205507484698313250
445679036197937511451056109940597227061024553164341842315931353905
307277364315636726458013226763772668618633479296099412432700177449
539823043204002544985446412582181492056014921887888485004281841829
538377471703679191289376308701042720721052793407615909556056902878
841543593704129448706773764271263821528379114630861459968813851549
589693494777530091090895645062887987494998791897733005539554996967
223113032996223735743856778002884728964213358326697472583460615280
371262743221724325293392575924924474115450585976031425395401902732
717953482453447118183267533772568831319357002083161783185793469555
062509874148085073837262014483584640035336912705562119589062989355
562779178399088576495624037971430883909711102642258974629317668967
223404012789249994400301464679220203830421619880771734664735164681
098205658445677184987499742916295695277744170956312845961026901454
223339536443247908988275294511632099275307499379381898314756794441
245959637262578848779824592170128005575802716147579216877302876772
414278390459073912739294267884385771923968052299403405334707357333
451836725155426582639619999309836730795037244868646114937304957612
941570707066203289181107238915527538336663817080430330556707275261
677419463060608701555657445230874655839612405030148057910614581630
901314898861882107938274751304764124868278016019084967844218901110
183925596780158884405085393976838736014191230960600868884840958759
093979887545712509890277211540144019262217279654656498959921437569
114290202041111579248731265080755959728472786996827891626827869491
152476745851922811086526770098192794353379135535005146898579382371
388273535727171789383014221648571714102900699728235323288484621928
112894081707974024421905443693038017492997032084340110873321114536
842359999320908951566908596491522776672296396942242423418831803521
099116402806434847354437983200003628081909768558492561175239297741
658204184481090895126836470846247411739612714881019329455867381943
250861265358837368559920259078153960821287907306065333544905988347
470101680869637317737325829139402014992329209692706783167596814766
966752080774826807111167849293584619841862617211092532216068525388
159185598806277687216438183516049553852793642109031310360781624389
147125433165370049295435731311918042841965032161578090425201331248
560532036085914481767170549766907392764895140552152060925413291657
024918171664437203666136857876733251108285903819215447665286225246
359219175013034284393319549122972792697639531748622320787892026844
508352041249612609478597647640505134461645779957974192093941387311
276724057940541046207559701574182718191565611832096658777408146769
169774837664183860817525478596851524694807752817906293992706525231
293089486645014790454710761515539979963895457354995616420964604747
459853772405194520424469515511057601494221445985078562898005200150
144217236030394428342444870888738111756954845868810158847305082029
360514301370104506990268158198945951504537485723487980716132368998
892862049934134778445964826238868934495641306886939680162402256960
972590583690359144783046409691845826547581534945007765160758195664
124007433611728666605780640979068506843839086550136603417156612177
413653524666292403852731631584292475107182073761997425700526636287
342485276970912414632604391164682571938447497652741279128833276475

340045879787567219728508025158776549056558922047149620525210401201
669876445381749387615396217620998186695643493775204078670455027574
954208283438265272799066404046308555601579354158018388708877140523
005777747910133607583463708160374140335816621710523779547780310828
789311389894479586116939228137724820976622315374165551870724300378
446838734446101858764966248302353552906856208893670501291450337471
297708298592055240518783105621652132246122880034754732559325711750
916176594166482394972913352370543886272408483705528170029629809058
650804794954624582240135714158490067330844573881811967445142911521
434279392699655622571986439196067753038374686672221703556890842503
483294766784150367836819897475626360760561739594959045378728870880
119654187892476530782025541234215275554653752784851164219300210400
696015444285500717437035400703359356505398651785707006582099804195
744951235876447812486104147556590450055377874542573276631373882502
017264896961612910104812793263745673134738711663877099845420670270
029601117226376272726745210181186559105258614533881970128991196384
735029017400070680631462301308053975457760287247409909750691788261
928319716472128495873791803549559085450061798813211982114298258375
305635097899123594054486017902486260767194835184423490587190753372
944339592409185352802957201038394209623342775620874772317011752756
872410122453028153879584509634857983910451921318634956903039125641
139059641254019436292949491921353071715344840968420710642282289811
864026763507160796935047021002318781098561356791065930660078977625
531978982500663151562983354439164449258057007801061628032102201957
047579865658116809332423000560664896736948762426172410119907596206
943468594040616410905711553454537680923271287235399907443591953983
973721101334949165692714299302802031477456050544661845753230590170
786156443038197017914956765394045943560606605070173938931321346258
503810731950386744835560194918228051677305768502688432549589089560
814199507525651893554022636610084816146203865446477107121879516306
983362021407461243273856073300741729085341371467646620823326530075
778457801275507872627830161825087008428187745332078797789429648585
975819284204996482962042735407338531005469939541254619473472170399
527022703577938585129683664406788983746565636135444780666838466976
517661499961854398962350237176711027408909193995831451468723612871
384972420690809504422367855102876286804251881635840261629851807211
528332237580970905745356917840193816002439654325782504544519694034
884092434085789998277191512303094738055403082315560818607161583433
955617281063733110606015264964148156840431946235604363017431750920
771304908868560472738551730953808475014486517604975677360783315447
229253433596384563021521710498738592531020397895814333663841559299
255089446027807017962274521055506711913163262652799366963598923830
060969816001670881344300203911771916307016377800383003711264182414
601498704171480566260338497751756038495491915791417929536849597062
863297174522149452643640004011685127587387943486668837572288996134
299386640236405894482452912428201658004781669418478063660478483817
618565155840174603728978215856590831489306511779198572317164764724
189304315319990881549971377420721011833196861968494405184713480510
376244887581817277233442721570874000852493919493398103083199952288
542626308518145514104967489642576817203145774197605540116651437193
376372188186506524854450399937660922677770747939980142258086621498
719124701387469895676580981634240795135703733486839946074001483818
809109122785049874225639471028589036178924869455199904917116231709
297408195172163625062371420825261190713179187638003738209989415516
736290310549402905372537989577370008817865887049043920910261127811
112935519422778192147007436373735190083294733687322396549476329928
275318351812624007118920345658855468095030263042519219879777374432

637260928911109005219868755372281053055764147614824639858637189772
797761937308767042649704411511412890062126113885306037367229595816
117021395030074141766112848332886016736716732035880470158024784864
639807999576764707923310644566260337307361589922617875267426013536
007295278511447312992791452450623340290963971759232197958011191466
992839606609054620079823745212245036016910411563221953297269544555
151828409453955078674040937185323660387796280514312676627403643982
398318817605978528134663946956055581184589398070501135751682068069
489438552913508828544734828151760971542385952213273086132204129233
077656558692790957004784303955681994015964223359594550228105654377
995470862448559080037069501560801930721464897267316393892553815995
861702205913973027090063858841495346162764260442837389125191847819
850025498263035851006341034437633407334699031270355830801124354815
866116467990470409954792381287897186780109815204978806050476668203
662967250936939607313669337472036724300318966620499750652520175471
357865734643836467637926850195846151069676536390244748995432199723
190611693296228778946122656683064351895616389957450772210945127991
885324449376487789040544224233470979587265217693777637079604073278
970245582953869616412632465754921044812238089336380764949967196348
615540609091415949767808774619122770828684460532572718019232463199
9466767892603597957811827900047139409217193998740760009997069581
634479233605106166460077875593954578581356191179734847242756439544
469001853703038899472199830805883405836720473010593371645853777333
738261881997860740674509062922554889908344358447071868346283907929
470801169686394851185081164381346028123477126650093708643498081061
192511699839069112411278849225010740467001002498755498035240563673
715644048348352246102196750403342268090196091918367697539184488898
103076931360368464907518519208998079674849520642528150398821992945
016312244419290790582175500212464156438780114736353486032318176976
992568862342243651161413783584860345729184564597310145801442339103
436619091211751414322400433814714649570280368174781573399255278767
581363359753605595393840176867674304746201122791642138790162717829
363320257354064982943159500554714114406637280225906499077297215318
483539621059207509481870223099482546729701848378246112123226391943
500731777620066954059960374037654410628719241786662420882146482782
794381136197446758843595640054338403532921278595748814000737497083
25048327857556278773866528397788884309372421959455535436816532937
198863634368179075180196127350934580410944655172588496802612101534
669727381161498560713593318421251782086976441366280313195926629980
080049993801799153449183914186001491765200955505742943903063235405
129132722852895331838612800900242018592068301245576885159986036670
882144036179949757693010158168404896369505707194161819229869985461
811066431624215434388574483433888071994766742309255414252204646132
633302192541233265542251790039623700118772248801218997398674540232
783101115581388876253275234665649792845609117583939724769569229581
647917057753460630170075274314017131409347082620758055636513836577
977785668667231433899715854051283817539517288672679243351932427944
640427484557220427137038338428243358563142551037569101814745835641
467895345086856290184867609167706199880065923053443639571728250888
425996639289712477574013093554392473324079182045553817663723533222
093512540132481590298902642974259278789454750065499469212124666206
626082143493200208055224057223984383044936328281922845488932895874
022579320820777499212636085911890296466098389588810029238820492462
297133229297037751993136100980352670524486853226374478046384325646
301000814486291219945715644790099446084293682847965274461276533324
488110332420251747386222344906972367553788033995966640307214375360
233103696573323152377229874426905668961779628232189871890962510009

667381607994856169911256164664511017559716379949948745173586586770
840471684474770849909769979447071072216462801394627545923362533618
584457602386869037340402342997958662188971415880457537565078504261
021206974369709692144094113468994263087437856931812699404387145948
959998350024823390435296021410434798710306835342977082983320775 1807
152848088283370145995157366923408952207467531109020004087766773452
083041072554159390052576034609120814028417742037713070084243715867
293605934806649256089060062140073524622034669434043776297371417295
657738443594005475357783364787173858831995725380639809960264540532
720562873151122978157160862957374684566542360082900430576533154127
168989746228513385107670664275111061263511316160924243466569700709
329952178094757112910514811469846816362099491211915737590934654666
176085925249964296490499530084958760781963600471026739400740732084
362442003461449470324239517678532424534809937752802805259240486576
284671412186729974077030839307426174014500322104972620715170167184
912813438981955969766521920190813700036727820825480844407705488949
773529007409396411521592813098524327606824759522533080282483140911
455034964805588336314363788086926850984022754356109530387770701212
000289803251790104923250778850259083263414354851687722009982947719
960230524388558044873833160358617226920300671018787426069417860407
069990250750049323362692993214094658099646531428589402950507599383
742467138926990433088969689317122152250932961528322314040152247200
696225193121876948328674200291736644356806635821053328041767261515
623021242888554325019347747162804383419392847933486122205735240128
775008941153319230976508281811189635502495846710684529264484555742
771213474285886128655316929049767845662596418247266927783440026607
279474144408370664575851237670920004831219403483729208560022902779
773086485414746185881115702402873149042337471022051225421059966070
353839506482334592609712442501847780809771726739247319401655039607
867012304739576533280658508348412526008894658467311915729174574224
177949335497989190078206213086108038655162237581246483554065072432
929291154509266713185929676930903243805005047057980295747163465461
868596663348164737563758253029528629237343678949466010883529136131
466638328071198371749145500064298208172745061751153316431785068605
599580414470505145134434661354349132377733690004775758504046993549
528650821231068855209618997124393434111680987953962481708529338557
609002702279497412417974047571783589151301019483114208868324943314
817802337650953324299552859443683435519727318517804946558350991943
093702256819318024684488318677087309347278038059155250231204064223
609470988530160758370543677837414644116053421760045932648901251010
943688839493750108078235517849509082358995407264746204374288810508
396455884266548692765048403283121820919225254911472664063622030793
455066039883857248600510852807898750922954152053685929261987791689
221592205220551985320147926147108591884318686574115963789931121609
989761109796335654449027343590983289478678839749661090310579656789
884814633779378097206339058401025151480018804012308861312975542072
153696492705801455275021614678086913660749812251621634354851006334
434910353420533934694524974769550862656936276212610915726891851277
303763839795715936693067949298648386633844544863127608551005181894
581104146470845401536291458227457290153410579881693540552831867360
382508835230473920214607034933191067272651277179914138372267050300
428895154913480292363239288242207957730865773544300787149940796063
032576958992623920596601385554180341966989324367028510494283621790
242444777381925654599726442141645880183324265738561878678959852363
478423536809059927119995597854014483596606215632951638907300427568
254001923588832030019113497523286130065109787692945531139668955583
476437080703315692464770566831708735818394804538875307517147833711

9507687976407728846486649791823184502315381055175873407189625387985
537621437172436820710468814205249239365508704489135541655626666713
154192176366666445461341970658844048039586284011613603368548134550
509359031416572525760552586987870305119319075536363454402515452339
582336587160381608528218500714103549936084662784075061236838764462
145891921779142593006497312418546365599567512958502030822784103261
371511351983906124159646333982390087897387993371672887203567894869
612784691802988400077024046141684357096461162379484580024369153446
231929702763704581054668618648920064818578844704613762942820614210
703480363084411167800614815023913690139665758030939659044159125120
969529735812730979032583292747939969282438314920625902933092860103
323917403838342745711351398457747832024488386021968076716331653498
673034745401399921598221116711151254425853760916734327699904005844
974347590556420630769469347283565064991077767958926507983234810840
182244891170749665104061875918474857697210367432681514842019569722
074734482208792869960836293587631653890478390048742747935151528419
727078614321965828417069390496815772568280501220207510923634655176
931515723238105018022585517518247822341364317881652068506613942262
653446972893597805755792607832166738898066125192388000169534325226
200528899561086132879950759573554749552474243083287019180305647708
273670143445393759376315501750935185158798505069463905231958292523
097514074052545956314007436631365318598857577378878419026141186895
445650421603370647862526272470854341759779500692649026951120275026
309543674058016472131592679453794369497526101844660858000783127191
316021235091382970425870233641604644846128470918634315198653654660
902676182247471801225355996813235223866795597369258068959753037126
480244820458137018203432869086371659833775710858330103687434657741
106218143176556339621006385831674674809188717077376535589866220294
998738274442554792411634654679406036502474602456189525909349966735
951227127320524011111391852302706761427723092229472881013319296333
997818550318293443263220646980101295170455704300632501562504315083
657628326741230020495063971736784188910051425253052496886256738738
477796628662164973624028836930961735437337313667758358357017944714
574708124906980229776815688257225708949890899120660554025206080132
245048251208137567437661986796426412986059431128300054088818812331
334729747312126744443118675943209106681841781026557335326213877374
737553457827904151159313218518285887774417722966204691386602093496
942560536450662133317325961987682588594298794267093801141054153993
918960836361924874187916930646357844807215658399312037940118324480
201556714142859863727859846970740475543618234815879601141366235245
480672034561475693978012289565852162256169671298369008539004383451
036299591188765554858501038242000728257383191539907527071272412720
139581995535663735512890906976251070304892027945259155650048553046
678249437412341710845111272716022109419314554015799975257597062357
119650920779653514558284969464124712726275202638568898807683516345
882147443822121862964661262708267422635057195047392386350754121166
483026200971276710048982671613245191035278362070128544446701113052
325226930150870306338451974189270634069245458809137680372957533468
067793504686478745877073762192530528748136198511385757845429291076
654292834071343502250882818892915244527783987472190081314380720430
207245467931758778466626656846528861507688403122321218733296072442
684943391394823440048794731810015672345261770257670886790779488435
759761351817722330324699911665759663561548880404973201297560095265
988234960223329496042355117872785529240802858776678063370228800022
181033547073381937382622675719292593356370954061572778057244148311
164042802001173781045377356971226702822063493126905454981671849950
281156890107968802900112565891790555923454722921378528723282181212

5034518205954809677227766071310177860343882957331820642358723699341
10098106172349638246868300913325653449234684068069390174735320150
440611383475519042887754060775819161781154130039925740378644359130
190784611315598122874333833098537839728020727286892320298943973394
819817757139247491694646666789612342910937033879325123377397138802
549835070664655016435659685314582650756107057247029983740904860172
437641981422704314803738452936874360053639126726507615680781314200
412241195949403929770163428124078720808521666306459230567032070981
617225290269602306308129260227978177435716138102919298062250972902
342140272119169380327132983200837285066796162815923582866865760999
044159915872039418368224730903669496907177457012177714467268351119
457992357643789469356535420860629730104673071982276607743930230946
886154828109515202159705255023615647835579419688175556091385778521
922259647769941023057003836674762355069788231896556982414650286786
318921131224060618093860488326451730840169501420821573260642922288
691115250254993602180051041932609690738474883239140241558533260115
285070430660932244424825241441746074448844534185528241403762246430
116084929486645829985520542671517405454420206280703433294106933727
264297066891081535848401490945693824621684799297070687378774062892
832545134226040883718721990383555267472209412312676596338155725024
484611269592746975238144932164044468989516224006928370958627380688
833629163724004187595864552046374627569583050798453815347152306641
100725692362934927639367109131351270403054576969966845535847145591
819283771246258352141244581202749660784771810569945704336050816850
958945374630795183950034717251948443599494854468526812973590190690
653598903356956031006447968263120457319101154449655511226841732515
227738630308135975821722905976613762764176616347690912507016199955
375964321155753439662168827108403675119299960008862463219998754180
943600530874133962692998207629668015488090523558718680761698556060
434175392524049679996465176000269269165516987526525067739508513040
805388445060926010964368810894202685615907389985099082501549463918
220970064845536636689968589228638215971107671797678975011542808723
039128878869961867893071982867549919743262709341000268510325929632
688185241489579124432764872180145298218574977142929436668937836438
222965859111417940518494207357064528325988459122593949274445571466
776515114569290313952537580463375857964158116362187227661518982412
205351322422488256167742459676541254033178449883841113760735007720
085697277626487365278338916361424964210630883493089033208487794286
440497222682861859946689343794851334855905828206964612394649757412
236283139773381908745580331675172722386647360336322942216531277635
847730631534297372774923149739427339168139875171650178103261317455
063776577097886959767574221493716352884568741975606953600393373320
206516493697081492295834331163103727409098662574705051470227230962
962287676893693773871239020465167295592539637570422968270137215978
496180362348043379063970358558242210882352987239496885357705045182
895099193763474732035193828111442092546739336782292584965322008001
526318029140864688824845131277306267980815595476482850417271139264
031553850405835488218720632498225683083781144749672788833320028717
670034369690112633377140681492485609922237095518547384457179054176
873927917178516593198682887564181867768768410191491807939961128907
075158854552469947650821767567721164663642768199852241009652130504
650834072757448496619761614608405906074102214449762236679944848377
775461200772349048346804799553637492002228711271851356066168229123
239218005582781418581599044062405262546367710924438317339847632851
470653500079783184915824011759565900535027064038408707123341254904
300589255268336910947101885680630974863894076607300957659146215650
501976073448899217067459599010087108436183443327787653682587723082

2334434543292752645035082751036885278769677924752905435163484717783060043423068025104169270984042942326154928313761218792561598055496179934882234043222837656531886125750264078045152954197194195477977406155462426767143364705108681554032166445251623107122601230893710475506825086032404639086714436907732441343984928414678828471479332996215272656768340104003538027202527541843522537228344897065811560857105993366677451985660472200841601908600007880595268182669131384173418199055901058235929020135405146103729259840892444057996292612098298196317512145353321039055651854357550155063302303939832174241638876581418283754957382481357953537641564860019910209763533920754849348388692816112409042860516889724156259375795831898950072924596046798855441909311233298527184462335677735993334804074703720532803470697637002715728202307305769614148719664204255727504919503663230046513954181407251089307094439783121107332766875928037765071725136087557193764856367448558888257887661339184493021191882292709019500146842343636992753199546115671386857045074414321633904078029992349058144656520449623351543572010554182060440262989131818118356521480138655484650393917442276899832095994734532614851533809088184406737269357842931940850818005411125012034574453033313973804469488527709899805696000519141141422794776296903922415244615981368125575139849403015890891283903969068237159676228265437559056160300204572745615279459651918250071334871565451017527723448508700166716220881347145595773312518768056485291054073928022211200328627810564024398003807019056977396529787790988003162006689840372155196243342979928100956086160201491088191150979379290036944991206217653774823719553245806361501300980865044242529347835698514942884633840196508628261926818181331453522710221617868856397961804255727094019690419527822189723711576046001639909088872571825104688428346189131812029696413348931760054804610495092798975176311147402264219675764519848872453240032533025182483077491232525668847561695423934889778461915757944227708558205785410061634879826139855509192493376344196938647024154343282328276845684142699438372354025409393730738046343438282071965531403267158470169414833139149967410908125309984316312073108505016906329319101821105395585567039824196291695207657199927230717637308136423894014823262654705509038419616639574583687476267352525581199071918362373584368718343059092217995449969222330034287082269330565446768367767558779608375718328106825559568543168045747689684479201244439748747005737572457408749217827564247332585933827183601185506372711682381424624589045907602969214280818057785601886552690999279221547127089592401794765078445144146455171727245484769416076624783260657354138944619885837567498476780536983929576326602264723992041365216237363614666403231551854151548111858108443398551504367348070980163062524751019715046695459749141410113086616816368604210338807456519949324586116048711164862799838024812539418990136377273111338342667785325923245333448537596647162083385374122635553089374439019515415756799424532380334083072168419947899681242688846165970608333973371771443649867987671879725126150631972885540631915126103864962031374005154413457210449044670519451569227393667324976857391603105431148168922251592576687809534620488181913512012841625814721027809659799919441603443841823262314480816732189123799465974694473719947344754614472906985885420101625230641968059723722842337324511406540283755263039707842698045973210194934570025250559594698145422107028369067651113380082719704304519247809251178562729103526279169742580684026273075841902146284409178984425616298673909100537002978855069858231909288554409934577175078784925479171378543226314655666153587021169160431720984265232313966065488930853830196834019241368671420697276336719758147787236143301726125552055830024756665571711557695597200

731113661647649212410007432536721117181902698647349658130101367113
732229307682146982330958626017552721672584247759443215834483251667
717953813744964440656738138326645751744905748004650568402111858982
706460025498422293207274982206974769806226082660110961848556935211
806622929940380157261010384282960889874606563046798502292990209291
932461771606160384801422508869123734248586441731267184746634512149
080855321275811894748251785940175844722914259381996647903390875103
666661541646865470072022022545975348098423501364848574947885547459
213375096376782165427914135474670062812767442222991188279981357269
073785469091101556810429717305778842476385374026797415237094624639
434605121639245148210507976032685986609400873234156423535667666375
312276348010107704548905103240579565966741308311579279748096695434
726072474106920153392090933458277744733961650093575247112417075063
503208867717412193495146667638712637372846116040877063015837600111
533649212190203318068500324666379221737979268046636376195583620471
957455881725511200080419911461363395552011300394239159753566741136
702232551901934176455731469482202225229548333297745560513730774251
770977444659807607594546606593103127348715553264389083383702773822
074314568944586437175412106604933774542490470014903959465745943771
237897280058429396210552675039566321492376729814066350061202360793
595072500261188229881702440932306066540097229824335376524377994159
185149339041722501469974253353780504362141093577235490088186907390
269514016697214836261672332385111763897273755722811689919980399572
937460322172819284534093325844116963040623830035426887429021182429
856451245795207347984627346195104552425613736299433014983937291110
870529969519183533650534844242848046310476522083420859365173096584
496130285833654819543598186756220294161384321163257685982562967201
828906781124186868784597313387140418729700711919867701293106293096
949899354813921875928804839845138740758643027656157147335183544073
506255312343664960053109148813032384462652043513629026265933306812
051158885104358569945649938869570706111923572757110294196928994187
655436884256928063861435130310638444334313396196979733561523242666
417066390240362365593574944251038356824938543066369565628381349757
831909024277049909445141111241230206043422328892597491438231575907
984423517784541128724259493533330985710978755386839817548252121751
810308218176505155563452429948453904577562674465785517591489162251
178070532881170459740597598645830080056103223325384300750981134310
120450833190422865468587799440122965616563890815959223940343922260
010197221765736217116359902575752900033866022749259421935596129475
518513699393249692786635065238826768941167638908982314619095968338
612311858671495757270575686399745427113036591818384717808180841752
010065566213047632675249466820599746393688064999076413425808930820
409023632383517830632217617206433632011040344099409158405146878326
260477568040712615484260346833880268094044793089193734239036386440
254924481157390763168026646799679017556718706413633240288705087457
165871395916429253614402597840290871343774441758956655811307376296
889347527173711313779000310082729387122487986914124280084502725122
546352721992018762423508027844796784337023680736143992859048111112
541931101350959312727661124888954689194535563621879329974884586783
481448626980470399009162895288368911374616731561702410045157757001
603778370339572539261354053250114657419224801218243169853035363945
988575041132622240054109705194916292574379281916876204926756847774
860345138396946799094353055861500427944483112063090593443247000937
536710056044926556034727477807907836395045187624483926979873135352
843484638881332304397927748022015296192355486000473427309507867806
253076736433322824196132427056557794522660656950161892625626948238
005695033649150471162428579689682908969058363758278283892895520363

223930960420462287810637658111782742762532340505564585343287393682
881055582302015544340256660561199160833124527637674938321952334956
317862584221341665748262887744717933870329083625039959451591113255
050506004055193310678540221401392893077471031783341055948291837130
769245697952206414022795846705868857757846872528947007508518500453
068757078397466638450736019535737073785356700362585582066737243338
623835066357323527255029874737157104957827619393563501675928367423
085383857351276128826173200948780873129781099401372087532187962176
75072343104204098300543075454308934756099967053006260089395875398
030047816817127195093934191068331792429451595438511210909172267321
832118162279570595447822536126829509548622172312363166507257218634
531741072397650382647261206586272339002819509088574096005768787459
135373146151589768102894467346086010997367803156129155718923796941
378351231627407516945694908680544178759792003655469263444618177373
227167003444266776046094924812058797064658497352880792415315639324
344125789177935725901786375825693806342504430545882795813741075602
287584447810965427651767062223706972419791802152291454833956256228
460783866292668106052637667735843824873378258642885012123329247207
096075960682756058028935698068009042477941448052246140801929827445
359142613006731539974220398080445375011953972619448484495199114028
190660032628026970954487165779231879915526503112323553639686684530
243015961973492262352274323053604223375606417777316238560718050405
591823508941421612604389373200349753263396931768396397408340876148
966053467650020180180950179015247573815905144668404233204625195859
647960289531559077547204187516804221048827397952482737496742588221
229084184267327354050629747395625186097845807013227661151733251592
801250066103078456552279339066119554676984670693114454341653858729
999117725534075836267307205981923186415819683344077561735876011585
410628859025148597066302566272781881934320443544059426417472874446
384970887538924365482695425677051955005030485739671925936918313224
995238290395190787500747741928834128339315143605456554992740034000
514752860117649136881975405835181301064281918542772397988891155654
420613295214834039746559537469317679712605932622735788936943952814
037155498125622918360289709884483519995909272476142927384761134273
942707646596586099675123050324376092528374535447598558719279745135
456040928446312383889192976387224509486946643316458586117087884072
595663446488772838981448069759334634892092084747933664114769169483
043759599830298448510466971167611803157567043074868319135015108662
681481108066267644488187637341191046301486433951333169438648671912
530511977122226051292720662888283651460221944708196954631978248180
623064295919343803191070756728911303416669390683766514373340098291
769177833502351137723780700801344937512480505007321973812385162506
320810496669536517392868858139774907719078245297941956168869722316
752104506671379192086538936749986314866410170044457629958945321955
986639580917941851056008686137283520554464203327542845960428433290
425439861323590988961610491104037053812955077468163875576813162991
902508157027190764907757843602169772279041728321524831115467377986
753486330097098407188529177293638378968670454493802201715742430599
092277663302429744170450074589944751500765742782902593896377634935
315947832002254243267251842300506882020825497212921405633725581581
127104741570185389317829398787712798274886567150463224664385555348
488786876641355612761048582420589186519723435336395723609948081681
739740311903093045100043961806912344770855514924729667850895219861
090165524898357700496192037386165583736313265234598245319951059160
583790003979969517770697952469522983676074314990085485641433272200
349890338404285312421123402100498162429185892422243495753608082603
067624015469578806472961926684527511160095905378548316367124548486

778820172520546398558650035823500202150851642366350078776071519856
145256264951591055507477278537981540632716819511175410228892983782
225453367566519025121682301691819839425989997594117695875215092794
637661963360871925094446859022136218571040722049966386358712990530
555270284104677262021274466745452154577237082364445335706452251497
567870517194800500802567824607818185487583892258881641762049036112
904312816748320766934852285776067934846458657669095206610087879064
301681675339162115205681084467894159123374146368211388337577326140
274624666451509892104406381808305608040137010089074171937662958444
216912279089328319826772333212792007680916610268387238432454420686
797560394826736582067345155042676308818158558039319161732754429557
643651620151664466855759372594097115187836921732999384157882766022
670925291474618234186636721931122698423608685452041883128019978033
487875658827105870237096130274799132348225813769612170462274224961
016733754788010634085514866228699569152716263350178980339827364487
742823153814829001343256788832287607165110115958718714501057834762
975288743392745818276860004527757177247880209896564385294238817387
999187471297587411654133239155651089087752576862866168071921090343
265030146354274920447493124652014732319757703612045011747939862821
525354972026717908950519508590979562153891218056487899678573068849
963903277813229401520730505202096076546883252517526410135506514502
980213435336587555916168367494289441214804865998225611198797208669
302128499501664795238170649564273515525846846289200141881385743510
670806803934006493980278204084501559743111297779680235822043997189
182740819520245230161759947970828058600328892886741062471328690946
946684390420120577410669946215723851109156923759278558684493977360
688001922934914717580163165254747272854041117825003154049416495321
147450754966548023101855184474204933682149867867387892495751470690
246623904739663020066157810935792046362771350394697843435917414264
377803119021954752269208954796887825485645707135566698502327546123
988230278689013175732191716784930163650138955291315901174224896073
749460202948512798559245077379356908133386974703741573965582588573
741349035827814340746255423551643968904607795838664996649445074756
579699351493513597320013303372081166289167650986948072944032991761
290723011140465891138242727263296851760942841879398026052395654066
459330078965741576697086719209294525393155274373528280048234575091
448533542404918205830211736693760497384227215913483552040425761699
280642854714019368556141102765828085704034232587586569465009202308
498308267843272774869277955040661110043597647686786538495502722558
854224986136573631739614809989360847409717649547154334062370732658
697527645921337429714124207051122564494990791441924448328393791380
420636238002970028206239318075619226485397394933083251970873138458
119857017100249136525227198684083184047846936429025111292751766993
988620343878917517267572217442145385761100283487432190524333293992
809488390615294064110187937539411343031719168526355316735298536398
677616350661196822472348640340968103858504606729601476131074024007
426534024368037921068446153419708080881220768071106438905886342157
852825822877436754701408310031138429853493528249358504036234592392
668831144807754671059106940654723734658778941924873236437024020240
175175970468295402550796773098444317986354134645953902276574320351
884311155975463523304523550552928506363115240811767846454714132798
134065927467320835452822766343059530547343093817503778723176464890
964910442558796940411705277662970232569524636717758458788220284605
305305466181722096550981839675444011935670278272108335560644665752
280980586287033307578738210821129210210389616523122848792032803766
538720195820518561825014424096283660984633225284110157417361488234
146028737749849149845904629889032849256083957399140591024120684557

624803459047235953688392746190063530060252868443454660057857456872
500288797407812699501435969649476414931850496255521694445285574529
480723243302773655574561042966088356974253073611130310823800031585
387362868849210917491803390548285054627864100013169471998948894209
530864465026796100715048439262063311711860861208187157327345513700
141867686921967048859010362423315167760172717422330504953061585247
919628896759444213462356519312219428440714309789550559858862442017
362826073505116384635711187846834715883490623342588343614274793829
548341263417416882602888735547816653238321540768359096812054884548
171892692062036709653605640898759284508157427478621941367169943229
458693304953537229679978004871910203478247394917971719767262538849
528173051360089227052430855648745041216033551514931039641863808926
595190343501979503662299371070610980328347286934541513596718150629
766374430994932369570495349591419352727151418737658694512236367107
938011524216624494119800446557212597535804639991023932797708387184
753479985436030661774685481674302535091141422536356338388354354468
600110863848021479276315847935107106227221232890003040085551034607
680665195521686567189181334850680693770039068701376254055246684976
710144599349618422468980417018602351019649901337786508323436869443
782163920218850859965813111265889482917734897361101747392459963978
823770846435932564640554466354564506278165078910000603578958471411
788114001470455657924684793389859044356095193955983048411907085968
390826969646301033129195405483566334707548255971622409572456078995
227513743172920432944214571757021119664927329504589243511542249892
841829309680162790999014391000651606646547657233038464624395113830
677701241619910309399289403981160616742076033829175930656604400871
622422948641209276800548402635460460212864312968617604867685458733
245904904458154468976001291767593717828778157463447497443174722457
141782495933265895990123263165431809785578257753550495717798199024
612577728494463535252170334339313436451383042589815147736236791994
181688328599187157217228765199470314248248787596411631008191276660
288566473109611646667671189367634721290963008692396234207088629338
631255612873406534679097419938288166385060278732800485054491820199
337871130829493390254440845445283110790671755781580093867536003860
355768063981064235751099733184028068507709966620139938302157057490
439491154383090561583001130141099139583290325869583767619707448919
113263121640981843472560087662111596951333890462589050402103971688
752976341156530163761401724174127541567757338515633409689244301406
179749753717442566473493454579246967993011026194337636448667537561
087691613043613748330479441225952612415148981699807681018481895780
038325763387804353118569719951740840404292157320717893877089593155
702274272826581614974080133206343384008689023889391833314200451596
140089861121562924364169472543135617018117920055959285439183334369
451919451431715413500742006390506071676581905824216202897696844090
552454470012818868581435495454205566898387862448320752121741094873
647410915786040991025855586394013091551756002797658653840756823639
735834723364825533520524772296088193054082105328131130488092625504
406239557590391944317141526527540808952986572630716340732243950379
987148815126244606312813852410741435979408576657852516943899274655
621805886920662325044937029212885127459270213767483429277774127189
221554062683300828600901792187538294862915016245407247778866998890
070980505692506985818373901350763943654187232930311836581686333644
779329007078574510611399148091109971279294384939136701584241896910
938623802725764521667814022361322904680977248778268641881228779934
329767071638705695119901896323092458999021797571313451742593603325
136902088395860854675047773229290628464817203195072814911800959505
125813447571570554678484436237769148191799840529066771547929117426

693348858567088139473448486214381111595475449852804057422506951464
7200842462447229932157922646721788145206482083027693611921738523672
856740962791085234229560906326667104802881922637139090737684448093
184449896992931060368700953087272410262136788706972698569734002280
363504755236880049558697359039020691931283070710617913556767421587
725759822191294318645745477205132894587827375775210307119425545175
288583633445935800552400893120991882570655486639231448086237441459
530559003065809529244042617675254206771033553684955246546435770101
789796416313038674952396108289032577244899186229965198423278274995
958934083103129326766102724108073795462818807634269861761703310093
468008306518347713287054254996232603250116192827302129934934139799
634261512648506347348327591363178682472894449321466061847965057304
067187482841519147416841690897229561606700728197766108311410618692
743573355356462725414379409813463832286243364133478978890912641531
873040605317247738103537082669410654440622661293766233632590613838
197631940130398985582094820953918602481990989664862713566498757014
979534006764478586820491076270969775705491508796197691944139015941
256832679426395790182782545568969968032231781589778225657613871677
013214802115527276731117341653118922038451473699023164776475938806
016075537483382328545825950629102393600165447353942982876682073712
192752999073697440811342372020131423404505259316972775590585657003
132022465479086657583451266545682630554619314754718739127923972118
469217783762006326246681456322496877656028010455006968281528657542
598234834009264710128328430643025697652644694135027062145831911049
179319414349301770348702633346016871029183608374125327587763154022
303956288776844723280302142987294946474939503146491804133514202393
881524875937371592838326600354064289535416985061992235303829218610
486918255269025574988931977847206199198050179722622476371814459796
413713846207982090839588211870480155631852081343051685237415842174
781458011563058311767877089770942569153607878091136284354824022828
394565804195220130311977227965959838840936358355901185742704482665
056343842162536049834085438904028543049268993066135302956244002028
267343672871926207940297350617969254101291753762660825396822180621
641812462173118967334743094220887670606305467169963141821559029243
513784364350632262093120680143169163849781012271071502167924720562
634687067390887567539442448270838250878826535655819744166357784924
176318814836216441222232363549938942990784092165099611235325120110
314233835506549388909275961105369398083023861037130475667626055583
092784943578519785639053474326745056049094077085918865106554530081
982644525281740877465478991615116348753930674193023342758365049641
568635388344929702698830212838507501173072253194741218860306066086
656547714244902618109150955830742760829485811035201107033030587092
579512353389221572474247856716767883589737676177211751305869343355
367649036743738817044405436987385939266494471535038152596325055300
204906764624458522605213931219629970578255032704577980448589560702
099021534466953706842845217821445238667104694081075061673174785697
189794278788716052834504290221224398343390694767646413145818070481
842165818603669376409894336493814267999197179815233510841570647616
502760453863299952244303389384486986948796492541509969476646546897
692164861423923568275318509654088133533236031501845430918115897953
009608823801822954836466507308346158753739094675311255426108040965
927527145627225527350121765782432201282217368454018834091125636960
586741735441883030291042295409312139163251665271628121402003934852
462926770253355678013212110007468751049272921506773328246340543305
146411016945801523928106487165119374849628471452059228602216430922
707329113148505514626087654910369689708578112513994774893832884265
980561212183161153030419155186977220696407051706558307454295568020

558606479198561137208320213973371589718010093419529924086318041862
299694415900148445348986206796450530773611839913611440073059304205
749678639537317291277835848215629148003084298917636403425821977585
909988615422915064881854893919464924424427073460653662824110438068
746346424452489217270080026988968400977049906879061899434905998791
232993931686542977873405363741086041168212232803214430184507966819
142023711524639482201770931427298845543362729864739836067619735520
646544148606206582731163150571772420887655624872226829266602037148
511214624414964999515202973569634689579349118486138732356737272362
867229569307022272826189362420914468343426468002660771995022165093
651912429912989094967348869160997557084153856326697999287231066968
120038735043570013902925124556125259003322197307426285577090519268
291420781601592068468518949602680324164502321797845493500368685311
200743998786753531880447347851395431773960600553611144063536421618
126021263865730946905932559063972194920380562876788287430919096154
068691521231893627892498701245388290743083816074862738967877453782
363709467889116034175404550891697540592273940492666239120406468558
191112089876130221444569725686254529501304112171998091066911541574
687485849599866199083983781712633106815336413320408361685895059251
501682768475240163473441553578291894992138591091122483181871721948
688386571304048294777424440601099690156383523782761290959674815107
225829181329982874270549873596774842208562067520671599421809118851
021464388153607962345415092134034300612997868682579602938497659187
127068051527071418619605739031888512824338726837664102076717571266
109274582233522905129948528281613592546990669160185027594016816244
982303860880138242498830699639176230939613485459945178006710782255
193242050873901267954978440156989887507912316527747212894791531731
284579690612883700197518951091669085067985676051658730747998414456
849249212797902881242410088408847783731591936132045482630356747492
775654138559987303215905407629514363788522298669818514967083486052
744652644981763753211029230625903686358567994891492488089604126511
073389096634435933844124958326982682427601020989659454604773652398
711801751865136733933944944267677542321191082309423728968680220347
439593248623769437410866602820174765563194951087225889202215249803
245839271724279586677378380658016613729297771184466502501152581240
730709630180406940749655684993087263042183001570412013792245678731
940258213109454610936997492226185837465197323220368127821679785482
540385357995868520967119563235803556744705872326862792820603648717
936660559441175390180898377902808434422479687088565952716127883634
043276080005804509481613762417573420339477986303223673828425719406
058354743783890446415406579099993185608124308463533967991722881263
788799160033833788588455471982316793889336283777320641146617025954
208508851805129008431630715043310753954554199079646509023164428834
474068719718935466735649456812354304961298884537609297708931994214
630482207660235398243215761625487612842541210616113313364882245413
244897545356626534914240822491340206617500721126943061249663413321
878554680294591249172174641038186713621514571649507321984896957276
872688364311053604427157154289136681571274428332133397633430005081
273956718748263504621039314324319975491958090961365625700243201665
807095188730589919787067936829524404853420238652758845077629278714
634221930150056380457251317594012285611355436854201081823715869013
394106131783292979204109913274541054713071745330047233839565461871
634457034018556047181381578089815947036849425786821926363634477428
221860596424745794721701500258173333022732047386573215346948938772
327005556946006475062041487331611568622852690741688093499017469127
606927198938505564840024337032655975293686023874269601591645095650
888549020898484988762500950696676359381231697790345117805540667349

2287980647697339913892073568086405247056322186738247850716446114 30
980954948809247373180071966058926964767438019702682241032886561113
658492748669631268073768413367434448435491569475817285335944010063
322752305783993875303255072167800795954106798161051287012353251890
481593561721703239862529923914117857155601316674495414313623225134
309093811713897244019512308210327892658362850240295904940492941532
776864235979783872458059395139056795560489022429600734317792826184
751933955564593715046875619975797431690153572144066875808686554524
850048273571308531731244135792320993581940084780355302666178999034
001645004709491013833401772294629926564233454788104605647714030170
786181447811161624796255323924406800969011790922851352731479550364
501613013003828067884533563391135173141024267843977071244855993926
430774456327190903208839351852366033052369976131317334834526825772
849605743916715539515852956333008194184226563499761732066839099307
221655802854054586971189012219660240669460829422781432154324365761
017502059129601843671261833291453458847496239270976581693940402863
874677684859859221382070348649830522504843916857753454819551137494
718952124618141523990215336585113352535414111656440333991014817160
305596064373428680323910031407094111326232632399839699537619227136
973500148398583884971448168151714974590795901774492774451113062728
420131635843764179209332924316744005546123114291616263976070663560
386006560837140438303004134347463989548459451126970333775832905533
641222535927524973455348333723258625709633843342035966408972856443
178958761351810094275452037400888010727884818895951672312621189125
001920873733861336501373434886404252252001770462072668820070446561
847389682355647147107826826300452149043241055363554525591842135419
686511373978866630975008142564319847403775914587895906098457426078
857863202314402576460524637248392024315470427111900318904204033381
700098642286434180747777779834425559893089229069745701872020468182
941675249134855996061980098948447489166287604198006025970012736569
393629754093208594546675623408046150135458215508632072266038934013
767305762534065551698152777855992998824194642665167687761191736222
702092278336052507704807075907180343633570756382836596813995390760
727068181365657591986683751054611521808378119196475540967095824956
017828245672736856312185020980470362464176198682717748478222463490
327810885463141517371814329792883256249937115629715737390115836310
870448602510300496946914258386937065120377046630824216489443358000
596868730214852492879538242286100073642036496791486942425477306447
281042550872919341960667052564506409608790024404064247311413566099
006514678880932791384938464806546101789056276456355644526787973176
600856459859045759450452936327322914034062409343851631402526002102
085325002803141809837523389639583076237367334254811893427718926930
339828412036495177176010034675192081583382936321282066313108914560
201482252304552882944291740051438913118279809819848432290298386962
825148739445820391094065328018875407720949074786117915770017190387
912806376236617440144045207022924523204540576280696579308502039812
183784020672025012026675295531308349435347193634177273406360262579
603136511978554856693728464042046848927715778043458677610085289607
369314413346487377352501592452119765975459087695020605617578193591
077403625835765360080893765328137084369439022722986532221828843740
013882581116297155345756740321498609755428688657987436900949705097
986093770278357223388331453980493989210171433582618967400312252799
730336457106160728496826402668234770455830154585574827171372435847
099486137265871302549402449573855889966053537090338925114540555812
456929413788827165199000437610796725728059987482047989567855938858
499483469651949308978149972776347330585707179027093568227576306393
049702296633955287633799130785859314207811335111432012102601987304

216706260143575841179770790458083808849808816662618535883559242006
30530246434628992308203070806494107304156759771007752398558686759 4
573174476709455684268903853112849498801814477456650509614898991517
629924164287800047413850804520329530539184097689946319969559127867
694931959273366205430918120556692462152740786651432352659207070867
879558641686045277535750207487671433377060119129403158574310767777
795213590261308082898324883948320949988456830767241759299430340209
439932270827548357388507419917136940049879858619423446279608414447
356652037928295317016335118153029312723025435629105545863957777802
211658866611269335740729443614557490563720071282544811355783402901
604851760524329698135502747147052635429352648136623886958489819516
790476124747446800847725887139455273671088784750842568825983963683
066764766451330823429953840637149396551260259641269166395532942221
627797607874955291748568842182486374632474778324492983235440257156
760792867425952849433898967643436575482307575478403350369653768736
549802239878011920354404912882683594195397184364725540905314210556
663207320463884838276837926105500380573953794021513641366249674935
373241044043486238233624920495354428579053065452772650722034659290
443202201716324235831378351252109576415274124465776261675436094709
743356400769041436221806829935515109138556573734119489032184562204
438771527004821101276120814078245264988636103832650848085252951495
226355426460671844543042653382666861006655771695171442956555905423
681933938717532038641155224288474087963872655996503545316017872842
995906248975694314657253297995656442753810259566672558761130308635
459508684842081702309037760107313710623429337807454750823785605494
798769021390566558589286009199045602603206378272907615539703831101
800844901121481192777967483910272882057559782053508834615002190348
376576463110568401425042106378331650979093472594994266170452072326
910171868068931598950080623997586948389705241612230171728940390466
998494272133929568126161004650902845621267573941439279503195865023
504811047168563578354042648572127540263881287194620920381325464811
617031358676710643658766055165513311331702271823215687736219584821
685646528460697066190543954014065106309733365138119633316594903039
216427085354228049798026714911895636425174891344121426361554780892
145283670822169402598711263211438852993916963048048178929629882011
238074901305294249294801611435330239008067065721378167971985686130
290301299399445124984690100198919360598279169730514759434649602883
328969660815056345056609378129236133490585780550945642103530907360
195844637121650731982015642422013268456687741832331024731921868515
643412032717030573066078517538509706917170791725285511743627871301
600952208920242405030575640215372736959266799747810707279372391235
577709346828475601076301279131199539176281861594303820778398243261
731966313336206379349676875089524023642469231904541673862358360482
837439278866547759485902892040201939593770656732119490991043352855
179871403502030760557820191483882880946496482084241766992456758312
262478070390557653141263260242922436203719532918554718091596443185
685205788235010309107612806044570442514799758960888028125997862387
743549659904929673220844972443458243503689780365184909951214229401
566917453416838309035284779643067608611599763678720495505795636516
693834521021205712467189023635837908339119080206899596896990188122
321855252869348573651888630160452941028179736080689549524036066488
944683485357371170607994305471921648759431314126975952516610252290
957537550950933718544900072907676126346765291664645580371533060205
534741620555668380872331011456706082197136019911669601177265351241
440510936203601001758405334468987565349002447580184990285112905603
628154372796762883123816577437517662456404578370496485690904281846
741434107660754984114657421533437962825237739351775877039942552131

816901739901861642141354392779733470876597369481710103318186376892
728376366023019205919792959179148224416394031804147790028285712517
764484105931564467536330924157970212626481304280838933770672398228
654341731736481424562966180793136953250911287546949801550317994516
691228413844646308741027987820955877346176667793320063616141299836
112387852698449676224949460162224198481882844175972508965043238838
826776211538694490722314080038640966747955659603365865500834501574
668100371549812154559177082855269058782746268018954840985480647767
322593083364643266678951981323034384780554257118933244880337102766
080664261976800040145768192614123421421090837882603488039871589674
691868127595035419040689672781395132198842118325610948747352764866
436713359368373719071671361534428920725273057077805616065916154423
589107846465547369563439707372217818591230109443692313952203010113
674073457059526133029367437932120406159970890681203507862354127805
416826582353742593856966435762710973540865230333395749249771995346
662569428121211926674888665256315169706607240021939626684282515447
561496357933365845237724099687357953227591900979741551721334845333
578681422873993851902093678274021559991420456446438381600099906505
371881484938160865503572270641774386629751678966655499987889572179
026230908454480646518569309255696453172241089451645426796761819728
832958413935133844596041672854573991415080495944661353439845014276
180542209659848671099440825081513239252136069510626733736792233221
425995230222936409047664596154505594842048813114413172046469267049
759749059935116920439027605157446677396870803247804063437778416725
021988849435409828211600072772915050759869365684722016941046189444
582618551160041549451062815887248514034519005556346661524473749607
661135778748374003886293884886101950281280781792745034958405752928
452983890915764913247310105633314781346402650462629156753779092137
247828970031963259689125133021524656120543583762268609282030777416
870045904352635817494636724551789784931750675390464041603363847240
546498075003930024576610714660605719495109140248232735266912214960
160708972207220546288100387307622968906215262971114289273463392143
785758381679957096512975121288247076229375657213489062361860141899
595000293934330117463300332972907834026382527837960530000473559275
468487189299720656136533751537477921962495517969220085573147944574
288225924228767773212885980653704654024619938729649935943563230213
110848242495018006757189398611897262182430778317833445857036118160
941397634465162725658288616878213013425589073818405734222752790944
015079633506963068315858425959758344133931666799730480514710420516
213562175409048777330227396980656495900945695698536584320835620615
934529254241892916173052220979352465712270664005413539212620953741
607025988131267956667461709323717405236296319608936529844425074302
280497664164038282925713716360306176259672499571761536958524866449
317201096085345723423625450385444144127163847672628333081895855593
647600616352498590632887445032551137768181305334664669950154774932
420985686593504901062114129914177309980459978865399855599720886527
297388216508774800198668603163056123011444933193578407633418331385
977273234527021265265772962648846204405032377509270264409159921265
248626771659965913245715413925400153811699661401449792205985286546
311988145874191873375518550958118710196924176642924238937549451631
594772453110198414508008761556264407882172093511259342618446830352
107379400041838289360585440706517264491688578728545265072810491172
241294152234684844898973496533155693932685540211665594490751531039
708324623445957019685643267568038544519358687335149681959769600820
125379900840010546335233641891279605446876357037106514135683715512
448361849192509499414144624632178459676671911648776744489599464431
583958487181884662742027844189992880327512449666964867934589413298

602330348292887626063713644580737134010172699240031409996289875932
823997324878713822652547419034882217749819545570796378004278014587
919441189077071435801103026624542936251505434616515198607934238562
390664551545908689970098727578338564769103346863889942896361916953
313831063514443194692997895215042734302745054891282240465675168373
840917374148437318197118822641196702951400104844973686883604892628
854074537124601578468879477813170839202770185008395994013507875106
453561461548450353467874901534027514090183464567541976045483308692
169390248980675092299229407155069237778782666991230158990938081337
285055529905993471678423507867390580365538952018111477155275161383
726656687055032514568315829590653570060806572699022721433791492375
242219582555155273904766415152423084130932793556194050053244414539
506109491632703871530370152810088754080933294790986591783965408974
119198714373411365127164382405244158428876975714977114147142795082
958870299279246833213370515267564394231135026287768903446466363218
444592171575879241131996329875413120183252226786967899641329341131
763665388968320511916362239963736400650624218691982230644198135153
219731985910156362569862181748547088883782202161710149124324921653
238655769085274725478596829812494806860664444935191830374836655081
755422573352685140389878650300704028993343819723019614734086482834
761260730198222686144117989843675583891590084699913140541383193918
165643088434978829915171742974864909638389673430651712173602754537
578343113521721501826959291493227874737425724572136025662638413895
262627930213000996619630032325220131382188448222153852531276767630
485518700683146840399268185487653840563848319210024722319166100913
439507678555138370482142849151016989753390789756323399217789038804
763368137484651689226357162307184064156632492410866923967601216010
814456092321337429145784488061247863773882641020861802495130573388
369415850878231970981515867117095173880286795801510678804493390248
068909905291953284466968288254552920787080905016614853675330813369
070048013388285854616540641332025069383559631742436588406472615757
600993478411408406299823664823574855435335905053612627428200187848
052953044769863226366278296327416370115311182340817867398766107281
273257785139211380768154189444041763294630490061864780759891264283
257299873528716127741833680517563794195244023212888549117741506531
116818362269895319004959229250837626080500331743338563784867495822
310586318894073980761449692017917513933532988588534336449979130016
571286809999515576368835796903449984723426041943185991220465827495
644137636777021611431270014347716120164648321329271182571328791058
413578619311893745953236310239127088901391290916652719237745868641
703648012032953287516120129170609592709077735616740193911744124471
246014178496797282493661458990725500824349970890968096364168915696
208984519256267193430471714563044323998155688693543372623026149800
352837166513591216931783823097964852220628541884734869393594384325
299875376511924923350991966689310683934309929177429112608797283043
316638758402370220112172394561144733654127633402705845417785774852
486316499991704854769484320531209292739986610752631319764337653802
952214163742360237221850677911388725805767775543742535744238997963
358197140322779356139744707119461141651761515123882362790564886358
947268605733447972830925709439137795165630585389041681689876925808
365068825009361192610789112427098812226934685319851706637174204680
963766557289364171324938644334052887352790255086899509376151204649
845093084820946460641779407759272735187506149345281817675171084502
365204423677681513267431932510951920058767491849302776955965409812
253963577116946711260602360694394572136480764649901663784374841097
357300987497338721557269597603311371288315838030624903238330486195
211498262358667333635943608153309620435231806990586725316679671989

775739671985056332039162769296127845043250930278493655757046636650
050423538070002104337905436545267691563211623070815386679328752803
9918102228796675492741413814600656548508777948994478550508894914 80
528826587688444566272939081961440068398308052403725695064114389933
181166377016307519304450021566160912397787650073874339861213776763
163799499160358002942539415093611828779256489019970636115118334377
322878051378170068546189397707800275450470574657440961151865016887
216781580801618548641080898632223340991247492258081118532699879573
620303636012024863397052946712401923986888626998354310920045622791
699844169883212018095594550534885326175425495363851506311896253092
176652916582431590045834969397068765865424328194564764785373552515
306898910979666887810025698390687113192142541988664192866687545377
244317614463541566576287140553536428785180176621964712668996243194
827310093974171042590552437496873330365968721460188999669280258230
500025049474319578873617743981181941294800460295054273686692310079
383355277975003835915620816472862995161814151182430486495587047642
038715770645275872367708081805904084235237757757540088468775611166
581392511935673190940209614289011096489957150397207159050424785782
964191398186464569806900388364679836798101237694632288836091585443
010494261487603503799034417768599956759933050225323476525468899552
580628931781172182316379508778459343728786415144638730344373009824
804924955400332234343780588846442656516711172540890242516568074345
760295714812822409478460558543210753456382184804837562589157517060
137146819642168971776054953019924695302390199614826260170628481879
635799123969700159444146867753185645831272547174394450082162982830
493756959752133974391203106521261696229281178721499149753725472129
306870385087565061502752264203373041216162349639788099435270804166
933227218359322427911165736309254664967124992961439907500009763571
020509135217210267487838180045968331069999559077825546489128367433
945158247815280574610341511343563810566377035487980940326526654845
824868458290675564358632459180753460775801695839975806488137704343
413010596884392991793174174742867125143313255177595667391206113546
736483115197935420861547222832758560401773389173211141862365202764
491763082599430939167130160355550663966400637699177448238398404527
277641720112291229061185595127506650649835460296102965747543759069
555507510185935075883789469234080884424210404435178451018449469776
602243257275763372138266732831848510419137225727990030230195198814
570212171657227651891902737558032398085602854179108696330380502830
582541552079221546755099881660712637966690626696222880410521943755
535993478632239333088074294403163633929743184574294796453048481266
724296055477893724165925475425727294818303585240798970601383390192
188164731155785052643281067107830425382786255073575144178094379451
520876964418039294505337106958002880600959261554240429538493922366
928251865457871541550543768172161949416243980236697017645851682241
848234949856122612205259406946868433558288000423604267164920519830
030400639082160494841822317937800187897147326541391659694146628544
607201166338527550831900032819349165007915757425415726422107319213
142403345326076600054088324224303953642851701019071959689962221685
724205827008044884586616008524685471176644033745417169725731664357
129934938871819929175946631813286486618479719449399756737688968894
218741250518128652265436890284789523945318907597818378429373869271
123324522402704855011368071301499127539063765677619504082472945779
516147251783340582936314389374727744967896513648114070023132746198
982924674668855898433555455760427757376276091205804848027199984955
395267234262697175122246216969012780081098444425535915175083609503
915428095603229402450125344480013590713294374264407657156719414139
579192271365410090161702991031998657052584092579984341415907909404

7612707383047817895510947309066257504993635142278626507467665960409187273722547794729752121567356857260978856646457541013819301847821233651569977226361516999711623081473538687445595345401386655999956253624683462963168340979755045640501027726108378785182034937053327921389434083704172860535162743180971964185158133463861786405808528993261626747920282290077980614873787741173358302761312079602560784881890468622896278439020499837036853688102771127764916480789399444390409250759048332890872832414244933523646308167981840710198476936630553895402873674490337398474907585950356060720035878450430168811021442649884729717744959410584520038230125316607870885990663037128041215289078551534221312154711394784386313780256937275762215857679289152126300066971699384726344308284630682783195321247975797640301436814373461526469198950210342181762593659784532667602506674488467124609668661730097066252450176922788520569067359008431604124592847480566894697818276779475588470103788134571631881749442899892987167278685725466553677372831124446176730408752350650543917283196198305056380900140711890771221329209083766220493049679457866788418100358637383427091353528093942551819807934978546448024964273686684335521670808965836820495433367410868993443622970414443439610988612701962123616829423893580447197020973891992082302323146423505671064991136035773195638847191819769880710058067038705725015301906153585559014641266966919236290595038548687337612191372174427144615555267452282574000580347074835030814855107153993891683837311092750205817019512313117767785184487776872680421393928603421323899581851327766693655981806455715585403801215929712677686438428537188809179099573080680102254116516429854798597801200530325322575249974103543108838019843220023575674082733060839664255593659517583051615349713443826367990287717942890826604259749491147707142297025251125860603900529602402545826248325755757561216131279581281215685384085591627805709293724661243672058886815767907693035051789575639340031112592979725357775442005699664022021383473566037691695441318906191606144682518131601766098616772320663497456046509728826595127539727333686941755084872178893886406183984600371686896850918522983446577551641562981490543467626842114452483994131230385258051848680195708892261883252235536436873645834791469035678722598255759755960216814522299491973792689788065727749960206183123619125984229997445917931919070044699554058436069326731670892612617013398426718889342124987556990243059505953676654027533075503094906893359337655573217538335664890410728780373174267309618140745156207212598314724574830121106609479787962949043813324270611655269733179812220467342712122664138192914732789436609182787888276414614697642220502911444841844138184923763527714914690697433608081450429276576158754217052493940928386373294735778423424077954882095312623534027550350571028903943133681481995153566109244774270469991167237898955163904637498396603242741993113944290390576059074155553325065548215179292254764254508718962213113516699330454312000074718298006506387389892625648905439739686679432127054939232744427995717336359106333484418514695342981280896868740832375408026260594329862056291817544122229001840210059258435570500116263341389111647224103293543067992468631553900279513923299722276621299513099409795053020739055958119151243330404078852497109253724174743013883031797018441085704513576815129153624429492503752616110118373210046518961467826972444261780434649844070818194648857015566472912494001832315747489212272150548567617331055173286755555137275257228070158444430690911684207944852719275167523884694520140584365412441900688299574590054357430805615594652422881931272032923409249033976547146518111314592519057258049351511243668916540226006275545801761174352814314894999161467189352381443368464042767295387167526081339509

7596207785727789249855982834823289177208117777338346633424188492271
9198052968309263756731847097048722337076247583698147177421148043212
3630941487254781492630874667847895245556100534989078888984592118413
0223597827373165212801974854134198697705439538874973901457412211904
4805390085525475177691827060709796771265972488441968233810582599435
5298238267236317342426715578296460105068310046137927489065603076366
3259810279366112357062254609303845922309569944746489959435280359577
2812207359002148467487609628497018798980716170871860113170396984358
4371096843517664924795544202742247063771600035752294276137432881029
77737424376338465481823242545858652299370190888474776740026800100961
7319726684955864544676707987877175135398088398320732770178046249931
2786188807671330925433892842895473399804678267914598196746901983061
8398922634392903571857330959662853884503112265863257014951784436811
39185358392042964337583894923848122175655021035540671058277268875
51378435979790444914526917905927035088146718778168140149009915546
16901425697803503595872473914976161903348045649916980438948284871
05733097080720504665480348755712333122224862473301639986713795127
86798643810255425604253579275162413162454955297310236459199301134
61429522185316982957104068514803822139888376963907581425519571199
59171118755087759625477377513592338703229940139176365803706784400
59562468763995140147145722468543401280785856430439394706997121975
40645921442901071293191405742653347134164128664510758564588123951
40117795508073216367810160373433760157315563492556593937367165619
55004588107322335593024482569699655583883053413186676168998085666
28277132356870681226254846298210313176077180123905872553472420474
52001617666021805882461949664874606456387899631507124429153884042
24507560321404776242580365260920519148291010271577459241426287104
55972926999565011286066885462748757187665066969779602823041381108
69308787168483579092546278034944264254586120459971996080031663034
95899289456325531254253443173998536945980583602867451850810533130
76475285376287457097777675413077142430023253474040930306942182911
81643903916557470032165881100062420718524757974698052765170972745
53025094618659937285040116814957781425963612401478096837868885112
14712762231791533148704487120579377655030401664297015076738855047
38328881787312124600745276123541766657688170101149428992573491012
56466763962580651127133964984228245027305669370892373581646095356
16434375056502996315167974534093823532899970256271802165624362551
79869721624983230956587196829602546680650000467162224023966538241
55057306581446063590559554964198201139696528443930157393105206283
89149218063428715535370059003504708646096354109788410609656603436
35444906170070789958318056145339065047705274315664176097215179194
92833648128660460835307188194805344217730423604084119157616446130
13675931528639923396387054072054798847957988616996218064420153535
17900447652558227276706459363505728780427573485589876829668923357
42880868062463248979189584169445790029592863228882938280091603246
63532023822312473773678740617940901041381533057610283008848864941
92255754380946063025862676989173184615639367995770538251493415304
34931224348063333168840269976702447327490618973633454332782808207
44026670977817820783120857263445609470855485214265848910184957350
18664217482298567340632852564208874664253405339504502310275449342
01916000844150398495202153256001639276693664778095841265604290645
56806170955852041871281481347434451539374647549634422053892610995
94428914636753895787605584248419025831181728850215885837880689893
59452153928137465408877753610042351014931084607654329094608679691
01884038416225009088883741124483064612377523317654542014868433353
52580752667346858217764625547987715800378073715241248408692569070
92890066678114027979163653743339514516141110722645617628225991247

849099284872988870529808306524599355173740824113367757972723356826
803378116357549983476669908238378145543916215512856385576818804480
343213210293942162408135480262308822241912311925661205255016134989
977537211303331839809636216624718633004541360033833053057938607902
112932032887174995145272045062395800542689317348183540808487347093
887388619010213621756502595911351442127021011648093093037494167291
593624568786003466022400339535225142449151606042997647942423498377
961134986659102717829299312465284256303982440607897986973420603951
700753187578630616126471450010032081159416960435788247184765644413
513385091862089785746218053947270574914758885846342665182414683879
858080482488208055020192887763490205355158562400189346433242686366
341174030312234237172519433745140146909287147290589015061523895622
846152031461702617566758586209515477682835625450643162643745807607
141785780027587608048332596758878853180959596581481600806521298179
195843985925295184458469272466477076091516851746385647187622149193
215623010127131052844507481070026502446417858724356779922130399652
183827914184826528162510461472116304790782242023484217623506439141
529823005543625701476369958878450144051305748180118673087237596524
652046435093431303966655856293925156810381694666620313639439917344
896713982981562741198826272351095251221821704750686253399267537797
846680999542042149911343540701022056926819994042516658933928498565
667347332579493437311852048961480398907491103503139468334077786693
687354754911077611269470298782112564765681491566691909552936732055
957727929512982090715157730091788477963374300214580360314477890620
077155490476480542427051316776689353266943735909722400831594023758
388314763542140440860421299577016536729659902048363057779854577067
028190587186483061382527527860075879070243587438121184097439290836
223989125389316731842659559659548495881455735273119107469179828345
743767858841443980936994532326065725996975882421929358791454369349
104390422637817675573224987314756957013416041498872979606838574148
390973894482340813010956583016594628071917844798263328455536359745
121872603325357817924068700106861650620278236810634292874145081373
060954890892474450662277330838526810902090813243131511849533596968
989039103170864371432842682490648126662406926704213367160470574265
531382424342208560979350065014126838867933302418654622307472025320
717893805031719917873491122677621899708478236081116007980195606821
356266409245951405941919888659605278045961898798897812460445075204
391195108742576253503374285344359966802548772112938561910122074296
511208884295468554439251909040934596997623225136684493959391431058
220054977616511932363355784477387007275167088770183360897310533306
167400940748760848572870502540396522062498438780791421232920380618
831048172321093001720191485125537211230915157190161271374065368354
640345909017516919077376312212625722658664549644959123749618371939
551519665045731490348698140453817457369758982275113774563078672356
216976682523924529815904675621852858455891453014822265840535952639
098539371766197101587838732782383755847244288253637262108186657407
440201307721398294034324598455034889846916089350460604602972075243
052225050884840981344559999075868131547522204656145766233140452632
696535279292379792937392919037486967196463071806072478474739655051
709747509660626023429037646844450582247222021323863885571451323474
982034996604066211777772978606443414673662111064805331614307054651
648294660337643562092912703240902104351027595403970654729979272108
961839673150847030362204984020805668699225246595358373749601331417
900353700524645605869477674688973094413691010744202027223857514205
225470819089634991421944317404112374851728895430801845740910319994
611280556433442262289579340517365029531336028314329702493656220118
807383796596866938563040365542449375719742102493740570193694513848

2569860019532151625689714018351165254960063601103120281995349670 46
1609746208291773657299785645713069651650016227778852738340725983 55
9673970824046315259176738042297431785283156494449545036956401109 36
9855817985115027211915917638004829658130789859470397312065378020 32
2760344162973296980120590668246901430294939952501589890477105080 25
3835157158428051781526426400657458402791703655628341155199917788 49
9516885789808814050968676482560815758716892137852614348240198670 08
5959491834379968727493803924399001240892926764545234221922075784 13
7853342487883535474932468597801974307389167814296105044449662857 9
7198684931704497491550675521279111615838057069681965725948152986 67
2133352580867678999596495159606109888930622886966132631217557575 86
4832627968571141533502647214079502359859585276482031363986556281 37
4476129381484774020225044508591218250956247790738896549452650203 70
7851005311569656220298499374750861361904397629959903131190080431 97
5245809400009145582174545266258052740399813169325700182768421722 31
8051406820050230929661772701854460037043301432345251646866456105 21
7206929060367202733353961577082848882372881358894045344902269945 38
7687846572485781928755820170263348795417825355455575490682500699 79
7395059504613420534309269819057255312303387133029128503192281356 96
3960128385345521159435691409774601581987774123819889586672711142 72
9583108270898639204621803453794556243397185624971271409579259619 23
0781884045355529797774221068893673388554858810722367687848593822 51
5403544099482252905928348478013601350091515811453292144235396298 75
5483068015588531659665633944781862223936580697312612851200242204 74
1143375961776991063339146375805203581547030622952772170351482123 85
3049326570584461131965622545238528606444933091816747127236972720 29
5002626694938676067390723574413268607147813063279625225213583451 46
1753197073528090113543146777394534710240060895178155583075721182 15
0799500558837744547319261292538304998174304023070223890981607615 31
1099288865287256021794988663396420618209213160431768011778154296 63
6735078724191834058059780194136413801628579298183208684244469747 60
9594675465935139271920270860666700964469126425789697600503752819 09
6615375661855458062643522949216579083498437925743197158770646868 20
0181823204868998256456334050138496655764029708344806187866968931 21
6351339668783136235117749794199305482289866190400647154359595792 27
5442777794396672633729746627797753573196084347249181190210119294 39
2590380260264841748444782005168568430346614412500612254411855360 36
6968299480657213953513340788692453270591291498280174112107188413 42
6878788829800210711931841547690632321330356647042801998341625726 10
5167041311684938677002775094988441085136931695644486075931708354 67
6736901777389429731545511459227701110360843055771824121223403292 82
2987443986446401919560923000143949934530604425799693849177239781 61
4945113120420486863791675253063490066523958044028984353925557848 45
8072200332029250346597448132614017337334841522087264985836723648 80
5643312830469305304873539059684897769410662489968164655101825562 76
9089233065437474773251574823464207618269372020011128849083740841 56
6637879049177157916261744725335692110279631363639619333830316909 60
5856347865158364104095218542189253938453651900094568218823512196 78
5349129074727334576190879527700714534296428857778919797005177373 31
8942564746778705951416709501512543632545858505909277772235744136 90
6107059254179657940736448940133684621259740377694362926710786480 69
1656941449476496275547975269975061123929065905556029980618277579 23
2119869045159059424907676014494433021447538110788616839417362682 47
3795362048578667366194340183753995078873570769569736334890609662 34
1520330327366441684091559726750606818691954289729554967800742088 80
8731999842293318016422639183011407959704912671956726619387623534 23
0677837450373992155604973161965453791841362376013666098734374056 15

6461634598523847828523319730791370198250905853269294286401288966155
5623665336680867967626902193385870094706204085027017894505168178688
2770319342784307016451931313911485790961696844160662092837320833388
7867641488391352989258481845308669975884128896586702428755687731233
5900349616499576082923775226893655570763541340826557724889024357544
8539752579091134201798302611534745174893942282388277104497423443599
2282036621472973991367403671012159709430824875344769801066976990311
4194078502080100063845162203542748953285695525801669871401279094555
4658446853172976638859223272280239229572551621704395377986809188700
8511955501483450065354205895881728190715946327770613634760904731655
1841773200177627496686192983004847842222516625268124106031714365199
4567283488928109589044695107654103618988534832669434021847931347633
8061335551520236021763656182711315453253152483185016002550353002355
0998118745684013978413245041292489951063561883988605939985186066266
6983743068215608935364080372210569221706210654029033468957152390066
6799698439819719944948847363799265627137914408554512627737680336922
4879096474511063094304810474408259752902764930190996182867206680088
3812477082804253485451549448267335177099158651397207444535596290622
0297896514822799643822846241004949253809663171584947464968773242944
1714860117757925464809222939256348473448497344768767897255186768444
5780419301043588384787449847191575466125277421065198340368876821777
0985647989749664179637585327608894833993789803869359050038859150044
1822476926213916322211511707329740757299950592161419534179545395644
8258069575581914101054740858366976388974854435670380887776225342377
2523668586252868607011120737664441770347592390220540292118336359200
7682874681916357344362122584685518491173782814989331732943286878666
7341277094195061406784309559634661183009377235593155008408188204299
9011125362549515865879877793320160602302539963958208885785246406833
8930603148815511881851063392801380688294775533868576870062873818711
7550962023016789082957729937039481235532251177306514137747970534388
9379645194776233680444566103772824237746406531747191228550875257011
2485553034958425477551119231041741260896041764530473844861849598766
8824455494974223707962742522613785956150815270717355225140609247144
6628770765759232800006362366178185182014661299689732045067019387911
2233902801967928485764215175360503242804953741260170275740303053422
2716418639495786000064599523927669172889510347832507317813674423733
7276438574252177536186049961577845164056212512007571126869254391277
0548041741306290852654801964879811114373415755475499917082236619655
0715279722050896985205136490535547278448297207107814574514568460866
1115729565963175793886474842463316376564944811616192160462873702900
4040975367288613066251380909350984914309152013685940349903629793133
6440331259011869648801208786661412089289781050701755926315932894755
9333535558539615357374864732778846929005148375626964569271383010877
1929842282561144132628796930855435148219592948067080592226824590666
9598704980565202263218860004581338482133838010714011937050319998655
5891249460661314089799465045029166977232883060195184978556532435522
2347947617679257654458205266051679944760722705502604025380693054988
8610650921746556588887301788838412895999596591593227930457380841433
7898235779781221663915400107412133609571689636670057484589520547922
6161961736661796689247300318163307768429123981774002938069046482000
5059305672109704707235857627655971528668574058099115356058690572444
7224208349859427076514578043398793416795768137963620833903950832933
4495580595363760485462231136251679236438135424774841948043589332144
5988194213605792941674122615999836108550167244026493529026929476244
1342582563872303197435078616064617695101218541063220308171661124144
8867644033887297576584439522022196100737434541485089168713374426788
3595270561315212526207386933218305935658930621030492920953553814544

951160121464198439793903718964398693487841589092209093907042757821
905935709430767237024389005345312096700350896192224298816087686432
982939714882496041244651328082112489224188331444749268803634239182
966671662822415678183967524379665967458116991492813690145022797801
359769313865394554720684577771745913853617847926695371036950896377
227906128123654791570888690766768908193749340610368410673860054110
026278700874705947106586451439196980559706950556505015123393666589
057173313364476421307065675731991903938811893825307521088285951614
750680946883924574001113547027478698216862127432149766518830031960
333456223553442141736811700595766349367622329069184880323734519243
491246566532971823841739691986587133313412071051707368341724123447
237186724941510842704961554950379550152873822486053846067672039287
586862626169843822805601587578668309251223040159989753848922836009
598075215949025807471715773537480669005001534985359036976722971043
715921098469391204905426246339608550824918232865843934026293826856
371525962389474471783369996618020115478824991332365221595665340485
701123258277081886215013071577934600274395168927524355182396240839
150123473924668651002227673515415339817443806293681884318702195394
674578806838733045026699348204740930850952940088706951818632548354
824966260706650249956468194106470407122731100421544185549123163407
340196180907498723670338997499343924399165880651283667905641695736
521605028224488521757361133174294735635774830847833098492957430573
060450412840297114897365523337025293332859341544883137400581072624
246477515535611897734274294259684019406813333814161074909164044307
805277729770093827687366826928083628346772591003284128128935787611
886533037994391571099173130876841482981473167438924150708123330466
386665268851715228773495808650709021102713080114880705251086164181
615255674817104786219400105612800134647100048960081618136339861314
375953783573446347009738022397066733317884712174216623797833950508
494584056480430059112018417300502241962981137643255508625993667297
921212396833626254330792019745755537985778603339936113973147973585
880467482663190555031714751074082657545538452600524391171639479854
543854640477445274442320820115805894011041094538330920475598313012
780340587673381134517847042396208849358293399476294892749263076151
959475808635230500390635269755089737196321432027975808869585297731
621983594425668946663498655664182852784053071039460383705531953070
578143320616548372087637305421510498196398231622394615554016244819
227488988991548181616101412911142233274248071051202784972384904402
642968076980344031601013659880856422960754069569557133508005356595
188841456265319836545998149354703533396578804947612732090048553113
590869747145353689015718969841577548117779410760419019145652728884
040518827950849008264536013242915228888937975199955998596828893608
911271091030997306757062186597296734639843061928429550429210546691
609154182803517832368415521818655679634071112430643855154156248975
176397718812620984087360982992383637303027505941877062626357378481
368868368293339698892774446869696629499689660276916003698605968904
718417160001971841236265199793012787419139272279869802272459522940
152432208404817539812400825763713606703033447765411404274369962054
125145048270021051517411890882549260977472146205536677900755200879
989232346535925261273772769545671215444999501484526854325974087574
445023559503175888094678670624279504968122317381953193469955615100
420921536083260321530691857272259929860039539254734318064647706444
154409630859833209894281173897950682749552487066282732805364792474
107235461194594426537978749869795964322144950143520616632736083387
789574626900889609416213734426382002676575339103418924761056359888
170083539644955852192240769813052521731950132374196453428976165813
540733130263030285478022485192552078323237454832679632890712562747

524612292929641409424850290594741557599275124250850699663473537642
940738391820741909162541609728445916256144727217059082938576767130
454384335990826160862846719632875160286080403534720853621937494941
366551991508536892373512748507429481445196541693822917931530918037
820472872238945587726485845658358368883541761056472125564386401518
568769577988275174222434711115526234369721170763345046653272476633
423782119587911761578339722874708451279886599245183279164144598280
214437270189462668035792333751748064104993185218845506821183608 56
897563251181387504609424195574432639719843107892775247235667228839
552735523606622598788598539632877284454683694923676064844122735368
292191324554704074421666820674612656707964301200553515990474170854
616373362027038659522738064231262187406268909039981671086150219582
650064497781735731850521577151608476313142971006824824913916249289
255612638476738621823334522830285701381554374765057846569058839482
531341998139629573625019198571058084667923649110592908805506833821
771837094406269993826919706824470532005794540835186100366116156094
508242398650419987316238383574666454521887359026121934531604858339
212666377250620851905462362373373281142581664384249889798596679541
759200369130045370371962753606871830137648121274105614824487959863
510850054873490298447752975753493966553071505515441039093865374166
652159183354997382566893264526862082359621402396340971224268268700
253395582693224380599832426908453047814199149893110710157169474955
576352194587457686296301838990582420127878675579693472318503074461
060348391459879497794871139135462902548628222497438944743868266164
360683181248859872326879107661623053800860292158338144328453224074
623554187998881747238128535968382895006202252464635731610826636036
431485635531605049915414413088721541443317452537321065139611973306
948781391309687331861366696193940257200499308099995348219427655878
113235218778124571834239764680697306979340608138301890778537922762
154846640882312642981642123941745697135666153982555543529498172239
014522235919257419431464218266477688866772502171232941522897844616
291056628542007145388341678148913456674450692912906319135618469153
315855813507648754132185945574577015648665261674662085801070023556
816875810595967699890198547270641753128848749413907086642080806276
944501319670197033551810041719242513644274485219781537035777096179
780365547150100641818050275407358363121007584869042036045306374303
438876152382898355737285260279010965811358399008202510641500684886
037785145170399362693832261888230189959127100087907541662874832239
445228502391848679138156920568635432170416335863703532435303860313
824517889442520080485301480423264006520996296009664177693761308208
068702013088347209999166455805747029726506424859031007184698953106
901743228378475715367509849704348348205993122322475198548535455451
980842281450746416932517417116603293266776227819083489722751003080
897525205030246649351264612784890874118303858779985696639063450520
022123934526686579920442386148475724289010511432888381458370014867
822833301640727611403694136211573716998560584173544560803368889069
252435338105397159315045259209401288682676195785113132383976361566
212857648264097235668922065045948831798586410105643818698894289927
631481613114119783948514389640201616144702822217564827342006461530
161701567304518618437705212706257342258715062895985488617620522961
688656521583778424714947986648770706732481799084249744141303077278
122172757039389853107662656948276197633287446596045593501802123231
361682946910516536799613149656188142307979002819702075307204137744
966745306251107845657924638003827385686022458954061439361499404848
428696980648326210846438074333655839868808998847151429570101451205
496684289667486610186687651297313962832144102683416586035991143893
180762564434460927475028253732472243963582314418661898353373236916

808695029220481436237204812347239217482268429106661178494353167259
238504105377931104908157295800821890410996537405229404620198482059
471956546843007682203732839906146792078803130621080742887826745652
227951039753018549245010806671435652203409852097171275158839048613
112946667339640992434926471623122346056816004405457214628656625616
892869974683821633904331762863708095828508190969741762120740550851
100181533020817181367176854348727208917260674318103868754990964287
428041065285744478313994874978924434353732018837509779534604400528
119785269275442489632574162987942882550607639516510838711766467376
638752697508837939890328835740211229563543208743741416249491051576
822711741771193223294539197409213659086000047620243281888116116364
492871555990829981454358403717095653052756790061038582200502577422
429256977373229660938546733692944968154326056858234085073909150459
231508132267678106363250595862745514892282856540694522210563558028
622416764055769526032218335623963739880801424611875505460955509412
272002001667329078978000709638482831244629559654502212074332643657
186971345144689688892295108020016256807995121841316098330970217827
686024487144336131445923206014734974814869132077424597364339492007
308857482067224118479268240533045986927545897072131545841540477232
222083920803632412721763116289188164339403686931713558268000635173
209745052437830526334298205158572929372906514408225209314003833442
860094371776965082929411189712087370784093552754759466760770073958
299632583886106737450792618043306725140535211613376789603653857985
032218450837234572589397448244920328733860279920420127995062845861
769293493474864504649196863533839144956932935349913992245366418810
063103071095056877344542309645895436141863087624149444741986669834
771340530095779787207929146238962639088463929969063931016383363832
131953937930428049848759627949597793364835848003784161018633174149
813364342738798030257797021830886503641810622157102928202158718144
562664355191289239074644949104273596927665231146956658445818114476
377375235012859312659257607505565019843356775432091750690113587867
161954936552029139094377173320155808072273331910017793165196815422
808837057650759883759702175411773808713798533896289683026298162805
530110755775897853482385481298281050149628858871823221804888260182
746164487902917284184000293674697066526008628284388308813356335802
435105776352859335154443801010244994217478189655318847087378155223
644071454282954832131189537540818216074865979777622791023082336484
361723366029171933992616788286898005789119115696128611373040422299
624444564522881179747153663579146150494381217969991171955339291546
798588856908281911031471838112996786565145305967981319080042218270
900569304480748300834564251502360936375255638319351742703436292684
023477641389903904336235185135026393009596644489877604174378603817
234206079071437119444753952284355167788857090934059098426280075550
024872583065055751125935389631517182606584600128932682974216179130
811687821272103921757969833700705560047926599743236495254475598623
484474040961714756628827532509173759154603250809601144327041198731
596968007968936040759775018037409417146998188504662898263050340628
173028231979912553091836280779925113306555777258958054972193754768
545034660721841155705309674742472328699207294954176864890518966875
077362184297915115758515906698154334699735695187655323006157281995
740879843326878654838770370483886796963447104488103666255295862834
343848046267812214764251660197642270203629450879879092306899776262
202336341177118201539905017307149399611554840371522826857799838510
938400452826367576126056398439135294087394557427764849924141468582
429138579177562329540201682478667600210215138266641101300421780062
344321791952368617769613880500659250907025290015574994875260137231
942696283769173901232800260299278068310630273490101100314067077900

4579276982793136849451630895091829048302965001908928336498837214396
6180793208742328768068649099204449507359860528957211699519040408333
8984083563306643854128890071475438665670708501846953790032571643627
1571357347225105929586511098406845689715658254557256333555945765777
7476180201568378523640314978538098315662531858094257851058139046154
6524807271983290957729580553008835764393546571457913592767466432544
8384545582730913986167177799594349945503174771436597966834564542345
7823495302203379392308962273442866717466798655682537325145377430092
2372120275316938566597761078235980188630750756040836771274187145896
6983457027538487036030425842802127788310713511327727749920464830373
4048642790225836760077390083656159122196628426903636660298543235363
1799451470339639496138687167177630565460918856551844344516890334624
5846829124143175358657498912475955608960402921553939774464288772795
1622306124647793088265423574801071780915277401654871046826553570309
8981310831043094866753941511631676658281403700866865547643833977042
7571250447492214229690806227876085444048588139957127475613019026375
1507387831188514410053710314183163474336751174923205317682583915034
2354505860226305868702779243229691617545953440457447399711712119207
7899158121806247094415506947273514012345502046290677833781762141918
9014690880707981810067348593967972669348769652383220191082087313696
5799813776062143345608391307991994916188426151766201151633013365240
2686506039217254034345528675180825801046290582083646811073518337297
5196145612252537135677118878425199402354396224247751737334535338915
0726288232132196100844063151547998599521588884711599783751001062597
2439544429056478372428271127688613087297176674503877844706050498179
2632630112179328577963021341729058450693842312785744709828199036893
3332322524565878486499097175032022167285214998827754658306559015958
4351618555205489782673613579627957493305220111916108420802369961389
0043993283506634518164076838998792241323064158867250047986219148727
6091383655534567175784547455676041291332244609551483125353611287145
2107430436355478982136977200927930137261704890828039390999835574082
8980056130326328048784070258019085387730318818712730746136642050910
8749612419017691344997077457528363397832315611035648212470903595368
1610393841375688337715782793829413546239162705760560227177983532110
8182513441990267728610496870350607337208935530864008142659916508722
3597269462486048366658911303958507510474494726993926452646055226651
8924976453080721310935209623157608488311382603647916682468008414223
5887774104611556932270788793268743612837957576853818407467782098467
7627367244691118916546554304847971042152397792892067638966358963835
6641805894421474539622623175326557972526814663117697801299371109824
5340522927093300399629513714438319513505731788056663961042122577872
5280132528384833082997288182507498851831471768420564258524847512955
4534338676312935464407773405000721996838014052269594709199118955188
4053700772316581952105304731149144913758587914656238871946479845265
2848026896471317271515010401260230712122287922468881136328743346672
3782055811179420272164792256537042244877632969701292769131500425202
2598108009997988559023568904329023147853873872402094744838539417783
6794323325613093817720501734309796245324951033905554193731155678109
6005736046904087935062129874882405284974393964694658467774362370280
1414300304401661790116579760269790511369309091941300404399250566495
6242468380203405089480290002637622005786405521562274015538802800346
8955917543127621861314760525568998950949893238347287908253998423463
9757912004701170765647978008566264746119214932018152685676334858437
8214733117677538206424894580965820041347269571623703837207793565976
2005227802251822529632003253692765319844596583810375507928342527858
2591745643500626084344163112970195537547485185666661090821301768897
91760811867

4529452988157107661286021403190196538623956291513139154058784966307201942185802070548054644775476955678720896015971790736172414061141977276502529013859928135313797092560361206849838882151922518132179980933359782131751070483806021942235771089945917470518247086038195757880028161556161166585331628472637285890244233722087246293327028353174928410044347263041799008694169287372227838080288266378013920532928677292804236565912564514894549289320084006096841831783905934902376205000224339124261918283291801084770695741558673641192801283496458206833115754626233916641813906198852245734368306773983610104642316464133135532352273752664453382030040955103219288976104028788257165434018178388741015541294894921097507774609559771524786912881124482928425719746882048856549095615768512861059352678026561439383358592178867356600596530098536546206425434637910629888573898318354369679219264775780379760991519977631569730191138816967770383136174316445378545700731936052197001517354100766869601305437275881607049987789365017422246617438193269192862429301061984254163460485330613122444410053811904217052950210203949284993280229187520880003182408337953638642237831826693545467637857036064039922133069977838159195259555588878191552733115500131708794901667727284263034494974713565876728143942654920526300619080005910944956218545217579084841829846693841949558812074700106037683563441033205450016151657240720125298604958894707972183425970164384759848658280980869054903677261462021539863629416377179304762721831365968096850029180311410797043113811864184914158697584986602245464927651310287275862938670400213000595178163586440778748117806522568506530713507342458944602683462083458031339214535422338754448630386070872785027777750867762992022240271074324591340040289287209026586544735621084252719222866313141801122028687658119592727128351324215088164501912089966902197373677201815546709893992735421991162731652624506949920028485236634716192101353179446018193273960721248873981575039346181702082230279563933543167655527885029351632734594726579510401149973448237742065875730346360250516156139272689820660483210855423220840720240030913751582541746042105745596153391984589002739715743753802242641556777875930793480424536014455008046344124054408972659399663300799797259212922310941947078384204183075966255394324456096358954142256613673796928542371376474952633755697716260219922673491394272360917846761965872057597033676399659157563639934250587889437668301428916417573850338881007860021862503880088175428204767842725956719604840605712100796561649269169969392085577449942497756211414133324323795150936409664134080844752861415797124250850592580508106462051245722168848201979344115322991552482048598975130100755988479695867649524880279423231241980738873590666649649151139629244887105704564341997817437109316921664762069094056656347912220876673531620143957944457621663868466016550053394793158087747107647644547839610999272348900285145797974434466044051117604558617700843387605314800885367357021156503610454879928403753217591482018829939970865269064553815917395418408308262969421422960361926568803854599914531553195305193918345501858845493495578823746509856082129842400795180417637267312953711599532987137948096818664554688514436258350366624408525585930624414700201882122046421925917234593398961925790163177529238655519765624923716284656853893447270690882441102813258419107757550548159667543119569943978415163324068894070439266081121561861902530322071390646769773268368150661123769280024896835575713723112884258276892878231095678118996696977409489348724146614973972794941266107636940295823628303482422371763319971843239990398128493939858682724464605407169925940845181835718891094351264176846914779092252837837532395601947453490905510164233807811599663448262071415872381354203240493175757533707935096946

134828527465137714683420562623632197172961999170866638304381504998
872606717267657248389966739493478186405997311990052966003532994139
326485263280930082210836770501971287076699002478130085130527296684
406061016437823071913630704942204938341960095350999398713515879252
197394280615135656431340816156888490174782485783660680040392675996
290863093790311150672767194187688246283075188795068973905489798893
999883626631762238054216550097343843607589214242046806810224873073
877809478772352739016455743067898417558609780598011596558666081808
783531930027125973791335895789733400876344311886148697683788112151
087712667757231018332511139198516665079680964485325566384175831166
949388592161416674567555538237860442445571263339667721462244674158
690129562054565276810473636826097898649630056827907376919863156012
916142569306478100698919702022653867416260304963399712736676795742
895556631401488118461544582007593167883566826708991945569858024090
677654274445079856845354905475878108274277202197966003820209978659
519699449293354316949164917055441294482092967609251479903225889004
953954995722993018062179262112407110162209578552704888605381928423
608529570140657674221348313326026342177054373095357010890780730221
354982636285288782655869156856346625947313258519565913846892446244
583440227704967066534993872354752090977064881709000110639125571874
068247047136722570921712228672111917253220469145969221561229752437
455506882056173695494066627332526041370446290865446151044256007632
917948614510692258879443748157789125088591113417223303156749738192
086397220651352015828008698246876537375323344666978377328101114526
195995886665010821688159759495666029035275833214937286435874599676
476525820860555244733912117129797672981403798909728650697649203220
992792404020662929795608333348370973437110383136407411648476005069
852015674472277835899960842557884272473530611705160202186456818014
842377128587661659119901186881409516094024580682619905112961121275
457411927534638229399475349910748595614107959401047161296588915916
567992554444225077969298705769705847914304011825454535611172427337
139999943267212771932319339130006890262678523004204477598136728474
379012867170965176478255946009076012677038666595545097404684858912
713323990972933798358653508097267094853161645453079087157352995507
516924250275201254820633988339034478284894862532638437039404450543
436312024049568194850386290285693371915547792962898845325057659768
207643446294689814524433420558044994658582375053659570536224403818
429935935441506813507092057744497999051667690538020962176636560683
578158732037923102676052862595077654529057952721042041385246156860
576562821874755389025205785080074069337294298773746305792569937750
402685661586616804076154221619388979463853633831125958244187970971
954952240747959539519422976858251390076954836547899338635688061829
056793407651975802467421791025033221696437760044128207799049032330
812317611237997257214692833121847175212958011916642273935144376698
375199845306457873664077738069965291870312319459500416451412022582
697246981461488184628904987272836192381272041977916155713134479968
757570339354019325461289360256544031228921782203409543443883693546
040895445802479018084762970341979623021602945161124769165018600598
116417274382667307289529784092440165695776572555572957613024253354
790950676198191970142415166593574460395967361853255106100792443466
532944181807012147646030124862963997533347247459834339008685160467
240225216136263343752004066323425499308421418588260982094361574324
084564710825443101883090772625857025112104655164462007203915374647
393215292063379797098517074773038060536283898151196954606442017113
929566885311883280626433431701717020517026485281318412516343924730
717133554950605158671361101058050469783588061150722926127576939521
408030298283970431417265709132950829112534317694308075468655132922

242764990417404748134107636819495739774643796865183044465668398318
484194824417605986382138378235313730452285949831010176224943940539
018649427132324272489432022720850526670401611065492980272688629950
320140783550068178326612442947337934708704036933947444883640146301
430766548886919995190654063116647678194049730100375198570541672527
647023085919922739984234149334998390978640343907692242729337668926
604934944169471569715547059904217421925882575342592999565986426768
451410612384687880654457917717504027762823606330079437584074366948
131901830157091267666207989331700172020539549068640945149774097741
094373452109428596847172702340645067100714287458635586867823699633
907994488074376088353368203121137324451571040418642925879449637775
145772351175866088174938782675387764130377951906050406476302680647
426906879414474482693519539380970178496731946452891438922238632801
012183431411809807504797024389919357272570527060547047281474647446
208222454074714169406520696951676001055917701364897132278420170033
566432055511462217933132322217119327373477715778865837696990791171
131728353740193571986318244470476154481845770252344124845509681281
166649709060432274718336680981167836515700468018768170956889324184
407362310602566274757479697637472090635484029491734727487308120195
052709637583607462545479352954234171272681981339902641902576337361
165697385508744130241104699836432221001267728682180949890762368689
263384417518856262832129659941213751796989052092475199878946684512
057837358450431489084456881613840158803969872920098540862969471322
598632313171273219428914135494323359122937242309660154616499698557
962763275554577984454403223040904934659346663308857369596023285750
180268502120007127142076555657726407983020729194806512936021776113
609391135939353081217736284318944173962135545360500246138787960676
040805316930025093441825713421613614440119152289530653007779053972
003396628941794659641777983559253422287774656400034393526477351783
515933055719947159812125038017559547577745951520713908433610011537
904901507890705670881844574114508830512299700209969611309712189372
853308359428809904927007467960128096971829283941281989605213233610
705214431760149950199589535897183369078283138634236857956796563419
293049769815209974528878312145973684607567476636060039687917435421
385034895326295820544748769241330366118328689112778317546029127912
955676007418733225542908244759673043008045896634533781987536994863
350537722445159010541656658870698989013753888024327585151411858454
353652987491572718865356408268327225110147009098986271677224152877
689862267703698396995978281655794088825371837645374022181884118744
813382879471964454937570020723469625336015922182028081797260491282
924207267129800242376002246485008798898857231588422146946147491027
891554652123059424861027260471269813241493814990176735748960941182
680504771730131645894682345409075051861661015410701795541759759828
042293862715551077779967459122466163847477146011178964858677219186
104417530731906039973098127182191067244244194814711527834303920653
681221424655022693020656758812764754343855734742632815492770562660
066546711848765207267335654731669662177069833645835826830207766337
778647489587312552194785990526293246984363824685738723284277789839
925737597904038285297787397684663809624175477591483096429915528145
165803728244231957520927726582693230597524612450564355755914053401
429767508244334746624398583437614879389964144402514113002468869371
952157830448693443840734559086690946448138235353204219253479168899
801439178623237601755214594654274459179747606361665240186206188847
558648738058308937960029471475549016794959042815618428725158529398
298363206691979956738947880019958798034828312599253297599105020735
073626602542431051328629403495541763991094763294485429044481026891
525958952145732012266399103321680006863504862007357034858961061790

277660718167706817936631804538237919125956198438857609518028943215
796521205657611093989915496884031377549393540856953449908009012703
840172626180182046673795994682954369719423257922064747097589525107
002037741719426389346496757154272504046938718835727756344487694459
508498638877616835505884970028685726928054212917958581319142283803
871372827552868306454333148688092151697237876013755279811045966988
291777962410970709137037883930450645012459886785895788637091048216
529811520583322780817799156082638433465541976031504888419198608484
062649003995878169329427061962297453127136532694441514636256973427
524160873440269797879002146362696262012037753388367754969157208241
546392424135057574943231795379554632385241993089406051134109851878
055884092735591167161670187118155350582366098569193922700064682288
358994486575226714800463165675219420196618307034521639282318251127
783428328954142472172600810147875803021229475153440371272332167086
572434181080477957841442651899778860114020271232948237623382689209
641111630110322175485080943353504340776283415930030005339134180446
423526240038073951095137011158509534732482237438035089352893521658
778097600325712128354195312255082041269876035418900771365110860471
819410808843111074253639171389881359753193233465157986477504684575
869893919631188241144154303570400082640126777953841106665096407904
987522171722641564904349596267065632899045783760113685132624683460
213484557564626077735218836021662216832732675246600907786809348433
879198156466120824848678050644296958460210293045372463348760259962
242700993707358710745996846332376105029378740807906736268831432224
002634254183494649749433787642510786294049435597088950968013376240
248190955811349132979136137997670206146980435014907067331506378762
402066239070271832790480285148295606115474069599725619492966830210
211930502506226826388089654062984556197933891284197588113582007257
435616857677236659365775185363740768701008248672732582705594735875
949915271835476599156303913785716729854404027517173882658738499177
463098812776933411133364070227666786105071688504509241776817981250
769109509091441158337030312240850672305458124543727125939201379371
298950497688964104658348507481945401185770235917246901296651148215
007434229928281222799787375669920071296284554728348592496576820307
884679506470219473098014949774430994977910414662850090667009042196
029866331103011001113278230180588984555896639346087537285190743600
228423038962151716195641806562700099995601348969285573932626572516
364002040799847141233603888674683408729576146976265971507573970514
521674038808385420153198494093562083494180844821651843907186454857
935411988652622403271917749385275782250382269359705400549454563248
668816693702136705498488652755267963759254295311527394338996216801
552906883513703290248458258150712763600548356859654294106517041963
038966990987130227585345904165117509748613302711360435317037171841
680987314181958503156487077214947885462800392627751845665043091260
341422184230421013314028569150289035417750909654228140833298247325
956328247018868131890697734122400982457204778102124425786794196217
970824549471516573880791213055942557982936591018592952145889198973
641057489089488774613063868425977564232526863463439677983839121192
848155904632572684429806903801848937387866267760146675569302143175
290992680576999578973176289166009235193383288594182243444483733745
857062267504976827361392921256590388559093917896293628679219569856
722077114516768711517036384009901803018928779566852973917705416096
145306993759159622783391711279810129843002774890935874894539811735
338157684613950841856380458329867284936286928780127547239866389241
352820450578035388536484709732754492568009427559651602910345775124
513594193215268950901454459524169611369806470811023153333882766622
987028410072488660528760375404302185784296422316353133503406804027

844414752008268900378635478415653636895673116883950433545631780101
661551036438448861498271395607957291390579008646612982441522813477
864422645334901586371744886261087774283733758627720819683069638318
058811078938957283767783011869997008943365606245718983815017674655
124808934944770008373453061948200224387252360495475711739466291361
825244605762600948866902565813293113506744377932320250380205435018
529949807781052599853044887550724931255065100388571908248547838993
266028603373935687364455746756966011919160143880775298766439451357
947607144709888932776605307411631153013911049232821931105880973670
474323440589088285640026797594353464274210784149061540929624083387
910815657899094988157126902366200432802152895896157752220606214579
882840491823383657351254312693680379872686847552369200777721381179
649240036159023457700349411534068335573824873913135391914758158527
625413375899842036188795513807317346224477123585367279053008355143
691747085161009147544822406092245575761039860966356788289455003336
043337208465567251648946232727869309895094558630983011437878258832
122990671329181939765220257245584008140241309321334209506896941907
787020261535758021821051232908135283195091572599255500671987968751
463023457131529536331288669612988751046150859356338391507026224045
056795116886946051109466276723760723750528845553323504747748998015
828804575300504609169021596452383038262921063032258517321567528089
135848835485487124126532742471657522015793560433819846488377660552
702655267847083560102435686088326611788097703136061377909360911308
723407720961810239015785329203547127196910567479470441464331213143
956096751662611289444050366388193402864204850380728609879198298048
731334990048455219406573465415553780146623057839211851143279665124
261860447837066569424651096974621110662557267176417196320000606794
615444473830095878493631232523528518998571980916000681419191861683
890151812480464347190128400070704117380054024841599367102849240755
930396348724030137535199115751180444162615222008808978968333324522
000440429731261225161765569424603020753595893240208528924924352707
396565138857291831649476344881044603214390876483265516729876219997
368370945854939343383325884620594015729844642978627786282332906904
492327659329244991240461338339690152475856010196827612372034305510
897923175286777387820132668450988071802682039220280484921574342425
680467306971771218734560857152035670621700838936982753619171973710
794073999060368395206127922854971386002256544673985627696756447769
925630094957092701311919298249557757637508594236914490683476345460
439443713186795630258838268179289757907386757743819735208131268068
528419443653155109713356812574828346979017890143182775261808833136
399736028295990100005197243770152558648191061236176764114583236934
795506473752503406099278972307195082778497001196031316247555100872
885217381291856087677478561960638935124092507858062866821553712362
464896932592034892191306713471710997703373628959597835095325235982
712896491987110448156130108291858127392922110179269486428196832862
469292108464389599692881655076958228987337238615783294284880756219
323095740630838089146283641381169292290832336756904067876535761639
617542666459380243601974719954034836508568871288552924293518679946
556844513208663020748995316987888798390898954565467592320605819226
177883766122253354733863709677295930239911805566228092649500449877
527733462521733263893894949146540382124321807361584536114046021555
2597536672022239198810502846810737704377232931215975362275051572387
645294363483879135289887879058215501111042335845183102276113343358
047897141497715251577898482989361644918289793177903264672287494186
754532691836408798282666191059531425286630926707017324059507062273
866705792873388271849518797606853228061480881864659328799427797461
245295409526712496904410461310739091921123969406835184469699304716

866174240505192229767529852966848673483681162576635255457522440318
439224623325561652251410423592327320188833636089013605047263374962
058237061848468952998652674663630219587161369367867248353561099403
738139969890044051538895903910328279457281511397587762747445318429
305366136379516981727460520885464692320417591143500135039507534848
961569249509002075560557543841702901460781818699249239391194382411
002570518213882300980354585878116400455303112771792666147437748373
662374602020735384034823096876778936230561678938067317856631371635
387047158740172890527249125208271689304373982296588377632265870582
768134735329947863858277438165477936098561315677934180002014758042
455937737830360395631349135763401350303484073992757865953439127551
602075308652365385274503788859712486671650039877419265374145011160
495071001864930153582757306955302684228758483403210477930534852209
549079257356397702757373204550799101581843679809773130351644989780
684770092412465890171794998639015234524231446407331462397045474526
050430187421299438212570644915073546929709320638029037759118818739
015791038279468492628606493557705792753569998447487845448455800506
346031019432771827220312508097750299519197688024658963981141533713
506843610011310996298251092340076886268173814285820414110607895701
149506894308627965260288795353976116845807304352996562712209219685
525228849169734490752782340903793436643175688240831929497835431473
144939914844944463428965717965533285040094675939963594990733864266
562187481072632478724304062904946792025384859153980266086302820683
710681925863675616167488300314934301281052995998880618862997236896
416520456806077951010091774657308145469192581327312967302559205871
656588042033913153974415917287194875701426222147192789110660275076
128944273224291366994665927065725104193631023859817549079869943892
438890089393463412138281362194718079811145030002043390157920439312
553995192226090889997125630923302714291250144039818705004202596087
808708135868664901772444736952194467034906502238409693051825939968
039421038583216016400769477891924212148954359374400999379643728561
303628943116743708946744737971676182086415931683561842400484542707
621856066439597880214216431665190096072817460641376846555288918618
196034882585207484555661908969318905511599162690872569882176388463
745955064737773914158066740766500977834149348421618440383883109376
015393889363106315487134597252904837036883415016860751585799025411
531953560707703814971227446960968940953052600980817492700921933267
421388744897485958260981627811239347933827705619740666378971366211
011150620641783273090943864210443410015684879462446967599935247049
308499270573111248239759233598986452827704154827762908516503796081
505783509823027587421577959779004592060888004354874347352982814703
676657845392604783416704594176917489468082537728362160668568691135
194523833890891891110912798514587414076502852590672091111527992591
421284355439757589985220717590994624144692846326862634021582660249
829211586948010765766605491619087786452758667194236834434314341938
123350021289777131425000529224971673107771001716851188822998892084
729467521062242455347160799120832204726268215968866450816735096164
393399244775114623696703082302094264625367491347034074245876652408
826191033625198046411371161227393497964475670145458128842701067719
626329369178482286279120561849828090900732388615464457885782858409
709604774411265916188951776629166252716872171876251651363170897961
764648430969865502038327499036901395661677245334777359428410507910
768933523879355498187846781230812595819765132635425639402346170289
036070816642417750144015178987133940719540680368401437775382302327
416865127331446717927706754152593737093421319759704093148149199488
987228678226746965193156630529145957136183974955247480194339279493
656351149799084354265713102019714434595201177875945803750787462518

049950522139898147845950331786257848999775100918367587992192282605
503802850781001785441580731247007138124481319901891828791517297480
631535418402724973198667605030469892140012207784918654167062889461
437398736216971466574033954035465704207132586866333627928321215614
881054507326446439898380024170684921991297480094285081669435649295
783434412365261698482303194094863341021660698828462310983387014189
280782073748320543074954164289632481395094558993370449182618664265
415081900582707235884189828099801915103517706388164396642793470437
736480269578536810367986653193903768776582660850368718103572836664
336505771722786667287930908099722192218881367130934805010525726415
738134064117816210480678714302389166811566310728760536945753778478
065058502995269117032333037167196011235234440747526812892835586828
684026325716056974500194444951701806618108190644105455246621997460
551083766582885812981445152674903802269567811500703052376160976160
751647435839334104077980557722934775991343313672159786610550734227
837116776183199485930275857261397058658470986866795339609462918867
805571711368786100785500743881857106412692050966991492894227497425
451085029268848939544748228630674993942734032486837449145564735830
378788605984756918370045423301286627585792709510678969053335973429
361420032882467148804583531441386307976265974048930871107688512323
078607934245122017154558018416921640760895771328756451994313802327
207500512875563762033975330060539152081158801054294431785558933982
463564583104692415828661178849010046341407609499821446541460392837
510247350589440734919649540370272245345722012446368700313848339842
309183240249015795186593378599282947015985795919685983868598194490
544129809748419955368963699635471720618181358552592623299539916937
591709242861366421855846766772062305444148858262537053208245437448
229030278027065751038001710881783281865145986558325871955464585253
419757769782177292361207133364124028163497001437315008855271291758
919608289738898020217608210487754500133361319171319762085641491481
379640663040654035429084875144609304542879788815724796980056566079
959438836482028316033894667904451136553073142332760578710820792676
043953535466422536781850268292288474386393039583740097385870142651
086344620470517584760549904572725750315085058585681974684292904170
671661413318850438469807973560177710481176836641077939679436202684
819117731482408997692555128826314527801264381391375696394891108464
799849976779062995454495157317870080407124802833371117026427230154
423913602066185340630711308281520749753719314684009710622503719592
163865824282289408364927262824559605155252350591207841467076056758
736733618941117427616791555301719943675684792853267322657804559329
786442566694443389254568991712253772984042896325472825553367989035
077223103164222255936866224029328970790077496213095713496292896492
938787597564476663310010012085380491365778048694771004653842197087
555332495654302279840491862319679062531769931473584528027778205886
769223247796532393559859917992633825686079312971530659553948783277
738880713698149746405066251751431410646697548078882506210803693030
149523602476687170177830459449398213546668120189155589510932377910
663974321717152861012900733351801133111413566846800791039962245315
059620716207040285515702614335810300780277816502377517200967856240
169078815127492674101606302319578673330966741953326317915486900877
212517307235789809252253022563226541902339914103803099343538458027
068033444271651927725823425369059249275644499599318933730202415613
392172868821116886256585270998729060165657108807389487583616952170
620956326824609039961837889787201822687023785356834418100121493461
723067675286359901128088910089647377924597956882500739850238077509
591298155530669248953573727641323856684678177814057638772348760403
251294676471359436659413455310631406958562634633689731065163807435

534312610069096745376501440519811834923531887194079939990955389289
577987504772778032708466093615488559657996970259562328028461747441
648263204872412829894947810298822837746185618582323346671858688349
581842191943883222041292566218213616277944900410223801402421658236
604363913231229544346569498272220679082328807024151373524162312274
775730325612470426854433853224701279777859978351819954302148759477
816076188527083820208483499747127552820257969469966553819395937982
896137784430079530185400369661661157628681207957971615356066202735
762672471209934826291145872585661003020261654600684814387146083727
979259614599323921101703973376987349543904745166541954737744116188
091670072852497347235348009245947369144102322834363438410372077100
134620579466406707530982408555035768869970078481436755104015453365
221491888383202132791737495225085910409412646261587266461619176963
173314166337444938488514859513586790187007958173647585040709656344
453006310865134015456864546098577937682284642303310173279927121446
955531396650548172764019726579062195388132535096325094744598989108
785901696922581986048732516163148722533208681152503877839030921096
397314087014632627748736199925160369035164018132286384101577891383
454820869539491141654192122441037258823537352832966225404053959955
125418804695534701692796581808422169114677949577090318147199522420
048905885593746441615349093468210952738190692493401258540162129838
882360671129904727853825109322126760086356788729911106064744385406
313070269157932911471683574893086073417620348424225579743251001003
864368816055246682773280148166978734963320996341723779237883035166
054871671792874001119144726245671247002497622458224027397707027023
503237712416913149130844802726400994497259572092359302306992730005
224907365141977781182720305259060505366479310184870828397624359765
410245471902129646244072187868542913071991156022134359810926127809
924492988353214211516880443052422313351720366875910920612181715721
501323049150385243127601602678071027790598783630284909951332333256
554242832331269708260482841091164629355307970134715999285642688988
970076744233464896500451148248944884381190520316202395612515508011
429345593840225890445235491606770575264177519736090440204483367881
891568970277893660449983167550333460997434539066796812379833136398
445862204918269859801850628083650581758563282867239702164703792611
575436878345664046590607888585936157260733764794736283941894928357
605048336449401134986549120821004813255068375628197025686969954918
762197639720450279004466756395119376131560064544864855250749799420
850028954444995335745046836622766872082483164135994803070601611822
309156175259528490028995293428737617351026742418815937159948909697
922257721440139091272246178883874360805196751530314791141433573207
365859049304277337984471291954446454304400959751830974182337618633
781152912801517866360090164769745449589573231467955499389337513949
564362601454959264673734721602188531326544686008853720772213452751
031059526253071110235537885691649959116922083888770780517354383985
678670150963780888686475757669825323540442454284008826874777032853
826199762542581992934205912179778082778705118584523089729856387686
511275072763410035994146601222794895749559203609946037804848385525
959910817123628274420401784980211031762787788750303630226361609766
675801060395554799787456998157973342339974244475884531393345366459
175525813475504634426716109489081799689592267046440216917680510059
071844735263123541644248647774387877651738534789750140252040693299
113532556148136043532968312928991295356152904027591317677341277704
636530852213257548630793354788299638340699937151542249438088240647
332631233504613882159479516917592545098480979110892331137789539664
074608345730097651170607524143628834660918003849063569268532964005
516535997857913060664047455719084866250414627633572044250876603320

7641200276837147202583957757254830817635228170657759415327083266625
5391096897305850456225936898498975622702158265265280620025184416648
9819196909558212078989726717646133800839566487722019320463671881 72
3954704930209279866104118469570486847004963864125953067376666038 94
2176189387542375224018745815972284425229079773722925510180886739 90
8398854921449138635625388637891615918884240512998193651713692591 69
5779199884949414977115194315755826307059948575863534749639756855 97
0386267805400720089745025270519397969812529688311916459045209756 30
5283373094860238329627213225690073767533911168294719812770574262 43
7522137582503200873637532046450005738917934659235577083622041452 85
0139079464067246673601827537985447814076921256085694481054166195 67
5264750745239025451705310940662636682474575734607040652757535777 43
2010239133411381357750332256114390097609946952139817702841461088 41
3608565918393299393135808195270706927092760772171777909876385463 44
6024051690499497747577482873009339789406414736945719850482990513 48
4286707099150933044579663919535589147801094434509827017367724097 90
4948059288384657526908214068409367522488842466125605269509780101 26
0577282287359937984997704573176117586941984674742904864012319967 44
6222686363326007641107029348897236012621498459684160318742453158 43
5205489185904535694196446063337988493153116954758361115749766774 07
0315448057897817050457319225881549431143902579345049989550037270 42
3618264568041589970013697709364618431829666069073135476364512034 68
0880448544639479881054680984967013179549428668138827658444650585 17
9771236814267458547557138229072663460316438137501465429194535993 43
6082062827907253188657517973424574661225027443019092242962776936 65
3158716809444242786249840749466556352680450276843578211362734069 43
5616425153792322466645823710793214590444611109221070397604565101 01
2869760593556579799723039393868396179918986917991593869470863242 41
6010161030988737854395677314829723489659476714272134128400437621 06
6020055056620233395195755864512830241771428237157769328767978452 27
5710423728172468445461622447270366618640546724925014467120456547 83
5726921447053879805427443650665491900369785230070372006141837257 11
3091116810217228672125895948574600435329503311469579656490062446 22
6953912511252868037826375208346201091939205299406735316501758378 26
3276410048994464890719508214784102083666996441555489973118544459 53
1232788198843519364669075619174436387489862636276503027206860925 18
8097236088479380162529503922552102831859111952095216030879709230 63
1824304905136125178526678309896484076261871121193856452332588015 63
5845663256815365974140063516653852783302799332761818731642928434 36
6351615663255280877405476696700018814831299264949756061744994556 04
8405651692066062944190747116474057556195518345387406404646634465 23
3320351037784476758856666609017287520982244711564504556724311091 95
7346662677919503511119124849140645554352577254965663926785221917 62
3854753819710831983228483946922294953737493172577554258096479498 58
9102686359453576135514660375139149684512296745547842471779306074 99
9924871503917371133105984182400457742575917866712195051742896119 67
3898889045793126077836316129782569411368450788843444978664044958 95
7817797753763317503868656921432845659076387703508545492288177459 21
3464479036409671937884800156599085262761750977394016437406423215 37
8834130050262017131975912486458792300685002533813548915131998471 09
3397988436544604827289154971076037317445126097171706215491523093 55
8078456283921799509366499044096091569942149387112429146631205469 13
2238606335268740464186976497513460031842898257475120258445983103 98
2014060948468707691618383086238789106146824197283200526150385110 68
1990583517695632365696941423626101521553817250369391988202927136 85
4440106294367264512033344244808295285077865022358866847987292336 33
4526758265461364764488099277633165502130074494529895433961752661 17

490169121300581095542449122673852851223438369598397804839752464510
120588267428306399960890765573443634480149048829835718981640964510
119289853987608822969226435420824456841236875233258977838524384542
275920567609260795846727938663976401333752981741038008397136698750
179251888900509616272530290638512244815629473486671807921675743950
233541879714637034135950706887960310150164644742239232867292371725
653842901470659068867294069484254271590520534093390143210813138545
825970434858093148550633941870543754820191702268823175109013294136
171877005809113345796164220301259802204310738296686490703750445386
844284408790945807138389620954492075996155366557130684404695271299
487830971345078827572484489989734970396224651104987770041793712631
986655042482645042713229161230932461641353303916768945148358569270
216603190656899930352729669425409329858504714285408386710889273443
108736345700269111924324963772982294009440207520246620664473839172
044257548340145394080354627340999096406907207562290737468413119858
657879885591425214708035178496735893693353500754467232461312525826
870463756343964639059479070392896125976486670569071815846029936042
856641652378271137607745621090317980865717319993431281796912942962
045569520124331544608359576565078324467211258500776099689071429906
214637225018370319985169220050813910205378983915622992500646873567
979540662782950224745926656176868862932116256560500845429455903291
737200982085881735374687831820644702268612764976090634339415664902
642621944959997262787988742068653774840012402712025274733443616681
302272047545870270464098643467573641494455604018046902564908532516
727167095127900523934217027430328861413233096169647556020183862159
978723609621227570421099687370007122579942951869630041295418877962
872409327846179804864790769989057773388605583824911422831637486928
785381481431462242839849623378557735086051101050926129323099492474
189267513161881862075325740386848069649046982799912216113866566382
032601913596840251564924790644398333003180789523696165184056141033
843479937617818210047435190907065480640320569117166432209921547124
046169424710431522220510488536638270472083522207228179230772437862
146298606683003944318403189711959387588071981150483977508624928452
053766099357035113846959784295954406485751505062084971228123360639
541480452318303759039230419312935804702532239639115127937593601514
087053514606298995194074575535488686198226932469553821021947202124
884904426365539530539435330040506133599683201666987947720795258669
143318990921186522605849608814962683654672349840481438109431985740
368377466370936580637339294587946644516826114833345980894813230142
344973630008177003029015416740179574436162018422076053577654231628
456427644093755689715537872869598722457407255862889162754227400139
392489093720555456160784241539561883999055824797402970741478814357
270791492210435577454609349005737681596828196801977159064579660575
494254181445329924798199665711964551885655656812151334909804658037
684761826601373717568372741306170464438082924391653713296382616530
723106068233388999951025530732744120942699413792011010466320874971
541058744582611599590687724094286978759462694298805477860776458005
229407570308406385160436059312555658553312311655463865541030072699
344773118169078662801195532248099561712788155639351901256077112884
694732263635778302596564232697384744696747938171918349844120102842
351921959479411888645207796023134306321717435406924886237588135079
501301954212568538960669312542793294445046041439975110593068307589
866631208970917867381443106267328572913524733573733413996498162256
056419741787984415602133012302960042148911478485752643862518142961
913689838222749415586395787408237809038341408792976445118888023372
009886401223617417643050637038107692783411890172940132946238563930
8531532244422276881857172889388516865007590484415709736636539394113

814143300708417983117234397432128982693088281790845460835227616883
923670670181937790638751868898267898592612248770725537077468090917
381219556815424678175824986359084577528221087337094710053447043162
645326509875418704826040850494328944967115115564045037599221831531
506218941768079740040267805916373594923058021891056162459013019130
734230922011877489054176347523478720509575083012458009760894490201
422832151708178638297151787541023277937785407268363951803722727399
072461328116672620238536295804476874489455893556129416678771151444
595215072801124528978389892439805792611339511716337272476322035561
341376655493609107607754288639415375091128355095389101756992734810
580205244749886065694140688059815714553496102116404129920711915738
223964968790061577179595751167559084819296904355934449028936964861
900866118483640844547092298808201869643501024165892806728934618921
288399805886754723382266287467489827600721396917908199418072364514
382989430173553032251147891184679935694376925654535114088246264417
878175405852046275209119455171507153223229003178378639299726457950
413622430738874742958842038653796300887828497491015367140448727060
522398327465443452935652807696047722150302406032996082014428740664
630902436955822017514819021276959194854806500251596627667211562658
270387072145811474469794369850676576882350350632790855260275245784
521393118971219595602227780105217056312396344461127002125867235737
090090246740694925766696530479737142762657053595744879087619929979
754915470956745686626669331781602694992456378613345040128648268256
454678144257343138486006682679767270827808689640327625941678840571
459411480462916488128520010261056198452785431676734301941800287392
809461519481854686631099079515044881336501254612214135427912283913
036947262589780027331680030312219807922272339302333969902493238136
301781213601131368310388677339001225252410376288392001146874739783
019681516234484584417084711540563067122150252400600956684502099654
423577855478800658445306335458651974851727110468692370821037423834
451621446359164268326469767485119161178393419514216263434572806939
369671644034523111798133136747255810302330033564709193131184154932
715418721453955008962151995577648095322472817056846283525646275430
576200001721499028964513843833117116585841776451061858250821047245
469890855260571543347364077660598021844622302303576492869835354772
286691167255092926423495359112977808670676400914176047251101842295
428946972427193139578251117713736466128861099385961544636685556640
632424096551152712448740813863395840329068301663750515937889447003
244679444205006232380567807586140516179491567587848547537980361332
045886720131374684222777393383010159278738266403520793857372733187
872211600697886849105688767373546820717934420516918691207339060230
403595314402484827552498849668639056151812913549133306891980509583
195474524347688558773831041434453993397826437905600793257790326877
238933597040892906379862359132688276912048235322685331113094927661
454578911147071816782987954873977966493933404999580445111442637878
055006181201942856580115116049659751470936084824478407151016568819
151547630853708991777495003154677919940554302384555684329587122807
033930365508052035902690222574326941773378330207785088164599774998
435514703041899310927886362855595498666452151460832243270293986535
471171461120978644646443256180023520004864169280901251955587967777
071201415854032429272796513998214262542785238361824897440083764657
199183395660336509497078523288974588149334773099486397383182019324
468791919227598192870591900590754067357185234811868346434778505415
782822449079858408700586120528447163358777233043808270913739688950
568455535232618221110237312713688142058398385474704900053609386576
177773048783078559721753881861727200525683687300867217691544126287
754950323922211648722178615226209112425923774670550161255823546154

4208744584214964776025595727402918471645315888525882788428685588894
9650842703942989935442747557848840925342436759646126543810920255562
998205154148019374700480357966774587410088413181187258238578544848
881668277133032050914804990270633866946909935124879227100509277461
414952914626105176485990692992381759902441618794970235657180951442
585499576517929621056744600221413367375480798603596959468569833797
726728528759250604441846435778240362377667029872832370604527442555
068151809555888683589147533045701169217308190413682196197924446042
649934384845273237461911371108244643350169480155025328418462873349
226613456894413900247066335547078814160548567966865643266981303178
362164646588208300503644548129228849644616410125023757682821894551
184580595732090939462064867750938024379128960180082794047481742206
332791471284209513701056194327176292868579090949321805556897906628
628915473754867319869373846641958561889977082799001692464942519034
737770398863014920111835283723279199650777155816340617619698407222
318678270123540349943842916855650515174383773539203225611599297568
796557485637139984984188981872386344774773551501353507919108180826
989536012524782547043214097784693232943801472551258437608609981460
219969863154847357629208099670223123077999976689261493709481313117
612672502902025112501769538583175793324823747587160195989309689954
294571523802778922356850487641824139102326914916557444484512460830
514578741750738717674417355110130764553789788752222185205861330107
591272012841581609901291829118566671573929980929179914916100046603
332922577608675656663596534181854225605988431844272181094231810906
310605967733278403950596066977210277736141182720643429853844246587
728471851788363375281932542583005499614614837350414191861619862910
670638791195176205055641054814853078236437201653999652095042389041
167497643602902434195676224468514208945656803232777781828040235317
172716161384745264342561703004038807168888842147579572813241630693
977190486932101774849343952208897797746064132160659123542873066349
856495138429915119375415682688046403440740031916487524228128990849
604910887524818976629544394637536219830608530266297677622972823708
841064030679839570455079864255624132956970690312606937272270497385
849063548119466535336602643153554561276200224543650140928707010384
502494229968246989481931106380584896383496684231546895857394178100
478027431024343617063937322667141404764505532068525452777271337995
989719129335109533521837623781448282123898331839226954036294419444
779393386294782085653916027686547422160219745416250347948657330874
869636214605079665721155856826471256401983236872218016273702740854
612331531487465319393626134387278498409826789986196912202669754590
120334748717152720342378485320199773941089399183239935343608383194
483504071701605001971940795569291694412482684602905546024805566374
925676902358565496305630549909473833868200225327275101476538201571
896891764386176038466914712705020901016679314353889817992613894958
205684315254271733398458496778421955422849693775382141987539836280
415138532709515070677831761849268674924518788782565238807875593398
741899239410646608428415951768002918996744604562347684174628436149
052409961460913299078250776717299487379930049706095219029159187881
565502948692499482638863968238495608685005799920812591698095762500
632522742977572235324464631299191602952782838780863743794848781600
798669184494495203389091181996840014360193709330547221904717861619
952110929112791700197667202021639669184222413495352640541503434784
937300948107500099230370915388201550820033012007604036740047502823
812172353310546983710100965755488116614281741971422411114653964940
881068713531679967489742793722635135810389988254516055367251021364
169290032107312234300723995569142252464301262735666817822859016903
399525588647085175428439793423274925339989258403923207983599325215

7435842523037436661389938632000800645747508807093799846274709665708094369299361070027345381568480143981800226497961654983924247214953855166490613388699479448764070625660160551717891131051578981248406744154043863432180804960357763693369650750249675465965351715008599750764000455954263701196268335042396940932473254073217465365771218978633545568241703910378182426567244157818438494538256203497811749471046589508232140820478205399922170830963792471914357052689273788296301720459841639676597939924684512021673155759406108501108401501493958481324314326483170638352293389835732862962500645396532323409016634553497614539777543545510180022729878166610572423124306235039912669272559398387044682244056902175272089059731403171949939375760651704430817843584689023226409067025582563156527103991987874499600566965311694201789033319307912876404500245292607775735544830851499121604626040796635700429294141521078517939512489293113108723403687549333211997169415582242253234526991651484270807496498243209108709130271922073605282398890333776482440248216436744892838932717872463012952137775840656766503422548447952734389296263521706924829572233723726052121486755901243751068863616862068481075325255190808700823937566799300052564004105686873213457742011004302127479640462677207960288680754533284461163963670296167636106120956409159039226759772561277082336910179793240276009477905049390594990355097623285524569201492338038955511453694537989642439077531543866107961725493579716448034461266623538041455573676426251445905719258022229306403304943177399110774599480518484341690301247105284001145301170159264176031004668798434006763661357541593810739490233845959978566490063310019258076179659274890217308818654512491561008456492191733984184936400789242534005288512740978260728184499362334439677783416430328617074655574470958871066122859798438328988827786089949825934445706255208466693362073645613299517534649909660709934312563597490296567184680351887876443719273432284967575348743806058683938732087107123411960330893060235219350237964753015141593728621182295259067018575855904869810336131061953704410772086023300066943559822989972003894205071241309633012473989889865016134460416369764129918551398564133480244010903820420980509818816370765602535422885206425047489586808991794668611719325033248230241059805584766380455213789323057235020097155747602593772076776087468148213452253163020878882398535566840846201887763338893823940059693823475558119660440536601708515543140928633570921594481160175329658341333471773027110597090517811589017086602990160512479450702430123230670262179701141510682002268139997507258321303561667949126100542012864532298006726890009482097075854102198848885295459601974730636132842969855385226523816130889665914509124886813125953536296057660319750429504118843939724705360578947986283171400396848076421190941427568120273245423319593111952395056290622611009964398948381646448745866830754857785328740819937572748521974137180942967777411722239364135603321190933440755678783811304519984514862898000608483869420621852719280187780424866808029951289703473294463170946003859512545338683557968905846517230067044888968406108630406121351552038742139284496202225754658582086698640604986554258859081455309948434938427338421786450513985427397429095857008561462561834952700228141732536765397946912752974701317006383541596544634244968352635059485344744721078056107810829649426478810025979318775639239043291785327634203752297565752743408295084547947015245260899313885783123911751269225566757288513340439769625403931174933713994495293568010603796944595685975249877267348079073267618245233552121621496802344929254288655145733756557659455570923953342814246290317278154039983415564198377180189821124760855955518999506207300714034520815503329814975070244267726436033873753973148431374070926654492

295204231990073459463931199653505680733298148658411091994439462723
284536771128484736224606331360285910596352371938716345986963644390
685405322319315241354693248757673046338170302944798352260205181494
445850496120326909233752716235513352623432072194300935881503393598
974493352695787457278314039670396910017073414932531022063263016925
237018012024422688492909819555117195612083815501448583657166510269
086648717323819014860992469913154608200199270504730568876141893298
108310235264828108102485450220875722128344134379484999727920258354
341720442598469327409141782143949280179974565987369828742826826748
442121371546823275112853416523703165307043258283372112371376096959
399375495362232222197465961933252907404248760251381952426973910175
637197534300447961782504311533150675825627353434762525391425152757
047878437678852418719663462419927008025761083927497622636549001865
320645499515580290839851327262732196728478302538522190479278689389
538780368699318846603104363352437327154699898811186443670114028426
202615047388235899747281493343257065474637022451887289061255030273
791902640396577417606898976983456646470520471635921448307099584306
471727507633718020714597445652514188505037163773818902969685284409
258193174410055576089850292327101600898257223817394543698529654769
490187384046465643730713195901140761317428220388331360297085261451
234907307147624534050245423763666685575740120604059886955630114415
443141696986074032207886003132790553917869674163555240250767653085
632242737847149746037784064609346812991871902892759763070159840887
781745192690147691030030234979458511000180886606216286801110915116
104098327308808995433755118718317378655877648735885449036687907416
918253831330636233820582015488544982788382174243758054923815972964
061963105821516709190326318730933813850113091332770930342511221097
215505610491387050426219805260247611607505971037943664771529353491
718612506611636738330499564878779365697911293195878277774060107533
372432790009732407256070388800871137309659634457096041175089444791
191621745516970964844762046174128154536128422601551301589525862806
957063924443547802390516861338549861926656762276035823498556919224
890690116459866096156795541549215758128354092025393170807378146507
883203526651345707065536856992811242656708448017786461497404549211
843122762184522441088471507570190883495022437569885049454241057266
246094583209596257287203099477654010739855806996619801953450050651
450105492401886108913417306075923843946124656986160560909454177290
736400939132195676836433329961999796542434802656940683698670617587
413167650506027135882574433707216458819522613397054520523441280923
173065051989954502858538352287378728698291727580782420982610606090
150925211090898996438929786294301411140067628774992078172379474620
916899838961894863077306027491026703883943352474243421236712177024
610116024061118571687050824404916238943435047025081364915515510432
725074794102473747819226520593355136255301812196424992488212992601
774080103719884212547447216029695002774268507752175866917993801362
584224173985607669916543275706123045286728070763189470589544061884
213157138003398487408680941446184585423034495144852105399124893245
548665930533558457827714423774338533920824127763216596753832665064
306388069556915620262225946941429007998769834420914699989795683266
709041413980686333251565256968787899225743279613964370265431446393
337990008198575307978817613374360948392830223380327973203865364624
249805511402246922647893159294491804038298364903488863869756441485
560856053717722873714822823686427811365720394749690693723991561003
682807514117847378256221277599591677581403853298688851365523231393
843174225853562807019154400776301634764778126132438024842186566985
527400764105119010954528983825634840704558080905221476972204287382
202064451116558020215813722046634766333517561799050089778088560093

208145417644390323524193973154721892092020247427040585791354379260
097680763629875661478264433892612121345659445680104222761652418376
401867345339148807900136360352843217478040168314672618806793649304
686587364631148328269804920227876255454017850917749772829467569293
545166609864194814583644478909603830458285369895608066566619036031
004530472002422639388157206867469006192987308224849001681634892125
543375444758038873615865885924859755874278385999295417099172251153
402542222969223436617778192965331349674775722097843019381844505985
075080564948318967922058343414789051025761749099758200123472441028
507941231843760147142137829511021873589939170816868055988133546991
379453783137711413549197124346581093112783326621759222758936993477
049843525192107351757370200545734513058731322143846208760277518405
348937132376629071120552694905300388822804204808210851928761076772
814548927944032272362841247943192644192430796813703829482005869742
015013235319872051992035387731421588221148597431823879098919932539
341503787689959695804327251777689866125889395442013917130641886295
106652689606241452084480340347411331488004313864731715844681575483
653167051260174664076072809596721327294224536104266792809469773583
638349822811476691695969557327702827912099792608638170176542101511
158110926832874859506462623629925924969437818222916923432548536160
415251420636925214774598094198892681477644390537611191746302607417
041449224194980017062386681694660798924751697185000942874444662410
058638035586306506360957270979734930709648890760630190792334617019
745665624871288498673826785462689451209462290548275423302517321328
278531651758693405411184571510483463283200810115252541311936795456
126121610319742783210387954825391743140987706525700603767196838304
786929100326748344206684066735150885860916629765722779969260038682
733496418758332118080916861851713459115685089314940448199610725023
378967798991887258268670537757435124650813798628134835066431324662
709245236546983517407042651369882414330883552631945475425324845884
093993784631867338133661031005811464551518773050141308156660180611
322683529639711462401049831484646043952006163735425846982605212545
385915053646201416593061524137743303724644103975985001568921027909
378678603185176724046959915723405290038167607242477016978152148615
194746270546142211256912722538159050203958305146858500360242005490
945502682618509587542621097399132209502954895828917423298134315406
925757058801573654535178927415271289413143182694769025888547865991
968988359990438854227484694731187519748877121501915919088858132637
699812159080896918233505907971487461333680397063500369555394225907
345369332638969616238425410479462948379374638132461240825306902691
465021517196552425678847127229752667920280384129661575021846811088
693939925268794395032672870087581886104930085975019692809520482375
713894543884424162175662637351803364327740173412594274558202675440
278812140928688041203000227063180825931867664814904472579944670459
423828111487861177124712994023435319347638977894844625604174547802
052955308150254298015709039238214721457480550269684443809603801644
372619530044039908184265874879532636017477343963474133302927558182
000846488609818329170786212437034594042815016041477058185644132223
188779392163988961273699240022516053512829372365573731931938983417
538439708309035853330857183693113650370081905654504329842209938149
004544540044861822140550605287168313414262789644169533398029687951
753666784755096725673907734718169339975900118989111396246520616071
885649119266426940160695906161044378014986669982843324652576088257
101089919591111808350303650797428123070939519840254801694462620592
363635107199014815677440001231307254102560560159316840532816997339
070715372088090132654154084084869464851337622748284991612747470532
225505791833719782998021737591424344714866343808459910139255494465

9667423730119121569104847330698050817129727313806629229678493165570
700310830556788979123298130375103174678340112081353091466073367511
8762187223247896837038279501239544495396758853738446641347202470 01
5885201761312154814372133479265672244691795625863300306994583628 91
0381264895233888076384381880921180739792768314123086880946917176 55
2671971341129027158146752944276252132950154301153369038922138410 13
3788327539359202090519420939389794128938076595308702735507730422 19
1143004325668462407228903402171151273168905339467851873822784851 58
2247048412773926828056517260376445844006828466737354482592496916 21
4239033889318117011389131501922285410738181452292592185148575252 47
6183848077583829866667556762888310086015263589358635712742177728 95
1544583129347098008471782896727341290370760715970897838993427926 25
5738188956319405072752087325999456545608586855358263133708493406 41
3934913749179077218228531160094982703667927892358788431608491838 95
3362361576576833422289592702393915386811958152996066452081886184 38
9697200189356785489494221651236101718473760460603829616442733117 30
4025869985215372164775363206607206123292932396240780047428067808 12
4542992795093505143976021192911303780217039508295099069944393911 95
5003407215741480177592299719328271630397133938003492679133416508 91
1394642479661320947250898195723750491133129166984273711489586628 64
9336133970303624716301283210070841520262768996306818969526666944 05
1675113293786905003412004284173942954144584447541246771850871030 19
4976373064645661863494065661595559022203881357136176823477846310 98
8547480314160751831305440342811270350719599014203058814923214884 12
9356944529643170313190357793773919016569125771780698512180115203 63
7847182328949534446551462678468202630396663019906922610623240862 57
4936674402658139719248013316060412804309403011781839533845697347 77
8755496505226719892039806465088098765959904026835458290840488743 59
0121024857071905695585182299648163245701570374833507162561778784 02
6024807954364314277409752046296007705952321593783926560584763183 16
4539460869129139029707529324575283112206316530779455997093588019 10
1795478468222029813794967339008709934835236592521531747809149296 35
9576803641645315741984082949704240390235340265922135259853080332 43
1785857740605690039517496624783114615470747101524109270990190694 60
5559239683056148077265373998499618880204526136957223089073682258 36
9725346732930434907962315838626126344424086314103499740365508692 16
0500462809793942595737077522421277559627928584177313693090364594 36
3844939823392918548955367647356087898997197780703866209274631851 98
5085192685262453825870249573805010993816323870820228564474021890 35
0370205158682457112552023153087809016194370538717681644829394491 18
6589768122858228286305889861029605283254438604524159887904370477 37
7371368502135393822653949023421710889783710051749817597020686825 70
2725971239990477731332089067421121200821839867778705656294246938 20
0423781349130666302875875209256477327316746369664746257061200346 71
5640903478963148186821345980612729682565455767498591972867379753 81
0674217385801948693932923297854556100790005472533051670818549550 82
9573316453038966728057387828058258833867439567213201612236427190 23
9990318506978094847298037705172000913056269672052843166496490463 11
0313400903781521749243406714466245262478844479703267080920479660 21
5253622977779841303529182491667754733386109757717520892570062709 539
8419276724681021271464465163618290386785573635507001183672415428 95
4047748343284348374756430452744506808442943288003263534813266047 60
1721422694003496285639702572562837188280089547602386663065497470 45
3498437664038598946458144805319509199259451498233613653904412316 74
0712966326187042419884078656034688944098073565111719088416213133 70
3832847527158014023337408746055090197337083604720090201650957663 76
0378637218832003863900863187002521159432783932847926470562069061 39

4036488309455202394372760011556448767844754083561603998488513772922
3034323530097939678336983009127779979497170462853141004353493338822
6748496581775235312719601590617282846213714010305334392027034513014
9491070344617456577179219132414373649693969048965732825756691327648
5310834456871594499005092022404757994214851413924545725326078271642
7130569958137234896227241015135814633935985739176240573446271578411
4318958068767448800803490104731595819072414641729115982896970259377
7776750067320383367599920898141111989857577054569008806673510534703
7213293489055455497205353010557324696610538066099500702754752262677
6383165272527915483314536193916719551030251519417178123912448276111
1453221886677717673417406452378993015037104211023223884776937314255
5347983888883741324601694849452299051071089558793216205632208515655
3007407950559249445974351034919044113379156636661772461772342505777
1351604426630343126850879654103973473927452905140551241030298362588
9336235834267865532047780753909090946014043806764382911478302964655
1821538618920140071149455186269913247375729922061152524782916654
575695663832511478672525609757827406443804607071542461773873376807
193067971913031072597471709514887374746950349152024257187438661942
079828728831057102815793640271463453279847349413902420822973866014
373548560908029571346922653311826406796525443498999697808629347038
553615700103796998646180680289328572972529014282901970405011170939
604017994007727907300595740645359239166638811445976418742692009378
297052256405569829948514511625396658674223630839350814877821146971
451562642183972324519725639392618648161829774385324106434925254168
626435227043137238046625985568603693929750779400699210927268702532
645880616669225572963522442048586718120450934271666318905192624501
490846006880522350944434658274022582905129503049799614016607725564
487461462709786889732567210192923009824547654380086437400109757236
660924137231868007744762686294526391724897026767456792734869542632
962933077993830606951742589565375330331982513746697462587161719676
711578595912938946419005195942311625542655890360404261172499890930
640509531999646107199705169382815884249161492363960011138453259171
654027649547661729565903127916495173602942136281872645926776782768
960296649722476337423458853255432357319176321653972435014685762391
656504338768002101569443582360863484573501025317463807091205815681
879683858394510423679587670566860802659482952325594202921026887529
115436922289471789836330628408977303931369921911471481628943832342
429101443255465123776429921208276392973771594064139740520923053096
407841631655435542402370608217818229921582821565401767669766120899
144806005952990654376236361202630598895100772357556516592197145167
836743551290845111362955595308758670837780019199618165568310045570
228278919161302403618351641223162709045429397967412823508433094522
021606266842689197180814965483076922146809272437721832739709295506
752479298131156698823159331096989939122543447935774560661126904642
965640740541928822647854797979744559229982135300293155312717617221
863197089822353116106940684881575528948162082091816672481312890810
462376990701322935328445008140894151893110987965407214618275748055
858024353816151391877200444585065798479202545694411477966399229790
532027713023499786440344218249616320189181180432647831115159468111
481647264547761763497871308668875695297626030316668412146343026244
079468697828598741839503171394290013559087722557705373858205488953
169601806863232587915107058893271685942207156076389078597607765508
430373190771766931455239135186223631142711608544580408475000247998
758230058708826549146220787267268063637453759806741647944848149738
923875472845934387527928676644327256479556156983137246251045428885
007334895130250436750092419290343543601085669208294261850388397292
138035920978526334813384995927253013258210860871562799411912242653

301351854683014758836172716488218149835028778855753965978890610683
222861861952982764025772256605724744655934032528658160143865185373
616114163075572970379994466511411405407942714753778111142551339728
349611528753303886443281608116519009719605585040319934565279822223
428072991817130543227748759230282529480265505717408619925237062968
149812420426377685988195395996847506801203170391350760070019492084
836887963851424058353860689680377544207064271651941908844817749095
380525810448247391349962282964378356130937457114761509358959457926
535184445824407348448910093955756022910560624484561256004382122790
034279070393187107523808563892113640393583540105820737115659807256
303077282358517313619370779490857099847401336685002084129819112235
959696822259645458832143393571194834778926834588974007603069394540
213572747663428486665759667909377976467681630158488167706460389706
583275923630814092995503945837813851437720113532362892642037783484
121359508214072712089533733168788100003420840576180389037755660267
923579426458250463428582640582466470413641994747054661183354387910
763314524200053780899955034741739824797089632306577880661508788209
327159575654484261688320589402879672117198053728362406561189079991
380288320943433112469126814143218206702353906652549656361761513240
156795689103548807955825825328000374072431650591530590694165524440
264422265534657082709714384284185626503226274931962958902475416534
576128240935354062701440070911482095483336493865766285662502730215
442597984538294819130149993816839032640802982348877414716824958784
818180055520669101561370253273682398464025891880120337650092064772
911586849770591281425393646332561493813809881934729589219122373029
584341575051021773876002742570067130721327155850271832631656732297
416556993878969323828886666047534639873633285056162548773854356883
005726249740754685155054477920664951596322925802293266172296221390
772547495226462179754608682099390454206571222320193765629382978088
618030619528493132084967387233260394748697307938567850075940939478
674254988202420415470667198240680737708036607512546417371045935695
061956103385552732209810939122754665443071528565396608248218609920
130748257076988534894691543197165697224766161617667065198873444896
624586286251522253842901560874089954342176951754103353363403734750
381964569616208605048641414584922244531855693921046091709499351230
970681243367449929819627438739313209704016695375731733639240662067
336606643546095104780339053198170587577123827378025247349903133500
461177887772747607203425731481597071163454090918423175198274427763
779402582949213724616142441229924935894614340088093891446700320346
521898372728974239743797153198307296124285026965615884663944840556
777668605819505314833709768685171863066764959789067888706831505251
088021562700170042329256525775535714748807170330384064659421313222
560288183751881800277819930167409986441062719982527455695968061642
301490583712942032835260868134658206866112088199942560871923959865
755990688479447989572847189711576011266352332118719974665840035802
181340436535578951022409632306446703623964969102740141538402618604
002521040701078265991504497189394637653897423395944478094125964467
938810595401770617103493179060102858481794286927768025160634698186
487615862337015251602363718178799903437959551150865145402587972642
320057250444419433171201374682541907085310721520851269398466280177
111026424456380791588249566743492875534221533673980070184145968906
406936381641534693733580413486216823628124855196282073725171164471
004843392677129047095449821771245997353794989592501819266700991923
198151396872039240781317332882274061834899368915962588277943418125
978223746823356556966161707037739424555386021304334936400753195339
849108699633356133084982004622052379421261127386469773435298406141
202933574769854283798507314230296086006458390203266832971066474859

280280706222894119846852371184628817825233780181757362738656338576
525114589769142517386579768133455331259610892167967599216200477777
366017396981570051893055632093476805752082392470930750564865354014
709692586332447535240023579514208088609935236904979271649529733073
121762702277582805843309927781993804392172681117659365167746348586
811523913603817239938043619137087041783245836870732687927591512421
327930692493680672567164093795811543741008447431807984798184562295
337831592094370585987930674314958421280917714693715998839338365967
633328550845214487173498729828022872245972111003370678851957086364
693267471590612320181128619220703781668982540615318307653843983956
690719804851395299403331186528088123217077735132700970934377286450
690552483201886405445912131117904412799490178046065119346213835182
007919417118694779020864787750881187224477634397287600533491197235
765406868201936808677188641543680800990685123604632696099408509903
969483621715707186981568085994319275507836176310635228624435829757
772397161712443900078527257874425455388265166580154504944151640169
244989042683457345626173402057140117938253155396691786508532861602
277977618284482128672946293714911091163510449320107800723707449634
925691218904931357361767273707579489881987081480329456080270142457
402799289156950749771877632590121855832116833245638324635426413663
047442069533906874618048742695730825289285497755704465530725372653
544909165505854490500908073608133007772880591762113407812702207157
721799184691999647647655001009776601727964696655224452669933769931
290031683521179052832728749544751298134025062913810954966857283877
952905044288966151554228237601744913735138627397538983742878364570
857778791777228294183786250926281394514140283818107124993708570349
600679768563369686476720810794013433268992292032107971528543223093
687838982497846997755897775841621288966611830971893956180558988873
478822385862983606148281970638853766387023699719056887914200150058
932781576679554126561532407775118370166626802333634507878413669795
089586402858492504048493379617118032804557079693217083088711762591
995943564413971495282622098711793930564122549381874381430808472755
308389172693462948996786375493611546243336309926769946870192230881
483903481460666095445247038837612083165142010076318337589349399962
008248009986046283062432490492757335719180582605324935512741107358
603022530576982049946002145986397578505832139101615820893810253664
043283856221560504818745659654507487713704550258145886878709415841
423636958253905004410260672794345106150247722806223509663315736125
142667943414074665206353454658392226114632355783939937097026201916
221347388562453983020165547146208476297265257464268723386362315313
553556816636051903571895244664237586619804114480252199013025958934
999070183464431270680599004325613871121045068905575067907676256305
038426262251372906522565494265482732134998484160539500471824985656
018473144907426919645745265811357026510716238773346883372589977864
367259174115570165529248420631521873791595246448319525159806339460
374218673502419803903429172882058569352678665815820119587606982523
964929234891467944308478657497450836696232960790189307962445874843
725174922985957167812557484233167303580613732387207900933633692574
245789195386758667611341258247160307089431687496491257167276344430
305543587943967279839160550213514833324054482959124012187831340304
592944162129275049984501670946484953440915247183778255760029397942
501489342146338675883458963870261127297794818453034442314713124407
849821484673586273265362862550103973603017946321255354342329834650
428782992697952507621176604162749698363594996032434957912103000462
192014621172228858441330174290915199745617412214254815101274882630
094697483512300721702238025163626542457316682915474442181002777612
760729789236825861162066670221065842569816638217984120387841026448

773556619962919187799243489762359181312079342126285808524547143180
977676372136458404335992767255515876687292681898646645773718156713
727127327069174460768370230278792424382140383043987812547006213796
556007441290647108353130420289291215214634522567535668396813627818
999544967628545917295133246231268627120730703168674086601595709916
631586465223887456234496451599074979209945903431392149406798483027
225457243051435304549078550468575655985031418630848348650105751244
928756718289912764572460725925529643384645472945207641184438179028
342584640929845681217561693893596597574042929557152915076829707802
023978916969252199569167435795107281101358448780347612045865179866
632782748015063649022752319205745215355728802481958656569366630546
997062951144220612555045686914803274486028172682810274248864026160
189341813654088170275190363279822038270382089835124557790353616534
469844285133454838643525481083128499832894181729161208390713906848
687892138101036796504435251204222146561436472201498942002143834420
124097014662363438582726929610862525525118921290714836045667955951
686533053105451019783216574176268285593469187149247242547912327152
909308767435328387505631625953639199685925802257094130454164678572
397376266871116228209347413738395309745385622839540124847808174876
622182715157013569546601451452768614882194513411059801959086376897
851029047454766574382151811345102502465128213078825731151825135732
082734220695504162056314244492977578541810479961944429363946697398
135936691118451577779926435064354447789078668856676365556751013302
039206410994467486972380018901857712373933385189115176152917903357
035783597959554448978594989542466471543277067082726518943783794806
403342214337724047867869406306620720565027737002585237439345579494
371757594822239484821309090539231169866409648373506830772494450468
792906337053879637101170440903752038526402962570300441750898478007
785474006909831594109288735871895339473582884735120247775144152864
143330152376020257165466393135151695802886647315383404234437057963
764866980429174989729433098371512156861929654197679087543590065885
191194910142607559694653688445618809901450714928355936533286587807
344656348810329886796716467813573843886039356754812673163834632608
152226774336103425627990445807102437290860556394198440975135534819
368989443858562953654998625886048571349208874795326091097703034650
129404022860283613342235054786831175310480437887068288281500040827
046669007244607660813283486164716381696784460515517616537118876351
523592785897555315812735391683028019688722025518660905434784145591
634664587131734675240423205137846651454848521082743372800134867245
068256794125326197616598876523966888739252407998493528141270966542
050697694791090919691843101757313225070643390879078608673290030639
835351651598000740530826896024170370232670697644702976026046981576
139529220964311841219908124432974534969714035525042861389842059873
557626554353472123109964180755739430498475835897786753408277752559
453469072029492901386136911719381317360164647662549743551192372319
033756640399554244778394429835182877424641232791662248726116615311
955651531837930374483071056491908637692464303925333281823210265162
984382479889408161531526098178358205420475757423919079066108906172
633363527535883672852532356699956862701830812167405280180002553689
929336938678811674407772991654278804467841356200936297554569151807
671331296375531481657990907293104137962847599417790724890998839946
581298870509883672688417262456006546811448063717429508458798293125
338228957064263555895195747921004748780099067471349081771165970278
740048485584618443621880455975536139781877110016001209738065852060
227467398432198019506909533162304589829176162586011360218289353059
467362871285557042048740358073801752241601053644920727003135873627
446547077793526648446408067183202372794201434472347416804982143532

1906618542992546902783902394693675658550471520114175000886374437528098633553566630531447427801085599461612399029562865316383085174797943117702616621107506672591136795657312610790687425271321020893420430686442656219088980102687881677586333919879360681779680015207386458111864332223002760660979237284918816522192627682090188547803894435603204243307256873460617370232452680436617589619974446116911030486059055319970563600863393574676825493273026102929726522199970137847456683369278196032684120538725039677338741009430233106594985975756289440887494502324471045141157592838543190436560997944177869456505908673727940501810358913300780225183670471294785839325894520337371154096525172614324582136510949286496372790675667757029078810824521987372794038199950249285273634074361722349146013133741882615777539449981758244493738170620495051672294242853747166776178806443475674224096592080380341627847256942682902292521252384858533734791367159246949973608350100908415999161378048415807766179309191594718856909961023256006367965097758829543573818629851803285928477041372436648951461450501920694469100554517531628065330522640076777089331089867475923631142492119647379838595425577854479230575068063861269020901325063079395192221338609185950651259496621115675247703172613236327036342371720466923617527296437171794845104623856042582227382057466941639979217811594135596464692984830670920142577974238009352953076421311879630325003384984642860363407249831285559398096274868244319578185903888755009025913675504375891472026058362137766642009090107059305338719095934833833029991281661449330234883242862780945037445941996227719259121297396187159202084731553469808229179455741106929562277074646829225064076988440475901917347741466498926352361347170216506656059047328036496824398368514816737296969861572310728805030865542054653459983217996813769385218793864713741529934848299188089577576066975496074257348997204999445924747765506558813098857791532212534825426618429008335815330042553324053214212483604361281922172957838444800154600298950501182389646309785607091078801026493793765650947187932258338844608895546152946266400196083891130912856890749524410992955918508708629877492462935098430541631892065189010221083687385076860449558367008844971994147118076441320231950290439872981974058817957555924943246941547994050095786346491078935958277278660074156011277589271569746691856720880461585956897392923464608651825973480987627803273578312282423971491807934995218964891498748911954466018464859793933432798169521734810473007464831253068075519706380791066795589876645300045068524334584450141943807605732159724289332940953577690289281327309503733441374448424049652672649123074576028003390297467260071906965178930568460857048624192192189552950120649938297904522189071154499699379144340897775117026140825840144415357391257526878211204779567643328875396972624473187903295250147526864259374561435487996402355502556241286564188871149563905477942768587250411279911978525278635555326054907754163728187879421667567485785614162304336382407650378801560198809577238048798808776868188531550715521356754582486210745365289042299172215641243296548596040476034010896079300019701881603401870668767349301168067625375834101944939599597517992945290138196724876429435303494038404548902069081145170358019381915900539925385499042811644320959810429725600989398297814280181586790336160128834089182426560769657275476319967224533077566356514988924033280178529096715912155922079660592005166471511308401574719857331559508149313274438609677728968456286694798136503135660944529386858762164723841947266752648279780364616646165460093843200963866510587938358408749636141970634373244074406175963950405430230842045311689261869054774551230814292867131454787249367226271401948058072089560729540266035730001659184622869442970735359279779133

514154572363668056135103373594160579869350944593076459253643501294
918340746568221068024329544721198860420889704487725978522293551441
435958666171084057619129648024968957296336190810647342929158012492
334159507279086087473472977792831022117036007855457695093136478690
591301928975081368206937476624409797390608581957036947956217339092
242356878719544888707655404175386489494700125053265954906591158579
312704816593456876477106138345165728635656730814481072241362520297
715123011521636643617555415377731353126073673845116106084151358374
964999144671831238478172661278322910119023056934267889747688453059
278879053490310507761425542996293875484175196399791206714877105669
967322253891393223401564458501503835897166317796965033760872633416
256651521685707737530402247944039875456930997611847595036302112888
839234495926700379042225710280651298054546955321149537582766497186
706631970791692260507908921887407617766347269293430000285444517296
016471890156412069943099861693668518983340105486629594899465690353
605541570293708695036832258132391740011335789122838643818662142763
911201676285091701580132394079716586787519933592260677409731015117
422689023963220013016501117008964085660915964199602020603998595167
599336164608725161053738306083013854701146917863353802341074177249
771296949823893347460978146663308890623941931970797684886220394489
665218553085537196766750963598805177974726179303269128318267486205
780926525652903428019088270590140546637470013833025889361601715015
488868935910569440449721720211392456484749888583660011930309334050
424819094808467898760038276692181719086769660182978203559920718977
804292361836630667945726051889605382347287593282301195158655518017
828313356583098613731652593503080582396255908286572921386547219577
931224335914732375240378690825360216462948132048845739870513672463
824650599873114603762253497782210301014542987511382244821367352673
721070466677797424225083858464887294909600521861477477151996602465
522606962127062085416878723951599782686120792232886495599471294392
000996760846261445296688181911180944889919558814713799314815293295
825160760107116624951556593720289303451396577612021582500179271658
211474939898252164131398331629215911678786311490350370804672911346
756645736776031670447118722869777749372049841155253422836893646994
865992816389029333295967050233310631864547159461989211746960440074
793011211416649749227696638793413605543628013565218859169191601265
017034734921985779121559965545078845902800241979283614688616696872
940673265794485514121029331647678050432030238929162094969940946268
112688477619412988872830204532548355595645610497507526105244255880
938627342063589277682844228129581464734736707362255972829437263774
877683992863763234539366344505846403222027497341502487576599102151
954483914148945282238326814839805199707655926889831544715769511831
555106187300676856804057123078324335686278130316986843408552081541
485255677208828951940358785837202454478168634608411970360599469204
205022389505099905474622524732812866755075605926657023819679854436
973843036347551353010142231318596659835501729091226635606839627244
308404652362865284232381423499086766091580811529985673188270001310
938215761913296593145799781199823426305914119833894125626021521474
556185978394081691455551300017513102083825563173616215459035129106
180015379921299481140928264215227003187999595833637241432647124378
051975244525862986609139765363120503485519687014261642737394425538
704104093401178690284831732444669643839274132175880980004949886150
245568393213699722603951315999095278370145480127595279256570668760
339430121291197850593657439413065417846820219003381050360714952969
682719340824995408242161639655390093100714463887620313491340775627
556205877748079843945811949518820071320525940334421340012436887461
101510266689010672516105842324526485513982392400435721956683073657

863463628471394771876051423987077753537119885446765729346358469884
781033914667847854708731515042908742459239461326108929195037101182
549231842072104379420062672244936264350959550337583817195105443116
873279605675329829161312575435682524564650081228052263681461159753
211991706603643597448082885621932267393686560625429382249006199560
775333065246484430727348720887976729269681479748532637460821151712
272174344612137262433632401184329188986371123475830738974105916818
188166895595371823995831091589558651551079391105153715928239197272
385189345950241777905515151572649757087242876794409731453020409590
769173875009613264837074559534153513313449000387528031013378564419
114742350224523620088655342053548595620977763485917378780621225544
022592527384830776517999637382300909619759380174752578307961563233
626646373083895738467111670927506441574763282421096818667021420776
326837552607761110898894496467327753439014910896163618414435140276
458122289605060381554653157323103591573592275891134925690093560714
797768870073195410228342717487574907091871630476238872340969630253
407824746509725002722414526033508279170509524408937573333123198203
021541635078677826550932171378171231371611421231812440806330981536
074376395026542557472387777479516037076025486348948281530335202194
134646696375143271528080291002816293441826410827591952495181736937
113651514537697574630355039688155770393898348715498840132387691533
308860839615203879265983426272431774927686269635413106846562448434
931165089668748446934710340534822954844042494454802901500871209116
791765860652787248125797753474788031668900351087458568174549707049
735995711339834554368894821610053715261453005639912424453996258031
328022857815556753370517961433593548312607199002585111086675429079
991703537006064368388657603432842134674936328479813459950952445941
366688588636535801656439672455889752138057636159021484215833508687
176912138457600443756081874548473053787916068543093840810194972061
059938135377308743093608025437461836043691487411272220989011476728
779478953951733778941126562046748007712938053458407655616163671403
281364506738962178520907892224643916798604380401984876059535757297
848080536465417964743416320801881522629972791753618419010572539102
352610066612857938612848287211511443312174816440400561836018672863
279325396928232426014000725989950970512646811985138070288116929747
036513882781618018114314687279332331454315102504802737697359069296
971888893454531535369515189875968892467578877943475069709594838918
709199985678213907843263703165798784080761347005954231533063135629
197234763111237012637437169883645699391802040236017065484741044827
168499151119737619157080068754318896722949153519195619312478770l048
836490034307122021693271644873789074869716889055669789349557482685
994538815934237990106692455380866035693093474851627199700083726662
594609163691191866834087603981605345718730448837878445994564106619
464928279029871448513829662277069771018679726274836234505524986843
346217582535199489358389264000821604257858150101486886919441391356
686968831445986211992334972258493374105532462372231784115404225791
978377626057249768611808885686579798004500743655996168491050849723
073534559981156167551316684195733447513292296442913651579966325538
347945076610328968486987628172465341810383001694345217588085496074
784900756730397047497994124351261842137150277561668273690261688150
889213493507321826932280660518231576305416072303671389874837793340
501584198071058315310913451714395671880125030598869506311654406196
180647080736123767536839502282439875286051051135181419197379569469
363868127453165281063503834682835738440551422934800799366821080449
360686216460067663448303192249589315595404581694972413680574963656
793307919636715256980718618747311974596214344478745387556767923021
361485972863033894182374504989176974007142884239766806283172901190

8574032503385452223540337598944008979329603741205460354384182007 63
2588093628697893595558085094975650679953503345837068005723967268132
9462140754013128286368823074537737549664487670662370586745285605 26
2876843710312085978307077429889423331966599337067247096895252498 54
4582098143949212079393436556802569455922608937043796808830592173 54
9902808187239423500831667258629898918865217070485809184394517416 45
6009022597384114577622103057688690926001961997563649835723155371 16
4800780419034073499583084414551229428177602152104935813182396627 67
8715737149982841408036881971422738830208745015739858523972510668 95
6996234962835492727345082689120271475257042705061118459464718285 32
0545427233451594086986241199063270746182667956011701275258350864 73
8849204602785712850234784675339031318786296649552070645507689584 38
3918676790667856947756213003776080245180827345252143205516063315 04
0369941548606130675953365971680023592160894781404681853314710609 54
6833691621848065587071341055193617451037101599216136199509708650 13
7780533897593988366937873954822789683336138162870025109398023076 92
1640166695991773931224839082644791280998578064053243409137186218 85
3230491028901137161083086808748672381158597421815653709296744655 18
4929287500406515807192028280529922444162735432238256495251742467 15
7748268961216185256399893656944505583510328185664131997626697439 11
1167780948717936965736903761431922383476655463730888517770884496 83
2380581866104908902147878769073115712614123453649639008426994470 80
2551462468087502320398977365460713304328417053734413903893234842 50
3181688302691387388458847942035579891651177287920689338631682700 43
2147008424675785294166046964037538411912376432743868418340633769 08
6563342469199412844660048651217780432768985518402277518098790110 69
6764581909532313211287890901497686946981263359885419545567175712 67
6678837155763126702761525977769925616437210301084993130354371898 99
2470093957528242987296922410711118009672641573072618623927137157 82
8061141430020171111426482584889272072257212203277130099829499206 51
6489224551883661421595958912823752483606217204449590248575680996 91
5586234438165167146316331004873922932262219431953654657677812098 44
8625420396083011277674528313406762294368841354220939496071825983 26
0013557530996909691637349665597450373805541787929382030075698430 76
6954390311872706744220840025986793092414366290522730548733203749 93
1817038992564161674496493569266521534815077105717773031882845221 75
3638550909028760052076444558521723466926597049347060455327562960 67
9060663231026724420595594961738355220588146676672261525390990922 37
3470014065613975006335694487509687715208483235189794212322592920 10
0695072008942754098085726809450590641548218430923520598808493156 19
9837134863086316081775309934313568261193911313197553117878918315 59
9227750248461596706646640528488092119285325699549573270133662891 02
0185295971510209873181846394428005269519090433002235567601977870 53
0906642648447231165417685422211916748623508214055524163362856193 72
9156026563037485196337983124937125125846685449441793989395036130 56
3585381465349742945202428280473039319639196656867950978121194503 71
5184948395534618570760753296976206042126445050572723736239756574 40
0005188506438255472818396964755953980263000973297590967668112501 92
0350862913964308563802687805424226912067084666956677938084288797 59
0663333851918316580733312886410779699802773881216321646181972297 99
3823279225034392320715570655636931529218829355461902365071690769 16
6585341141620278688145206333435182444586927779598046627970127434 881
9999836714161593004038549093477123216230853924966881367722657236 65
0480074286645066723197281356544204314442205442795569289248165106 79
0636054314227622982051060394683907359874274419025274298058005737 84
2467721405075868932757823896493302953931675436558263682933422786 67
9969086201880895596168898194833665683085048883617646031216687630 86

594919836752609718937985086429615427801315738842262690972075493012
383476933259946850644885035844843865983493006017943549795468471188
058153183483885467009000362390165675090985197438260891762970517516
264463210468224004535486063995436349987617932954392450932753221167
185125536171072025658333543526968008511489632677184139489710157968
223712323777998170453134977953440975537822404146878310311873204302
877139841266742843083009963756515199425640823532499590528093660801
770815480297746804698730184428172248913336690764257349831495301549
179718603868488641641366820315278415073016038287609047855070467970
510297237624004973267965404437574346149263092329939531021385733403
946546431380393284754601668289457039852028989705619905005856633168
102542479612249799416192380808171869561768335559308203432917111861
194066142459302341685892832540228112237514487838380437533386005245
983771521980857484740911596560510126102135739087758744852230707278
675102693405952584004438769166088899837692971157675464446866868225
821631593841533402184543020044556787861653538779006847964816115461
477425676643466678616571432139560580510685249293020348631118769790
675737306130865804980539962498308851629744832342091870932486556631
685998882180763426336180380330937080685655211630835704265987849396
277425742722126865260875537703432427972131624718656218150212721001
533814352764044674384081792139852471765606453271666305344360658788
502002162008322243397547438846569080848229761095989093615129181432
469419017754297201682602926069362867759394413039980700485624722707
461638170802726093244910407161694311272169324596134669925072649358
332736922363720775270567953185986989393297451923406580320289778734
716023174722746080557162944886163769004988028768178344620062203271
019135123357703649008084555442557682671091481559673655385825943822
195135801563771197167936702062224568634854690598778034658974565844
785240881926883092277705460494635561584140974535542394776734275305
008393605426533858342924088679140936814423285879009223052915279991
590500906519247441417091004770849988903033856339419441048643921902
022566287739846266971296286873757221618817127821235633490471549947
075886804059463249806132450533895452386272552456440081303686346872
684137921937957850774989027824315838273235033109670899330157066419
524016404802598619582946661146570878969931266619486819119516889978
571382608897201650221151500004591675918314137952842924016263075906
928102591504769068722721155458369984724422211012783008421494898542
759892875796268140828424620273448115637761588585666606287075979845
389858885397359150678466677440735588962117649026388773046312288150
082414864035251260700750590426855154587308199448361425175009691988
121471776942905584636475578159388806623954201893749084032275102063
489232830934102823789408898953172570727814669839254676150509011338
562734748228265353590100895281786892385130548337080121637570618687
637859548021488100672071140270517244681807607601299422257578378515
262372980443754897446037591002939914877675347724241123099838146911
879572544474496042009487586321049675622617109806570375457977845287
555067068133301194037028368463183005066807530624706475224361857438
269778398335421299357934225135203492355031032263242244961884867197
753558031652147106199584104062211908359669078979633808121363989284
373107431582309352969442335189333013437082432643853278990826149765
002466223360134797174646420807983695465133294537755766227252446205
078516996720198999934010133350720758077104038265583648170001882520
487386269472797768681984124497130143674446177383603784505886773104
155213802955114829413819681116530162355989101477594807594117715701
165086921854114710049853076615445032636243434205052785612868371178
869862422845371122780475373192140489569910861835758095498384445660
130847465276512015225164046008638825408921010246158353618988556156

795455594341539377450291006612155870640166529816814549150487091045
363602336962679007420452451078747671110858160388335049073019845459
657543115162722501328826413273272004586475040035975388411508587123
667673305367165176672359234741082205566207389714589673612442860131
844809900996619418551265914031244826821505050968211722386212311526
523007131658654273609247852137350152630873645042097086869752775065
195387346837523167170317938647078333812547030567421606759571812448
172415490067795539503394974344065110140266883233981384072995257794
268605098038571003884722484823787587024923392172716067232378375966
828065587790533662110909733434199797844334852653243507225336039871
946098706430167889540908433831832738009554905680850927913218961619
966362620096226963711045923058598579332139457181218497046923974684
711940903162865482672781602334664124586755315372206986570758884561
592003927637676159553914381141064107128036641827384857021316647667
552407500949113768318919687594594576779755050543591395884768627920
441607389943866059704875573603207618939929078473257012189386351243
450402561115311061598160410629347212590338103396221076910135920641
844272757256362449921884192969284504886557168081476678966093634642
719375556300958026571667406069670450700559764523975309356692672134
756563223105217097972678820117567338442025858585630995827722376701
242619501402141241517017062574823919937573153980565184474781497885
071568714142353624433273021226810854708277975682257009325701405883
696366404360280186573558394491847903362635015543240087944455288584
149451156409427092240658840581570274699062826291235403802457997574
932701823914476262867197280067415106461578426087089210088433757773
968560088108136928575650801843593099633922487482273469794807840647
767757743508106481311385412026681801462169606348638693518228333021
346613369327916859503079924691147833251308207669101517857971695866
018579272996719400552366904988057652288340540382957232949566661061
816310978922639940730115700245762837477357630818379816163811907973
603158721219831381962034497698162064239850752283277337325833243728
821605978861098735519137785588140372986508381751163266745475940834
529696709262816998084488901044363992941713355049172185304441361275
537274043801966167062333829738024049062982586095139350274958987505
280720673183786473024891305790548156273669342031533659348035452212
375932319892888437480373241078620860562246217556691406649656032562
701524693947009851471160099408912835194756827483296722721766829934
944453406790736552541717488658390103931928741333687055929138002772
731477548697755411984013889604528855416461552959673062532883041185
550118882984158691157708185373637750607133505432687135382591328509
795856142302743603957649606785980108937955654308759455387321323500
760300773010791789640837991887086196320867905115889137412620483854
115784882203959235943327045245914114735078054550403358190338470648
101424868919725638116863193321649762981484953964608387484954396945
851525795180911626654523673351745016360833352973965589221092115691
197831672918442579257575500403074904666422709066432242851324544080
760503099725830217902579218216908237794388348086565451658032249266
413962473396051152475958393563660744382993667731189712438143450714
426349066833674626796514487576042164900465780456681089762373524663
044865139464823196604072671263927405371480600202881411947914174210
964506313055942410056398778030768315454955071573005820147925159590
460246611517839367856016125324062752420437119250613796485089198190
958777058099249084208560010388602394315570640926229658546194059909
869647650740890903710204107377322833000194344131318989829114607687
934794756379260766087148325864793093194260650376503122078960597372
119426458074333932294645621715299286987757237442174524351059370152
244869761304829777561255990175145475954309572978672740072177410442

876241952705751308188966699039025134180461879139639175199961068803
957945781408699435579293988614007114172498946051202315286273269232
409802703440393572135190345840288779882338142266098933184966747889
266988742745147726958495465807735894966320431968422729390540234206
993659346551759464401935696808875736513565527378275584560031781257
854725797390168904462967021262486121787662647754837065335028591870
593939017780464717594243236240820479795837934985204559679902540515
940494547744176083957797368673769058556479182794887136785629764703
619719277273687581742206193421215839221471693970525072478316583686
909212066060297781442291451540611950586526514128818711064918796979
431604799651288474036540839996708323631467927213244936269857074070
471305843482632931884544051058661940375587325025731566527539290215
236220741530144657593072275088832670637058214884319615653104189017
912554845787463405381875056140442314611978451309705654536912682557
944487804258829500769682321898626238111072368744992142469150404040
003133218668230591543595496718901355903146969137362240776144310312
264860376479193926771749354075341625710255887112283009804553940333
704873282358839765090952167265647472580205480906398927909594975654
229061846067947625812914780970375574292480898165417448550967270889
203351426936069221576656346844171425141884130073463421177091338849
728156826975564830840913326336717247725008190383325739818737436603
642934168154160852874645872556535076211507308850688034569682329153
540606927242413612638349624302522273482207667432824462519534381686
632983333512318926415375390268980209230690246918808661653425971370
319964656365517841852252077400377550133609358614163704490921998912
980817235962029538477316594515932545751276218265882696502308327487
795212641617601548390384586984583193711720936819908328893259160168
315237898417509554214565735424477030798689073885423655119403552999
768615121850369118581180619655257629645824743954946388495230522939
043192083470040859590624775869267390038385675195963571883814773408
191367110130507853555897601972413186887351769388896092097081199608
639323761143676107035675675195450985667726092830783033338494789630
261029049827785167734965663017924045814188890168611037149218707553
685442128423002943618462997844709902389209087028258677599793290024
068740412895878180015512623850669835207610152581029222069185058987
978076103175274405860231492711148538125250221206590865901782025878
010422474264403050814934008893553699421554124279402428833016355600
845480611425197360007946836767439289136803754522585250356433749230
406118813478986495017912039521392725893518850322747972830455537783
064856392215254818172332080667252766596431620541805944807093733762
738519177931869947302459081165317084647784897935244335720380614698
700923270065387351237811893555880738276143138710477321330658524292
176952009865221558322707624047867472018538357834377022350425081424
571284375657147968931036341808937329972201918567752838733601339441
772638156220284901596044742284106914681577796601935784853607566769
164334614029548215017627807940265327540169883435434195316982597257
270323767232710438850214575511607810784903672734137568505475128333
182816818068792348394235790283046532570909969893392931956859422151
042753161377858913302623839957249246256520923809821631002200993851
783878629128475464749973808460988491571783874044619813744839068734
059128423831399226835506173095377600773344155197113447780113636712
930495399900198370576056147210774583344123575225879819732015437084
932129176882040450744949109305178697056711770114196561695487469569
955457946649024598805818205226782805544006305517162010917064549665
772809123128273037117934488881927575250994256805720457156003088351
254835453182167003120209888175665602481564333985612103352180312220
387245461764927719760756163989992555884482471253975444199575287553

381607523828907495794340847840981905049954722349176780899897355542
816911986602910505481900466341371555736993081687879278573666964628
266282678449837678112704991616800588086998350764297274029251889063
949221831873692325603991587304511774483342679125168538532935334055
740695466163939922312566237332891308244660515960756818641377290495
515788532889906154123437813616994804639083110947354161918944252795
610239155036306202464858209675195205668630960889827424160266486843
101853579201093414899591329401297008097920933872852450683677063522
719375612107055299577005685216547395630934014599507090684943999526
109950370114911485835658403569443924401813758729506682050712955420
991850876507111812723830525509427097018083673324604796439163711962
481671287816880866722863275435721997602795855021249960429342072378
556610335213428835403247208840753622747707672265703221614598530848
070143271133232795589627033533113301913893098742633572074810144260
604122194998739520982043140940011739601500116374649373933374250093
596798354959808168174942641161758900297445379024645100115732568115
366055049218229071820849066730683734741354087686468803628105346366
063639637050840060322594442368068407010904147914080743724325375420
452945492320548854094472777330867728957284483519930624062333601489
465701029537276931923980079137424612898806209404251071821687003541
827178246935885289693683871233950818071126520323160694213943504416
422118045865972847019874705877049174523614062166471826842276504309
872213025329208062441013565190192429768319418422479532304887222761
999981305934343540963408734149400983611379929010404902165198001696
534510509320118652889500134985548157976486919975355400199623921830
371557049566111407490698906146880316274565043092929685649204939142
663256004909546724624506038670277906597782558864298724579515518278
895492937913618643354949560747960629939433289895607101850074129740
279027598329853445366547373825443050649218755849054725366313745370
776589299887545318170758033901446976126120801219236484960131914537
587384208870327736310454441031752042168170202492424685433938481832
397201173367271437591403573249742190766283951872620948773642289035
555070995680644813853912139494407699817657122176758776977413747693
008038530924147025926730972434251473897943330822070919844429634936
827345559992756543084921450058959498583889721949080480021103101077
469457503027986720456029668290243300490195865656152338506601086085
247051259251072368903914426044804191068856917115605546765577541313
378467343572819135579215212524416342672879351457987262360684768794
244924543295937593225680382412430804044151703233035468059302554598
084018141938839130991313780395165866885640534425045976863068464703
852930422812537128881240638371919682513155064045865821220270334452
515002455569718520449427126617557097790765220163140992434562496582
346327419996696591909630315077216229597379413304490691235466289997
678706396442754397053072010156786676514625620966498520697707102833
199253552221017907154255491066890989015714352252320882493548326405
825443322899338818143324607762021192763535560554018124664011806449
074865679249304575303054063589985810364305066917883604463376007252
105930721019229224189532238291589093412822875051098014631623957367
143457654118054222740156504411131105058633768086937833038419596945
386133732892471602532229369731322493799729280059926755672479757909
534963414170020386634196145344182859054952805340999776308793433997
597891056860413390126065078612560823204380454544863133251066372391
013324302318546652650929391180543257416902759540719084176288677352
999864254605851448070324558508800237492198538899825763569046940203
693882744668184013998417739780380225429149259195749277317837957450
107291618969993288313754198076726491800130643899054963744840691458
284642612420496167874919002870799697918853412624810879505542074352

644179471940403447965109102724481791903205559775877384272738131058
143603281196234824968770668087190298872341728952793641870640694846
398010895643153523342290031479810166843136947919614720609730858013
615070551665133391443324485869469012049247732557182305818857471699
146360318779330138475975986112096170716267577315729761334685704814
097969154860012512420602987885535337647846511231292899852004061054
006583425034516346856303094050978983625277393412354469101293626170
198997139567103939774531009630549010544836570216719918722034635756
363824411161709378889385493935561250090479363717154224080610343811
886033057556124867332684560694175279344094970259977435014670199502
710791447832109784571556218883274107109765306341681297933459346742
756707244134694314516216704733767358268531719605428171285887083015
931604884149219032436305805033072196601828090094043271791799057699
323544388105032406749186069157840628987344737670923422578224494543
482808126567717321258040238692893611255653082045065306634056149010
369686585620638108841621125072437468721892420926302653347648510064
882401875311077523879905191475130170115551259365095027766386560475
993267772695534780632704930394893489795980911778925653744326543937
422785062716532617100491301276476585887813004808407118441426902906
254200678976496169966203724074999018383924962308016797133423606997
570874906266593733463493311747238915673444128676776285007328674289
347429843541691406948981446418541344524728510222660007961380960752
701040772759689266151674443660665791711951892709120693115700607846
131048600959027972951465467723383197530039299820230677508614793783
103409232516679305885809444971780201240607532058426904533209973279
358065620778914455124440482552693035330351335901481444516470171740
967805413422095299180906029126071568339276616892674456115532092800
093355234193476248116875078333750521448641230046935912724551684094
934356435920208400866397288745264476416812224319790057403767520411
314593569082948636502886651386671870984019126520871938214610496291
771605611241326229847291819735019232646934760673591792047346019502
146850204222725499060500390527173983088239346961329546058235596168
859614438551773255682572004086406671572614287421586562936534666765
030539943726433777117552486333465468661747102947425707471145240840
693574593305810664791058725770870394121595834972080143473202166732
002959217783114654794156763235809015934498393436031139470196023680
643647101552654833033229032494848874017487162555417843234598358313
173685674119482164882832198303929378208900666864165635632999002589
124253674659874275784244531350568116333665037981361610334287691399
779093956537587469917820529512660654358748024953105462079082869238
253173487093488509220298997492167707593046651158113338304783246584
537799959642245110552052822598551357995433140780468738288309181716
886504746473420060161594458175927648783175100615405715334080277700
173393486915972544835849957031169089050234790041826961127743891011
136824983651124352217329412770603813026341816523575148350077986826
106893578108357868111581663802542863945488244743152171446531882122
656033716864388552794908372296727150585998390200737043520451962130
066826186389711245753979831674835802866090243753365970379553017428
601709822852543466282260502978228192296797495070684694701411147182
712377179454395424754558231763707200209395248030550248615291942583
807464456124756630329362111940643853512617336383757851990930337789
563507099848726475632881577185877829735370548456218406166516380521
163355359561571365548830402308390484990534640227536350532213126285
798474887120879742391971298065157156225145357376229649699578516189
472586019304801887884140770642778982111550389340417299078428877913
960319090947564277462823464504961855895718672708930505099175082590
601623035608541002615065995829409418822317117668561034310940901519

5560359419762952715191446546570114627356476034166407335530107840661217068804877676582960344592623864758557477341228559099455126197261503356980467429465446524107479989467997846489274548144629270461024277249451728542720251707513725879735089028835651237307514021621311702640482513319750428220989513845528136268841773267008825254317243579889892752698716039884633307640274102072542860753914632056334190051780169548164179493173488781224447251861194100883513137555490494181672864244172188026388165627539857333600411059599433600445109382525788027664814425790955484257632566676861865912705148389804415975502020223084423164817145782010230876136894006217159186369664756680115058939506917948617938811069135739111929119476457163842439850676760927015601387625473877555130821614917863311075676996932639836360199843056398867930350363110146212592618232432920230504873973555103880618396303383920224450218778063418013902925080016547655990603908806917718524407509635151958193085485349436375269314283472601286321556955893475903752173339569860535581813340404683458712039407449236354697080135396702968920564153270576178507436941042162002813859740994458039484371712237808591610625472912894185014337332011394192377699272849879216795704857208482621178953745099590160573191451033015921950477998616399735136343018127076636196256421829613557147414196825197784512923995180948027615779051505299624564676859410800319655247777844310184875368377693048120859493475149575363519083664510383481178383040200872495432943598018399096116144252080810246154834377215900747465469707895682559178102153564440601396893159844515933212019827378778074605279848063188533935925532640568047587139273617127439049444206400176046596009726741995011180194421994703076386808201891521069608033731147927545046918070866330683047177127699388843497520361508386403092367707966596240746653032058855795435358985947775420846585446621311741732136381937611174526719845377107365956594981659688759535272565530522586777874361969955452700888850431275909414330236429519830928170463636710577004082355626345787874785234482399846943780739800388210355197146779367439484397950422615555306393729577597612139082829477616090698661599524434740720825487274741637905412032043763264976757883944911594852617550814823643520144900684490375525495045287112775902440268289660239913812266687287169439142423356907167219748529854906502866938531390027800622281054659491949657677340871738526222585319584765741013650016883548356236992354401223596936006051229704848086706559828336254616249888405808056838747680592416721489925466769707042797594707443992401921713587689294557714824440483700282760938444366726557959205333286363821183436202774646087176456018236920499752142614111949509141365939939598884968732539054561689863096296277455693159627111291389068753371428581683265582291531673412889027734335549344788683553410612823002184662365260252030829905573599629412128403615848769828447672166506050843093323577916341259867252410741162855560887417648349820714209069639040582853918262162289982686959759493805904885753681523517451496466142696587956201997664381005061504180068707658470453477147005963307233577907943767064211961192058242544441864130889629668960333915001324327960992277835339589184662575993194526690242146365986846158650593407148400860403033855263822463815891581183633596643738185621040582013281656985403167355638163019680564587348039675160571644904016838278201603100326068032668396046855898129134031175368012912557689000970360499259145265139775772983468530585536936351824757233378044007504755143509075612721952284629606722106216074612377151537118688504003714786281788426461390580536475028946907239289094722636256621257205691977369329031393413587569782287912428335072502728595632347802504078961201978921641323874369299169139774347271497800996496729789539144

8727048958122750145899044623890586964294927230354129335323876189211
1564588764429713638978164132213843945580346265579131440291412501116
885199892287079988203332745885087873962019584284916999880962566639
784614021609505972997287096124330457625312926815643291803738394819
151464952919885361976689649877753470040989333379727159490519391803
031244093812163606427205974993743009579616220470674611740857341097
442874902407222407192008491185818151812427633852311408809193386990
524737551796979153348369860778847341792375900020696454778980465442
096165582454565757260109829279462120160358645909800121461108129748
652676649377548555016380093639144038747044068074173071114912039559
556476378636872521258664199651815527268261024910471618972792199637
288140577295437189483001292061255825008809586482343503115842725044
714417992408858316044363542631311998838150344747327397732657258291
837424868253221336201914847369762675550760047847475071302633152791
442464845831054261792732559597899502163649805680167217023986364221
513849136789469665189599636981895289292091091581455804158302963877
917869354121830040998688887076505606757845234883714489299580313977
226925002634423933729377836121998946004608051929181573650714060521
324366571174865186510958665531766993318173830344832523723928096067
690523685146455827238435892090666957383546278011242910414205647458
071394447904816658809815878347299839103102752287469474046967738211
615109724712756091818216032132711544828799022091580995446717910239
857757760075937066236993152851061780016222800130689503482824380598
897428078097863373237536738751563996250020268891715608720568198038
132159271334649860797832469882632505217246773232158505276772769080
739518020633239202228935130743426597860593702510692638789504893955
632192116661135515559813269057575409440166368942600926755204065333
655395145959443033647298697252246130287398349730483019618694555657
529791067787277547211347230810666512202661837023659008353118127529
782410474176812005473285408824483885466837414233650591259942286879
229483507726271457547046200616509400348912926039955431957832683200
403542687182806825496525383158353257730798874142984638739305884324
111675854532875489997195502300338352132642356527110701750793748806
830785603325414601943320967706374935741539533003747883990990070253
146296598041526455897799394876475410724850931927603294897917174136
213784198103506849616403938713561098187853350649482250675345626451
525297740329892753756169181748537555073371637048051131082092768493
599453069558121008228531454181705533962376276768523646265893677373
342803558785781280821115743061979155371243564354768881163180868339
377582789315224641995493001697844790900079766476198783361464566192
197575452830238998411280198621038498830157743708738410828080144737
287666819032370967428941970934024336445816131807477228213377537599
246894948856887259048714181460237646959950801386604347059435174986
009052318312201394591848890753040173686996125439466721399672314030
349362286270110183021106675111156974413093694485088430863920946963
800556700634047876561037082409804867884265850559964776275293345172
179481954550738493811330423859464446390168372344019907188086077474
584650233245520572489711651503735461248395335503707166335469558335
922089003314811093105035625241575155460739324444620243895162945071
839767616987097469732773185008363285906286338132577347176797086008
286365784771014243655708737137294057536068519961990142326153519121
878183240382660104099322768038702518282689905013928749433754762826
805592644380644635852915698379751024085994057155596201690611806063
853047946278101163688371115018556420832409881625698054524196110805
010759134257423116274388612649920868926439355212150847906167359649
534179203357299319229870094573119991169784226885366510539372307341
483362776594610820275072013548479905377197752110208021488139107284

434838958337452396079131264461657388531821170465993665343126495903
472419700891057207310514031003142001607836834277549263847812555726
811479079790178690706587063474951441625253213465913541611593773542
711274878442640103209138695354514175104568359401016226775468370908
677917638329951341468046889569352868045362009755798588010754417592
852429641027544394174983197584543691671545375831879858306467153427
646260166170736520150241250941328917174724357727936423052842049153
843136718688623786700688669902695498242234826535568866776437975758
217353681724178526139621292352814651019033040202959808631994332812
220298985891741331294125482553096868723311629218467821310026202656
856968633389860311490682515184065358262028492036911080130045106582
899768893986223020029873020266682395983433721483435941141868009441
024239480597129516215285958031825836245884073891924717130756271362
697428833359520054337402297168977565143850023979631220832296886854
415180768757504850991986416003851929064901878184328260738036579415
375088922473330912890232978391570165470989902590963377562583277115
219769901272065427673634314435963386698378990691427314298771210280
981354038990518196590257528717110177255359810918897180596906653462
252559961087106029038506826103736595190365980945903875680234895812
098378184566328475101226255811761539113972787869656636476038783309
584586952129741360212303926230727583162017153270980917602947021388
975447440476453541813844023239519271050083654112614498747762957664
613152927304082624646701708792176731621559023521033971585954705802
422838270279714940186022288724774495150192048406390897784706393683
763842470276918437140113263995349055391609284364993786270814923084
851585691045365720342141118382724192599609844030715132883908461395
367071412105272205061025340510194029407497595745271749295390793858
606386322716975883091315775480834273084500345820943756785117623829
181332285007239565267328818090238219283414941449565542842602213790
588610200418833919731786325472260696786349814689795481129245649195
627574858991085116766023520108670357206241041911139896508056310177
625446789940282116489206299309939504162691936328525056590712236826
429134597500011438126624463961940292261249313966460082178386024222
634029098826070714131013402251822925181145074532496117982780980909
040598668887394654345337415292835273206845203742286706180187577441
930845756845900830486689521818505462058364007276520648231602447922
945765035027161024023604827609189292591418654431079730615857216897
581301459977941667168583567014562797481377628779120199707733760091
548850548543734919107244488782685079767274247498877503716950996456
850662105235981331559735770965590640499957013762197929214384231902
193401513373371463885699756025752609691992041679698230878351338934
097212741361796713331802161065533514784012271805000560589962544108
742917710596386148887121653420274202194001089823491632143341096645
523645641574425476162806149948622628197947120995332656928835757076
874231482565476213966576158701886088308735206342138180550809538710
626433109792183401239101558732344978992864043400856643324403552063
429457083508674597822201907204349182098165274154755619205328716377
066988391265389325883009078593309732527980300713903254611166790612
622091484958642463137460474292851212258409058847153194384311331074
768044632952910144117885336084147241830788228795538892654286664484
346740126017527830053237795047173946198949841265861788389973276677
309259772363725112409369357153099344533436315957211000477806131956
256649419026610029205275667024981564837479664097209386142874282180
671772944466864229698980601045005527182047419353303659476484286197
418817359912109181105178317173557233620487679773497979516425829722
861089343501579983963113356714420777512245221594458881235393183178
984277679077619574751252027257634592410599926915418595094605377094

715366442336816034537749447820380314799452485419024158225473078010
510922138304388873009741595897624392851682724173540249533525649788
361744765198146214873797373350201389963174984048031417473311253576
810877282054402753015794992122482281883158599032176421808576117958
983050763104579394151675401359916459608896611203563607240992607138
768703535308360231371618275879494370788026235451349994710057516165
840831401814160964148485556955730484032393220524854208409177214991
579667050539409497091309426035844241073566596751505941297650572681
495317756547067231503130463608454835845721446246720883776265194604
923072910857551718087040119262985996743739966703984299785629244915
783679456050193823228919978420229143846192877103398117953279196400
870648499992736416101929828283644198702283182353696013372952696400
314320550427157165630034780171924642065185460756811038794804264588
691923654859303362606440276948220974068354234243978019485317192026
063360302189849987739570514319242794157428371466917177565362215383
803955612588336253255619898881383941315190594078361441569787973390
220266643667605661260341772385273381717007465432876226735779917344
206401459575985605811985204360990748786201063309505039894971353174
758183494361183335852575639212464655851461773314300998747082934936
630501465316745749214912742258220888494609209423211433462825171607
831824274822368063119758762681072277963874119144812076079613539844
998783245877808558470791403580403227933215701389593658177353967847
577538591986059077025714985199792918862071755406650441436740619597
569024610752451363496607249358249381528623686592641392363275844595
423516530266033702306645558408623065624456971108791978300610297648
846110574242652954741764866252078704004909017904671035984964700603
486476171102949367265149700987270328479905999347892818513060236900
749309573793718138695168213954681295914649862341491832620755026387
682489509567486763202646934551755102928182498391196467909182393524
187155525228632683189420876997759678736117498348588993008982463118
544784224101131019114582133065280581124123005358964903636926524369
193640694048651607563283689485719246133771989589253365265257048202
672064769802209837141510874808272712145526565400494632261371175565
225578557854386204843972745128112469893039538513275572087385861363
328451549809991216221760819422983295375288430849748152659895095960
317076754986645374137630467832607288385165158982819059836624424098
412397675433819956413887733902556191040434070925405873312271951500
439073325700740229108927106398570264233945072301662562178032650525
080887920390398302390563040930830181301726145707308395001842861952
901257381244218064366115969970222769336793770489676516002294892551
841716903012990721201296501333506270071422766354974111199921981966
469870956664006653242100394714517812910000178032454064536894501473
949749005669062242571460680569254946226479467048866362893504625320
978470128681090305962783791319601090907816037257598889091566804943
193195890596973623783181042943725339610072872574632977674802262448
251115785530275005860141541908753722113152887672443495488939371268l
182357650797573755918622609547587939006855053792263520713017519988
485814137391208239095529104948088632077345265344956069737731565388
547835754306823098580903306345184634352421193590099177251932732912
298929823998480331430713420889867686491831766482764551648509783183
127571966685940965467399168666738031142877256054767215666764458975
682178499580369793880035091827535854837351023803509660322552556599
141555444173691944962156924331126508124794987752339716009896404320
451632415661243250145503431660567536064435401981471072977478011550
232305077658642923557297979550551397602321950701458779264414739212
118715575931178810856734946743677579086970048686007610485539674009
396682669252994853769134670998340658310623221364207499710367664880

906366581828908867836544765605239961168746643503885454965793933667
829994221239057546757896113200214638887514277042848516141037908536
267285432992826190091240042693001842308974194723371882770765364599
634437675073059724489094684373350253686017508317203951523600178790
732272888524363703330044440927812905934536866314147010465934188347
468928262998823630130601376692698821779885172124541457337848823038
246719166595110517463243127903156087414886070815548311021325401335
686854055883431018870889387613937325023408807965938201480483031644
811231762015402434502589721776700525987685752911079948876170334681
232019932311321928743418466125998701817465611791461186892683702520
165299119898887494882924206169649654308944234634175306462620663204
127052479046522225947485262988218016651037739152095692571767605139
151290790833063089131384670767807136082989918994490539984327494024
388971060176275164865432435041746821740477205357907297881903006476
217956560515937853174699754367850429962280685938360583506521637181
437581203594638980135385789008753863779994425275139716428576455853
881509599865425996111212635252183537375408938382994071476719479555
656533381033560920916513587960431756452149002108737452194070166079
074211714638920928718476016090249231911042267151029060178956746423
834095198359114240864264571107074853007624980220673638377984459884
147751507162293219203102605005515090769789431943783482112231317197
696873083287468383293986801931916537026638200348246498888280099530
802191763804197594627304342370504981686266314633138199244995135040
933685213264862216626143045638015541670299756701810799145983714301
340032034976529521643857783420248049746048135655627876700141167645
327657091594698785747109517077561758971954701469140528987623863446
660752169184051529203706434167143445810148812459041088366769369630
161221404303079623341879278070741455430961219509880330732327122514
307467437929490847000111815787217604725628436874440299990349072352
336477956148260727543047507338357941695208541185814142116336633188
436139304608640443812030500873747407430351981258795565121015437961
854018176835163955314297889210979335064421892206382792601708085966
151340923101445509598050049709333418260346282226613652457862436893
382874818080831166321408860189627933379691796702389260039510884923
222262487914699524694482213222071622818763375411744071764408256359
777491004984411315866456552169347946993853458952764802986158402264
099994210004334206449394164465158608227497279056804659105802319981
404181666468971070381589917825990524437941647676653136370381649556
880784171970666908881871118929635540970894493508380867208740873858
916782805784646387301335632900560817556570518689835182885385581894
187618464318855418835322055865514919608401350510913042964386737267
017692094625684048216955942243816283631760549072993983829018770713
786482195962795827372843849302107651701114120971271895136778113363
452251194325640609290920398920303114286931102996162897157416513531
226509765663872541502188189457696063382654025201746274843313786593
668353589272889441372227122323730318997627121875635903055240593344
068040671658854991089223395103185228040031630777931393887881242637
399457661735057804548647097133656122691054526803233517094657822351
326347119775415664800121647618915383944543827074135711098802738252
435819294527063872430289838878623739726994810190995647633987267797
438188240786469637206134575020404386514048145408486372294808918749
533368453833291856926116001360905269807485077880809719922079054938
464491299811604451051248201576813423036975845979313525076499172671
897835920462441355835396802043901129880820848792705993984520815145
552771604555450916639108614659810109436485529958341589405011322175
918918227407885854505737075417198079357657134764225664007855202712
359649841814780918524754051782985983587194509009264562032214567936

0032009803658914036592480297059704238934014178494089834058894208 28
1375410845327194765940157849180879884127867128834697304445346330 01
1340784244697467610052163252314696074617972352275188891136610847 28
2504473338769880899788249617457143265389593198919380945373562006 97
7956600732920737598787739533401224262824638117604665529549327760 15
1654443398797796575964213036484953802973362973405409536566027156 66
2095624204018972541002690308873068859675832363484860800313674933 78
8046988108179243487055585861260443351113415506834721028038863079 88
4248647959934426910709807053082895065139289872456094740899115049 91
5932660761263981350418642126839879243828106390190244271673507646 24
0245768175241297734377047211534086168041782949967650685806251274 75
2995065595324988186611187221699214720955606547552197614550491099 90
6975684236752153392973559712252757150876656596645027191717820529 38
8510936944721032791299729978949595372179654148220468484710797133 15
2924225658106596490768857512128315157570089156883907751592339497 05
5571554396120342875806175188670398308678334081013481683943703392 19
3419742431633468771675540102879059518554697024410748369099885315 92
2357683605018587567855736374585771484106340133489759087774905833 45
5397705795352135901682664773827250855655781354887635988320027857 70
6316422404683951616571696563311771164541224971808621652553084508 02
6356189132604359629200964032384354637212951594753702934135578205 60
9103465031482793614106566034544208285371600231136681319091964102 87
3049208500417437038337446281046462094277696378558093427578759878 41
8333403996601935420267148826128194886255395043815153360888198352 81
7494735425296130520588989474529789819276536230214649271640863202 92
3565929941917524547761440843060223793185676064830394341621875362 70
4147497613963842986391528708311459385176684853692245247913397018 56
7966189810070204722123318045419230799439221508991833972212946648 54
2669182478057987878265388133877917479992986271645433393042460911 28
4741410076110542008971258536672836314860898634346456934102417486 75
6764886499932016760769139511745616303273744980446090780906403046 76
3494443155886989737215023060224087689628089967772008295400972862 19
6936979990856286378189206873431243425191257166586084885331322342 61
8432605583673517357559462474494240918913520207424891718440223182 66
7020736467686101862473648492758014735888129615711645307777309918 79
0610298886287149302046792275251671037080716394391237431679286682 19
3444622476572604070545998596828789594818122960996644984189543550 51
2697462222284055821601781563848932415629429410235472447440652982 75
9565085230803988104176753109539450829566866700980596803972387830 71
0888730991670839909866670302161465717224784085226233338425720816 81
0073396534603214984320697266393091865149254801370103838705478495 80
5692390809071470146803194411882916774100108676071463670346097016 58
7747938619865572514916032126199719973803490164842267544912596739 31
2397990074831055385068661830482906443355681392530449017556754977 22
4586553701311488545214557527650034001289474274223755834032167742 65
8602941502854059595734178734907098015908582653022046578069213686 34
4182383358550580440690789048769469523016824226895303019503849045 74
0947723785841308094244812638676254526179071856678494915944757525 89
0432985971556253916870664050033869114702527528774632307639477366 22
0502124317111976697554070733311267595581143076643508377661383937 41
8821198728140243019592577233992497745653599173737048234552569017 46
8386181605906850252368717229255820454717814319918580749491682119 10
1061410175466753076202891546321342918722601569145323392446783536 09
2923925956317992477364265588541429930289457142976436732322262923 60
2401555030564320283705186440270320700941330893074078971459341135 46
6306263658728571889770055691796392094089540494967577669166831282 61
5198053868579516388745693396126973669872220449857426520785733934 50

055218249597364838727810394612054451563797961203029165947657469934
154327101407474577289265442299660080219143075163201211471223362886
891100314198269762081161023720046209913211643260706919886802864097
226678090238074035935421449915746197968355714813677142010284368270
041034431879942143613811977053870570251577675008745353928774720196
545049062159447237705651061967599990856948777593914911594201505099
136774196405319122353927497551027522621259329031592920206322743156
316398835598947694912780282598450835836799862035335202068546055921
678655283576498156695323158588572387298888221915594480378709089164
856729907213738605360437121439616910385695176160284757070741220885
574454803861554929996011109008952930561509283466502880398315529188
908659028176649338550360211301004261404612185620272908635851705705
207750060330829518090619335033657336926887231145986400466223734847
362980287798810214710192458549374877745311596289792540550178074749
196477840674655279039319556581389669254392861168127028607801649247
175794769004071383841871022921733518989407640808971431883089221639
365968753798701420400378491301275010036189355286464804238014072668
778949947024252513956832936672012672774688760322848694287301349973
554634498410829039902461431124852884825552468148762739942714989089
896406588465382777488201549894005594865085108465819786193302486083
380072550353705752672616262712089574838570781071679039632140611479
857589273165206651387414183990141524080694271641531248414657507367
162101437285661506728048482094590121411539705704846221539045505320
545140864908348169336750662852070850447616870476424706292519842182
340567119317597738507121384356616120054129148709109996813318550345
67552502739480560945533324261650049742736992368959557120323458164
445061839809446368120108418926213314665672159947081981768665914883
268231854601655417288345341670449309166374846568976763423120189832
643839103418758413624196745799464920222197983459305656369275684935
977767109310304141130731253956424863850145550075794360426654494747
022596898510266337438301815326070463610412035069829100774024752336
575842434925980678196106766125498936694745793203834801189180462399
344020486054740053972919887064890835327384625425978152377016539340
906639616141813699362622724220637338198430677526480387417719061345
607086951288294213418894326141155983741984309650618079924824859955
747397586597917835001625124791176820566112456878979546722894411612
072462218215036111871960386759404634081534052093195489945280136392
392045582070502328159177110790863859943266252683370835162218627906
963513461000189272878972239673342112248855253794962334805017456457
141696886360100538717492882149746928962534740324906591107947746995
501662902714298465088391795743901191544231663338727905054893157337
140084303338771179398455028810515225387855858852767867246546822526
013941421263800251511052536202028508833681167117913145351827458269
079362143382873636714785502540618315074263817135131076739357650065
187225796621355848452519981400465049664429369446264325353422704810
873584386515316574783693494381756184393891019209933920793591730235
133613433361740937889433243636766210205752064049860033947626117730
659790071733843508611904667283091919140548761824903540960361117175
873842829531071297887413006781572900718720285253473736830526838820
885190065288899206711414175614821804859030161269936302200424573036
545063083444521271814048110646265502183349180872813431700059389454
647778071780075541159447956636875231302809685638497664674164239794
038097802400682239304397514877618551014680749244431304936842402797
966380697010721859444694667569526315883828526261340027805651395416
472679784720187392873431743195634271468612868703186802680513077833
113336497051424345861943399376038313489195361652219857173400602626
816423331526275325615269986604467428210001630787133567564176057061

036539724403434996407552391445970004248827807009018247852047697306
068182728689501112304020259654646391688265344062451389438008685826
309926370738304783630389808601099489941257512561401534463844237087
490956244130195998756389104652096675458776600865903952152693072494
759346376552499957398136870468238357822213502275156277174392239955
413454901430780658888714513281337076148502576852323638293314742805
966880964620998422476207439426900279429172375897478932798562424729
659085321594720533236949043402796626630740273131643223047124289657
816081090460225680448819724706799349489374391507550517355788273674
663011336512806280676387389443510734047785428449458103240215302688
926709289273432162228866530807917255253664825319222486046719040118
814979669189723839048992144990637834224725829744875713871639376603
835319582212583899500531756700955293648507888404290003623246079851
080944704118776696569852700224236542148408230742496591289909650888
536308725432732151415989181628756781130705162568510558151267135934
483217802678350896047258005426171033289518836389103244737167483205
917873365096282974559694346240925565281665664281336902593075874044
002346731373767779248672610262584036880816938609418304354216051232
899431137753391065117317425791903877442755577466603040662009904063
042605149202987043184601327389509099815270306433694469041004457120
223545117101132875640395937024233171029839349008207273903649597967
324607011744165743432549961178069176467596474687979151557278151624
730605833452636485128981677846980881899113210039395551118696836023
267657819460839277758877356094075598291775428086114543301395004552
465512429100491137288596606867189535571189037333006490897568335165
004948243750201336851572849963696746425914953603739411549609823443
143510932022180970935978032954975959889508110435013606216420030405
425352518200915587623321754421758808594192994016616000363439101534
009403986138161418529659189582746862217600400754022405234914487411
541445060350425636232969603659720823649255942147652077137457479512
200232533075772735440666725460638556600200246857044600372754039232
960874325328139244892759626369997460819803076121586944368125434647
600582345170986588687578964346022705480070837900413305141721926594
157615687911501913402974858505171486081731560973989818711788963997
543859385148127122856592027869352860760961001450046862821433081002
880034237990803160388504060829762941823082783808603522724981023677
059060464634773095240249025118717986424339190253045895732039085850
787195225501777037652162664218528198174050734002666372515280934052
081167101126969867793722598569334951943269320125902423076518277713
527188447253277802055114483586444782301154711844183522932511493257
269886174912260328402072777884330020182435128895262643485040180117
669218940030138462303925595731289815372438169530773158947855646025
489012335984452603058421107836641770498438042272775618146361497082
205297894046841964210519595297634427944938008762375274587365404368
603239256812039681539780620318441175173406354964644946886431290056
599239710398026055271913444121764931576701250232821586829133991709
434721860199061499472704193722324481136577736478433420225999696279
855298823483581345198218142567592434988631331576435549852201618747
009448486245729014154559189488870773043749586720792483838574340109
825006289616607997109441836998747844395676792923888624160244369027
154652760022493934903690547167448296577083073924210015283272337960
935692399033882446560129800791917643031420219423739939643744425088
139872031104733044683994406298819697937197577353254193649997033298
030950573019449051768134116524453593299051529119861470957035374526
557874245185688896013513044654670270758809946090330183569536601327
917187944495410156034369228648022224704476758696090322096842256361
340563483682971743439491345035015456271211307069128196826386733221

318404444149770373845094446175483054536899360682058038898772474119
523892924216374678456249854279850314493299533158554300276671540262
962651669580914607881017471430699174419986584732904016553566585762
630805024149558847753348985236467223893416365653247943645100590252
258632136464125849984679616184355234035232472111052122663609157360
271302132944820897661410378070919365580262218178495712207585119042
287800087459286773627633230096904378031370895252076667175727182998
614393655511837166922372541946679808216666811103956604393375037280
755451484806816604367467894326404537115665863750531512081271327549
205306822200052569298501430885879183833858882722616677568345546004
203873216650375630854083599997383442031879253515109883833853900329
096587405487398852972968379972293660129231230716020550973393093605
034590395514435053077998616792471614432707476245085130197897386992
709933257895246455475067636682646452715255225433388053548362739162
623925296676645875489467344757727335601383827372900539389665659223
059857104848277439804972058382111553820098920966136946893177199111
474717037337482698105962706129131399606088218772148525578898249605
715119740995507139928669201545658383431014260308085868849327192298
415895092643571831409247104705184512875869988410928735902874312039
343762798516411032441226292631100110969149554450309453357692140980
331567654806421257727767562525366210180850636818295792871608398234
021472035362598206364552008523128058003267168668344815110463737048
499734839907210272119035800884324222116433444508002259779528179717
226997323743864517946984457648063948949183343852518042878693263275
290244789047593794042859845274992227797210002389112154893838239138
287298993173119476173906115044782792876911023764755025225717321948
181473706301308841788981959816299954108339024441069270673759595699
711953593093849611028657407650636769449089301855864987037289727234
334572249278915326092232477022877262964249176980803027823621723937
988540050362571554887536100890114568649828243767815051248282055049
206761472527146521896630049688579599767752259397406030511028985803
962621881971282170519263223089517468158647724940066347625239985417
319602616103692419571597760197169490239932872743974658804365659364
968801685286397751552247599976494185950268040500640969843511307379
711044119791800574646549307802152125298100873140604694735659064689
241814839126360000736247105564819825893808874576453627742993768135
876541917973572296127000892968471369649368367896352518230389131039
926337585965257961649644990890955243550865890255302785990775532590
127306002355311241372288339546404865777833161576829861517865092413
747423720887013088054395225927885302394309216595649098407706095942
612962824796778811133533262952874797540987883556678790042919545157
674414867840448236392233509566007275479391401697107231858244127989
233882002377940639757536572516250133516367264435915977475061192571
301623009093734510047452761801638070967737009437680596671422941358
960082475538324597480393206079604490501769207058512367261984589568
309379680625434025095746216595188797550577965491955049492867123325
133755673871605735638002894299024885121880124056867923618924755604
824874955328263873146464164205988538514774334331725912973171197400
042649872224381061421103274992413637133754743240629667251815657913
864370256202430396479048900504429852624465756623621882085409494236
850573272737762283655293864213194617852606260499906254796884745853
044130593739472779307753507819355762734410692155894072757362859694
496638890921585132706101710614979762053857085281209575276329498576
677719475935215242167687786817343705567423740243650963517997153302
057143111464013586402829024515173261076716920225250063376243107416
178747624311018029013318097223112382400446652702557913433386482338
478240836415091426303214665547366175962561696659433120665985127670

461450435565050567632319272380345140253542128096185364065860659568650
009005429840500460935485306206267704765845643230355579621397040128
414507155132958915455166928658278389403391529922388233290253888572
605849243307420504807749658189661060918105854541979324802037965568
280399926145969205463805877136490314877440480911274281654824191745
721110244974231615616924754790847307516632660981952379567646387678
825343150882208179566747714706801635105964756831889832497120460920
855699713375741446504693478302243271003842147687932214248571356564
628340103242412826327654208160894480701691549541907889908583899738
707067015416665338419583507169714519341920374457438205104077772973
273608393241637456285892241337653863674955049543056637708434508365
177004646646381532867444822629049601846860503688344077608448239700
256776213235721377269139239309592523794220566769837043926078903482
673734754528332857659917761012569555350192620551799398021571031241
431145302306985898701030358942128852315150644414206528495349362202
442156032850944544546287414074018450857333734350776305942612250192
525532512991863421476582140383079795273873761052730263924182242641
542150906460098831844152564307260014686146011619491302403669382475
017141894225920208067077454915759538454237813886087021786642478602
868245538257060700785282733222651056334456649087436158229522645069
096083169561726052652534915020704138021903400570178831183123741998
178687238825101059747512023490654168401573350143178373352481938619
828717997108611704819560792586428195619770249670042110009538004738
803920047245467873090629279686005426820228388866840290831335207688
650527791865629012892131240315114784046500075712617797115876960036
259178899584553203528776418478397863166507073750966908836131673914
766831068048300176113605941255839026184975476669621728534035859219
034523767151164313372600671055941435933213580593431965154632317833
809081857823319571680232256364543546573965389158512696172683566529
545299336653616507398029873401838864612441636517466666989389248273
782645426314272038650117553097076155873345431026760891681516242126
487058077506359278820073571778056908881607984334565970610092424036
098417826254172021527883071915797667428851450587738133761448400083
912643956891713569322761335281604797325611648002436478133941949391
998144463450338977304830790172218978761141526758491378276713640481
452224170097638024592754166726985901420341115880451518379364707694
489921651958233263828168333632551302342635169444008445773426489193
207412771550956432261038689103857009585219216284841848988273268655
470423667527507529843122908730541983950440894202141667808219680982
797670774928984971242388093354144951082942562973278266923004101161
806478685421633930127455892232424786749160761576954116883021345421
715965846090848019719649487228542292491332269577189910652192682352
097342852936279886092116791707629485847496149978359834308720070047
710218568974412617231091035586226249946839024978024823106107738908
0430317290598477045224303210033049575696595557590980897187735513274
829633988645718778469106403556448961252735144868231053002778188431
067681436348836868815197935919480586451837858659731027120780587817
682834764220458041748546527255792593212754220935506709152174607418
634501047954448472804322875904278532798925864532242985233863325720
785494344100713049181600750957198178380956000287475827557145959121
423798241034420119904298000834846679847791736676339167559812330736
044998178330002714620794715396260742401905177826968287930733427372
635545596820513214757796885165521578563821506100375744210687869817
590879723105471878597945093416353173097134275573684804654936846085
893279519387805483535183845795512788897107538526481259181979522714
467314889783066814412948090438764754172032883679315394873192784282
061408378211112385518592573720264234464661698520633845340600855266

871699988254685318368450116433542242467663197456134600849630856057
453735903033205858460474211719831580072893001356115756207174231489
330479644746806496381293164292352358113902966994946800145068838572
950498800317429475562367674376499424361295901887816363422319493407
258497317389718473874274935509850647269696844126520678050219420428
761073628889385885038732456855643881657884628098866182032035782303
338009930591300723334132345096025973746052004357099860029814550957
846283200151357359254602735159675644163653011226471278640324482400
773799691764665060238733966563567934039835656807221965404885119322
488205427980912971100770045002277546120661716691559139809765659822
716963173713238023308189464381281348664524959954457359960273403749
531981034137354585996149549836091761262853953078738457075946329303
714882251930381717511543835002670899582654526381103725254887743926
013540602522145491981699579873716453513255099052087967799440782253
080775816995602711127758544868440276052939451428880029095380284854
110122615778414915814077499984149629224019889130831785966691538822
900994694745024784490257136735697263979283040328606345468198590148
086774140892108904010576575031104192216149418743145878476136714773
918305353143832266954538329922394045613360601782141188650929220792
949664091216003590511538805649216270544641912365189082065327758919
973892229390120026823222236977367233003938217236746530526507439140
683094747321260320884009899014802678019948268585535148065705391400
576934547136732038757724513069759606056795390037265846113845113230
645833725058053167934472599430552175008531778636339819472177438498
394166462144855051887706616890278874741977750727859461678481964887
923839242970123021952643848769171169294191367645398975302213189442
746898644511952336113580869952565738499513227234485893231138679783
119517843877135064823078704829980344715507014188205310414266822948
160081609502468235978893323946769501559475750223592602042472263849
410031136704409745365861030801205930892752761072852639425752928436
218637764253542781899306480066569636727516169718199072260193757116
892594797447612487628882179865013674750750063832347988396497740048
841235756668657161421583110847360913934500027320051307981281570222
561690655268330308366563814134700708194221664848221041593434919082
040564085952240388003780734926165030023171799931482592911800377474
465950156593998138623869286906265238206123362367459640720983507701
108299079028069034109175096357314561823190444770495486618716069228
030350137359522412331696418348799080748080408689982217275513161958
780967752165398983096203489409368385653942119612308102110347105174
241643465517192077927713852950602675186424396926553672334478410068
145595114903678283881757053538003894600276907056312702323014141306
631680174679733509725414626095995788159410727806596654228530160830
980948279808777995415133063418519778723030126639225399955941394962
110041954607825206744250803288180503393892187565244451699554137647
784167163730755847972338659392635224018226080316927670846826907128
840619197491176562869996908497073082337564779768748466753052691929
850792803668182143767960730508738080830144642975982541700786439730
496108341861969661959632201840359163563411843581859820514136319153
091251744066240493909245135885190762706889366270990559464689376680
069204682836304625016402102743791785448024851286182161251211457000
357346740692536790368909502592398915481716225418252452080600390600
406155405892907732068730958006174997192036471209788419244666709204
449749874824088659052669358894877525751640135436742379201453072202
353576834544681206865951393272635592769965995737774411037909107156
835865846562208586210713954935453912256732806295275190075494090489
639438880642545570726221159363124394916459725649101842575408220047
228888466345128030448319017840074011676477395615436471395235581999

7693590108417752197336203083262576165968411936614585331142075321195
5292766971704206705185984249976283460412316390812279089005602391472
2762547230446561373891934829119845493060944629450961591153675525286
626105912712122041446841774978186305011129740039411193508189083573
332905511440743044446758533039081986774585870646675310587332044486
643819547370848098401901457110801511114446629507460652330517345945
257725758930786370071957679284954220239137265682599318384963573717
455405038735780540832235428668250983407424619172124106592840528111
662009232829603017213638492851047735852983920870989263169843588574
220637445799561054144370524882233580267567460992544022776840093593
181777507857673345320731185308379736957382024604745009604524055600
641568355404686418106415591598692574489030347146086368684207141529
519539968886399441629850126219826547899506312921479605647184999313
392444952972883378335522530665608113911155759997907138289241837357
409051932411808327532105758344340786287664294881133595300781151425
957827964092837812763167468852532329802856792473204532093854210158
071474018094794611604862776786734377575114375923330492549945720627
684233643946932701733610844401875653569316078803127015677432921109
546037466986463058964329961957990839163885107358365539735868580394
756294040228635209634721703945047038525710853133624475454200105259
671217835787463335941659232356257039331280188197993487698085088538
737901567888592495993380410450709566819780689097913047531270144691
199081713805793823536727157978743995647891549064076938192367836672
321819058213639903497314398119674217404866069196506586883151348340
187681346790426439557385900654837580715281812895107414409604501704
396548535905382780434813583077244516003786097373743147217940264953
077294295524732164285858641931339046225557314287679022533447878688
563797709322070475438244713707210817280726216192203451676638569854
214600293710661317844674349494603427459097077940257119887375313991
238132600095632063682362858307898741532274462127591793546312149215
856310068890958077806059372828374066045173381475694066896879074464
372890324045717468931622799152607670087495794636552981080060563205
359323461491322115081869171155006556665547745497875592906074227619
249013128677758013421084016288308729212261577650952210150804466374
403297822650479584839492908809137834911052701891586665978153952243
363020381943077972210074929529190141757752516992977147935001371899
644889115206473629667612182183930848992602460041899154669973852196
756729309643421698898063419295331116601520268906755263925108101725
929474115970572467020836237914457657307631055046947966134150629498
747616641845707823855574370474740572018709533927231232500033657654
418215016266023517184726721533121075096401585101898137749142654529
986669208708890369491023049304630341750898351467990256972876511504
451026758356083496277333454143953879619686112286271837770262649999
543789756618638452242447394924921505485101221670755524051021038733
002845936131845844278673382314261769735636427084212028318843673819
283471319508717312219101203167211411093958999228846748017416567609
937878196877076344759701878701153635070426806203432221962481896791
090562799268720631573443595078978529230696719511043330556678384953
840961252779583891054879684848620867971749300845214435942534620011
241084266566758689780827762768401346982941929580203305740047491397
897105912264221040732557891314047746709521633731095467107147882434
746973225362089718434140168951520932937289579617990097453132280763
181828994331896956895304723703995389058396574835501508194701003364
946075415680939094827544998118100311514311243716206028508211677160
529015030383998177874986196350048908052208969068279491550381572239
746651144204071213280056065362446019685738573258138094507943474066
036054359116810385474554139010052108568269641743645926975730111231

4276156916406438293041441912580970015014762604508430299473977704434060255848315518370986210437182444909324499909412396968072735574990974754392902557984797093482190328085059102331850565958856934103697521787966167710423049423523510863007281287132147932780402066461426230078561408403259834892557120851189853822385136209728791951877465064186101050110001523921401988115501033319067153914966127363813534906201898801186062648881416943529275130201207444850693949715656963700528104436457965400855804416248425718544837208664333866575252285810948289217257839158191476913646032684476202255833788430706626820136562567060429166096739937396333725598175402369018835353007990159396724928774572310017813388850629426776845236106426208547207080605367376268476687684621043656625525457715582096848955125604270948386990045370602363886713679104249114919963014756467260027940693936292085268041593916556942831013701721500246134125553880321201748024661994057160259811420538497330990958586477131121900577851682135465676925436958683955395922697911981510567862427873863559696351596525780100887775161394859476530289336591762402297065783698536071100495347567572284079338746963969820527548854138638091280465567957867380247796245580749357238874918172010300891988993237953392756249295143063917541756523620565537533747840354751434991801696242127730575175317271408992841799710543799766469304839985765697038891618026889482866498396473822403052368385787917654987361628471601522751105553564227093034129063412140503747065387611044057631277677687955828396936068797492992473055757014507128648776037216713666399647951681218150895635932214508085348626452441380423193763653355274835333215583412888866477801396224946024358430223059175741552754477847166515158060159683143469938602241167033961033143444142152378121270529004152968328358142745720548076341739976854032114278702709946582145669614204935860051783203074959984999453677596390154433298372959877021587984045304241723688539565431132491280016688614321335901814598815345115649693087226879981544016379036258474494027676223140583830246323278355589704912287637551609935228638759482647092345489660404395528296934963273296194539263412540443583064912727969941442577153786602121596283848008077648600684421195128428111186065633816275879668504679093930302438194147134504446109962381417080458893859796343824476120094314750139145110290353458464233986653377503403288751178445621701907008268753712348942548452679529059672899114162168717207252789541303662531312161687184002908491401088247419290331003958533280903056898161959584146403500881838354477661617640834335657628291603652785505334292017344423999912982156065639233096831232606113498474590475348175724793522899893500943495075396373482891154711017298440790711638488229884179218542831749857560164435622264612259464028308647766387359459884245047099086787716750091393003821175198111842564994499619250193938047253373994593337731252524630640434299251006362772644042522212933536398388871255865028214839351953782912192325132955047942707747981757306909813981758364267491567563803402416350300899745884664455951052637730388753348734402177258548165703260033562049041773557909734759843947599584542976546367412107535150701385121261710170943881638681800325344560780113893154572325876316875914141839336568222962466009146205514597833791156464792666354362782330254858219782070997473109160351106470097487400073152228766473962912778621844683555002020430719142007284627901831863978702570277226878239103697244548641105888916691110592202944493294362703541330988052688008793461709563048460288276601190708940730028200664359866943099128838669523792986662817889842726970488860447376760942026153771779179096775127871974710440809155990679190772341720808085990428600454545675142277138473782341100531182443063238871528440862687566050697234784773621

962023765844110337215904381189469829313069286115985645313989313994
899983340440092422837912517555217462189128760513946898847267718746
650478527066436257483191690849153712588054145403632674786953964910
372400574613022029319950310198775060288023797500255215749964464245
334988591590936954395808452804500493663983056378225410562624168321
730113237466365081832155139049801939199625148203485233603520297989
224377311115009165857010326003536444475177424698915893573470565875
149762563268039695816969490397599461063976343230542272130876246685
734670460622349378419919838013099392802365227419198605426424971179
228205037053758742713666727148553094608077962908093583854654683498
403635552168457034303500634102350285348776635304712506884408723266
759056557933478459113321260789019286980993596367757831289572697042
883799355130392695124058919984490604631927762990564603947687565277
618898780750820211548536425379197075472907112634428136059928119173
570992152555519802760560371809051890207185773505552327139139625015
942725393023718644501766178359500536742452835334629660040084680727
285331808352724863433160206496873873921616095592777074720918638361
912857557193948445722793390984130659405999651263847999733328982724
471352363001173194587972985469557496641486067831936412121572645340
765807066896025318540147824874797280631201916673807223776392087232
475421013217402193170524688311956613036567070305219123786177939256
907627223847705052392706222283749423814306103440377982382108877414
396313901510708203127545660795464337135345992806287196946972555924
876234056085997602542338053560291986990956076137368277070442866704
641224740569967492098598383612829365067744980245221678095700993792
811010739323086789354647755651487750747946650087569269504913255612
642806005988394995155162576408277981605727557443961201814749780045
132178212978637437510997476733763131344406693221698979064814152245
960579603637492938539058045809826035568195289395221669574156422043
036643722991469676043864419421301367590016932422693491304924670270
778248184552311346110345348927331506000123028538334230363824715502
555136874563216693665604441464245556981823192741194508279688704694
176702966019507450249851652980618680546381347525143843327899199609
271085812200893576622256979935986992214992546471768210127651995959
782470050142217475458619429603923945909288284181468774841913614189
873828126483553432410169649346552629534556346170833510950168069402
286750567763445714741321777516730620778218770649224444752082800098
342557045778491919168841767717868863033212689549197645739407537009
883714004870254292603296387792875437706956043733999010029485263815
003262899728551130103698581932674488505222842191805455408227747527
607465389890506437479816983471777490761037600628289061945763967812
992880200275967294498615477065204732195418902967085837806056950268
859915202286168317793181381113370084664828231642940194035016674892
993924087057564794251319995861278330973526538433593841675247530968
424697781918624343771115599252828273132951369787821407425451631268
645232757808217439154214688943590977318156580220579640441942122537
014799189278853790337774328734095511741378352019197915279650013938
688485569374748216129271672957278563847386324693858405292467490402
241343895188323801079314601834291621633196573700159794273900450006
384165131451765590859700264700322130221985224974139157795298792909
634972898511760181137446922094253103131383449613559931817883544164
714503878554716659769824672479744031166060619891225041569090447646
624571283638206166742756470277596897462784181051476701358042590385
753062036572937840164916694827135928569273543067691788670004922027
323162640407025502795620934962162273386194868110608449358956017870
858831338441728876389093153740724000728025325627642840264865650196
869797443042592258495804741792279253400552524744950234083926561723

909309423006093663032348020210867886808965918168479273683301432714
695684457049365421273852364197627489417603760297520161535938944876
220235739135468342725946282950905765143194209595516072612741353598
331918412357841964213428872566873897084383114104658560037688220324
630865651541079929646904657770652379505345960246149402061560544843
064378729945258226263609197006342345695812108101880429485136828673
985213253451985198680652792016175389656184118252242529689346349832
387862657383224882146718221239216145216332527567001704289399052465
482587785124125185612578868945553166549754643047535031903559023214
381285817927533984012460823890717054605835960586771990218346528305
718682775107625066537094529888302119627302931858892708475701485689
985296650573384710386205996389432094133595779644769922141537865511
246485379439254073621927524684823828499731257186457655515086958241
513497981570174378273366379934306509060649809298386303335394250218
225663812732097435466224458876434994073553886358770672063368111132
294229836540526882156127024596288572354826421831454614331912545833
118125597914736484012914686221986737581897719518823278520809332782
805285034388138019528455465051393246902691156026768435854439350762
856672612665083945358983093208037001078932436582915508013223812988
714648091356440292471252441002452525445080232461578220635868716711
055693285438016246834619674923755227751310510012677605764387991571
994859706517602138914640631735022338464345839483543502798190272879
730320285084688401987594987037814617966864628754667039989630424833
422549049244670132939247258323623153119971239894462176588427193382
546662161038214006990230277426443857141757458794397897959481580497
290597777262187482791915421390156710404249879603838398730807155042
530393201138172623366914341884766267550325863449267294163554406164
160581260068978504890246540953673844850804419948123152264377783589
280107705287235798131917642254407902629775223299431624405682282404
897958586204209590301675307700984125504143951737057720575555081755
126017901812007351334177237247622081200086044079512395142659896434
037642450608295996661560889038571068464029141271737657151348879446
426891076941089531011909992999563093090503522277723326291470140178
644514635311873837849554388250085692730878394745287492017688644731
178310411019916006314988189299906101527781687084216213818395570791
840511980675977695998753137757726887891088645916544689831334742354
792980519109215146830716323855351038727187544676708295297490534595
376525931925165945147933685063816797347866368832707895439596677298
327096680062790539599982945777316823832607388018065410251461721628
867883587066190936772979664222559336908245867103212145301576140656
384883204620465511573100331062717763663272535510511401137294797424
234179965953734894214214002365844081133883197617525505890092454531
377560588422476286523876062724699030212670470780945124147162949557
027040189986666320179842300550700844075332796256999177187654265257
033125495139708649447191452729448830509460184152955625147404095257
980099014633837977690212939408531024885615673506063386349236844895
075282334010075202582830620711371905942678155214109218605705420961
030713293725553682257947355874625677765164533109298228760283792259
302513185165813377060520921086575617430123342890846992234973515116
314217452542671397892480500251722320908212457411077611635359168604
652376411852083104556005139095894987309707087231114254702312167332
038108548092017873914879344888372685456892148778303900165477417622
812605807283554153313690079313963000637697020076253505072612334415
101114280709368194022369899913082474246540127019401132229999320483
328746713553834945796358368992886232904397225844938171077259058039
497162595066369160424288128254838697159665305547425435455973433201
650174716942614086413803804665953223880609959689304939813989144177

8108044017768041263118730703803284078136515237865950551008740358384
9737817232100166230527219947879907436057423140992833458661530302
6591088028489438826271928605926885462526118115065543143918604738638
3201495201419924016510173976740922604325484294565925858177689977716
5202674986419890749336425882430300822991408842303703349200032109947
6423574937082515388359612855402857151199968412130951329760106062223
8446785330430360528332459477151752110913218469296890135992039906755
1746663771754089316263526915922316675852838151330957335182944234401
9485759992887571589611373525007335299446864517727781072935550662200
1116627864068458347421220153546184274562778139563100350380090185222
2039972627590546827269914375360065865512634531653422399403325698766
1990327001829322904538021646980531553098829533761896730953445713303
7712859925458180227261374655690582259578692098980461167400939173233
3575445142418155942790416484050121752751116222484137648793952894877
6891106208346787576323688199506508172349368185004920139539693115044
5084063183316979565001151633008378271107497728604641519331149777188
6200581721183571765889164635570184488733065674121671104599185285066
1221968011073225482951877407666997960230384720072533276005946786955
2679051431952573547714111573062837948717238799010110737197033795511
1387902442285766119513470938240551686729869870945885528098965550099
0500583947977681636213599589645466936774116795236559330196254317144
5982816376377348304158535288710628200928673451317867057905586242288
7769770380335867189664400760452105077801090263740143632780046286288
9324312169848956969268126996557009611629781048808333226401158444988
6578869198915511649877595008201165471079495476162725359744314069899
5014347915521487018052440688805318244505486151055750824583348306011
5305152714103401346158717620493273768228117936382237726367695089966
0600576457607434908380867249533034011936473642216403187735017426288
3830918160337130530819470054814566633422929439437912961361179742999
7959789822201838204339375151390081879567578084988196711699577981488
0046861111020299855976962841938868761232745152462773308044657336955
4636549384040081977760970663913237654253918686820356685427661932688
4390288591996788147248350231950588774756415910641899124069125309411
6312561954109543530881464234340833160970495044930981167353983129377
3553934118732008867086710676292802662313136660983836430756156824333
7100324761286608742139189356752130595062633620498264655008206650188
7746333184048109653726939935499250846093222363891818790058724923866
1078321577979026003556222664391725444460628932945945429583100156733
0055075437247426211846516371207702459968277475890212707746082328100
8777465643762205089221176286259492333732230679917615024643599135633
8162060740858439742513315938986338310272411438507532080538973380111
5912508795623407291394530386270706817801468194772402893961722164411
7584863020451648879583761092985067605371677640104122787817955001822
3319726057461761188377946845473203989183811701977866220808018101644
8347143140329254503142495220082111433074466401362422531925987509155
7512173913243296534940120953928653470846315882150495516801442870644
9484831563843727263048169479579203556684457786382972288953534411855
2061006954504177044547449259708669886360993447006199388647273449922
7912722231658528362329253648259342107355249952854844231273220467477
1078064243669958423852863743227324420182834397340003224185901923800
3059005872229289610551499388306141350064936910473902129154397749455
3605108064872080131190490223110707230770624283391952893722091148777
8390879044959631522298968270822053048965601639594558607553522222155
9573834959609286492041366112049876816520941632691258940484528222900
3607027727550910423476071510260847037204995330735661652016080315888
3563879622431208900709419217345047787877409407146870679225942590522
2751818094928229533182148904042084393337728589025366508426327725811

4394860195937648754924471152085966166588308595533616071705852042477
9775057905952120494899134627373339351797353749095540180502086242524
9471556100879915414706965354572999224070932580384255389746776351484
0895187698836463589425494284220731203645100502716078039833613170004
2276335732205805047209990128777689353375985741664585200763921687804
4857367539294950338409822939797065831425555392829591922969806877724
2796639729390777908217851732476108735564189670849418232302926913244
9449134037576977880000852120689948851950118704243081970477677656474
7051666007382064988485717104832272345711925918065271167048969229094
8580751536275170955052842903922436500482488074481318574364656698444
5218053666467548379873567916422013296190351708641479733715775410614
5161742404449579958031556111579103087313472099035301894999465821924
9921964771056882282986141014201946390542328584438171240836332265624
4325123838594776356730120676441085014753981446342859310494968693634
8264004641625964695149031961110485447759191706584392706760240031144
5212717647083332009417568873875947770632409980920684630534774332414
9452200217630004662282023808277804197794933893918898522440855068664
6909872615099934327559421951361489460327548540028247463818557430384
6722484814571204128940220014152688477096246122211499922887643919194
1089940007645004267363603359564464427081897852741770774513395840954
7604462114327655989257121246407049760606889475217788884675365773134
0888483170413084708302811779259466701208771841286594199018778750964
3200281102375514363561230486554615329882829990461745177485814776014
2313343417313877109055770936706573655020317579004306722930314450244
1991977428096762212425199286327402583704007529728174354804106393454
0637326750684346881838874833235411216634188042412330340349096757794
4165377908412586879828861032352788573321553381519883058804585315344
6904313089809636940664181370415485931496667115981308994408254571534
5523006525082284961728723967465082519004532455823574868772006674794
4971216360282085235430278386536117112453214864879424132133170085234
1543372774607680663766996188951228804910891117659551573649847388604
6952471668475237514464152133654892467276122585393614841651438581864
9173841675434827813176631429116937855646181716609663402912720536534
0254447638306533550451146415224708651212131290099900196815169592154
2430391022949696439063552199065139432163036534539747151573501445914
5609700314795373825072228643267911802228545445051006686838264972904
7481325848087102088749505142696429373925813677184169065452156108764
1573780205352795800446849136136917468253717280353678435036189012454
7777583386467700487187551541811503714129454911427269687720886195294
0311000652148060479389430426121125047463622256753934768192222192004
6351687668258215068279880160735706110805557861686704947486404202704
0061440097794418761478549764582395624980544495512570910640270832394
0814460092511777876520638039371357117644763292216214126564837394714
0745132290507372055423326208635230121119230099328216475364369237904
6325033568253135543303478962915330449231153809199575553294498705284
0190335116740752763665598147220612180438573003072978792173568500014
2562331806742598872401099689698138523973061919559283369486119032394
4925359441583659581613839121854119515199265507043722245110633671264
6896256727586677388238790791336450938651172201396285944786544296214
8326678451700202781884192400936490366272357443728744856331087287894
5845848235250820156274220792392203392045082819462261529184460706194
7582285213387796963236786401331304109955645374774064577757684903514
3791673253218265004401500646241636404631178277966053575667603716134
7442026691617218914299163923048497382542894221998545478689482567054
4577120830606966401517547011398438289931933635228885729811548286914
3596032428511636219222076679819006388404842715260865907155370497184
5933522605711810415045793473539632763998872325606368960841031544134

642148782611928541838499574304427686838514591491891874240066190283
144798592264459633479953102863027801831150089300076576280887077688
855667113610618616899624996387993702911361950062155095910026639429
805842317789649650662756529783441514973388255236336446520362201321
628032135004936195975070269172783237013837157643230288810132963328
739382457387462450968950822383308441761924084760510272468601914474
303915108037774819238710529112795905517498822939075512744080364169
328292125537800884919287028546754254666973573970536536245400722239
895620130676048113391563497277605671449640906404511480948248685117
962164044280689719576297535622361816888500272856943365288001318441
212141123898385195278511948146790166528406883821869586830661295903
977459905614870361228980984113820061585914247128622986004171890645
301008203279408858038576089051226987600864246064826948504861862965
172218487518355652881466312752376870674667526917244167297354569567
331667718492843943138599577385048506109731380578292094499444632394
306068759581190038602619049210983987196993364746331140662945111471
520556948040279873582430918597382639771340411416016623775269357722
361477563479055527521664824146099814862813287663118752410741743298
743627538504577774254205757662739315698404385677291438378359018235
173687708804803437428632366590745228853952283577868134721953766050
084686198962633005033093604099782229148151475257718379528138489156
804919218123836041227135829611649724710802612545920595248651142278
339115649754666274486718521875618162947119647138066877715360854178
694183861466074853653955258090169662377800006558368188471976982444
587322984453088699029933788779526571972808991597939419343675227186
634378290793682444032062463960186699049723190315024362504081305535
338306531610923789527333914369792593690728697404262340424758703379
170022149258343524101571864539834784545175892241236136735291362601
712155441084930332164423007596971105885469586957117263203798513719
294014487119501537158791633212538307938969441274689227398610118372
085142869319715028646909873284817207387381520159116379451230101019
666620364454129562919035548105191253438713160015241247855045224548
041708580097441643608403759638018838607489535266269503532816480968
167944880176159399293563064314571114835166747565462775942167253782
296133795200482904228816599956705076073487042908590849968490952949
104632685176365224631701348799893768877984209294851296278523015988
301533612683429917766146392549477051930205003105560549367763391632
839538955788699776971431354461013249618901917057012018206670211657
766541460513685343451173302843741097526751835575924718515188909168
989486576041645332124170280811484675907730132725479460941550972867
896718796180122044335029687962196440483278863799604098388253629382
303958396983739496101712358218421774397427036469112581075159452663
554646751436788687978229022955994771576430671265259718556151103574
766104209641784124768301584033979360112118781120082317450371407570
040927108374354010891993459498375670612740971769921395411095210125
083981365495620451502436684311339897385873611306512474524232154257
150917098311414008602648905393707127744124406690768316708542405730
036117869052432320544268235686500327030306501507748047387002402672
924144800205153067732701911145489873963492924892062897129047830449
268538002831487535810599705614838069273730096866109888637890295573
247377321839296823726596409999947667955760530718216186939459927781
644525369696581224500935645899443219172791686763985578925399696609
882487227058690249200178490271214863539553280594682884699335785668
968529914380341052833693838980810654163125074949460944740888646908
365216571068529029379011400101710418758204392619824337261561113568
584173076286520631003127497144699781910388199260901664617975406910
297256584746904507192524494658335276417463995178861690567326593163

341245854517825808244900718850178514288717667208311599555929267262
117825611904459506934896175722832507114752044127677657505086893670
980336668678679866809585451635645045670009828213046712442375802553
358494967834550276310756161856761102420062290862217868011243459156
477566136273107961732523468140907001105009794586345724419026620057
736717904612327442085379760972626868770094642272586850071636459572
360638163384749434997520654319048826875825350515691074271345868417
945695582717709802752816862020313195443597491646865492287630804666
214313185341739865035226451902580545172423793197133547989443130184
302401189808568284287635611511359254505175900660902931753419723703
731662676310455267705728410826619539539676802350046763923223819889
539040992691678591566892197646205371386957697999908884131768915113
743462702375576135602359532129295133933068804106622580955975301522
759071143072612099804061120495954470252902245829810326046036661079
078461456247718072122094537822437960892084783698815339985784383584
762331114552944993163589565451707434941008645637568236524522552 89
027971719998672996381621378347132538829807661287146255347835297146
301393797884322985295845439519676803864770811999621581708094439895
803825070711358270798334780985661030080924836334010664378517170500
867285605725665824900630381665925027603594014207243253350329071534
064372099104955441721929617285189318787667540913587710997530683942
283296170848065834349711181400922782530261593481394755173603558408
942664474933095846199862068129248429990069049530956019916735927003
422770580777725794298919248350750002625357538268748323634227672480
871144139303257644516263630141577372991358552647618310615475055054
350039788791534532770215960445663570306770661001920179321401714796
971673846973333970705605859892283092531295264942795361836760792879
940177086017608475303934791124788612396945329823362750327417646243
217820505863121003280810253530905228112133576906734827893771929083
668640350282799470624862476888670440208595385347241370469282593722 7
528959641559749916775787268700961437933909121938699113630197318971
094560373016111097666244244001817806505557246233985925686553861168
261270433407009518008868971398949213194807654561609544651226431496
693496974361698396168741124092692508791649510122518675248363561605
712348638468927964566676498484647671650465612669908654854037052810
502823254158231964824582861497900418034575969586571657893599120269
240475446862562656707144162771143207057262320457058642548648538642
871832592358827210050178192591032186210252542906106419649321973848
229246721450880276773631002510614658987528184567259205007900609926
331793502930263391497547899805591598387407228201211160318474460731
309264223605720140683187407414368473566930281385968449636781635546
690457525318548265991161791886475069922132683880788802178150798752
627095916528280767673143687407626055402771583328466679056225244150
316045686489418112599997950353070728399541880040621837690405286046
378220683553744365548569477836150626359899363478702790903099746277
218424110017648215901270567118208766878227576467699428541130542428
469796771293655637190811243475249918894104423899887655814909816313
382834439867883056142206994865643705634568169510209714342381265370
529023114891741626975984689067549381513688231255317855349374611505
045803566781944318476851348291726795304651549598075641168998237936
862654522544768231938216555988168975654498984722336080402362152126
378985700273204797098350733847558808852656004601113636641069535797
344908686214328577769297713883866875491736835535914853057824571910
998302983139513757052525620958095401789769541394615172026176496607
952106330548645811890332327753556080420928807954813104430831425411
756469379644937008805178843906465059869952993456228849781367900568
424690668982348037672283914141463938344197050525552745661524307031

1689399586409521846800689011361913009089342682782883757056395195330
0125180182350049293106972725805703196643197756434141864919570951944
4115202257960157942174332998712495398481643215884016823180156768822
0588903344340576906238372620605419470830269886808831940015177925066
7757175174593722384717722050820930704159311736220200038813060788844
0091117739664188836733320446529646445934419768596428126244512562577
788632315383190956542867923083451240276168883596525102882925470174
5885087785467432335413143581398900523422703880060771431783425266800
2996652515958052673968256629757854112732459999634827193710570217722
7679088300584907363364013164799368378780942754761608277906353980266
3547708948992177734451897291008461649056912644584004920708308526066
4556605541887941017689160277283372571529263391248090560002823379200
177526406893511804497791997323780203805484515346421441121574092611
717531775253425231265652789565479949524999661341866856113717265753
576161246756393636346585290219883593583139219249139341864245413593
442816603840579430340585830595161258412086641797040450055709015103
142797901457995856719745613645353724475732597176241622166560981547
765107924332845973035022141801910437784872406174681283719961462839
166425348030966724024117848379051186988338391790267930764956491327
966578197716956457475933313313426260774897136719700587905164110575
608680390392686582634870634540551576313986167638107741445122594128
550754494215952948573989863056847155351487711933227943103860066287
606970726922388392110104220541823141878387002847488883890566750633
122209205148078706136108428374406008904461466797371582627202911168
422932474824789178968587778059776094181864431634002885026453644551
355067121340118869078555749941020501202058436935943833843142118798
496695796671231829694191171815804943525795240601837585099793437113
088026402154288164434430672028630306124498537156718090967836741275
202011134541349983917111725353851702142430673210003144137288710554
407895824702376490475232030970596062076120274233173017656903200367
749269422733032275776275170079415069130235233822952293804237429919
553110013757008735740489604930149100131051482856386998429294173647
557855294153337949392024402317194271602902312715943693646130477801
570469751026061543356023532272713255237816494055253651889464983903
451788574439635435801343497602714738438551198478108928668229457725
753597842954543499095269077618698050126097324257566739651664186094
335038414961838737035093807038010169536630461609240729436221133735
537225631799245208681827167064196100450690001783517268153921786584
748124069882994394469284753921204769670400891751698004473501340113
780055210563049882543493206799641734183811320822606619087198336021
714825656239371072770800442603025786437546914140646737998813330627
498043404884443393728585142092907140693132785150534696812734523204
636356663009170263359763238861424438018824049100851015825229325655
672793009966171516757110370227909005772432264519348539581533676201
804307906634693859522827634852807373926695415340681286594346995691
180472437660893831562192438656410313134058911508072193286739168832
381494477607199208103547538842345389673265484968440806351067157523
712030750328876853691661238860177353540400910880395892751210025497
166937079787186642922014014558824562342414467031323035012810324420
163216305765377138709905272596849408782981186152588849252721860328
952218240262829832327008176345561299714577465837854724296746182466
438490297865300776315937919644254783948828268065501763316234010146
327094725972018823335388133530254565390463483105173008497042615373
676406203301379064787387371214645255533658355828253129869085396002
636668907255056827141000417352289848217175999402680746491418887030
381471153296467895593180865122302663699720471131747863490527766941
427342272327958087000259828052580137853878320031180872150984623227

074316277615294128040427317387669976955481915380842773570932813737
605617669370728806121195580689008159939826487645120033217856486984
320906376025629999288897307612477412283832696161107516489152282506
445462683064172271803383431737658197124639514478783200093513333186
552223389556602516470810190022446747793987501087746162698894095028
131074856975128637090065771914143770296754856231438325159503852517
313664426550285981057641837070482406073207871177055295453096981835
197292941154182519583530833634749559978987631994251041743808773856
423077173325405197636112390635219894917439052550024775592393944610
777614131867655092406892223028644317156237562055325359475888341884
110318326056616085707801241213297274916600004899274741402158343701
248157419129887709471169331110411304646457319878710695701135487660
168472395555808872908971746912203692511897246805917112574573943911
456518061060805637865308957847735391188780952243969780018458236443
954482446565562789229023722984608325547054940682218788034731789918
341605402685996748721800813207788553382430527889525289709770802608
507881752684419747475030089442427002773032472938196957991276667626
902535976229524623326878831389484003936817044687218510139571324767
540822323043782281750498121221849238110607200441017372402920022571
947628031499451547833447030334645316373131527491626927728719658075
797656249029624121342739474949499605804582887192221824373601628086
164468294217844866433081941654909805035061939353734418444988481855
950496502632226450862252087098394179516137292615631666411637908625
996619584832695382064061026825170404948988385791924216865098291704
758395293260119443105729997009488200064628250641429808857846119843
850931743499331587540568461844308724816903828496944549149121128389
917442698035544256672059237594015085287584120562381867054311890166
818097178919022122935188742790921955155180888689031344770845777714
549283578452961724874657333204316660641302224078094099240861486196
616461791573178124113520858151699182455410544125676216433441070173
512032368369224702394752231986468094665767008441477627112781820370
673947730272527129920311438451352019946347089810581466817328707877
561024420480747530842041044301634872633267883450445024484231091775
516736707605284105175214522934932480284264838848469002099445286264
641842034722165709568643477981110366220426052840320341215341862403
961367926539763057239176780823941973879373969931185790454468787315
002799164768258851740784400056127034280313124159400625600806031689
679607752678055851584447737573204098686615089568326179598719347191
082425622188268900233410539718917603630564713421885935991661004043
119568998668547095296307607868634751808876682139900467692737094847
486632625785263229965264902904755726556426281710673612277932681885
116213824241463851419800618482560202162079647746012249996696722868
524506028513800617648263418596708376361601771787875847872113524257
127483452764923176264625743670922662113077335552056833860543070541
587402449290035756111655557169985793131000681933285380018287774723
250914115819850576954509512870720057652266342717714995753519942375
852010832755725591013419830661178092084032701596302419735914966068
109019295387886496291209154791318409276234623131144410252780158536
443513026311959243846145507833436871321090511487271230958757797122
207183607136023614162793363027620066151301431755842436447252712844
828608334767494112067999001847319319046961301417860432255267100830
950296615161233914007232481274069433748481319458570184419485195460
907139625406959265565362319238294985722128612645094639194954110726
922190617568177212932823950981632942369731247240843462067641516583
724295223693017432684138741020941322315904311230900855917808980986
398114724234312597727307258749654507988460850364940355636064213602
463672502975825882142397090696389475158521960100567087576174342220

0688184018678289640797134211987989424200542623226391091608083282 21
7206238321815660095637661311507035253943137043847640671257073659 86
3704705747299557705633292492870667671578426397484164818987464420 62
7326291809186345695140821112621118307784231880550483902301823855 96
1986897258663753836854851880890027567239148796757475871447704496 39
0596664763884055513983208511051808694673344214696438893651987429 29
4500796357933677630658354791344094374984874917811052595293494608 86
9603961792375636352705682866323356938754782849604914955943558112 33
7629627949110896272845630669590312923738949873906464548234526530 11
2459709369166368198429401975703961105018093963707677695746134167 36
5949186840715979940977492129514475364355705104049071822680477534 68
9219219223966559889264013833854256494287750824045655818033979875 28
0750093213251659556264896843264720950845726942676196203246524253 61
1380812855410809861388993231752761000593682748189193057268792705 27
0668165094738441124135225224621640589669773776626694722306047925 93
7658904054510890872719669296026156460569223470830776597249422251 73
4490049588103258711734985129334074828896282286845140658705958220 88
5463566222379692684577270800624286247083910001271322746693291077 59
5784116055523253942755096006076083705334480806961357479866100345 69
4290504874288654158520571824749343029266450201290152285085761374 55
2109727391108825404901954679022537325594370109330222334353367924 79
1554865089056103150920105329770033114909933191441582540393767103 85
6151258970841315151528321798116250944078384463599269824851477998 26
2383671542281850696667162662017616097056709486112509359420925767 25
0273704083583389316097505678303544284000039700202864233335323800 30
8367275769471670632072715632881451354026654528053705616337565756 55
6156045683973582112723349302665713737615780888148416954606951892 45
0897761458277305644711560367234013737512391133422213509952010356 17
7643077090804473048268999177976468760034480364441486413463468999 50
7845551020302988863338483281810726992000889828571936841389153981 11
6763523701359960477679432735219462494183398303417727528719732165 35
2397478366615988300018701354800725499677948156412225073198207773 74
9493693405159261512147252409133124328535226609509917886242062147 07
6181444365168205906693702697284844303506025219140497755126145044 65
7256971231595797642958217968313207204976676286570471311714659716 89
9414141941558552792132916553410803586453942360439763461695335289 84
6339014437097710317188526335297860098669308669843526393418436970 31
8857439062865471068519080023824792265970669579691292282779776008 11
1989619170518765770471548040762342014690147470123007236720063747 94
1465248848800218697254454637056860047232674220196980822142277847 21
3930550996393066658835120573420953623270683351905374323509642416 92
8024349246375291319682400703838920994682079708205085530265060841 72
9064678943292489042266623714939148718520453336050928192722002667 83
5450900672192934483571874004864525843619500945520255338530150193 60
8275455081483677629431734666870183989663273687066717388978381705 85
1435561662657530589349283799568837156619051174693401985358752506 72
7461577175427929766541124306616885792146630482653762362917863634 47
8732060481168564451331963377597452108914206426210773371687162905 79
1090473783763999340317610132958656601786861508413202599439184688 02
6600919412070156736705275210446025424647662225537968562211299822 22
1366194969278051234613589388009378700644588895530093096780802205 67
1222911732449621946663360850150959491680911944318831887557272880 72
6049204842257269502347772736256681742643079240727324305549238831 40
5486394592952167346120593473310812267074435854430639051354861245 84
6923527729555959508163391240344880846155748316511028056596912604 73
8220096242987861895952287301938329285962799349844728509583416182 15
4386610869136544064259089115896981298974427147086063734408895081 12

0792563243439121604867098037269298223248558249957089431108637654840
373752138369775403725350930868402408318659218947543425465681993319
2028697364168763807805594272649094054318608688358706239930380932489
37760639588088169278821723284010080077874468552849300953561681336
98782188131987960915707800606587512041368105515013899140721605454
073209842445711240786902752955637176499692273209734533903274938422
469717756042912196379400439291393993696383431238105727123160165462
381860803416937792323608064841668516700884580070799053990191389869
288678868501254679168252957297950907781400775837291959525923077898
529009537496931446488560420183072483668164534888900616418487213140
176197920673842538852829602398428554013089339238141175701208083015
541888719101171220354396041258813688804892939409662947667940562265
648193922536371686301060079822869890537184707195524863614424529839
860549722667381399271232326979135267819475081542475158259570718215
174779333083805385422525935868790011201769715069484687232397756960
219053027729134417989533284571722569595139398450080818550502846173
120934633238976743966867841162982536644122223505420632363899786130
116046064276425247211995387977652547098991387573337095875444606881
810333079159233516940026805099690092016813695028758939377149493311
215724159021236225154972698785804236244127487899865593145938269756
931430554981795065314418668327328819513027519956721753823705715225
229178899738983906301739917299478596473288245148057315766239727468
127206928354685997204915820065493214263737853653777657763105425649
156377280018981099444126794727692115095607280236282848806019820301
770557360355034313476907412760284240702785624501867604936809217966
663050628579192569032160921550382981573843650495683338819914203756
320762894376846024766103943520229448101014041168409635222224465266
984042964025300170064070372331719352207617831350035742568452310201
544861847411294624049632889836405515453802300065762431476684153339
805267798198723759552846345594350875975308122540783115285645913826
698540619890759859202685372792300841475303461621845748488155548751
802807500870114860205663005110795262621816509997046246093820030562
461035531104034228743366878696989658957146052636013394740295502774
288600482358997616032607498570471221845586671322714100697884695817
126271499385898285859214625368691960786535613356845007576646743331
086324711580071025086357042200427551027969222298288679505160390327
842273887381118303297732968241604268323692533434394805615130277475
655642243538631283413939265597296620263849694533758729394690259628
738874014880709463380659799698316511192908802511925602858173049910
841216417996843252364020412026660339061356441401313893221202873062
944532613198313335654125205821195292932149405364882300337137813069
933752626752573427205471825985193439712284754974232282540407662617
308559179774871262988700226674104747061146869802870273514819887933
069078040518521698287223191317558377555383293064193433276705871185
727668714564964750046792370667719907069138700087116303944297482298
951815094107419158382849830008905156337499709234458126841189055720
390138093744926726325991473345522166651405838474159317937747013883
109292072972574807268927486362545010226180365457994969418363051852
033485830613886089153747576814506890483050474323104175672544456786
775405653532462442638450112540158811337628792279144576999324549020
710057193890243323158180677444472667231766456076823483862792139092
387243041511088833740482602075644767577685231345785784346498458293
362407464801415979464521435092855444146566236726007057107442947148
089930546252461505395466729457454775223098859383492273211814012181
993728972747836391302422295422832265812729939788697581742933644005
462333979847923661918522402262545620101262962274256238175300517763
286375539542768604195767584878682935658016484751646810850672530738

693501865443186067821174807067102386061328973257124478239794432392
685146855870717593267869335876854716034489616776117163412996673364
505897921107546018301236333606911449641883879341218421949353787499
665237975153917630591596461034715212146564274723918539650213163259
112308165283502948681956571358874767723962901916931991677686458730
587552887475970901591888584134023149445351637158204611939295386500
630901968781148725200246325005859550973265669759408809248852766267
444246672639849454940963335885449443855070827786604326376695588990
942339213345324374586923695535840844157854104867882308876591499258
587761349378939338172395661267326458605886099833130238817706692933
483404804894481441182843465637528081665602947298876984895191128972
799505976303277305177693767829975992595734475281486283944418936299
209900241358060024233268552032534364649358977527069034359880903887
764835281141728985220615766577189745996931269049942745958577489007
150177102800505102185087463337480281826723866376110593672121511789
100664460382809245724443141738580831441736587686372497575017241805
055648156458882694424136256973792922559459020506132103923172279468
628689561996741923400739013168793818041821283172850993591980470599
890853152550606111290296074552765416055543234626101670881285152031
851635233054684501630978768688625160955392182019384304322085788084
740784823651151685245792053763628583004724889499062322027715010389
354247920672721803903231808545493523002157032240483035751683461419
504518377046131294502206404923254337208233095668957898208001861335
005068753785517389822960864579261346012293364278941293472373772411
834710567199474988132556630241748551125446135307313825080177595900
205755256882935354103329405824763345954891191480026305941122856290
209919829708922675202451182220011255715792407336505746127588382381
239480241104044907188979390179213491779857502875171121244970710366
288905267450506250939260199653995467076685614565930046721731049675
699045562486633893772473508896872455308678381939797414983908087007
124844406148488248961310269733073859124987903741870626001051421583
904088761237036537135202929487876505488851828534282484100383985536
623133764576709237044770544344802824908862322096586644985919433631
192058316205453101445784822337399509556817273414508503565028059306
482927185297472128532388175324000776256548899011148468346232180460
707175823781636211573793933365635143612655788243001838705978682745
348622410331270982486944422546320518242977330631937828805247362772
790102365751583877704457363802324310105913302522397460325442284253
047639249936874122594125253442745719143579042619855980323554107555
171796022257310079403792963224177855361778050880494963158738321286
755542970688659515555216828508491818467151197608790723569786036462
041091972064930041231501888377704583113976291870092380526818209787
516650895211993782704945513992044479894337884842312224876272598929
978954825746643485755792646037586224230854016062202312395837939679
061860820207384862333850063860371679539464128279817191131196147821
670008308089507854458132669548181663862569509252316482191782213462
414175913354379790283414237783538889205956684619798105231928257665
293832880911966876104818588964544244022054274896911206933353455235
173072013952795452161236905634557270256085826606485383918088179160
707606613864195339075346310423163143461455149546839215254571765230
176279071346702989641193481046862487310912905882869305615485501098
657169943179483204002046150289224283253987204035091938364542056806
579819349237779739923616433923284412229124161310236812384123094008
595559439212389026101480024118436732572185669286852117117438957735
567136944036553418826630321967371220477846139672424239343820655757
101465210839041105802549905743092709365971812132537294532761292557
160338115993272951200795600781120533146361127222089311501471925179

5352428209704638353628132373305039579921425714309960203390688005783518739818893141181303060737189155369873116976049855114076377510951304991139839324182677506786129309334341944600471092978714189848380110311027418843783292048283906220114592454197652212689145317872121451331267798784556044561595952497545298575352221546817148984145111384250814105501308548962342436284979104194400095354198478294098804365041833757195053081693362546548668506765948602108440320888369791785745623588814599483392712832581756647814893076301831884503175187702543381512172174738086474183691780511854271392830592551520369615442655792743340951740879029284689484767512818289936936963800520966258096309522447841141623347063886751542015041317535385000813287716280810470018834689655555443257656803765673502026726529968266884467810665749563509998596178894324430751583105497717634532380639058204773181162089074001240149200801923869544920213679302425802464651769831056714850197856958739975556787502966173286707949082756613216383025793652727117235764937197729881838765016004696019807626071729733871958649870990996872471749476111410147825901880118245361021522042204981976181635300339885999787260560375797598680307331475224756400757151879220164485890554090220069215710067763592498572399552763201444121684915435778005526595484999851247978090199909088142554531420111741169391548331482057382804145436271804646866262913735823496648287522089699583629003659621294068548508879007970609715361504930307097144793566401490311205530808240950244384198758241647086058648990739406875441311017445035194648723317674626024900661157888610971626885032390425642166579301971423307771445355387862843251433602125018990945261445400526852137717787667494322391925935590651440122799532365738785963366718867982100511224848175402924750136695005047596708441801263734588010662253040018506698181097190490881302291872876366011259816340730258132566262078794293937730883405816982294048034393246806755200085304321405383703681196744973642664329903378153525502252468254277644827260490649082697721388698375592442072377285780670194840754825024590313667177787679458280971200747091410334539792304070212470478959724163063167939042624636533153824680278462999849295582970677703673617809127448651096131947837554214734726097785221422069774417333930237588915451744621841465888174063321925106639986263693688001561290539774891786922752271866000006486886069438433416956897619104793155040737906994805414239314034277212056417610191846519831622755248470937887500888830317863573072829187673035632713538749271862784783688027045784857087073472818436550765235117062567559404561475108174628886513889489019616918735866440178911396503312482862821277323414956625703814366703949649642201742696525412503138667154925779242582471839304062211931552939524729565961088349107731184650661085378223722765072330072986433681676406634827126596611335519405462150242795988260339343777851368966589207774770380912306198797675448538884934886151790229895133551513178169447938984480551016044753872934602081056423999956531329438181118179491682066434229861417488886246889109104015783835789046470338506242254509152617858172096015495904190198081724986333236532399620352998335812881844400312316684412820921571036500317793276716554859267887642911944388521823389650944951082992926077565435181399883335003165944187490157382515153491173025292109119075949224257483071597071033946394772901771111795483875324543082191957109711631365585111336167799267450022545674617270261926582280969301676526353679785621815044068552425020632774312078924592807308316095449322819905787604227141254698992203722558094193132907397952984690749668849730282861276834244509402541973342783863713321629827188680287704885903981654266513122174665068839034388054066287613241514736498011322568352453964459177880877465457020953889

057559869620433725788582887664304014860288134785667775223167700852
815670313517086993687228395979776142704304433875367404610340962659
814007959537338037660820668071019298809834646112535217262647461480
906245084356091832662332861476571788736707043264496423755831118108
613532063045273135501338932584698039650758945995278709868677366166
565272940966270953618992380834352325064535406536366700812380843142
129160848939260647575042436077337007697801048622686697327206131308
771242883807951368232596049354626987547850697608709062139444670987
050435399717068285577732455618338596725841529584388095410036379769
074832639223226967631086303998106796892341608259466054119657825083
379100517643071960066914226778080310863589495491266601968216898487
279809973651882678777310532850591912303608390383406391113657529384
738732739647586951190390961292144657800965627823085485257649831923
721384198581880491491408122029836664762563895359153095424421023811
400942201054358733602176560751537841989836183058408095095792328872
313144825688115900293087041948841952225155771425360196960007116347
447439350056845634437690033574176028255491088852153239250608784485
978816727896690263172001067206472074045942489005080762823397203513
834604101168558951501894545922832586999099358318483888333349590571
254321971399928556698368262705426927598788149893889555327752195716
198846758409266923712272429452524398252383641763866889502393648767
029318151507672585976784849233745844943089231935310651250470844594
598229323390449455206919519475305035974627883356984613202221299389
749069342840233552962635602769933229272508943020206397278510558905
844300789720504880441292348947467288678389150262288852912874295275
043556502096294224736793464035255126954479331493143201237484386524
665786633810460290770251674067522547035447178168614852922458798618
961723244658952819715140614101219273275694847104783728576946092451
816916879953558040498412411049197574392925110095931428097659219158
870146386551402977596012953584700768611682922644374888309035896186
112660684982818072956009457321865073950634395701253548259150353689
577146691650957644504336265125119916820408853488218399214903746883
206389219583967718072126073278856195131355765752434134536657084865
934159844354645376945359090314079655081066049468224721451838346650
131789067411039280361890014419260045177269902946519122625302754503
806032488518836047936463224990548258049577601974085448238309028870
415973120470316393483654892654723025152908040772707730361851825196
120166242493551339087586691042329502521962227426242566715929828930
404311900679570412010084094782659788365032760310302848431325642110
534772075835031460386175329382737617103295213812756699397374441853
371632506355839050047644050431846555050730408990389269936288620469
402695844315063108897864338252987917006595528198783375541777917628
876197775025249067296380621847945014014371102715759436540408833825
817964419430833308599847759889176852252902745784216896900368437138
924036903256321745803965288188275818677750903504077856772821528037
441782855392463930301793557599469619528141809981603585622724554127
597453696375361955709805352345132665746446826235548397593427568458
345430580915983825089473892876921029768874299871189541517320435806
519158561327173516811149098354192211828347036572886744881559980262
163347287343430001461760387865900136880255812776602634600144920817
095907337266610360736242308598843852524693473596609937969756917834
925603693389615646024653120908008670272784774156103600087897533676
639449245622950923406638335836132514639323912202114104758373638153
882739120159065947488481804948983636563622348542146894400775250800
230777863764248086281910281820347118317437303493344261779754369537
719481282156429854650561096435593803114776643035513388882948516981
378638751307499107404631767287595323655332912659476404873562844117

507971390474005513323938961955512856978598020477697600525206068054
835205471581242947362801219088311512081693681709227961780504089455
783599130934763228080151499698891356968813611105140234198784170595
077656404824631188859014808337761115523768193830635714319409642574
226714354981847395407794813508778895488544130013317461251000430733
254010753142425362432677798010605783400730462256735948868856191266
923560123298435577265000064743197514702226705282803889500570021520
539080570268516881790966535977581263688859147694197974829700113258
576587857266967996800320896771899522050292034907180214016910200562
865477296008692638027291114694014711955067728439687724873271581274
804285978103024505132899744107575415357075206103691029094313706923
000275848953212511978468846423010680449037328919226058377388613091
210711770587752870318746530455255581540388785652417324957369774887
607670119504928941832459182180707700622495028789984059966097284353
140332007498193707480320834245563618631659974150015818925437235841
475658435711934943348597563546491917525117456083081918043863357646
830719241410750040948868501060599618501420458616536896955114758739
606606076195171626252502367814350592999274323654217871595338031759
236278898782949132690189601796158873699583536315303050304832586192
093522214594208207413039779873837909064062124779703439511416304880
082178681941363928392496378920442456710399995289756704861790288062
734238454739784472819355128116073381263279174219928320972189396961
112814976972284264370275407503476407901345333133132456496302881157
135538112815499523882630906800982570403252224821418954573119471050
493392745559351320420656215368929493664686409056310958536598612765
502965285049085025477459821566929512737113321745590753157180290994
325883405386994816409967232531224608321089931752489923443811948206
643167694320572801425335205262187828721489083506561087419272164437
457408832701675994309456501459953883255648240406611283333229346944
738229814758202131797535505554577624296325512225636139644685499789
403443974936816101659194123565017327701212257496652664631173071157
348366699751314182591158461432810857875813421737613298382076751955
597554195717239664222676454746520021198627822878202403645259902635
461770596464704118323000965795490248713711791563189956210816754283
526888091179891832700151008943093350226550988041726814890881229128
708295210976641544476183309811369127897747712298020213321274658985
263467192662455538831927714499914083410105952487256903065476732185
557814100283844205889041468210966905433755520653291342320411149444
100772459855641528901216225842635255114707859555321360988093289506
964483761877632525942710870131467907675027632598732576679119043428
262705147524536494231169042157035922697585321023117194458974786817
232156114440928449874481225597231616794441503445868448206178121426
891723482568747787662783616836774324940877324494898869106311260038
047886581813424621072084554473642151847287687459371382984280350920
827521176899384594910962462437545367749182746541846734745927049744
842547339625754198994080811398880961788701145201432449909586952926
214021933973003160651735918939332358754137954654082138809127473065
435451735664490932758490061726388976458421845913459045197700840345
225999096188791933984028895432356279060824936894154632361167752940
382683462355519428633099565126369680011564888048929462661936465231
843409883458602730585413338744627054535383502039757154252212852521
282183013029933266179041222692387061468284264574806844585557582486
688721350254173093712604179691242764813199746114026534138005020247
181395569397702665136484009479262014589759138181669048177231659380
550527069076839774618455309912602312300839997984107604782938514159
887872479842239091437645430731876545189095326502310947742636863639
679565102799543304550196299510289841429099115580018885576177703373

4674454678487614755250966994450659033739301500313160838320599729844
4570358016495399357568734065602219921218156704559208658030544608 10
3653688805197213057760336977912821309760536858063007951517605647 62
996410624739834969589994916851870974989444093459835935232634681288
025988542531965131635958944314542006815724356053980185968094371494
286556694414900349111556979734615304236866068945047000453891921643
594562912220420454155483397818361155128983312621025076967436929855
168320378541867742237633716951455530847260914293919256400680948773
987875363904313284521095778702457216803676542536975566933769168937
215968264275753744949741800541699442708567746862794334574127819345
975089292370144992534455143533966206168461628694631883411638168732
635660966844266181685087835830220172682727951594919629889465471415
030066994178790856944502732408037778427150341385373556050507742961
538376582005594222095940727751019318804644245589129485936453837844
050159592091691809920932208512267292474920514401517221610979212210
269157230236569349855124309230660305936577985029687173529133449972
416296473482567376407878330294277507365219596517539511732842538480
999346666970118541311640518949526554950081439314826648814446464020
940783235393423612349538986248150164626287251406844154032324103038
129212028434275834077158714583810420168862545619529592250289375037
943829260402097400297659130668606595275532751069879445414339965551
619498692094065915238201172767866616283443831248166625203883657625
412669984546456630562695630052414535081644907959147990964778200244
813028767072494468710070397159911375934701497108624407665152147198
933063018602130504808607034518380062795641871228536242328066541232
425929709109770029297212199474442622854330868412733791162698475208
548230041569057210122026554698035671548157735251904691404309378893
340797835766389240794583105380933986171461332131500267957972581896
229057661511991624099919326321505998246815961203508619616218514095
538350773709738165512965135202631895293924356239514539031754422363
313065739019184123145894299056068429253759897791824573698694733042
393692337352111541335847620381814269245862206816051705773722333299
611929888870521300396966800044633671809692370885305036087584320402
755756772967005007093445629219875590098517416117101049895879708446
952195784811694719989150710844962635254670316057917742116938220772
209323526005718234236239343941116792458409152606168641300255914305
681111177970827773615183230788938566750909280970836933132742700410
401902946144372591081348354917074104732302975622169328016927704919
328931914111490886972438904204922187582597997067564392655969402138
114267128981672957428040764685833698703542339906412061908925873490
116640570308240076491226128501018729351002460461822256831532382619
806998211838401071948228998960737201090757034014732667850030562583
899804980719849773423190191747246598372272074210855769543250590340
703340504822422614308762808883420167299418449561628869589213472341
857679721081980546181583973331783147978139288506482582508818965761
697179187141501706091545003996639897044841309212546912320047584424
537510041844647710493477384411257984961966549943416890264371295126
805623028208527087804399988117787752643841823140576165246619311886
069040513242323953173313951449370956869460930746931416427616166093
185970588956635259602377530748304313165254572812065791236728498218
575347455538754768260270022662474815467105317825391142737172074582
716509627640099158475043363431826546354402640405973284371165072254
032651366553949818905099347937981985806978218655021813270393153600
498153697632986505536587743634152179587756124518580348309948337088
602548909152582823779836683487395570987066276329805725192187914536
028557177376713782996157796051868521774624727977445894561254974374
283190481535080953603345176201862224601260462488022681448903020869

9540534068141543851849396599038459111745869040957358146683360303234
4564462806343052444122209949711134702414560239693118152077552892874
487893639618928372948700793311171332579697602283983177455775458612
993110518107239694876579428203755884462077707173234133890415195554
046475576327027653380107926590450199139991114863195571322212459932
729859118497350132241737752767249833216157371180056909299700801812
447186896657877268005455511536819797198826848078945227542433487036
723188421035203504853087241154459384754965862009222207569799320338
036937197011862068678541949525556332466091158655042170617676506664
877202306733521287122957286462859329268677061307692555141372493400
192765224853943270059561964109070391620844032832798986619398759246
467689391149503182808347939986046658372506950213256921756490238876
561524018521701221162127468589481789850286474477872880522352356822
852035937224412799366379674282448396437806808494923017209468877774
251866079593245371729080261399410969767654663409431271434368806589
206992388966339923778147478935028094373660275900364624161300918734
985959634280478473695673504965124278435885422229450338001132620039
715846114551960415420912023544705338201478038741000722524862318388
819378019216582103744167097585735374113408393955228578747068218429
437450448918247514388781233455586345077626270217716576308624209174
705004017086640127559230703925990257096154954742574332757651801896
883382854955713228848591640290722819747439084329162549923360313093
772591162447164874142268157619944324616057295606007775572712147755
502821957088598761030861652699743456773684934533075310785509520368
342153820268676367990480875512997682554833269000521950313002848256
936888101150090070833401009054160543970501044880124123142517279266
978094246624616089531136154168053097688007906225531274958649556987
999188853625530061132458335482857506369488225573730403719252797800
932401965754539426019497499777946963916736741873698798782505943711
750613684512558358007146559799183227867154283537193419549062224893
595622487235001596551595820360278287417452051357454840974327538257
555219568073477789127242952528547537741631054371227392203054066316
539460792954280119497228598688626209597057713657674576946422985856
740408549931614689233548567863314418192212213688629970654031711152
797921389343628299637884132778293950989205495568478674730118373845
505613147815705416301181460518125831815266099326685656447494864272
361110063990201531934128825983210736949495291608627029779390422363
625159140824703432470368192463982751895269102279503149337308998377
992792454394116047159119733154123209971781337228886015363032800532
128349392282194279859554554166792585108532064032098488506278156616
214881284667672704162016898436880694859910074525753019823764538420
560472267979845632601505549341618925533263566771752943034111901878
705682235547120159829502893609563368361185608376927023150693340265
942304195620459672440770113647316949691061304972832176408469533539
206481500583501825585103085490348803833748183194421881309584774220
376952264714441724599395934119070544163630797214176855938286411209
471656201941013076569395469755996400829760053541886617882311102017
271557302255059529033501374025869285427719746698446360302981411834
518321932934662119104972061197368362956703341942779167623834154639
216655897206710021103908596866839052817371965278139213450154756878
629131833284334547580722012475467487682898189234688032497121578622
185846523818179160338762205445026105352773016917736647808824173908
844525891385240418917053930136056205025322890909131465997522304654
649626487270505042798563552499956894354846562905335283890524074768
282346944251242205243214604969115159950274511921156829136198777574
429975081994571497877404754366466712183671863998593864775848049737
957431031355610692264889332379418862103430300996712957562506033035

903221766749415535633723911688903236692739237960555947822231835025
757695690484995783553419927080045371029096730804871931921873490509
578327909293340979011230509535517787879742573025912661514733097195
021283664439457963959427214348479182656385965253201950438972415926
946839252424218603807287126616642373835217683934465689422500055758
131518403085059725619469623569650725848509348137829283722170682289
794264165425784454200928474864542851382837277838133513581940827953
579228398897399113773593148731564341268557738938282797440373940385
808905475853764692026568181661000376224592307825369028319760597426
613455826289520007471751986613934845228586067098922913986007376721
642745021841899068751282105164071420660638958780283243197758108844
372613835546296124606128103381311012814748306492500156551239064926
376056315572415059444644757897193493099102668095708148423810488418
579255005136768429135114112517579390222625874008845364163387127757
530258196237227159074255547573401193630835292546627694571481133866
548463902123036916905804954067841731055946591859830350306583139906
831697648387610119951936625361388897622661650846673375947846630420
393844658903846488347282284523795317069941161364108194469699672444
074692839236413056793392301529191083607535780895440722657842315084
058834195478235687997366218421868049687643075313951636703662637544
391351854293973863930350473224166952865438439549227104700120921738
010383576095311569449746487595685772393959461254950830179421864512
497606909585532848141303982833219574415699412308393266379517589770
912549177973118459399261534522139961410983491061840577367414824444
133572465291503100508044625750253745275459855153929486042330214582
807131173753191394089351712155180430170462205544797376696674789317
309627148178043205241537398501695409051168830681253148680904395232
324376023162252504388366898685706616530661819045685274746655871617
726585165073415506594517561366784259071595185264923266119894199276
978330288377794111175014474104229080890236608339194065211139323726
761359788538923428288900897730547336312680332517109129839261484970
005426861602994296096384886444060049102945503966529170234236346606
504222296021098785880069442156985770536698448410868673105069630296
090619342316066387489900188289495125615591102404462820531593770968
426564803460337817314814053845044990759203550906445909909091445259
725671495302827264521527396612218260413461475010286492244572657657
545290324054714370601234431217752065777645527190011539533425054180
753912191505983798526157337051622954411970307888743173998914579482
534998715896943787734373767516156639546476243520818653159751036668
970777583283865057523580501714023236204182085387774679830295084423
383311037458065364190794474970628477065476794829621886692590682176
006731391606658160785832842513862468330626033667954679124922303238
892956877289476121515363960309406276531197669010911380487405493778
751586082757323635456685806749062716597215990299218670861389689513
737068317315680091955482779204650557777506688852118669297652110390
778631844336959067235202839999643239638768673203613791646686795031
121791267912049422686319695226494152603183846016537045092592578800
424405944349467622855508545255660206942268773218946333902767153582
022254703312234798566827028252459880123468395377635517468912253678
812381891995463784412703324187373763325613042233271184445074974242
237826619704610401112265327588955723849850576364804940924804011116
277087155527988407903612572788359124144608103336856769783495825697
333839956169239890008502935353429996574069637795021408519030064495
477747354841168405510287761108641985672662267872287859393358397028
788359545126358807626541463405148082978002699115811418605476295128
819943083866532048426740555551025332274613422199310361947772049524
338821178503225046229221424569555500331377584285710265052016884487

127931856374126072774114178698939715422672763228658486169677581873
952946709294345253733506500569601346073180257767909915513450348415
839846752650573742397471474812540093578195354597345847076500744709
732549393103595244087802427666984630842644463867363801628651193925
985133419563039265595711671123044979923211736068489759175582631622
390226224898462286579357279624910376403823104080481974942859270246
321273900690507498877317321885468936424389420964928566442461752642
327072727933081557155886648416319531614117369090813201902738952842
515499672243034890237632805437291613982272529908369088924973885229
959237754501267808873261195461636209004901045657272381218607340291
854477995352899592119455188052138295626177408041273303794209036780
753112567600804260495074061905648780805023437355891615538992746563
307620080099691290761006320537323126937279620073905433437462210258
995721397889190970317550197355937869240463611160272063383384090322
398941891672249406584603868835991272521420089279274309866163507957
283790514385513872952711298366789616191813948640736857942261667117
859905140382347291400900979224913024997870400380541456406429066379
039225230449217160958905202817816159901170435828913409135889439304
950965996051133242944825098365107498514890151282305847215258025185
011999672909230195341591046634975148097657585419544419386603010239
328940819094792784807830452404529657217508603472258594175772471071
244270779869072099558068222519789986479329847328307793432374088524
818024125993607628074995522310463219910682998081182041577020240378
672352363041586909642813303646625339494940242686862576591833522241
354102004887850569974716852406728657519434257062573473667547365031
255720837472170777317324261128030775906546923950229067582820612767
349847106351976446644271672093846156072556820379137520949039538816
862720308421927493301196890650218554242991742579222620450885193664
289287722877551300947736463000642410992990004593246677353137444054
866848758777157886475428825132571024995835523050990406816463413145
731448493938698331347774273521501166697679503234920870266706333426
771215264880879536592993735189924206722511948073132659233435772079
645297777548674384247689261606817339169281246359135494609645011156
588572925382446911719755728510786552984542787165830234121111553000
746635255504824523454104857318779100347623305884072578334984425498
805845876271348453269204022568383164232223709764547140509123641344
063619592205000038714900195783359807810085988860559728484791165320
708745934356308021871621114895896268008973308214206067063769193099
058122371610501633813599391835931871303044926180189710892820426100
316149965985859667959009433747212333443895178821392131689613734560
088472118340553704173908865502215538977424805978954172343536586149
015842836947490060430889525606111387554385849627269150910862397554
805901362380403582626005307357451248710774142634775125097739773093
907252823363210026480288229727064109520105288380786769462037156395
760476611450058080477176427287800131312774132443027234088512989685
603831524657474367982370460127907578060892422712832226440307990061
532314102079712380053382053051219117387093019838536790817347001559
734751328332160254612250272486712583495315739005620693532954023597
171539469246442743880275961486494129247527733741349507148780335377
866363118562306153486757767063254901868295800382587884851764556308
708777219208318388986225367791551404036491281933272346464104104208
811093126098396184018558463702354359467248574915309080485941831260
967299406674844194400842598321754803345986174002004313785082861832
997568177657103119631581865995049067237979178736721907515640653437
764476306217057669856708749227075028087672462042253538944741424134
363110166436639699880878573350453467245406692181042688115669543845
133919605697691307452133941219295087691112175255550250227078914717

380068542365030323737486778702558389059893630502100871664697857118
051661731567029479585884426271984103550946215100054672653266686174
429351162104756739024197730966147242208704524111707433885178666626
228389759505203128872018952354482173947821942443997589998350060780
412387921930656793257248728701976858924652325066961147397300880047
710443386543722688439568250088571648130946844612709565431395575475
805079351426756313819362170242297318784812277683189574070484623353
836216595868433085796285376160313676474784725658660926676629257608
745273124622235504415865970636998927681704349941168127979282129692
269276650708667244800880233097892820355930828885978535341197850211
82140046842505467402549771417333668952304916831444376297734827205
059961842796013824382640900540500505438995622032576940311410729669
385541238618453416513571633768620415488226311960375395351579651156
157916875200816745362241270843860822715495044441606876735071527867
361649906840791020504384460123082621949618692440030831429304478409
256311863207775126430594199594917717064130890686777463854391779381
975761644681110663893235836184091595321163597880906332951732610281
710148666948643961131017175536540332278904447010019763121234107646
363624583097732689325932774191957149924498559646976173046729152699
247405557698159349663077375470407104034797497551771084931213539242
932997367572202934597575880257640391775690512155280231452102931304
996533393730232009205054096856615040586803416379342521973861293658
971856933125374145784827827008605989216540395608173187429758719191
069327571217995208732082698186359846006727643387648206815611367912
284097379440355613871405973903686799304742369235031065342146664191
636140197023934232575269429902746933964408159301579187951544290533
462614104915531568845012558555000913322061112701018443500695217461
730659598641688109381630424976087706154578395449379187191797782140
502257904967221220778160238014923812940085463237140405297277693352
142122684618597821174435852420591097028941984624689995232422398165
559046677132287636196018384874319465372981229633527406286439610417
591624718206354197435685713007167543681062853835858736114148832792
331046006134451413086470002471956472167985528236769001963621404356
498533319768880648886200204617790255802270949683423461083492572475
354452133926887369393128985048595882232814751038118880946045143978
036923529233651090034139345846785041229174135049437061960586661948
266564318216656629645606373347509328955343251749727379136224270823
935645582443273066007731554713017808401693196075223441839922700118
976889848446350552660726916423783790080479416176843343832284585376
841381182511677563838892583940201206135674469196707575278047069344
581827691577956860232495884116028959837840511525597978388184102901
478476234508967028966728888964765797782306997988192708835134933044
589817086468179711128381820020441974991177215410342051654270270319
998466349146952076159865068488522031632873225903815064835501000845
177843754507436145059221942402418726282490356341265264311926550304
063202575366053150918626942304009333102482986091924700441157769350
573870042859048669736423070558612735640205404826776438809032580278
850876909948092573290173311716530546783923878398599208449494428235
455111075567141794156706197119864199564089819746965038359856000015
377631978659426847065320729130183465878244925078198783011235042612
991308041293778671171441743649417041309599842774961523852311952163
541571620418554261725773289754274896425245583690080520697198978340
532795249628326415693415613998572867309874226214028851812860019084
603231750133307807483123616417826138051177933714470414812118995919
098022374678777281289045303579959340056720430564404493547802696346
463971915660009263686421734741176193906414540231793906317382851890
365239862900709983098625224892343712260609858103040957638851092438

9509763364947748584167476644141210442699677685198498165067537953954
4532870805499052982680916273410272402610841956946273759163057030669
3604930495517602916771452567323503367130957078176961089025569013133
3837451158173426087208091976896237615824723279969676265949176968900
3500018108711473857434983640990927933694547181562903452870089331777
8646260018484583502750939465657435197966246939627896713327530010333
6216705802806020327174553177354932757128128972230169431756595295822
1313773640765032582412095839422766174898757281848476302875186074611
9815953091451776753761422878153832469158203968556471318706824864144
6943554341864240898653402265297935042531053074556474458598776518822

7085892094219965186703306605540243235853057412498897188396465826944
9814140327296804009856740944722029444144102681929134110942187415133
2828733107982329251450661078279210121801031119704277690769430354499
7528305709508933635333331851096902389069806293571634303881507485144
9898279017106593644127074761129851868177731370472344540374560028622
1916791322136578270702407950996791418033482196255862669519743611244
8846594658272876564498977159444421182349275517498968274483846421555
4452254335777101571115312646908838680103921379271888579610984245444
0176035892736009257986197434102460936289896955972601919021738070099
7558023753808355062111992331474090884681435199033503297762255410266

2247665024469857171353572652882185686112393022122353021905162773566
9741286349835408390327735481050807116389655729447668457921741120944
4840199655614355306898308612084948698645171066737076918157254460466
6820282052648523358699249990805955192782881458694136822989769294699
6665752303826034310488580760551170830091971011984925364807283615699
7678187742215071103739953692766152452449653509100345288959777029744
2778854153397858810660715689492621308277949265494362107345696787855
5068738556113335206511000951672238444435331586671798353595357645111
9668095745274000424340154400490626661379629574706527407578371460944
0023326556772078370794501025269804793497599536312147248881206599955

0447324540529569491611354376512759235712601428038891439971320628411
9546819688588417529292266886442621434063384323544903587183699050533
4709475844958153940545298839146518631815093973623321405450969089455
3531162350231626454242878880321886191725362579809217969251069766311
5534866721289025535342766321179954188944080231117124107891063911799
1380111690841561471043264120324352019466878197773271630704885109511
9004363450847138672677153789281655621250931993308461735522700918566
2419626104815284640455268181769832360332944871799050874485624405255
8466705707820296738438699369354654364564447230044536227375266531455
2992196223098811764568067671397854379165847320950469443043848837077

7186501843256927011517134949617369807824269408040645009225068239333
7956837176121539057082385854829100457156285405230944770923367992111
5848871886152442294590478039610523547752945184329182177647040126744
1902556257847710396875503365299622144881793526405867813332621592099
1349044189412312552153995977952657068257462407649548661139248146700
0657227719602495734508058408702213078799454350725560360218895109922
4837033130076618530852539127407692038969809967691756070148475757799
1425271380220941593877488494049646831202572153355580648888199949022
4491248744387026964819045617856715182153214214586889657263425577955
7562652700629297845964506174896425300021092247981808889462516757322

7350029677147050327998757989962912792874660757819647948475239203522
2264559406312628324841753975481745701065709260225931723208740932744
9140097978186970260143742147863179385313081557116718016184198850077
7060828811446496753514621719552138523925110419841081641404822044244
9417827953801735743096369443649506351874820396050910708920984431411
6784064461910936771361505772143004751642927846276061258793264955588
6447186590298481822016021004997719836180377821189595651689225393411

826350103713632115778121460237093669106321911883916952705363199942
535844908602398083142987243632625841069153661791501171003458273988
450230019002557747743121433421560910214256300472929521680512822156
479879131483612303346110277520338297969847648751075308620962846476
786353120230686050987180875128226550528198916999445054582528742745
970634022960335685388694979938282801471099860087059568484121519647
334347663376274351356005241363537190114791202992225315331886602515
377068331015488909995369901717369429844706667704827932244823418206
567425879146781115189747749072558489155466470043329222039895064945
277075532932299426267433298828142825568965733266786575619337195939
080664291914750311132844675148739635772879342989756413360426581430
509213481367985288829257251595246368667052647189839619635984921134
156953198638045581484790717809078695292727918404522943010294283671
108395063484250638208555865392327654528622726648834185074874139385
493074176302795550310290813677069430289701202531770184941820914979
238296316560222983619803482040579523193813266546097213588393044852
166287214352575113723684505929298249561147422682921830579426533469
225932522637203170191999844767571541048969160820055609293880438561
539393886108000388931415514251988072813467570939331543005256903783
714451599730234429145056998641467595030318127152727894250238346672
633173337455880994354439500367756703109190940716114115405573408848
342833535993192144371060068593660264699346572009360316234442638215
142442839171596146581317424731705156325348237931474944920069795480
164682189884332759152807095398821268398936423181065489044804892768
489218547106769788613503335244981138616373957310268025164231339411
549810626704975020136128532716794506413100084685100521121363995839
031402261910807289909816307020635413111542266607869548717738202141
054740140240326319645639300962185517129143265244274594414418275602
144551534404540028743249577705844940809840330272581809631796524917
350701494846684157254659289949476236370059804890396576313824027694
236662622690151478947116904980254949025258782220685372604573303597
309077583539317030888708542349531223031802292879599064050177373344
213062743143128615220905180899239090902879120512231186846024133278
609750024675079171260577404575292564364823259159993166445098901914
614802860025482343871969033739870536003763110023850308855156273942
623157390714593247386985029721347782260711680996006044074990934185
340057217199340913082088234123050761235269621245455084222401498616
621573160299790401496699491727462378267301789409424959606884377389
474315405894732714701696198582509128215714053085784661918613228061
036503420039013081403792861284302253788112844894688305371033031235
700434623165907687630898083954159168520545880947623711927889907467
857536699281423524704411716652528910036053775597355884354254237465
176941851447073145254768769289970059546134968039738232936238998019
862056505624606681310225203680548324843349695689653100385237546675
878567994009464253726661505467570912987623619267008359876267855503
028630668799392265099377398846083906682082066230124612997303780115
748296449826052470590020138856244146334105814533631328256053205200
592926480830313212035078776629584645441891695373424281390351629291
422504839036261444255735810748683489251853965653149819630557124199
950351323821951186967238151458339349082859755991966972170453430432
731619357189676268639789788684438861190418094418582586957960263456
303755247758311154311476203593869850737767074276510824819289768101
338596997861434244300067684394207595549574076093250167823992960045
740357758333106586041155550814690850848399595861676625129053153032
243940117244488740345224071805352218797147385313216889626028531253
487585855672513707818686352116963311057203172237060467811950861142
666656026580629084848817231556597264624249137466762446143719528456

935221561844002089813015954860029902518858507357307152932312318131
849917893637341453991341102203556541051010772435986055631748277847
240137983474630972453826070078510252638166027436710934976867796097
426453923241963379897682484422098019133054859645286814246290873537
053411643476969647296675258300786930930798498427116879044083381863
267759733803252682422433296807395064180671565602714268211230312342
948551653653215269457610646824700707679329111011960165468779920874
150621869243525586056608143500705463657282512899089865298827626568
230074377036105806222664547996570037627144257157725812686825466294
687239956406509728324077614389187704249767623422145130917936877460
629168518390246803136439897416961358829185973655389064577513081193
455198291814912845765152299640726298338964187393802463224707363927
685951291328962522675690312898982088924713495701429446868226555957
527745822828429972809777383212732530514169924655225066614655913575
986554748942601571238087794284727911437223671115303827477533414242
407179488602028340577593858604743995094332651136487754324221472663
136485905777194353727858104371833790095179817963113508959960557056
842175321440798955923184808524878083675500683459483934247832856563
524764189493364922492977088581624231502049139804359044981004314932
330105944902474718476398931631684443474047505681172374643921613431
838126854709402109279571879936931386000038468514368458211668002182
820129991748092639890989566539405829588860028274480269991698010642
404924265810759212724690630992456074216611694183897204028455317073
315231511142056785094965756120390076831567476272107045735661718784
029626248721159176926327063591387678465536199985983182304514554009
697426850377501200832133206958860197305121870854184388061088381433
471343256668979262770244341992180768631001648573384040824075853991
365579081178390854206293306812294729335597163936794620335391527090
637206946734233815138342694714102439822438830866768989624415715064
474790566932331808524642956292310160051118640956880068052259396549
137978135636662786584825404606873151675168565871305305211587055927
383753478689080814844722468403352770000119125467123303888615629669
601587218133024728247879162197849116433286067222446352883105320858
360458051478498520944223549847131411318817352440769169838170078031
706833636151053133551533095846623655392600802125833620966795554446
296223486922443190847463919351749601595928620445379912792443954761
912799230415844328912730521691240813192340886616809185433824240294
544610170882751608810427472192492094539469702686028526307940310706
909913092204311596450429819108579944260900152451424283341581548822
767582003641525105027903580048053428092302369982089414594633169359
389907001555983506446908224449861971704430762869320144595156484877
701259485011514053979796339301004384053190679074364712995847183321
388711090998235667221263805486838741894010107540013788101839315914
880874786587879500151553964407616257750818635821793101172614404666
888481821945604405137924883197154571243841934389672475514442366589
364718518226071883638750704592945198112364117809723074340955219414
052446422009022216668654835608101851443171555087452030706681358203
884352154987944960394947296065470806398245627394706397440640513789
295335728586689990085990869067039434348708008176071405043256903200
881536947167076099967808378752608107329924794981733321395318387783
282359167370125831242890647354742150887825514984141423501301672675
082179111002557972517427600739373192142103926032970810769819058988
038916181382579914443432210529156905787884745821110382660549894669
376430572820094574075292533611636575093600636734985028438872658171
072599410784930308130117586486115832906605732742706030699969482400
586086403325051074570771362035206886494623441190563168069892406954
125655639819424718889220352243226097231754888531728266773910375723

7101067393376638089815158426760468520362036724078914901879273556180
7661755878181538307145722038817729718759389566296149750567853450813
4597659282837182367192431400974105437297844510162575439587624579038
2089029349315014810483645135388892803043860369016426589231622072189
6665193559162749795504800925551595190461860679188081872269702979622
0208880024877877917912581021178942507276131979543109624664019772097
2322610026863745530018619088598256565626527936608540782281152515511
8261704821756956154162785139637782479952394359312469752436905921867
7942638333073373920923189034739655757396649098205261877727084616955
8736145592952198126893316443382397314238472615945308852540887188657
7640223851051087973101722522845299769476173758249952632471411817301
6020183311191811222813508856982100481816114616760485187369995611471
7104896951452849696758125834536129780347732313296535965223906335742
1420204990479779497140368721532807064357987712128372358671861232848
1014289386688570376207234844796759291442195386422012108207798876551
1025031152937169329199651538878042516256025746324085042288449977623
8946926963152865729374134301693600760353293697064178277877377930650
1056973945611621924033667640309078354145513831643488944997792375578
1587501445520648693471308649833007389808805689434606520734875952488
7381452856331188696637177260653929012996245121362161821249758551092
4608606703292781986026525232632282648357227323918383492582021275938
9405715304112736281883610271502536481549937009962498261244882629179
8672849764948743752377218823270232860787867414446476075600182094890
6734657407576764455255636422430212091679637261321178552432544516726
6617845496108737903746066329417692646345850239275544630030638667795
1156431097661700950080536746629214903192289315461344795220517567305
0782240665412164309774725130449522884992542381654379640699109303726
7686443698771596745583878817823699939072913629511356585912246760512
3799207098445306806751021923597625803820917959940362293224160002144
9483069498884798402571157588664260148826172477609227552782493180061
2454680443270369494280519969324740567656213986896794541045778067938
1898678743896031549308087544850870841396937769738770431774286581696
4018711318755551398374341494804367385069109968928340845548658831507
8298044442921781351968165206545962885924899472173332920607370072548
3852165986589889077098835465950445851468112519578727298313561434878
7393577890165063107586440694448397384650888544124079935717189272387
6043392675414211824046241390905429387061282390467449182904617638581
7767365973869331068507357006883922614400496752244109439386794743104
7301757352214306870791138992751983374317080328301799688937442731252
1582135631706351219458024320861852112521563609484108627492827688256
2501686289940598158930419958816428678871076201109560759741287230522
1317126050716005368280281377723429999177300500943273641748740893193
1722894048033459985522641089298221544911814713634885180832952437115
6096051075765109787038763128124395958783094617349039834758336946605
7915452205895914405691865609642765085245895705877482881204132612392
8589487352356033810431400035728912378562743250250463650074389009557
2740636949446188365286660543726152454172205829830850965936482841958
6969169115725932419827358324585383144016706816148734750861264875198
9780776187917496827001171248189184661389879780761149572613782398415
3462245734739133766906177880605463474924802150100016241121217139454
3562120000272927378809068638911983351608116287091044323730701597837
6805284281909521539008995468145604809347727238999210771270883119994
0831181902204147888292396454286509798811164285982169556628812903107
0650000932023736562567548443741799311021817623100802014046166684899
1344989424122449701917555764928542399239724820650415253703922881058
8634119197203443941487016575998455338478687656777347709176671468038

9828407880205349546832959001441780461553940129223593044699854458941497443909752401223342354965425154758972141848937914350277894140168852816498143955298295540112830729059554776122500088200251227256136937374376926594900873746044344756874791717024790073562716781833766636490104058900490891903746456201786773831536991028400082287598197485352472502014372421047928487967599705577863311114044746980788275213095399080803117091873922137847363226332007664951635051082589788722053445147150516363923455862358747744662242736212811092579582876119166254153684657318540677262662818074645612365270570261399929161653055198046526503055454849917940375541108398913905394966914995624130865765744020383965166355787306178906142079724617567147885358069361700198445798435091165510200227365198453484798249644618744625830476746482617361233386321767888312504912779200926688484238181854808972739446180692274654904673210947494745911730963142655993105118144649849164657348892990956236056918074537823430166274316235950034507637186799869307186295069833110875567687675209574031434859002288112378236242226101946741693084249295818822909711597530124904150583934405280223506510308621844597274035293927698964695385469623728428517188700622734337169764549988286823553023276435037635204423303121918594735894560426683544961268990924013089983378701351245239487953845969039342470609246933983359445142833816687683906014541970792247310862821685927654723364212180787384299729325758725227419692110088899483495642276964023114275391244744324195895104686825138415711722663081780340834694446916054767932938894204339662086472722713405850346947698378481116592561577153522840427648249729162557314786408820040147197345096547770301284755681410163286181373244098590685626637160588907071996765696936955777186970008347826798465723983128062485664119583559466864633682410147066349690545555892651629622100768416618973454423248558753157654115752350824419774405089409900945155868296661067096709024218856726351302207694616474196101248350048832439909968585541868766773096136362855749905316728342790555208749417006678209583055699624947773343363507138316650091609944586030701991206362094726162816281543050557973001978755133788352283359301917015024377492382939563793589629549538010617350700506211537941161369245401779331106731368079062915857711534352906341740273374652512188369391593552057152548039141014116076073493255128653224200668287083493294702711238230448191080636701705555168166051617085257753897094270729668693022600648965741466207261504708613737237246453254378255759009256753842261930842019301417055445797375197530047041686118589733242245538937939958889725739655857866212042113770585010041536324733806348493087817055660615334112886073767434320714040687517684530102491894478822892467092476454535781147272683411981251579374793859013653631922285377259074594948916500890635310373293460482081275476655448033468975099417337722730080088351386612163960876950803327744632752021123833663890757017365868834071432495737637613189023179572011933183468407571300355600358910191442671794848640975070348915715578801216721948131742438746984840193683550642575388859536354064578459525802634894053684852456612071352028218360912107282448603570984859862149911072056038245919485982982354366474772443187443625938524431934988597695084769983030114427791664023536244069488936433666519120633002270696431428914178156515762413660679408644277393150876453278200005143114416938450213602453859527358241280822840514800724995059504215819802203211911703806022726228531527782250798281601848480446388454238187782171045347616593762607297088842176998044060036095071630593792353372760325679084296637714903184469807592422930615928875788093754556644160988810322733243261160955215205586557288084122820000875492308382839802493037018529206223877098770427810125622682864582582

0748937450657346805895735712702446993304075235454486384826117949774906522988066396915491619456757341717414665666776155891302285172493749891423154404203600837602319326891099755462658514424413069169998816280890748596904830687724150091092482260722119536627835626888806669171455147204065469867244613418392754666639492422275787260538619426620379390926492695130808143167659282504876472104863583938056093091373069208483881377562730641491551091108441252688428224477997658280451670887896100155962325457841694603139229878054528721555967498040850462270826259860992156066567760591964786619653501186103387301206818626988983175553856349333496203625458890583539704996418141434400220806029988614134685842391393401535642324721425301428591205657638569356277624708771726378207859531814331466842886144057787948439418544145539011896337566375370590242787878298698149149790489982181020529068797424909942843227323929273792293589493756346044711741346181187637755675531713533286944678866336852529977913388840625205355767274522687590942502698802623029029591980071872715439050757092048947427880811216175370570817778606572327394436896759719613240934977338071774850676806611000249709483177585048961316817104715760132811599797966971179648937493658018282931468853266706863564738459193816300614124738538845590045829273118304531949237507394953597139353273415735585162108563929472189809593934148208358495693346918311894798014433218146335283910776628884496086869637826510737550363616449216691808790491033399484824422074745087379193547456961564410207232332009042650394967045947946721723223141046197781792322796891151603338708596999475128428050100075079366668644883362672503775902521102625881334848928731366640495934702802062967005570773406220297557733498918427780848503294924150006562102268729921694084302378690711214874594089050476760915559737701406543115136419939101532216931977506053626463245629378601040851025972253251730926509659234796949922483311768116594806088000826189237040594980770400173967458218924295489507168771331001039785153353453147106859570944506053733591953658617196314970060182160151116781644587779937232745484370216719698324035215895168535513924782055912827961534916630151458051788841148097186706984272264732539627856885621860135755148025841191257861698154027609127050741951140396563792898288285227408601450395352112653895388386779399517295862927094784127391152433112925946400072613464924997268181094515144033606300528712881176345574744004968524233433988590299130642366501730923117254932235693646270826473653961470193614656488082366385687127431181462802429670841610218758998609649692350312982446820228624101581183380869587321577601822378961801576779989263352748408957310408461068537718696398441318584611504148287305023118066959863417933895317469817706686635251177878445758531114952252892091504281574922455591384711330427158913553411142349566732404385307357246228684692228408379373448470602916936013993040950654596190030818380252728256308220937269752752989520766338895811003934670501955027215254070784222031586900159951308263848419748777684991692392219653723166544757440764101009965061712627959017809881925888477927081016545937332535284128020075751048259116525137578340100895184768524910186221173555348636969841574019955602865124223618740583409084476878971542125953035591327072076061508973819799481185638356745062572946951343691678918263066507952431155826364371997603774446201879101613542447700627364765654919626761644468077219092292908086622811295988492478114867153425715536760311952454756156523696770385370476886604698021385248030561176382068757506758136412862878013776514061907267002330978458776691822833391651290787076086693751711689174162769080955175727969805201682102716262136069706041609156178870530540720979768493026637638968662736050113988988367335913513960315474288974713

32074694204902097667007422827466722215683386341302328609110460240
56123049845591409523921046097565436483444615085503749970595533666
22134626048399601227327364191069494399224652457000523913622733338
28497275573933564959431552309012332305634341523510569628228677882
09308461215686611444387076095828406715187534980897143310274396702
20728683010530558547406112071090359352224531897377489287212239388
44316548020903900810810885266922772461931438252909725863112461577
55027598220706166870804876950054241987556204669927466398863934848
84014223352872821444039547842289174547658271945439737217167460006
85368620665973430515242833272893912510779922817171405917223602073
52789264208037379292786435578021158357573583590602073781354710814
95049045918321175530154501983683585986992326799363224360435624602
28470500658345386692633431478982991467853814916433293733770647285
11977754717802105720656241678062049249605068101450554440008369158
38639919640558302728633212102715925478049198906708906687151219434
44169901581812162969164529656672888226173464699874380606663650125
91935299515634267061483686297879194828528518127841377026940221675
58068283567621527125100272253217550117539167618570824410005697863
52015457177509609839035001282512873029138851759746097154637478515
16291219002842149372840941016515570616862064622073668955493931454
35182266250177371479799689206120653252754184139144761139221521346
40692864193558216544796702536944885444171239433349986029802709850
71418159541678025432450545151692226883222768075841685710882489400
81080598243638806930494014003605405882514727455882582328529765554
66006097614188174543950683518994306440767709734158274975433460741
03268881973632510295986891271391832723940654677652057012685602158
37385465875625128673719730520083545205711511563796715242285437561
31936717685670090063735425030945510191851196229951403259743792093
43742091184315514985132549158654381928399557383125945367248250
67114738962967299087888584888259970107422725250403548180496285225
05208236348512269383156280672836714743505598392797326066842950726
51382751041974688976767259136901730651236573171953243101286956107
58052833363158900958266984173539638487201652004906490640354985449
72294274183784110330807773869403934504663332001742224053633940752
75059829357491086988185410522731299102223339766125332469073008027
04902589119786609546141221334121389196263882666178655614634421081
26330771760786638063634243190918325419432274732411523770487756138
92796048357649969536874851130880706247612732575037665910783165878
76855066198839794583026908602701964112022573660586407392914387722
59890740735987644733155270684661916708199094210860851403328060178
85143014996799473634236622291820690324453015250155785760152288473
67151823494492654828851797699263163527538455765576440677544890668
24899661345595218009781422086726886305642915401382965346857348996
19724201717604145629991302514144475248848788595219226843723645329
64338807885110699339769612778269162546309732353545146226413765213
29750680992477659734726126909397872213928074558564709998158942966
51556270403366058762305340310983459322900126983226920502201581434
02808000223658015463288255290470682507363006307811895687198094076
15851261033440193829627188086008611697072396703943181261309742471
17179019857430123990754035471650628805126492009560551345333620292
30664980915408758176340212996001619491110349375157655887524827214
37679726425642697736819889088217226992655304987247904798100065046
84342655193059548646351596583419325601995394272542463731715151763
24395140380742442385772476565961524567466993162860282648550406859
22463407696639769427013669388291856076758200866943833756314593294

1673596869262998033651598521300888024046181683318608779296650027792
2213476011617481352000602598951502189632641538513117752107146410702
7257793497182252726790059933701865961579327800661769111831676147152
7964648741069522453761145688792311508863036238407176919599890035652
8075472701071991664477592277306588961119394275860246657291646477822
9595177925217284078607443295113156581166361862904473631555156558232
3734102054109705539810551185877748472553177016945619773274000762742
6629160155781498938499154800670015880287271396477885553340501525782
8846719648020524672424493955186437255844099960063063002898185781122
7353194003444827534004296065595089225351860155422289176429463530972
2839057155251922006718225204483456957283024858158777835437195126852
9654267081696079823466167925926073561893989559028954229820069011352
0119992783370576175407125834805827806812389428561931111141325049332
1642605280233039814169006798898037376032099516438489058699369606832
0710123179615266924530464923746322846279908242334798330374034450172
8644803988127559225902046536608469102137948423688814526296968662132
5664767020142672532056443503131171444137713514673671697265452265462
5106144038202743516102254601111621957755376909012981481368832862482
1603668992773908339405147143384874769201164261948192396449463200442
6384746884791115170448439193867653031100824238704981524520405573962
2058183162486945032953509198580564589890874425683122925434507473732
4151952742364764180281995487317377212901252421446754042945855402422
3906471702257004464248759363876636706774796202442768094377854825762
6512843776900931420986660710187029338593310437732853034371688951842
8025477991273331396336672506976240044439998428715482735400213622802
0363878357808619303281309994905965891889375075383442692557033208902
3758324628467949947720161618492448067072606642394323219232071760032
7252313600260079381178885240250457731492535024973994254405139909972
2427789185118923895556724908833225321079886270815640003225278031512
0976686622833467773834941746122589454209800002909329690743772601382
6909102791406259851525059776681844010781670669340007514934828540552
5614304755391105331437574642294862097446790844758764683631789277302
8598851113550957947449542186298667749669615947444409273113200669782
6113808590545317626494590167819697149861399492269722338452705143802
9389513504644375512254861117089139668089366777973099438488086193312
9091043578607208496730738259379239635993284751004072727938626271672
0447540757192025039341919725451894831172790246140496689551790799862
9102537648909648459816709017139351206782839579961226311973314913372
7818343384193185236753866290190046334332853283434182492107191609272
6730801323536947264848927644297987068112565462806117260460733219172
6304741215064030201789320579568760510277525053043612227096046758452
3127386616521424194086834083758914009511413392954577009473174811682
8536409418352861099710341672355817860282349820203149986794017404172
1914028393621051948060481901824518008170137104219745921279840402422
6896300533553685494164008639217745676953445865088328629821658460162
4507800003598985212901239590070420266074498878506271760776222550602
6390745319477188925099058100936729891954099576633538658378098044792
3537799187712142977461976409472721214023532655177723616341966074372
6391538660194501776914006240684127316295860806350676293775125293432
6759607342719967513520158008737395483897343990123825656829078591142
4258828521366169201402990041314621368063235265086541121808474998752
8441118362909790891983411875376649604809362648932910439059772563292
5581388776744695461815797870419159755833500037728672460735185350882
5495464202930971585636949785764048374150555809918840209343333512812
9551455518573334888164916769442778240555433697731192014372254154192
2745059760137984144373599420287605255571893780411489261257983036182
3801077110050042392392644156922779005702794740136494229184793369252

3543248404878023177744518417795835582575476184254957539587854945834308480441737087984926741952893230314895899160068542287957892948159000687353733333386381390842099487255117261710872944088868447850811634558526921415402996720988693715886232220331485581742682635950689362344813422473786939460923256600754721256741410342184901311896396765473291674247189934243302802909269850752294907970944300923867287743936255111313628761591973832413491672268261228263127793811750807408958943971900254264126649479801764420164541588131760189726596246144139131920678503524638306577640165229732047089201146917133722878630370384531341942644142496649844744048617738513529373108099859472815111736507191398812693074826906140392864227662784943295588285938372148475070778355119896224911955882370450645820056101702053248444902150229456176556185921457439900955482294137515441361329150430469141799412246093381651362627902827884213812207758942403884062294331727989259418366829367925960422418459417706530195486439481703355241028747044731171507034775083432373331163258767276368346858444865625391872394608273247135004489570868031503250386764017353150794003455728550370018456027699615061568291416117061046161740824846267033518915255188248212726007259576567889912567870201497866790847106631074876467309890914719798792598590625733649734982350312609830987346861627393580579073549082468304972840977323811670824915163734680870510521919176205416988262547605445817711179937767786965421699257855772042634424430420744954897033904345072061190076973635174019526563221392825831205282400374669545909280452596879846081408707195342547613883633535119112144143148505520123581380626492313538338767580918892379758551573203658831762424116916752381458859207516403523668437267917590637053921979811265977081139473516719629999705209017090758985691638906642704235700744502775120104903948148329457443809746260351057898195407639870607875817740724911845069788429941383420608124283901488148725998541814802929492278783243561055491564109174887706706782011985910958909838688395117183801349148254992749142698552595177765361262421572662448896096148297970308420210516027967147856159406461363824775890201102519923421532100601752302574212237542107495918728675189552155329945322689425188409422826757744222275528207615607277103947182566802471066067738312063031466284744338620474325956850568928716265329083278784399650716724220613829453291660046380872563059524153288120937009922989600698139627968627956763519874182401856293198492262333643189930901704881995258827338807953265885144939381241154327320589164578642294526841175188081840509569046913813443077848902114879712116283977344305484614980793562435496714129473332666422483050043644545470274917232078399565086801876173270331906565795475395206929252015307064350471306881289032053854556398799210109566729828730479466100543163584623448744155540713381432344131178842419601903702868696242276246502400420813713504640159934720532755679503533390671272161779060302162399780418576334810054483887031730716255256479959999869353196813010156297097871167306964940274916657267494343208132314613886925533494929411831638778899032594010934111572742980133181457828168791351424395578734205915614587736898808079170711455115476266168208177757472484278797129815482385203689591652405437305246672873130301925829524987639320985731209161056135722017639271699598686108867606133843649616951865484860461684848240743838118074173422244839478939982780147342223057865410217729264820914094850350132241515599990163071478148527051614432258254780143440109533660239362642493138522940547536416836467041574300558372984704018145571002969623469850599778855736998021822303549238318797629894156977212363844088917892752775284714477621892057425453151037479977706862362421899063030962822117732197082303477454550602385859114038989691666220

778768326012396174199976236550636326601699066116890886877413337809
195161497705492141711819110149543478693820620980827878957313278990
600208633911278471536843043814981509703047708868816359741925341341
221913962874578109934248327141091782763176542096312507136692636588
213575119987540115790280285078066983338418338266739455368319656571
703194629336410927266727424499274732291380098357445091340799308568
360484677866535421058668005211542648674972395379364215665358720818
554125981945474275161184169366255632419359158569508890535314121833
662399878022115042456600150236469108159974192025443787361022671294
122829888805336794395032940480496167711072878810316146773037150218
352890241464817543095490594488754104250168040699998196719379820827
733464855815859107761788284975054685679139904011384562436040357440
246191237694402200760421433573387260392537246640896649147146547300
721952927374176796135652330678042682000242307412186674866946280587
887873829952327805010706610138540288011913855730911380572755893681
940309380718863793758215444351626559912030878482052393749351895597
158155182804814807831310535096823567161235509631615286658578590195
287177546425064129849451057303533243348909799720945729170095878408
322140440501474114381709565771252671577981709767638478642064876136
793945784423858603564966446314013104866705613462769017492832290043
271120819229564158948152826558422192618902530513815911803423108851
491226653917944817433904322700506874288819967061960688500673328353
614680498596081402879119631127482546640437038478288400798157913445
232101668673741121294496813451012237984294021947946916648150312431
873969119602156712114227943068201040876756809373898205468421478560
142776882018807171741412749367467817513227710904673001530946777306
922329095349569449160116904681818272347781619751257278515355698616
292202918847453026983015663874917702194760509417486684119727660444
085483297504989078258061539020030103521802717920995081783912123397
007002783290619371336821833696154082652039271615180227915286407683
150329974060928048310506255157226287131327681824780116915493786248
322401723837072716088641929421181718564674811856940087052996113141
059458293870330528629791882649324742017955124423294762903488349527
229283080401222637227611027520380012093752088562406453112503726401
539964371233707903743951203202853502547482779809303020219663250932
909448819057451029852172830699622421954710165193932976937065457633
343243325643313639122108352913555770081265053979316468149451341207
512188350547396859555387809194737465662790318681617136416152155407
745354380414798454584063447474508568028086232412696939931122964056
032731092793849169187933359614853517001814969826164800344027822813
985879014862852128674617538485034806838652016807476744021147665569
643873967579664429588640957755915419261507196653734108170649748222
041913503522393203692779239073695588057799755260190308143550849247
598185779798029812641251926980831075657465946935112856279759057800
341932347600136961144729013113729326518877314672141074127522101051
515586571349391276885573006456556663593525354509457378968835800277
072108075468519790215677663559608589952449272204977529981545862535
929556885865521908620348857429443548834017661683055326602458359944
543309529736205642829474539664101759387807875790401431956726445025
653896405200714870685370656271174667615719181064228046438268678064
178170171014557998785949298102867487747167901743550399316968352859
211648148786128628911637599276847108874366161776239309829498234064
137828071121741237834222414406998486328823924065637743898084631704
339814190170417704585646785993494113767101851048288345847591129859
911326180631166520977109326025457776640478113979812027396279052178
079656593348303196386372636054817261754402626843572645147411143619
747488532813525432313210406553747535609140513357644845126503159949

9398475912338676258998862826742421410656317028268420274277535478527
849806255477967309562135010751357010814376712097361065693389811287
7006439508682263524195798998752445315132684357712526955116568426062
4979530056413423679403268694320221277155284522945590601316630023
3297861842729369705425640895722473147960842279960643121155722898884
1340690157060791698553970627069498692261315505954581624066542762653
6098988246922842402217051092088452264193800405064723514106544629
397362950062687069185743503468907870252668899031059030733202099770
701955626708007842141750040248776436938270496675406914489563400092
985235499129699604654028321299512881718293173380258934336088863956
188145305493633210224670237123490797406812568724883352801820879686
837674893286595156350015843734542714861534249712522615178086471835
019904993217819915535387378562345508714313905038432869651387690329
053401523842824396391325686729272248708477969680927365604215169040
230075017366194993585447144041522141064749724216152303724661255301
796533454354088980086901630718915880845552219843115742231294519670
375862605877626333668485075275284790344250165376491633179283207357
204363149629332621719841204149693900215789875840550688363131897828
032706818206201147097078246477602762963513245135225192242786044766
017845546358689564183440825955325433408871016151070367468245292204
678084853185295603026039336998791252960230732785846937162703749144
838891633750052621697332332152400708758098485646289779180984825342
721202481272565551505030570041811989518609216787809270937241480471
120320927521638219693005366775084683589386544528152235347557559076
380237852151946018272456823639549056812593274728954569893447114180
981315364959748515410685460978633032486429877701863553136745081107
676386047334640295768821152889813566449309493104358903645141317552
414780992535059148130953147122623413540646090598039300729540969213
694564498578781314849834710618588580258335380086634822074587547577
692067410067571778702148024906809935403404978086974752318213687886
719206942034418621529900468668535749778710147528458215215350982709
863527703575629384931393160423887168990739823956189887221884206119
027709429903227573668718607977070772155923264181360169717277740702
884134571773206253029881617264064980178019269641550387293286248745
115669440090146910371466589528076907506309916580190402824912396345
679839269565571594761366943873933300683738308181230942044159295951
718719249267979297129502949158118526944654488816064489091085747384
972252662561359833739178319495991506543998379398350900517433878817
182955161844732570694229375365255153471178576184977477973316771607
149942145263817047522727295570500173374401356029781216871886130729
572008682704728150994493655761353006838203007248723891860455582340
567631876262362589043407960239552914408186887350391637299347162815
765862853465444767189779664009434202490164341084863053640849409128
877119965069804578807137977951591204253802570919860455967388601901
634414829009972971392282778638712630801766921370493497690438081956
561880129790914650754406845318051694049624845495251863363242222261
458699500929790456268865970393098396956023564388968632992332376590
811424860358035451697820676948892486638330687917659426382009263778
903165827050291137857297509740049386753580516323216984736338584197
352048763394553946427392885249745167489904651459473884977874365758
947077177943562707432572285536101492929675650265851006003218146153
612928591069343214878686374342977020598254510958054174455625081164
881956344323355550915407022873450617663489800492811148486033667358
805224298027624506580641661646093309658322774120168700461864708735
460759460023553734363668584630008298911593217465432173511755315755
510186309658856027447328817436176453655926246176438777403799768860
801841457644764303571298399555691565594231174530659483625020603643

822173544096553539509045743693865104312934271665810521464773628560
410427152372939781248710605985932017807577384367065631135068593058
886083620234778064987975853178401672905978765702813875802603233337
988320303896853999145202912912522642348966197633971826810602370959
759662980918534819012504031589962520471707676639986835315319660868
752912542311537503475500515367406868469956767733057751079235049034
577877826339647387642905640164433316822456509039570066856800982518
273305819042432261128948518491882214253968613100337137224301868395
596441734670841783204007571512416808375541314824792400452430812536
772968970444067964317974268159359203135821514639678923853314691684
801923785613665706360942213296256718222140853765807068346168583496
375655648152132788002082516961807984840474867542864812471892324572
784880995178492002381321495055976860978043922721365667914325583872
939628855575318985133904712378084559407184483283611533615780257058
364385933712923478051058091607157923717358832712616456065679450348
099079972050842273054741907781106494021601666662950945932469680827
885873826896084877445611837984486573045432053689268403491423450881
535101678575706668749563760666307293636497984091052840084546233261
781814979761412181872861268653460711665095513547783230627411811482
071716466526542709914847880777689282345795486110671504947364739973
648066529953736779993402353274964801034460008563976973633732229471
469730277640940775396288390125824662939693898770158620893799185516
933084638159965395913392629245005644067609742316903078027155970074
441832783863920059150419266647287527897954927703415082639154789692
688330816604795642091123793125124523826289132391142592592488723531
353414037167337993061711996480374076644403610827781509371989266789
958837505255476092942001843074443896493496814253542442287548263467
259939978795979725472244117287600771260884093950481192159674887395
558626710654903021324022477079265249776944955205108056410482206802
172927635615223773851063602097203137894838908760877304444339107037
138713316374909282154921296609435599576542505065970239239800133971
925439883533581932604235533464070907285804865214153390352229706047
122013049412345535778954712486300047055628894550446086222664852384
731073317223038564186531180217935120788367893163243192580644850051
145282276974702881297556723041938969669115168403425219126668605613
003845205389336911210081205025241087952203462366013906294095868063
810486156703491895288995944342180753633129570224126076566283785776
310584133249700802109639513491608642051940551379803738265147259899
902124751359728276487048030240957692462436925511139223531786948292
842185557243747361826577956003518901587687598144266576265825837773
537988011685811161188545871990328237725765974792555501517035225204
329594566895045977985931335460305804628712105099200265391999022032
802985513499055895296203508118519116239331768415451061065516247882
198069414695314021638542948465099305759018425477258768576414740917
080050765864163376935814660781872244505837942437576287085454033501
105370926710216016889742519017266477109118773401965876131923824401
677866944731603643323591053046392692548647340576221166484269938330
305048174397311935005367616450508447630473256376421666139818172167
153111289102455851620731970070031125405052082382908931287575642187
541678615691797009700938050142984666852120015915113272059232133736
245100927185727349413528948123231159923461589690978967445413062762
687256330468233531371596513000406153320056264213843223148270354735
863509198844653383568400484168465383514752987266852104759009105167
315924626485357070819430352359875504929773330753172203557347023651
707931593278744454981644593247393837794365278003109277535437349297
011203088850811385110362985620594883469615636232082831084250287376
136412846726450367957498216344694599244023203866360957965273125048

912012359996284808751700271355908821282445921236597263623626193171
749930602780067270385204438694420239626594307173387544843964935739
401654469425438918315939596750099329847553183201970958681114740341
146430774907873234732383184316977580069510475962534780392905312278
972028317103077044152040962027536066168775095387491356486548993528
510813754662302301044164406078743379938865943431973972762809887255
359642183688625252868429209407669353101746760614361504022410610065
751838578184594309738166652742282235952326563156004363460606617992
954342681278246980231107831922175488282484434894215590509624968095
516816141784081058068173009002631527217960747234579744753439008266
238408070488767662012566975422632476841443602996127063203642476725
566239584136334669634201833963782542254474306328053514644920802840
116935071719251343449175916344648154738160058964567608405798016590
255748976711877225395270001783834618076833574250619637793972907186
641657756554922398951160504436181020594168505418765847159029625940
307677186938605462437938952917738297414846392692211185354790599095
097299760747387296264727605210459511282743563127096059502375573180
619545259876531988819158370780609460730104615314079672252575778609
273091902469192988451739871631507685766351864937976297380660316503
198618172065118786733591976523956744318887953365229088652008014049
981149565766450135714869973922194603166589011920226137063954921500
008096808049365156179044413993654732119422707627168066232679931722
181257457609152455167050976549279875792849661673761936853435468604
260079278210505029351060269911077292583322331389423980871654050463
146586178672199499749697290597915791846480370351873886438202706098
049340045567860930765382619265263181120218638592516569258659483274
483164346145940369617235805971795888290583815236978853316823013314
522929991540592302274058550374062853590459765785964573806521600263
159177428881248018307666463770771998546947143246041543087106778821
876907079694131367846057701838283928309479160915776228351293308159
945269760684026594233928858711054408683063663858102047363209449653
498877627578626990535391553279118811926335106919312733976667409148
613974561452545275688380518228526608713496328388418368484801362645
828954007306507915607410288908345465962538086962552626371159235948
263845456087258368603761981706726337448128763726829988777229445404
077067899401643812500275542016983023069545116299831343107188990986
254101600293552441548625913761597478709185153402568888130198921884
456611164910632688832423448309628880496579742710340822373667382825
577250767715305186061648306335598019340710989716309884087467259104
459888759596053032924889936385211939490968283710864571352345601580
438642971035384668305968987968083587349785762678556588838364951627
235452070877953346765867204916172087981314914169891375664645456974
216663388028870931159655290890968583246620942368725955209587658676
396452581062760953955291491765181737672918987667798425119216807552
581600469267289283769650286492087987822244210714046467307485197437
139760530743223451552532121235870851616285214538008368612462951548
039453329683773642486296457024358189231686226499499218634983246812
149467375119948195045074496597043271760401338355222360815340004795
981936852230925881457545979566969475623894957247325248486607065428
825628767359288397614196190591329083994691638410053218891869432565
720667765232382473164380797696044457296944650283430616652216987080
261757570512416411109207357726203970411688859403761058433130293144
482906595568429648729637716132195073219971641441702565468946101270
308245972384182836040311660348915371607623286396661656185600094671
554915197467308423255867674109733402984616967564210763223153678979
988580683198922830859763375092946490387910743707740084634936236240
083008495007355816496691675977786580811182304770742469643604732793

518203847198896117035900830045568512528050955106676996023738782353
766372782267740520510615320189983806114919859528750026629455422735
260581489488099794079523817886224433013323645543257410388370423239
809214161496327553956636176867524381765566251013374304648082075528
515649116718283454130472387959848889991562759190821521959453589439
873919878854478785588393019531703471240250072072868196663188915409
237562982477373635896293037302748649251369197889067635824615369075
723811889000386834089303979375199306538172287366775385114171618214
640630053993407936721095094123328350571426528319496746948502122505
862740454811093958740537288809665227994913135041148573758189949152
273413520402201771742697561032405390025938558957849154940687591085
109004456698779029635899957858043995947222843355440391384551575459
051012236770949004290725163272506438911414940314392933816049214114
829869615126075681193004885160428925653343730686239962181200837591
143173089441989980293377230506522502709849720595963536060693015540
542358093562221999017615513369475682897390100935189886891023056203
345606747815955637373724315051310463884368461660222105807660550163
384439513392753905047198111267789378425274293071714287376055437904
153578146194855984706040401016336531189306836965939759500845851332
728473088004848774039317183964923212125759155986396831005033440560
527898876611472430892073906771713344899959049955652866870431389745
563864195065256263382007256053250254497912589372866069366527475695
458554937936549466905956264822166011090722271664336271478599464599
992674904954961512642308529764040436950307838875676652232278535937
556772170054417615227578900688492224647258100685483167616870537047
140293293794295759712945613452455275456568249439714331385804950973
720607539412574156291011023260518521610876296113466237967436112342
517799340059601494432947964164600310883776688705920048862018019633
769761450582921768913766854755419381160747064364618355095042783676
384472746207161381971191770444487975137788922899588473820082965070
462231272806210512699103944589360789044290661289121648867329327712
450595576499953164568888853937404965765716880913039242348569376445
019991202878400273546363108028048839039864462866315940784010291779
687774189828622227028532919145503554952435667446119533668970392803
076336134227848130080590245232298645365347593792470097712372514855
978962233505503714082373885598999635725768152824985732302910209663
365529809751869164292807619274983229652194481696043715488475908552
723586440480201758142575400529343879461964319673490293470269618697
328305602126628583594142914176432704388399714037984862965074407226
526416346342898291915406945822384005322871978130120342846511500021
415969387560598958467433788321510445817334910293140849261962544301
069475586326736133960131549360027028822653755016913194817216772727
748879790713086459125176896227023434826717374447625403604436123834
266368529097934730262217743440936100473438325947055617962424701479
577599383961282821867040465947367134674003802886890673435056065419
629154398232331916634157727577726255667127287567764740358782518632
401429351230992652418610536526239068980576795900937826721251220551
113158347823925141718932666848696741049338628805893314125836487308
559685236487095735227355156417316000570435683375128586486798777626
878911970174198926297503739016966811455310563963891334919478491126
002887272022436295541133021032888312521790386091534116785776233880
138563643471230253133127583492149626816843461805655064376864844321
691600993297935886971326345948047658016730287623626375404641773711
712333755529076168457609841203148149067126544788130874966926524950
728376339582483127955424169984449141560908212342014466356115143987
869283676440381999607361303565876406833411029087823685230451771162
181480494326246784203403756912181002048571334683860316409189049331

870282565113342259651395183628517923265340031625303117768583043905
855303143470009499540428993106200690938429859849462576424364274755
020092959821997053713856754024239958224936146881835783905292562766
257814762825490521531188451672679258510629964112189047429032689829
030019539195564907348181246684338993876522912442311981457466200937
808079651108208092025003722176564662265462851678069756165122984690
402876381965360231356361364976638902219792361723388549181980957352
297014232045491394760020309831182651347083195790827421779732291100
149811042092919972707939131054168843056476680682881432639312292484
752803515563282795273265608341088161697961023963066523100437026823
091533999011018517840853479666457696399564386232590725663075603947
055135897585127025937635325234545460711578765677751713231407198493
087072741725990383479908377522266238501618900013696653310225295738
651936909936258963337910411775860518781920708777656099941098051551
760524338381498578844158021483003773807294222057611422187341912017
380974191603908969457081286919618687718234413339778059759399170408
525740245952795358955168367104612241414848823507042098949464053346
102981481814983849628748546950040743248430100423702377026935949778
090939009555164281254168379512226340810340240060173185622836711787
912863505765122105234648754708922865475797991986634913433674573178
080001015922803245804156062040588149733690546883830568311188564269
274466682562826056931827114971107908022216742737252056085239809705
192876172818294917079681084956342092215680052226576590502708101059
646896004191594139713443207974875200619703621436531076819492314665
746833301942561772580296562871057463566793619642933509041759154760
564372284823152054488326426763087111474606360347328343230094190420
867481232196335598089298139013743217231902944033802138350378466582
478492823716028457090185093998630876897463612139222874464372822230
689814427108087673984745198685973565683247585023790229043874338656
501635430920494975139465171204239963804851524043827140049987366092
215951679436655209716246719028784972343068794146220933065403515146
533353438176212140974995290813343668874219608546300562941871857198
979654903892260994006458134576989890293752526031594793520517287383
716670072154796195637574070128559260756333580436117856957032715108
609733266002110088271231991637593409971230320261381098899642220973
175527414255363413061597294843720485673053633453566183219602569723
677437664041985539084586654773133442430617212600862976052967207859
322562292355846262846333189292831983610002592187113703997150557749
320487597831976713628632018442823365393471636379457127715884098417
687777055114469465240422088538202824989296395084670465701934759746
010821090022379813893938891736619958702353222196294149913960484299
279341165867048778571113372653492856653689288750896260840586049730
811807796500601006810979623045595480118976856619676242389312756524
165598319456614716758220572051507331874386499592077292171541152707
025157374293274060303889970181763924928444961449892119960087414559
201197110619178135600831179394370021856788080126118115799464147173
035479067670391626448036915230016380975095498647857715301933207587
076728073824162729979856572198166844451931151214721539462606241547
478844925314745222342898144439356689652081728352018491044685012363
534665944391017712860590789232036981778144140657657953141693427566
274427564792495722561771122441508205905726084814714045923953079597
060427172459275216550600513715396777242631825934316495999408488134
896294439801928050446990307433295869642023477994406085552980260168
762745948165247001320475095699315825105659565545112468121674104418
920149712917059113204648692995218936078725719895433268702764211207
971112580634371790702853656868188130649315290358649123136625719028
116080449925331730933188619738913721183963488792038092148177397515

121555060714212378478249514649493285850008995173231334179449195719
549373810225162043355850964044299950654948218174918298209802850161
357646979930679132224784985129587419897623402048264287062020511304
845432074564363054682985899790358840556461006745899723002864895895
241453303792218607675721960300019984053461042369673948465981989033
226447136417782885831861564108998106333256695880149087548911855294
447548777070332542816540487011452902591625351980123874140104360036
309205281399608185782175059199204440716799015338445864015420542276
603949509852531714647656658866814588422462768154717748977060201619
396947738552977951792063934259381963552380388424839581039275670564
005177458415453647792017073426820789537842419318718112513400191354
907522301885366424561518864030265041520622587526974644830596060008
664808467397587469403100443050711008032857561852600337068332178341
006973073703640321298250395459156645162518016358548892501886490417
671308623474164512000978052671659140945866695297194326626136275546
662763974798831324207660024708256555168634654157322730379846334974
354176053391180554958485171003065047146570917400082202203334208427
162102550699829516696232279205206790124999105979017238642175853690
642136187723710913388149956001852273629653609206373168397847371498
411623140479545716310285083096492946561428907773603095689141375737
242200843195367673720751672340211743272646707775707205664465381708
610430491301993304747985963516488796461944929528905825730979040950
627720666835694427988054961983751273274650760182121520533492208085
191762661708361357233342510069683104178207971860650279732577611571
650724027365119908613767038988665032755774389422758156617307697218
364368019421958476811417575765780225941229369376285483761501137120
944477726788390726376506189327449474109264058693198959058559969600
972046356710955864259422250713422810831610787854562083865526862249
687755895674284009651707897439983645219402878969929676885522509924
548113167981196095844999451283017439565864554253492467331927699292
211498644288427428218962343777071491438577608058084856427303717135
376424530679378694579057523350764388152181065660792707515725288399
185157105260056188339108536221275688426153686799818073601708756736
421701333242635306193463545436017260388552556774580621314638205488
997794379948659252807324771277015335667243051287455111305227076922
621510652614798139613012054825955398498290382216585400027871828179
452759345759816062682566935359109197025317587895850786425123816902
286844088555046233861768093743871255003062767791144604271750236904
826053496822003468062797939752823723519731070856662324732554815669
120184661565393448604754035740573532649735659449189907361608117631
335249185747240294914221910553466942302866373906308379579526522916
582302609976507409187334001330523431010303777850787520635165834627
784483536836655902705583494796129835056123943390247573969305052295
130811046709132498820483153789422613223556634309811418309866847681
028257155028682748383397571925873474011536646716826293701552682244
212771105239091796931923912773797717688015422468834962014009973227
575932939177240864634892836464443538761811383414398882353435306237
178360377270922206790149131574946123524864980368060944848857198938
411919684715248368996081472224187543173353337423694900817626436893
163678853454542857139636032750992289571258032414630563428729318699
711759456583631036168351573519241152917458568654839747092069981588
999971336036705125178322165870469415652062712941883036728616973277
595474898327009337617091038055159386077975183164791131510918328012
752515936515048860793988485860993081193493801277896709108478408470
943154894557705504550361821811546026502333598662621190754572843333
406546559236526779679009724022559037666277015717874530106783684597
462424119414609270255181653574496408037076359218204807031707800495

030515279198046841480292623759144109388211758454223002587105098974
340538019608096706001729446131594353931902155249863917703060325109
395966038206235644413794178842765240643899787215289854873908254194
811268497400341380587702933160023497523314378325068346832390294862
961289177107044987706230858455583007253858193699956274947316552089
561794462764776882775111576147049901948228432386802734707467386281
475267533372012101071646686196160063377135213782113885721215547739
721693304401947166534830268285098055310036760417985335910839912135
600946042118254828382608059451163333745999330985400909567553128225
040676460073412663544062482616605635769125279981301615925942686486
995004724775332770649993846444113929558969146522042990812243906286
000465035738126952170225639216821773367320209158675045004788981687
036460961518460048557414398817260973844721274644195450198335593231
768829557830645802089829527631549073550054654111113719476304362617
329785902846513191614666551676635064119334575866713781810984156465
929623657690836271607223381478850855063886317749078723491919876798
967463625454712604409541681977992207104276402515484331964773905581
049610001647059895157852943991917985197806089395678647197363890098
524223400054422376311640315186427938021795265684299781428838321389
598243939588770155799078394489206709170655203496769986054155902105
765147715787378675137125473044660334994239637877962711768362368962
445967764401996978693027895704351674431509802289865012877454039340
739724267160500255878549888894099384209100168173874898358456289352
751707911705490005436219621706429404327806279873786676730222852018
370415921352422427596283750372997349591431251129239685319012975356
116296723084861743231763892988175402470391522806254684791030979628
293430421339402288412931047594043460835668343232495613647542579862
544554498896351671364445937935735007027731767348845174887099668250
810438991556770998488740178829907494844233167883018060597371518899
642950324199139880647782140200104111777478968839555108074211164804
227507987793103151151108433831772887252558536680132319275233969078
693015925808524191590883768045362608975083421104441911728556321464
612372029116740614660357396431901332673511383180868544275306115682
200642050776276243163090763395746802731529177990810125354943612591
471988752386663993748525397978887930776928132087457027296121993908
125462554625410900834305204038710838385722642176756302904930176929
511528857908547895413427296790845515266249771074342215376569954921
693119003567558879719695936089444056027985322829745923005729290225
019186904996051519634665873845766286165583709262295490525587150988
780191535985441716721357307006356974623664506999438595865304581695
576681415188637516729582855194702568148675216121345853932624252174
469525507007692700832805350536951638370248262056345211908643609455
087863745556884165147477744660686802732090527456817539515713203754
621706982626148475907106925055688718403630005305138681095753887480
633463299948769553743481082454131098108373690707510452638146157137
362035056374120611543698395643113673185097174963434058322907235834
016182906087165871016013042159191713902364589705902734815681072289
867195302579683764563989718769225175933155867973340773733043216755
653910755754238916160702122717375920700563071368437478212135288989
798668217762832572533345183230392747618654039192087965652589286081
930704035739642080989321089432200851994167611717527353978882026618
744562282022053152831427848303386860279965175179755819883331025625
438230416018942339170386337835792103203778668218061890863264867419
662008345377267213803004835349669601066224138642725292530005372917
737061162348654387360333573151227139300475257703092179902691056833
698681470070046680713190090063876906894203541867651074973393824758
598638628919011849851605676272063568183641257922449828028996536186

1777668677814102903988473476271790234863835367198841815377642843579068363587905670058581213427848601734299273114985258294263813065849793217196027188839888813672103025293737306872842842526768184950327932957470704537523032086408891882046920257811437470677421043931464527865896380704085307448240780539431479682354362054098652425446130960956897299253200046937227651926452523471043868061628441502632729061257192725776763140224201856235148905903061312244081943896347125981067222308073624874038823446428048391759971189069304948686931188157335894633373137830646307582206036072722165120394083173607712722910894553099727713041310614156773024875503030331197459367823569692069290086840655178435506990979613012085913420825236538319721640025784386531552685180455950652762182978072927001626238075398453178749321457176744284224049806304873363455955714192165559906931601168545680475785694458258146525410569094213041518607874243640505075700116978451599285143636331419198562203928363637698073696424802317505295501373358979603598744425903636907172462752084031212380308926131880232071030140461195590396734783221472762103942851915451503469923928686060878948272040131551785488924211858750326012076622758794866107806199431669460231246670036640694569880337894191692790930563800771255696111385511106823071862635087813016591596657199561663926952401328193712268673839971023130237186061442402816750002785237013297428005731412337710767305263002918854321849520377262517251966548985863027520198580555286556701741242478139844114794561403613372359291002402880016954282527637001726055817408445343080511456901070920068537510749800562299567939370360942165585240126826086201398966399798182668381464268876294549868698695601835872133246870517519561716040850360702192659349072702510994757252219108424455952078308514342748979583140906113813687321865624780519973309894011004757071818985229378443814143454127508270984979196457929208023550364363535096012517177168056554998278836687203057953323354892273581439095605122292942545110596156659899801588064005422943187694927076222111028476180826159644660270430972905492918095775775902696247824342719684252106673708953912879269571039131701552419895665937962888409428690519523491907549396833743385108678868311297484077425614288802420254564707508574033953987674644706472412244050841574598773169274280657938451080829334713697457317170780121504655607730879875787050244201825130662513284579379669342674659176754473212872979925532293956541582868358625639296227016169581436104796463370168169038370025573649440139581902290259043029179330141319851960060539395930151180348550630214863817390059278659377962839746005016600245619242505593516523938993857858329225917116476018331586739589226917986771992642677072280445165745545012821713074850073677934454702487148837188476688243781859855683230039182925072221247233954381450812495920572738582163867174121455444072000774625667799993033885814383952246841860609946505511749493126247475454114900899298880244751171439414717156204843166161483490190460011909296255685162877604368512092217653725203066326102792604571211234638430897691005760760382050626948945183133681297570084946503627830445034242988558033635619845445054185239483989082514808667971595308723718732952461752619649890592054696908404522519746654776340655367050839612952694377982971982255074008724675796073755929885119227004014089922309976925072908243725293025365545849629334370195169448316009981695382175397508939318308818349025619452689772640110604134908045313145010713937697105463476654293873327884965077889115704433899875968620677669411702353257219697006335598012767963217354057017373873456002788461555755391888881901579378055441731521247110485252795976660872618979299145615755209797040480867560544694283122745402563321911571044554296315225230436082636308442210335683371

3474828646197343120322024724439322933802978839273166096657341966481397117329057631860775941914189828747832911366843302535292524964792110196464906521782428021658444801194148375608706264682217052788555866609397308492117248898807055295004138866907636839943008188779348037755411804546951933743693074015004386915629027469361458814570456637297627949440616093119931117418045204492835456146997128768235017514453738928383768007204168069639536492505786930809325864323795839791850836678526870939433960987834815131423664526254152492755877990653256163320812718635364405049101813148648797280648360849666502489207356975362171904757205540792696638443542621309943524325188309713530823407873141549480966574879196207042981321762437810817966000036278059616864585833110248343312510293526638577653971473510052211816165672635135384136775558921388335613754616690150611753776496372976412757297961854600653058815433746646375024676618736828601359389979661048870373212998988077189303455828424798632586508329716478813687836934043158699441584056073105170080740906242322983421483645937540666898879902452967750380630886424623540006792050169402576684226733377623470073850861041947110699435804534455704891685726842546490009371256247610593669638899731278465862443799144139951569466810839263252231819117286400745587634104562885751255056808152522939279259781486174754526947763804476995955050607030405723074802347057423446724103122965349505065170116543132428521975922325039634918024654316346612918022256977140890212339328788604173941013526311520369111453920038754109001217400800370764068065824627805087557204105425815704573154793095847220829190461794537539554705589553490462381008166373194550235848101992227192912016177520244466860590096640142655724768436533186703522065580145891365214214884279565586627059338874918786393912310949856121262994129219570550982159041459138611252665621879456917858641408418466291812312771701856076429841403475924859795364139295700295399600044765241741180636090891070329935760123567450289489667243683113234827356381370078481809220454448786971363944071406838108537502379067925491990743545391118754416978797744588070612794679102610597267850687549686191026642898726604155400035593706209614687774802119559012974434756190369015032298765074421165940749484642116358360774214267964398310275681555461210571679153107221777930254573228745372929891949546444430214743494433991526199764617560500446876141445197137848176211789772414355467354670242507347836422189788430240648952846314388163435075296533334782074398744784424394834378621580005295941201695844997595662195314594638517065744940644541377088385322747539546226747217816410785971506263948291174373316912308779475584016245243467316076527923038336108403393227859230437069614233618515120201630037106473392360159409348761413931578014737552099930571439690936141780868692008127299950126894063381545942618042524870705529369512012093385006182670089611255740262928428939779819953658533467689013525133165447848621138975793953376384770437896000543746315267922612655403500132944795933203899504403691234100895651264183332718963511651306511767120225793729061014842352467437854740469612582211063998326045158125475467792932216010039689183516686733683039313629853299887287731336514009920077181159495852996478186606788956873041297968193338686403654299825024897608389872787996832247994861290621538119527811750653500768127034638069985321345239607040850382203113837312467354408540035498055988976284821825502984175192421381995295183553440312578431076669819823628904985956993976147201950407415341828849716367955572998115769289902945365175441526532860972531124706097743100642810215723199143928724718284093996741383269759137019206039345242446281820941620536688358917458615199461028929758611633262539363485791650895497475561088704308265783353395487206043611

931381687421184175298180045024624013213889215413540631633023821615
654645339912191886658802828303673099471289780816548788972062587681
901474865764326474554358647966050544193140078330581576657539339176
601496901725110135193032764125437908172466899998107870743298828606
321054287292306846189654216257857556016125523403005801973294312555
344214886520699809700430142983450790538092344582436794387491628148
340152942878299190846211322390876235024637891877012267547630879194
532414911410912534877347045290222856769737570216702723515203683228
144986530301933624735824640022653017817862306131826734757455627191
831385937038694232240607834158561737501481032037951001913262226859
162075839999284142583607550237036751437347250061084565212317820690
269323271707170180717500766710702438300882134956211420966662792576
294753536561223119630348729799239612956100144117684309914435980655
668473318377111148982516686052882431582966815773674293017505309619
663515876755386412883686464016803290102098364145390136182012310600
000775796607677144532374490366645381903303565964053774848637705689
195214360679643287026511419820587140996218849541275905528966271743
716378701546311823499580805167263878986901169705743325252330668811
410230906371609653933829175424740572281318248528656220140842948358
903054331768669388627252990137430129882853320414925964724870842887
086812156215565905552011876699209953492885869512934925620588529975
945981473505525503315145734981302496356660057156212941288201622999
848145291580272745294336713461339895499251972614295467134110655087
486873567899050526184186494670036261545565178590074743468302203353
062126331982820548103883294377278480154352985423406909915122071140
819165328421628682826366356108343235666218458349658424351140825271
341844670438854605640891533111831123911860539878116762767613703658
428481807313920056249047162328232991080660606647062640354285919007
969734730188705856542992129141065083105024921181152561006374229243
293904732428585904369109978087368701612715657608625272563041379461
868532715908948468280276438781968830346901398630993534890439939614
131385964628843854485451786146989483635930250233388861386605788253
493820429754205348196605394372643477979135529870904409751671425654
917341865740283310563786899303765618156623518204755499419434971521
548912142520647079290437621284540363565400426443885879915446526504
588441502208348189980825237626378349391929908774186331195023335535
079509550198504429464600379207703264723165383716779763225510461508
344705727864984310406919552119029089819095506643754003665989157129
669037382605868862209431585676214169462770034461465588370961454183
836781653264671798870475162420027698410568104993479741747427555662
383448218723949255987248081790288697917808211307826673882271756995
368158100683494417701411035314110709827967960457421557346773729313
183574290098817251070700102705681610590925619773872526295496706438
269748763152709963323153897802141958462837023585522802977580214061
912503939000954972068969229351548709957962168186517294143002365100
714102755589431262349994526217425183407314951822665413670711205435
950477052984055164144082316040094148593227671833561041031952334848
460795236466106998696317658850281933170909277543809750296912928290
287182718686765605656010388362597476899331918150868463510202044431
914159077236468302553916808891377426723321399471288497759795397734
792296789362193099251120066301156617390657573683767636593718921142
236849912021475571972230557410057254525724538555650568646053711226
822679501929631039458441745580652122388934673777811748771108535856
365104804007023513841408394344914958733631703374524744207690310465
894028070652040490102610180630714409508901183652829100104263112612
172301607303914278299826054825937487197078945590863342170565376911
559913371696415252912586550719274834593711307562682233144193075059

9400673536365037293550076798042151214351972532560562264394541 41131
674729877836871409967589656307019969560824628014504911991240712185
748053706939640389212346469787122550669606965161506813006062941074
008047075701309161735077334755648772547369122521509813503319299338
334382107885543833236187356907160805455809843670057435085075319940
976596533687210434933222806188349920048278738112527503049208888174
846428319016539600630466502915620890532294731999667891042999177453
412876891030909976718814803093271626981236572060433159649649342053
593097499554635341599843823862049425069393201426663783689481202199
761417986083058983829390067395145517573549997170753892480315294109
011851492614087594473721159393289263705069583299181008620840410286
489923463260345642370424824257063909129380801704659653630724144928
183755330479486233506336636375886561058906603353162911176597900236
530121728575366201890101649815977724729054022670786268338777301117
009431851403577621945481676206437531968784148518425893448140529583
996384970253959762126359785945669110637060133227953341910530379540
425978304137667516749768787465299649178342336427000745475481949471
359866806915666645853291490308232059890281205878126815767430930721
017613582263189992887973230932010149232126373267151796495548968924
776611843154567161757493938401616522907844089423150876687054665275
793238805549126661693777598953925561080406938118224800051350809372
046686020039055009141165394481995941732187190340971882559072629584
283719770085817941850701023924759988289613573778756435885496342561
146780783340518710951312575999931805190921902266561569503928261947
901601702312243305754431260654464625008686622748043866744194420153
942603811557827540000404020712181901315746401093427335748336101469
403685451256443203470752844838931754561764631572209287810279912029
021892238282470350546338309419447797469130882924572050292206249855
523551056541643045762988641768062017411348089234227288347454320119
807266068956925882293270245447753472176552839080617430025428281598
287674713598313924867754531846844608380481508156635419462565813296
359550594829076330106815644966517880328377723442649573476209397575
955793063867100477743934006498340550723621811989484482127172777851
389956849044762700861312697815775722954647603359273556343018515256
595829201382091502262008800317497285389982150390653559331282828353
022910424849910104096008081292273713451581458295962514381717546634
167630658001246761930273939749682827160964943723113557562907810196
124240298111767982618671404839546685238558072759405609329731240555
537304479929325649327981148318332021373111562324040925444193621712
935732155195558269307036208693910309562625792884944657181752916336
105084401385563679207115718885798851349629804275613855008281669530
390869896208029030355380062556321403668177908180211648438779482785
129378171151953129206025349939787617546408001885491126509477377940
338081385165821773654742122319328208269808040149053483955039643892
782029247237348271696437467813541562307929349307240336751699252188
922405669614699681473878851860314289763537976243242698191015966561
818629392204880958915352336772256873643846681697674177357449240277
324427185217245824903794440288306738445640018536560746541756053710
825468179256936469644180207220767950152974675083841352311356162549
952917635141688384581887938427692077003633081667441340571715043076
445505570862019621875090213884932155884931463611851668192193333106
871041572192225845136232219900267083802223487321575797119113968268
038488404028145926959232839596418866267961493051598203711862831094
501976913355793881589511415327250422495358886450529525188569766476
775406419896461256327822597017023337558520886222182600285359281446
308610907067417161261230022530622943269439780326835730088162486844
963806183381290631720666982539273397400494758569587351393454769511

348187322641752631190577688592198023732093522988172495982321802051
416465423317460267710479573856951746726028070968152504373358982055
047400803013301755815227169530967519720161200920566230877542871069
645863471374280667516783193735132565221483833173672308119816534223
980262474376558947675692163436877669156494799894490895333548260863
798232539491667268994167499834770469902146408996837582495058290814
533142200622637026588908567589263050621772504590274990999327919762
378666652919186395587687935663877764742766951607896083931623525292
783250364155846780246181598805142926914406989652471948193396323136
854634186509092841382717252169538362006323009210996206249425060811
181486751298160865486378491683891420244074612537349911807444468004
565780723476210113068446077979422132044175184816160101908431185778
373692302853393992756111160625500938380159311511135907852162560485
386914323812245904299772946964322273715189525802973366045356007075
343804126696705867914369328092183041139251793786077259043301053693
860564531228257539431737223358522116815430443635849742772083634227
879617830153625028018585784844259719867132834248512769481082148289
899874543172209779240360832619873253615859560141938413651762588232
316649713661871498820913042815510162243911604524963384256540786205
403968475984137295093158148777371240187179778380478989949436542977
673257015705381263785222746972467874241300793642328497818478384187
095000920272327654649817697185631159468301209971547273531735570252
640974294862538148140078594209375626383946867371632446500669475670
531599472687811256170460064074445580742901999701262105369442807140
922166151821307934869897283700119529308107366672854879857871482235
316879674787357526619385423624000713911305675550338852901423771854
164892294155671638458861411106333383120411085276458284026102555584
547225937596187234636430993963801234448925565298982720299003678439
151041868749582442954626212615552519867450944465290221964963295540
000703852105632196765824842265073312536205462602686845226609688804
383804743726232331616660159127936881995940502571999932917673393102
710012595360946943796638596808326643193164965849633977291944145183
731667573688536451820230238148263770653011391128913691346249132791
260325353459199163234527758142476660279547954070433050957305857105
121982912094431653359432408468138074887538729708537544168280660988
493506669963728979443165679268763670660592266495503521043083435714
033518387756174209630866622504815251137848588257002504051583861836
164507635919756645647121506198985206274610720778853409008974133378
884529056064324678372378442381162453960789731143333706096052597301
996509374395456246686628124327527788178576450978686549138923396145
393872016099547277316887599733216771184419958948486142610389151875
753635313900844721671593136105659055230688227016390060464654237193
404309850825077350154851993174718357373044915069497572480079084269
359829143830931389855487549423227449491627921911744168176225851532
923090627028862627327172713736747288536386212322152156598140143461
744208641223824870184217621137984800128918461150291340723510400996
828163551558849625934702284245296564463145812208779641481397405213
189828785428426965782243489218621245340214229187382487983128365520
838811022350458713289651197529723939560011425296402196067696795758
147935979993141849812041111542822165132392559070987481632337101916
113979198131133436287560851913682356263775811195201592830109802456
170110222573672111807537839399705619783478589980103958642732946843
133101094687964634297877722682194448056999245536854601675335399408
618117622592942776471534124000027690102741176192399224871721293219
882821321458155833081032767665682157622328610235788886649557570655
197671423095042057620106160092703642002340450972083564857718166824
151192694485068151862935190561171280365926782136985075087749822073

193348619790072589775826641428063197595598631453709706547766476800
725878500630994010878945547097206380389483693036970026974582925418
893568276976759232867767101698035097327693602728831210398704047295
073357317572232713912886823089697758812579145493793429853594473006
165593150559024506929018029493965319372764130759794350301861951828
494006827945565927733810621490164498834284750153040835721432245892
652000275214846886135202683202012356504519019118723235591670372329
790345978755069469277215711471823799668074639072294512299085346532
617467973382168394091646111762121075682647338261461487802212088546
109416072495014616471801755745231575725649165520169646279706183473
704619611947071931661127537770751989446486891611246406779934062221
965068659137053103623391875928196574161078398298795138647707406451
422449302925240762368664335949866113933096820043150156117174402845
705892934250488997230280359024388557971513154588328461904663148881
300544616501061916339253963249956689188558120768329613750231954026
330963046940512479868495658727645287697099156573617747339190531248
684494625872269120955020707217071621879679187760705580481015192295
074326337820027918311553682643767887579911981167968873963177814529
954425665773092756714329124847023022786475224533540251407909491825
462535291014393522896664824298455993425575591777585758242352338973
747484463340047259313572926244839848777017654813188066970615022889
309610656882030057928247768456505759164018129455869688032645811705
112881260506082220110294813788676234788832482528250394668865604791
472434959362408575339314941285595065802576280008906356881492320951
921640031880972999198025467032863218567448770476679740080524449412
301925770616860793333772616679523723102256030456073494572063560313
170703759627214649019425087954259668365673496784779640178627750094
170839259651792113718885026960580859287154656418538911511244828095
751369332743829787840259129242527015238018394282776423077865998007
149900112718626725697797493558585882762078441921011501227555741779
763862705852706545988937833296495187701152644142164487520863294241
085419318611140968276285129014378480234391248047246668281527727431
154896462556708029122941047036654412796194587245160059110000895993
476482685734682460496951136801911314321302307246634163734250901921
361990587934861030116849136703125159321122314328916323155148639038
920490730467537906033384814622379047633637202231768335411432973333
114189394247379319875513336595192369206055641815362927457172495382
044574747097433811199825206939055925739070777436069154483495464543
945550651751304659388351630848247463410990519949623679710358992713
562010978505616249952318905021558146844677246361554697831683248275
696313571755831470789709172877833718048519895459843828596699776869
250594382809953116380964438179977603501130870739448519285162549058
903110872332963148825592074274014344023881471254559590700119366547
096738912587270273568527307775193968862038706430537341996367859408
521578977244356095538320973712223499363623409298990125319603399472
142957874751476855432173216712746227680332330005638232707227545294
942172575194125105391672186433585944534926876922082387331430039261
354663005729636733155649097959804899247266938645643746202249683380
000505578982685667696711428018767262177865576649157700352461100932
794682563677161539624379277129483813797234472909685220531233182015
789584479574840496654262502039567468235473353258966746482118862207
730244164139640057439589934451240708100231076667283429860057554936
374749864908555630488045734980897457849263197751447359585777356307
725467852982333254687020095719748961900232497446877253504533172730
924230889057883062072728554985674679048486118049266536573811130031
825472998778742263224505235417218301325634179543964983867938294564
119675227721807970795055644450838043578920044101599100871056208654

575358619881337544255212730289424165307580303308079636039796066642
428157932448605287249560748740903618136406243020176522623955868368
289209627492460911889429190221269876819746106434478899463354904936
758430485143499806460954496732887730015221544029568123453448946932
592349798557860792193479042487386442067922841925132730049639053883
815793747911629959337347104425865737219183591342311892468121510056
417553783567312752772033942084577330932293933774147462912041433642
375845322780010418199175484164690798896663803490314042085797512767
023436973090178204120231201633237068160980961937623835316642814678
085660722089493781405850826582561206415669080391330145037873747008
619163420786896584131327336331436338237259869247856701081988720614
943101160093264302053451943668673098889365873618527462830468486508
658931662844174281581343991205834318479331438251361257686530937757
477371966080824138797890956863192427878213653414535171512012415632
145577261257171154237575230435611185589196631444230869366705119913
815340322621062159439742712076546523176519896642447526204715190969
891744551184374331256041120600048106283417744951899906102213412644
534006534857615800633640466882739220226192144757111594145475705652
435388670821749955628890890167708239731020519483887183549834328808
886071103617690332310781379630557273898112912770386827993216590405
314689632598639194291520764412183740533566895819942652091520607223
478701115078494599263794258273810045609373403738470052604324004765
151033974426291589785942161902765461243710073141533133956067012099
235705589355558643733246623936827338137666098856138608175608552575
188182298236562059303984802684689256483157272038196342750244905381
387122728365381381741189038186293706687965527401835160110677721544
274876318669385166526891909669324124145765251754771386167907074687
690502863083641493189655956235427862455158759933740486888805936350
947640464042266902373943469381319809455398305963795278500402818801
715189687315831068254147354750483209376687988786820162497720796546
229659986970928634442711878404326348465824167244160379004862906335
227396263264368969521863745855477379277081083209980065603785497861
792816823801844373777396596758291322060125539286970613118307574973
649821014731399951378011958363046578458621881944149784937009840275
600685498026335735027690350133491599941063406154707873329060370723
116124034187055078837900089817694702597408126366340233205234759494
628647720279625211368644837784212775470890607510255301454648072545
962761137431679308322714444951825155320253068899305853194831806190
976281801667723036121660678136951717648759790641767207827490044745
667114390302618481170988221888916649639386851319346911259894986247
734192221039293185653734628244718989578758679611281511099659370100
378346036699083660549953931420999423492601951720056003498594040963
539910547277394697990413578702263206920254549841657267742794639612
974391368521794850340618077285098742812276901141368164028467528875
427664834717285451238985915716062110621038611504145324978791301213
806889378088785741135694023601086117274749076863458679625973610019
911702986963967536056330358598505902404485705231443082279855858042
106676069784668585613992053252487035554585370101077350088649519635
411914539954755706552627758435765745846125841563107474953677019045
088460451789610356300964498325679803052637110090348336832738009258
557839639769788757455040977616660990279542918858930891795098681231
156305389211681423379581310829419130185387664983843266604890968801
860786989969463951952355412235444495109149042793265931689165384524
647612102977323804949102697206319731445768722301888645472310352033
608803273451892514604283782723573738137990445139646145877241578009
918294527691148925644955445782081125854974629912272326464903975079
642306002619452609812386038941728525697644742742928937816441022597

8278080809381188489828665645075046990355036823640457028786192640007
8460831062566896721051510787599806260533102100122358089908786452555
2773927454483894942460977309768103288181048377558490535754369854788
2487209796239602856463370367224447256026531392813243226027749446011
7801180064353804656177241828844153793279733031656426254964457524788
5225151403332921802994363668920045028087930145836265592745303693200
8581992368582405824492867970470048929341036743249680787167805287155
5715269795387317616139356132593003098518745852607460428071453029533
3444248363527863091514581116770338434981090347138086879895128909277
0471036033367710778140834844624686061472549883654767143507897165011
4452769938600227922887312461611888686514548757124587583194866819600
7135129780973428900934829960916137217184080568891284832030737804399
9029801197767445952608724501787884827582203141607966468453384013733
0036339352239132617464228397146920127293410803224014862978907413566
3620435519583015124060878235799054599370559833996396427254288844433
2193508373960444126803498854986780142412013984799469474267251345755
0432841611528318934336257825555762486044698920810829515812130807477
2484883173797144065755237092962046872292297505739043255293584811988
0266329093403989497358092902735650265209686282787669265416618779366
5146499963351891859198281123717705808512908891479895022969802277533
6978183264365803065946080924008017689072325841441297192824247203800
0486590762483298432666125302685103349902657657857996330572857815800
4481506534147291034011865107527575914621385957555798465331746524211
2479703562965764849716996877845984143281364150626588032373537267200
5100203918720865488940491633392384480571756388725093012313790697300
3446402836948914532187479689036890800919107696487522679319688397300
8313632855164428485454389551192351626705524166101161919395623212155
4044745884493177603326458648332699995327613115608198673031798777099
6885473206973611106968735230086661325732823554513288927073584038155
8089593409540047766863373882209899947758887252513928947102576115811
1305813730792569508911106036337471430048180745447071235856967018766
1630440248592810294124481653304300197678125184887324291465465374766
5308407856299090453737847639163410697134948316414943177259257359899
8774141042585256506469922575333866702293799929902483384497963616588
2601770376024042854352514689293826677378840100504077814980106515655
5297476502302530481848290223516634907089449876811196121510650807088
8452894029830319134369478860719723091087906545455929044269621024122
6508962080023775486379219005822137541799451367737550293442139478344
3845408824968300559698072274271475234618638449633003720110584884444
2628222847183566951057836418070908711811976341346792304827991929422
3344434337452657118519582758172429556975365547653558571537158788677
3155823731791203581943368590246116895493584548438102182098056456677
1152278111152866314879791224104671503454122635917402310507267578155
6516907949753545695466102343506351789262820073876715784184485323311
2647481696410450093295263939107255140263809723450742145266346791244
8799219504249506398350575631670024222097888845014235493326447708544
2073295642006479990456728288273089736342401635598151271655857087600
2631934760357479711367322844254495461412410314411213653295907318444
6626781110627401990080057408513360217113291910191481723858110359766
3233621594459068606885817458272106636078324721105539882285311162300
8307722493207187603142835549723999909543867479119041206409581635033
0692153653952559398291083644405778947686559064269590785558892780144
8115312960528297396378305223965687979329134158295623155010561975000
5747882584350683894802720131680054492417655413415536722967818672266
2975219357296762159745729299827845769995818570124704106527552347099
3167602108874620189498309990562680354732391917438803528523945196855
5902262991234055623668168420261406594601661426898163648963226705677

1454527615520840319977552181122228306946402827545830907880095255381
2670011748089440085824422344840901443930995076045874992960929194448
6787284244655294260355040153663048572784575067890334206375485651801
2605864654535049231546366067214955979231996128389256606862453821966
213790956141809481962680234837370486445390985796041171310701243314
722770694381624261607791747358930604032216117319023629010812414634
682390910147478453481264736939378034508669020117854092269189072113
908427362640084022560952795366222687803631074992951896334937247807
842462077385456462974698567818779464133277559594959198587419166844
783018668875825985063358095304730592627958788266281356695741856635
183662967796335366162569000658834528478932612307942533321209343130
986170013940224515939863015330027588574482615552011632165583054011
090247991317443186094788894424719176565857393833615293891646315787
775206926098992237784272107622675471362967726528338260458031548818
429183457905620558523138467486880987475741829951436089527571148969
698465913305515718249017264063469473831622484570295688213478321860
050219757949327957537140194691987103391921503460117489549350057648
311848003832107045510003197299460626690817032846523263802422485817
403542298510813693111624820378156824026705402650609276295741300394
590674452791979966472993327500323878534455218203096952772541183313
194929837454299674345083494569207945583308957219416697425544682533
864656106651416194740273233068918055488714423970148248814130243332
211602822892880315913275460406393144756504510247078478270031008306
239833790350592085387823674384874690715910716613835270975585158434
913210350122255865928574296051076914689252902235938279127110071779
878737897902060104053792712655426027857235385066544466670386663145
087099165571537120692078442628725803234558565314378543259039018168
386005327549657925726069037995759888134730688880747447547111932240
148505713258006452814851064945062178797173665367581241855617818186
509256591508967858838537346006935149766940200854142411958615773819
902618019957555810622548361640410620763090175856074573884732645071
333857565460417325337113028013789407938579364339953362780923121083
970023302836469423386202991033137697450725192819304481060536148898
127237275534536451517984386997375729723447961754122638543250152317
808397255726878502256871216813534253902834781019191542034324259346
091331136425107319399433703843238861375880568271561648549365380237
850903934833622482273182074099684532966420066268037268782026486705
782985119284503022158150530356417568937754210631387943008169086192
587428698754675509234944739615670759250191683691129303774804955199
097039823363826364891350584303996481957236211574077257682336990702
374463935429270205346044803831023144481145913795384749239157294312
780741204406080309758729669731071819844106693340826049698415157716
592955194865581648675779423393689882775900357894212761604704734211
672187920488769423319638405449947511159325479617623938498538240196
477081852094864855924228773249668730030102462610446676908525456097
605252767542609722175804231532157673532907534815364111375640334493
764477315701074417762358231865170035472053759404317824599133598339
181781909632989815139125754319138983372544052815081545703102289680
299577227508331211659770422199826896583246941224511283294989872970
025288692782008856127159949775135621524144621201185726015252469722
909151404640753192199281734280327618599645702580211560174620906358
907518617575300004249196720092148567640159697615970405736942590356
827057621726980826125845805961670618866332840263385648286426103859
307490073261464768345904157879793049982050590432130023886393302978
738736196275533218595801266221632584664077546476579363380854496495
709655491946816120511556943910807968135393846059750067179506310256
122479527199604657086253843127219194520031050931912369479545856127

237929584674483220803838519266315323828450706222355416355752016048
458595787727964356640792897731517789254324601637419516533248548662
125998117972463576280561784916758392325772236684392313904636250636
402302831723001378553839784405960356833268427992665461606721109596
063883424295043002336365108733945914246608246878679142241097259955
121353439193233952088570015903804469826631106954585363846429954740
680406796096334008965964761233501181547182215652025938005625906215
027290122242604041472615840342781626054598733857245637147779216047
482744334411129673123767611986297866986308024179500473099054868078
683929009975257836056842325273451249388464642611743784590176544695
409651594708729976507112762666117578696019032897428626383480646025
835183651959147287102541609034171076266775815046516946254495799382
899617866660985727357260685506695869037572305499557209062621713947
039685039523631294487087415247642250606521669707955283041281086860
497392295365924315417259939327074860795667414593870684123275004166
908602576148758879876235936734754629304596834705781824339237473999
249931821377630383752990385151049213862685594862282898029098604098
401166507322289995322405622348477842690882777333002520957071638788
913757283611131615082824058677480612837809976588122450097507098479
143992524014162240532859851784060267753381922826784952788667245689
333759451607319568621685606351203502463099283741850780760420477384
305325483876359241255753163645229316351178652228232896444831910269
247416363399928053530936659261798644249549488461748132899568137313
948309594995811247355548837387112521903370051546804023677832615442
406566906224043635791995891916187319853048280061974222320988366936
470840181232141747627673223947330600405172628593548541188246139912
254599360462896971413416520309350257355936126114513964764664902106
275445737497714471550805888268603135966157597888808251340841751240
842314218875957026396166667684217885015116650295955978618415960547
920178554811646541858311314120912782845969044480818199806314389038
052207497099964459268042684734454155781033449320595015632019630539
762141807399086270848064303217800247609014397715642312007226354349
327379915731551859110065247277485199710198477976655689449196716486
168670790375717066483562808032596486767340458420568650181937024269
525364816955814590909365907807686812438639934256553533046505678506
554865557128211838173965998363357678030887104057297206384819470482
333079352209060843986280183867089529794945590339803975056823449353
678374441469885388804528100813606255832951931121193475177628452066
519222252738669692630025665605713798746774722632191103954463938461
218455857756926921127446965654071571414181979492296144640390215239
365217131970168237910162539056307962867690370366999872010105519727
588390490266619397164834811497423911738704227142950498039184409203
535350564648264709088316271727043914121423842292160092712912360067
010295249048268895285813608494320353804135696451593092433827730106
982907400363781910721422010919069241872160277555804593264901521505
941423353135286277882691268505700877094417670821111780339161323107
788454769589235628606267690636811548086194488650598563498242078522
482102735571711682860437427930019053242147326980760359336634855924
681912023947148092123328418605006258537910855539500693514325721418
217342416965828916871047738311059705099813494096939955335172453464
547253019452500219704236725633941992595913903004372603897653397233
310189273199803667869665461398075380015007499405896396569604444634
104888910187725401758136482992701898931874351475719511901643262456
514200623107476545219553062209409076222656396770318223285959360902
162523062797685291067138807712746419025705602446123783078902648548
600649008785877722458281102434493870661477445356793732071453340808
324961036860031648711604557638529640009288990565903880787201538168

686057845360262395376158436587641315689542018451668042531125090612
805758605185126126126372701960423621901669912907552891484255000203
166394336803204057114116042375798035856595631247499469569849513586
761717161486134211876492199857402360452581553140087609299196474462
881338290732168822691315735551490184217278167785213038366037635612
900768544531563881090587180694081778190789574514335959383903513995
923221581547874786726203342273037795254810134334887011269882527069
457297044292547385863958940316252418176801033883738925978285637951
334907225664398213604080607695122990547942207745586977993303444390
441999735760797502802035252928636562271663753010434815414543327065
339165099594673587113493338216698948567055738078220021731209391530
078265261286845142429072659990570958254860430354523299996515557814
617689528577805366548948592631729117062620382979801608412159318818
869629028287157978717936884904025766919694789119701664230794471163
004796916602963366541165671412926658386416765584258346626506690416
995107981990415638970961657836067803458038588754904398366811079462
592280948439890034735745765722127802050766361242474530272832779197
536870946026921102641285052046477151131959097597847520095406773721
741184399590135072729305996362535527518365125842604722808130501701
636458298879529638747352394422898404127423076692657538919129379270
227358715890678007404859216483963090839234039884009512873222983061
853071494441245528974454318958561187400018095275209628513711725684
572621954387878592562737224001189285921097359177445309099137601857
105133655268996097982796691301664713645669707323708148465349387888
981009948329822204546100201720436127512031538116582991015118694304
911447593744151199214827769884667239091980921508515824456105200887
185460698730137255363463299564455463872644523269557824381689553110
896531340698420412186385006905379902901129655602973049646054821960
184977149958716016018632187928577655514826098688914664178674355486
398857672164079809930784644700415892529812120080775469404448690228
534770939508682132340733873815211764044476048345552930529995893020
716502131845576085163782416290715979408661795263226509087062500009
785294598803412110825577607201418877274907101283893632437344755327
661099462982029247845727959599586690604600010182553848674565658275
750715858729686771675111487265212206589305147029816991145935759706
240523820427201676090897193644031047142701890112291972783281602113
559756325548699992243388504519858282629103818226122655992591597082
919786233193166881062975254106841171086259870307144086083889081617
340183945217867616910217840007057215115331818346398109048550598419
080653798403931967652618254901449628263813136868301905372776290221
408228253205031575814491105214969340080059171842886747423281889208
221098707510096094222717960611868752310865130548794073032475585515
857271295685166711502658575372152497020735665542874804818838168943
809294719392497078342691198162104713083095702791440448875294465222
880916426932212089143735326343470189414186549875808544389783754276
111604821944985733991946416345105882759641507497086868706533308767
468551708636722004133550690898227033638087248324773623842767127299
827900047237503365691359648505894871179717735895375235172704532988
089768706037171689381311492611799076386817572277825030379948105309
971413321067911176939082497857595017347343274863356684315499742555
434287981387288858840828665550630311692303426240065192461820851294
051384109438338309943373235611840834156109525474454266787441539452
743808547815748171805542923017257708254215514552311689815984157630
331041024867859344513956337205688588906905711908399969799521334483
952287592283977865693169705450275524986037593813800658952570565487
153992594249997173171679762518307807180065173051529563382632793212
718062695948063416496910211160236464323589047724347766517250437018

826211584376442266662047512782523518870217898027267280277118227731
521030358726420824528988433168315791666499256821611449903424669515
324639135704780768526898998489320525337210124674485594511686982516
508631506559023350608946133259647585740474307164510219889646668576
509308330045681872757241680767059216043554681009292559395648953329
502797156721892027325708150627709071738710313238424960099196766657
262124887134992056972358693324073811177055732346090215798472234521
382771579580347220540258966441539053412137447005089033871538349390
783651145807920272101479062979899235730340324996976240607889732184
310882449308266190802622049990112859749295562772174646114689939294
010594942097338175943828780250444099687534019038860177170124591227
676884675715236965521220057724245036539737696902851785827201084335
983398454456817840625749043191708774382410403186714142041720368114
298950367725654607105012860183188433059026704135914468999688471783
347040829146812415474309300998153842585056327604739087689049279322
492409534991903416211544608213898364543627345255421371578915213206
037656434612877334642326527949078838192386444755770595009119444142
257604748727334642460795924629817046415346065133084095714764871552
128608657847073529551768127582320953381637314429047417984026893595
113836233619036522193686948953929298610560654350579702715511242608
643085927282057320382452863375360040537159776632209913491222622982
155246441341529456551577015191898692407298625805270698483128954807
962543531974171285842576611402820095349691802167787509064096388938
910484504664086575037294052210411280009547319660046500439442168485
942209014452429272225584905936638244027733283626450303053353993096
987770343090712332576249414960161079242873166852638845275126706030
057076410952614298966488181203960638734084985550094173219877966753
274996201186977256904144690206247765655350656642375914691733307274
891543405830080707221480983167748193021736845370021228649151994480
864391860713650673852662802901568680073865848269567625421052986411
659338692482538337878752134922296988954977033420478617409807162101
844151617722148191100437333711693674308773266973085990103719739779
496102842916186841275756991398649211424787814353108830701287103774
766452424063043283708377315256119447305575523791098461773531290644
241044708945166904880695091460731826894492787888493093950009950702
290353435392133255894765250328071052854241242946878306631082799514
039926485381943346180295601431124328564846965317170173912538789746
660971453942277274101144239387958959878910545664104268147891162685
728035996783039870978666344440474495023780537494089169791738537209
747073452739794605724927590824927825833506825690837808354569363668
173955915005489117122945893425019397020896398720423360813109299527
818850402771287385744354705819714490571304159192507557151185687124
513861708461376219948138815550829388483756914525902356397006311126
012211800437038477707067215788291447250470385711950858809347550637
483829353177753808855894117419263293749543000850722248392228754394
4222626269598191189695630525279099346294615360936163549447879175037
771374159070623175967245583685325998421558810316256244427655499025
327501763136294312779601191643050971695953211299204527177449654633
602651536565828841936387933775355221000752330624993891708860305513
498245420332860149882251892444978971365438878760732583968694123983
880820433462661172204379981330742351367849908458648166662862011101
678772854932272589731796290083893809378368862243092816036269180732
1356465371535050488691647787791858427737908188861314754357370438396
416108668454477860518569883643545539414674488362256907582297656680
517777748487429731521740717222408996252027134463802893843314525169
836380731179921467836533342174788805977284261602035843082892445143
907954874192059946703109376776927346001157263547865330378705088255

862616916954752736042627652426280382477111290356531092061375501041
535163500294773602803042651560687044503456586532737488831388713636
012808339131268504056973058262367506066185397615704174217427594094
047776629585609930464445369693571312353313901844731016702853668941
803502361632619326787257731214972498245087303034204762585225658713
844171927986481349699003368236635925882060107514213059935405118239
822139359584242128868015569496013163426588392290351702963854931431
202685751720924341677167595367385459589156304151543408885004160670
533466540828130700832897761488249696289240160421141615103617977793
210297134762657997940215469978038778479401598816085214213535304149
794348531891952830115750065558526423618771644236083078973458250523
293243640264375924591800563290872305076297036484355086967621331082
877017716349377640015740770619290997731183271570537209205365402970
776786726653277933085996580010922173623890413584279519335088822145
436519113434014342809428932147888483073872577049742533246466094835
351665781767074465378364802847096926101318645029312296165994373555
820292882023445072827713813735310873868156668468058416553952406315
115736792154911263247750126529807086865320787180461286792428807755
570652927825941943007588427801209591016637750414014314456516093920
421399550727498787244571094135555045015722897094705928715478578423
754955553068827716278606818246476471999729800367332877207475226535
910397549640886425476524143137886190662271392033748303555382843444
764459824363406532781363195780834389918402072956331227424040632911
369762268565400010623898604781668629777784031279489991707396723067
522162950965287896315037828467679161096745584887359347549108669196
172246037943326536717532667964275759439960499766806612040016533028
504949972860704275425093720773858637004154410260595244937075850036
378413818607795676066806461723429500752397765145943294896719001839
450853507115250826284545345273757796912248333719234276158203080146
280176756282502407146025097160563093176724593076048688248790053847
158052075074482030526496689819994025157949423211590278410432542583
533717778889923951746366574326137285181100529275734664184818518156
994434040881803768753519740663630478337284405581819299431249282069
957456142382665305098134466430096988357988999333648249647226676786
609483821820069176447799515410064831495092340231329855502076012976
597654825143221427726580666575578245211435118357337237730492437142
595702958551587115638880779956709924041678394507854184745979089815
804130829675468152034660396987843938308183923747716278977138284443
405134095116842773409217690725247631089224446647891168794325132220
073651534562311855013874215233544503089388539861014611069074891095
663596629481504685467562292894151089237294319319561491823182561129
060258364287817219492917534538823527993628588963636795180669943553
947379606788386394329921827855684125586779954979546133028786214646
515713991659140284587348702705261069817062568063586601281644979724
666816416196987988677368474709635196349675767724117193889891161841
016757249065281230163968169315003082520148974579738890015268240237
779830972400463108506499741059120950157077584141489180528324673061
835140951749137078851259753482476926500423685462358436015970729618
280443091680263700578592151137220121658572233654137444476594139549
643955313251616096580180992087790835257903757726750622322518588306
075693231895633747331807153668699884986386914370393791379690217509
625869284257169129054200208155469777726908846915524811744999365707
260485043950809189432853044749398963006031851877274582105246557741
081225485874613984102455231546972860561599004919730133874530431602
324644992651250170425989598182556523887587795429109096721908835535
777249868613661528049587621544173261930411792496997142364803945636
309930720835169224953962020083881511918372444522752636688920992957

667709566738351889661959616053753500860232336482872126727945718259
271787177324843095828273573981941079466564284153735209789228890021
037317202758664290118383502401038262269418554517462360055390533684
447990378023149350091043351555983611865012604956960259134576936587
622265577063207518025910297097449295178885420211929716912663104142
091401078642523861320813476345472977531744085673221032254607393016
774189560202729920316247975376862780784597105213268572645373624225
531925095186171876013451124337629905355546195917525480430389044173
761791316962743448785311550195253699780779344712638424889934358191
719567296122165205346223085534104546175351602853035317060140881213
637333458637474490071286834136213074664314991962645876623832479456
855495264936646501737302526991190873488938380822049031399905056275
443988904463472232565858598791188668874080697010320268203991645965
393982763139767575867563066119124852892485699495545274758259583805
926698056690931527911877302059789706313787089338832207095089767335
300855561529457849364066391245229601266959600962624923623543500671
735657509324621100978763878594000378111225548186286591913026546612
160749803532560234435636763124118158964697385615082951931800657154
126306228994298631809447088299969778236008373193275931245373029308
031970839167921123822037759386912820570401257724448615797828970323
720982431419952191356933990701376486572379409018973102677314647704
915431246335314923116498284611912232044329798798865455048855028172
241271964129621425524408143383318483554853164891565559472845494159
518329931788517978572333349821971674522093982279470389483093870068
880950095001760186510756826190182122598791106735765741023718866272
469935107575855314875850606889265301101838718983521117215435351275
938264329690222339493804597637855809073171634956875032708986570450
916388205248079423522275356870825602603182812925772700379918530126
352379901061942595703521979786946037934090907681690393742403294222
448564906242924069041355557978176280993978467808750873788927217350
541572168610625243531297175287017002171389265268626196686871238222
001808199810556711287217886692866514086857307314203026029417580061
475433969961445419578017347130745325184665024873918663122659126015
660236378626652016174160913156721283704302383185801183603595637611
440219634198851777358715380279808392396230695928944502881270771132
659792205383647524900638650538467352654712796013927057425335723992
843925668211900759207612282727238608562138276534993392172288313289
294444554185591185233251318300351279137925207603882293290768317757
284347671056843279974476200796878545960902303706015474437242611467
397637614102508918193427878230418831155679580454124311921034413514
902690955017999960420723226099427493619621259445847015799426738408
269168070342003733428173588242204803457761918055384418670610927864
754468711090427656490961336789669320618650990481167965986055034049
205961741584031837366244498788910350470616500092549942339456621656
246048636275236757195846212709710103586783737628594551903569480784
184420461164274326860787480844054251871227322220026214347989542952
826749324038150098184804657007841619183863492574776926460569176755
318367548227892033180272665310931271164367933819622800959541330478
706842758615783981596678635312212649107416283403637584898673238782
661376903593013623242961560311663457950334806960414680959998514167
331564166366106381359333702910558095186100259659693358538133702667
209303857425742167864290636425462777371245161425008963865385952758
013222891865379060793284411531239571944333059711167462664902389432
667179611307945823104411919007978388171522300067009440024006387592
269436228510839890825228755833967504535432742412656453948010664801
879337026477967864356301541959285025624393698024440700414898101285
038476125576653219679989499751165166552568035436426047314998069415

767114957179087061914479972522714795293279630735358761120758290680
564592707528771761173126629456760366335713353483622574923160908849
973395000823908022708340184421860239715622689469759011211164176352
819617880020135508986069980355503955076960175235571734913676580503
663480989176623747277794438892098679516938936159532508157610426498
077187885831916660258754558558020712496020356901436024116067650944
175116399552511760463554583545586837333273783538558665765175565323
846658898639838629579349798658078391202883732216541805510150451839
104689209505644292618713072718897597198522462131429519367378454725
128419139172808431950208148721448681809122621419507962485836787251
200849590524925366352557539713012825226663193126747271170874016874
019818205300956901210799493693240463863410052260628335978477750993
619741102160991533412417456322272914289845315460446793246316585082
059900844430445292356835613059585727698497651003576373809488904378
981497133894411215534047828538341025158627345220929813789580151252
679590501688381107977937378523140754536423832677537259113972316858
792687904119567525558325589432624746316959593237932807739721523413
165102332695551004256713478165687894432590102030761299318706117131
114724468473809876166132982158952373367323567167154561417555162388
079712000152345311199454178338724608675919653156964945975434352624
147173770273516235218690845881694332649543609630690327863678272173
433787234212201277914530736152844291764593757545276655117361662493
776258341232669470386618010995264161414469436866655412146535572510
882313260444302059478295706469642084050663972063931736507351317300
388044526225960365484863659694269514837219194053748866482246955138
001416617534413109439766963048925949723208317530996261430784529933
180165084520803236358264421016274310136612985587054229184691858535
800025965709361068886707408368708490761257994716413099638885977280
605725438367777594594948790395926558763192110322765058387304399870
435415407721708153371228169725347084804606784815303398274253546067
361331062553648078235171937319763829231976068793186399739397093292
358465259252548784756066958736726025074964686593205347603330267022
587893997155938467073463822210871654311598711083236359015069170462
543351422056150023399316362122693161416451634672248700890857559784
286720908705035059539110285561256499135175964493878468536271880164
502150234656608575440062129328084245635478066713704565685192593359
224746434449681389396409572880300774156674090238261424501639714899
267150588062140473638877177652091612577430113475195452203749089616
312210490435346518019000909935215196404714588647735602146512247941
780590042351820766796507858002638510826166678848558950749158645126
619309838305834826296907131706731071719728080776848480579658754441
379929449107047471829728017872590170340333000923039253806104167548
466988957313506803868617426399244369000507783234698240692427033122
344253381686955456854241317436885767212185233924551451954366292887
749040043945594665507408427025138815422580127799362494827612553010
957594107015575245701740197885097699952595617208689434091597258963
492835929491764187707351188755733523909753386139046117441975491085
823789453594881734097886394506170092273558356900405856227237806491
162179925752635876771733782545081928110810215902388311849529597030
289045463552392776037669718046455009366389395271293756618364987721
355743227583521179617697402893745677711710209601970860998889197482
278183406451496324019134198595466675186304382178229805364768085964
134878488276513359060703161660080738564502367408632651047956555552
390569324136590617673191577439406138380081622869421478366058122796
601378688103642239344928990155827756047672145288752696518498409757
253114126969799968358313111636230166796763740682084735220764819875
198822986305280182288737400846335839839835119179770057824481995867

1237440728854255425882067330386593512348849979702623134280932584612061873144905739334295261855568315864723465082335631116899039298074623730185896175127462011024135025301650473598739129966877316578879331468114620930068822230887206158330968583647938117175872322118804407563604562665101608344367723134148461871266939435580944729922205809540034174771169249485722497611316668715094906013042427878611700218095472391317944418416770245763014022975018319380448844816047770140408137418939545475965527353961460351911339301223133299133292565079896523080905985857406951069192032793347339726614955417056166160815429521787924208501892615890842770899908154102051635179645981575455968806942601800130355785547027159876006807331451816194078367221223851733177317836585699996221593848758839224899291106871277741693137472569565133430063065227379245510562669218808078118325867313696011209077146657944366288330014408158630986317264190633304404450805822811281548891619832293273181879995885127378387293850969905006909581505599686237771294231761972940408139418136027240514820820737951363148433542279393342776536861035254077258399965486187460681108544159937826344218383938448584852903530456971510991250442313825249252954008960027765387386635741563882743141102359953392227466142808950302357630184738996956968785796476148133852746260001728400766103533599700110742958861790934485688238614022120262810098784194778556695767060208297297284932172835947885074785626883541396045205032733900115976899759234882378960037047435094401262181010948157151330500526967347505159579302414192467718837799078970967419856206206033657762606620039347514589512123138896768052158583214858756210049398274337792910008563459608478727443346055618482163033872291055643309346721926478665631468981442003818721109343897389863038172129579092991127430767197772915783767485462892852180820396714378507933637369500772766426675585419995885697258889417188547324570412654538727929383555423041284137013213116316861676495031820781233528078670360575316926111114131927428779044645590745310830304595611994778892976495070646397168145146294531242943635554886863612488265612400644093270462720991938024993538960597443351284906593630428301040581746061232043944596786199437588182107887055290972403150885180446976720704932193264273274749474657352706314008460022706069559676968769935816122080876142890824382822508271626545101507650711225487767831271048985812589031480801153234822354857562501636134324457554897084018525624878558411615590629157064001861938267871916714542297842701318556353007592339174371504225236871430802869738972306594087472615583200288560564305436754730126975992391214093078205163473056839443576608050549539129145864564189519842126675570326140401652646471819168255617805000436626398681263260515677037375763228255723722403373265634399261010727774913476271761697800242024174542196335423683421089982050983996930900966833517291556051800329123750279741383363465570545278348537476157707297860282642316989566162153641506119169118695850763008877398413314433235221610864807537627562795357326192768075059179197538220805055360859214370642558820407949945680532099845216195290348747172915878804337898027199175755284124951645538973669036679774585106049237316474933485138913107670478168931509280056525080740033602625587974658733895886504554910594418711510789894764277239141320085902731348230514711471086256844244305561264573131797594669083041340349698418952641280813039237953542339551451643685832971767270338799660705027538088446666132495208470595623603513288763569283104042351423073689830225761893982210451471164975086495793133102305164007027404187229255253125550507519626309014190428815837860801872268853303342603241887419947430948709809007796896221521278204036387184986911556892852678851436920811198966991991759394422276598585296073161102720

771930392287503735276746031364987286014859087801089027696481017841
925051376836394432779858978349967075106459160807997814986746212959
429929495103455612395285189966483893151341663425625387229042078570
031005057667238782499422930433187629331075992163341034881853078945
786213043844699022597151095378424839640451956139526499409105419348
027833381410505497503863252134416652532578346241054313724205134365
610070975026474975060187932989700495263510803848800122170811344231
159233018250655232900080532960950529674761782776499033804649275642
460784400622477510229840904464576088284008438396537572516330908693
659501131668059031760653994130467831860450062980954641179322276064
394545097464031190004046101363637566525147633922056408539488115656
651564144995469997989615517085192389641735048616440196028228370231
053195494455715777919567588597530366609882202496886496240237376974
149089622782626717164709054545896434251358107215509931278700181094
793378001942881169713845597813034375911744983050397272005088385100
204864527669175972913171516690414586990948299639788578847124158215
181915131193646592655022469952252065861237108617077752972480096285
573811172643504397723991591353337279437121493974863979262479245746
309268806016126833281080137307606789638853035247624795772962330363
206079753131170032156315773961141417267096845791988967823317498025
009040927698398894869465840619708837118717162678950598037992818687
908359676744386739411089537196986182976738458954392441121744326072
814344156833377839658009332416265311975886386314575969916282260607
790333739537806861549954334396662534041372393360583761357136631484
960228465675347318833395976940602425850333822826967160251488264837
670313936615030465569440359099795880865306477527207618121415394106
818553151735880056317978950810699820712326357146714531162758252500
806200983530299859876534561587726559057767770523506800734721160449
806488391234431496994566296883810992317937596151519832650120598781
441617932890058633209563904496732740967756156579216951256957573430
650111772794467699754846396367647409519787469857405002566630430496
930378286467308890740676217208162910009270841088021980366469032006
604898295265441973616508087089991399726806525622796418049464541564
487670128005839444300387771355707804656432991321870606322081514275
062240463573963323033417129205307955186159422189134174393464269860
039630400508002042870415729593735309957716677615251624524092900687
648409445244870829637234794663408346767889242904515984050860716953
416892727685702610071896175287752516051145757923487582896882725005
829643483257250194887049167329327414414693861611008212073014894509
422091561135319660150600951530042151879680050092567027746169752691
736633588478953104875162792541522915736474184880129370760082642006
574185024170407054317172875849453496755969256058106800091735532339
246553976580561150626685714588862313687782502707507793892985221289
837675733944406123896019462548014968669537166756920279450041465728
456706853099431195910398723702492709010435325525980501157121226328
470745074590340596438552820872919118498395516680440487215475323391
256199459302810597525033416854656765184945399888524327757835037208
347774127463818740545863929254471150555432279981820868187969864701
046561341186800539651313467232381249441404741459647131100723335520
281233852214050723861536931660894605930756758626679075053701611040
703409092628267488775028597523751023854526779620553060275277743678
194057795338407659371912339041612299389658775405042093316578069596
534125892927690021058353472340561065145554293200917074504394701995
669836627702247022883042665069045512194383705684670838235730118163
228543400184304949798582621768415619917919935124153094915801007937
477404039276368882693841499375805717517134475581593103274577418757
637118775713224689227224249337777113957558484346931432056193522817

5997645633844635236679326941663652938292994731554160262278104340450
971282582242670197609692542335680025383489465631124951701468994004
640091188074087077329964303094404358183408414175801847899502624738
956907547819266522199349674054172881911050332527900215854594317573
458873276958639774133830265422515748812728581889273284977696911085
259385652172391840425825823144703106476046481450202221028653330865
637440225958804713218694501443668175385307315892005190657548015823
449154844317770817671252046119649394501886256763741453768645600601
421512612924246459673064284648851049761119188467204986645475999926
801775664337900340056847037544756287824934898408714007702362965041
707501045403006968311235317293403026317221317086176202960434454820
954348676369524939415384766753809577355121463749908050382956467090
205230467398556435582380712001340517953581775926611792974601486921
320263060039317995648494444473161193725369420623475637450478267593
973212703372805781343126621117387222492806333639834519303680389259
309688995209252035278571980992380576236122849606523276970970764790
391394231402133368690394808687684743308012268869946203470823716309
724704725028106033141647014474120542138240308128347191009308620269
749091536072252751286597749519507014468359570342661460253028153384
827277644979007768898074458301080580762580282652539846712184990443
942589188021880629759956314281638485112094713499524227290966256213
105720027860252130271652435730201321995053171120419333856243218115
968535314364280988660109585436852601085293446378411885371826272165
074541415429092412576342816834642480358183339986607357730940949860
657066158440701673506468455108344830410340714330688613506481612313
350084423362414174425220384716206858157780034407442240899773795250
772272242522163252707982864834239360319936007701578145485499732791
495715242047771832598625574711721760004759186861346576680074791388
238882526059503696145637555094836455249433184937579583447082565112
029771305489059858893604904198436615568028063910169315079412398442
614146314527207490634216746665622082073387405441027555277326425726
662603254341416451806464620135910746369048140913948817349150190905
887865886575608054633191153957951992269151017526113553536548044915
380523524309209568391339236641860218486574056531386585891803888290
100495441053950428190852170956897098522266049149770344256341520113
354359560162080483345705678582847518288694326457284709415507066390
042021847428414815072932114255525384876823984059640369467558558706
507780528881184370543707668539402043667908794727576997674271743908
241142251517023195532601492920532485233164430336141058134808121187
844540168004984186371953775079122509816883959439843743490500927690
743049721973216682690786818942988655432603934799602791528666316742
452049935768321975982961409060960027750075411611823413659519543647
682659743538725034335575607603094264593717684435256584561894133043
626585493339644881366781418994035378125186361809861431093804686084
238941765717091983753027352946053182177484980676410072780689353948
778562080766076462886434975781384916754969480133361645855359234218
744439048728220232748279000438097437222409055665798279254079201827
191764073156868788990869823443332429846171348077941579260789437869
378793218192762383208856219825626205370615705336509986660437335278
004302978538582577725820814349306895099746902842123214805436252144
109926584513208698356950379341219278770154837668462588485148035328
210057622595312384395499845597718366177469694877133736029490243201
400893695435246428467039062829612925333175609054580152415336269704
633415609477147038783311408045532720266985169165505458088526234722
700918568381152913251607557514732983104817451169011854473890500270
796628135737332891521947351317150714211819622395064036066250793766
101141090975719875195062790767199208415618383126232787053677949587

2093480853103370037079676981443339865319473005539550361373716903540
0441227441848250897255434113291414099210105027940607813434527454574
4891039787039592557677197303266292058500218412430561101471172665885
5887585811098013622427191783601505630084506126095803511462218689703
3926560067677522712781150869182409312639832388951433073092080618183
3670533272221996712213824392494133845030855374291395100606121406401
1527729920472162474690601996875361612930959443531967021387026224274
4713425295198346411502152585217190733435287605089694898596618737246
6471484457540042632111691306610800075901992768527723122943384537537
7344556192707318420770035251888198510000910588697024636141339463736
6403629167648502431395922261089143124584310802491853376636547379542
2810198006394675491656738822093720679550224539749527936043218760416
6737125294186890416787560507158191846283974995177618984701201417284
4922531659976424913961553463045596737003669827139244746172240537756
6388452506057383117220633099522461382751543842624841830545461614239
9767958075757928929553582315837910599881000136355835802538193049608
8748484062324421301967312857279756963808915891141510626829367132533
3904432204439351225627134258357193758075555470995280586509274891485
5606150149058672218630181453955271543377441157484301460454210472371
1065909374589455601850747065551250496207976349526296285857419106119
9868433743595990276751351242842162787382704073617901822642116190565
5452355982134650098443468474989342551941906125685394712155093835778
8399733985359799208044091401401301969205884816241657792074385061659
9298842954287592676532576461278658136538693023064324951487229156834
4194893397732577238311018607285992138274399553167071797786946310241
1209656299251563690707097976574622302248111836993379540037289040035
5528138387916696451463050174466783026773391565848513133733221345559
9120169428199446355869119901046702572488630391431318926902723427880
0765595671435508100852332873676188833143306258402854461381790916491
1511389868861020424410969493039946188156434692259238227154237325561
1865763731911138393508298447375787630908881906697487503462616077362
2010561476491958588895261757302986600028449208833098693563896669357
7365831543219805114630291803035328239125122651457960451129136204814
4160742634836890487253477414604979289686654718043110963702069366180
0038156492646017632282354675257725100634810833246049639745818948562
2507159279851400688234565876643286169649944702876172786074016278793
3760031340305365372001633610673119735402165742745526613772464146797
7016342322109483927352053992161846684431657805148578748738995611735
5615742292710799789378304117463423317231236870629887993956379693234
4381409307730316673855875833658948792192292991702925321953131063137
7516995648955562792077326334439956069913401234556618660027238644091
1295776817456745562042696966397914924854631761555583478849112031329
9808109382020016670821426195383939135194943324558741577258369481163
3492140484733546704852527626699095914448570908316042386634335523479
9952419332174312708264275715015373811447046489614779234323918836597
7604173276069183964760678663226749291933231611318776739191327131564
4491305693705855153395058229222629793669280098890127374401107299130
7584839194837251638752515268120935615506896612815652785043774385673
3706596865712904074504021396786409805016287163242664226733761382152
2956236522040211884309169244962016703983772402290077519119901733887
7256549451670248842314466733016979564931389538586123981116683082572
2022333724698573778725176730167468852701156427758200593935709812258
8690125889277275347751245969545250389826116680212877573805636856315
5644421994581874028106568017531855645652955822886169552862742002819
9640306143910590032153797953969302185194232688079468527914072587719
9484690411764169152274721106824390965834936817407243912567260141392
2055375044387785097186906128308954214450904545348523815226121360911

363279625618713641431649422139355442206005338273451530798672306688
0135629301316501765553770471630091506247921237391937057541387260 37
784409421730259112504923861549381900703973226982708445933093837163
148061128341179486313084619959430789684964111687084337933440570079
526478025532429988270212239589071572621544918831198911796492255687
257951873764372652104196188623597080763708251916019748223448209944
333236500401510330803345098734208212792141200420480180501079798561
723216473504401369811485541058811972608739539425490862873783903746
809883208172214796830743130269381543636845378457615575201994791177
412336708593571769209592840288800006291720871627379774153512958050
297099442419138076287230850635785570220029013432709277729873751576
166247484047392851550863164215302820835265015575631195908368230734
030439271518105002752650033708689498428813235684965007249398847401
056947343380563733840238243607253887330911137388407645000377344784
709100186480455411711002561405408783699288695274139261937908513852
292978958106283980590449924138727376398571948291284483476597401404
143259818850245391067059176832462269483973611571814898528770650237
921321789269536116379304464677102539916568443144432020298116859366
166592552065597956848269167629977734031737378030874820811784876725
458683733424633452419941410780153692124159877833997466997395429518
681820090649697610367821528098952987606995710356909602837100859978
989894633487209570802179233665748707146777367360972463992215753219
402369880425601500007584041175731957498416740333035260394809737885
653902886659099013584031964803732938986045942039868966162227548943
655076000234581410708961509394692645277394235114694011127719149136
925437858539483527264857552160208720481249169101852717995183756073
284426677184767954071116218015353987918247749816185835646452280308
632399771384992835920927055530786651556452768959162186920347015645
557340287669263841325770360160596459690403225512310202955997098916
418090712914574898624430297707113894146283648484871576785677948781
431251243293550247687268468946933878930968619372172452421687392718
595032641171831981357089270756010792991851456275028662192436979841
781141404540319609164247843921439027833868372641711554943963041940
588806752381877429108551788002078811767914778773113638802772856696
940118272755475020009359274049483769196417417474376430993588281149
024158567172118654518195403274463085084900186721365271788742362751
336854382584357260976576339859353648790620203688881027015850058083
028005290525005920409954009559933828156055157808056927750376405932
422853821694589247308372693348034515544089081803000097135903138760
369506462952558119323319104201739769685110785451020588411747429566
742640862762260667721607633383260924431171632661044281459586062506
998686074775429041244464632860784627920804163161718877365407205146
931212143251692342945354332472824172960433247902906354057442643551
016576188688757552892490583073226688579406361072634713145128039096
794093684979336814875713298697813211924730599496014027781864831950
609839994902924848226451969076694936680918529246540254800772199089
177291960931566054867802714844783766043906003147146452296723373821
018725039173155245869955423886136497929893405730911868982296875692
219878352678884816562012179932355718119339478997294113162503823771
607476012250789091391360073698161644961550771156247518486718642741
875222098369926251107945876744271026054910183771414939538460173089
933449360476973301928779138027031350707321098188209904217747958244
675990200835711681784488304787391475344935193814011752088137059843
984654955705501018947463317851354478060500245322289869595610981274
453720034050684331619519836303181703747898626632707244065379439277
750611738437739100370156045085424417182946223230987415992613792310
306397975196290621495493675149348295534255732673405736625456387820

877247801701251910806138076329419104837686206155039901710577549379
437198149860227457432768735866547211937247364836888473863695504723
045861687577899262417991924288808684663276562154894537758464269366
017054904106967913965856504723142697926688920856929628784233165154
008797079484044606266020591420715726414911842725772544518517922522
992289989255241793132955616293338761041608491996663174423087794058
873508394787307283099169773983497943684774634480157906910420838749
535492617591718541229359751899008922262172191445930678861976035622
188127806388132245635556068069415255297897496905210255587116668803
946253165815590264701717990003990248334019184741861117791425087957
832200374313389994388787901749321783285709136225934523987992119413
582964860423871824067417098622812190185733368156857032359430919908
413100327424163085607040183967645421975659821525834228867964906175
332880383375925188021355788935119163336359125653076196344688595555
679031931342675338330663164340607697250337461204565785754274944560
577318094734904463642115299853304353698384660984613766934308461700
054908361012391654874021552018074383204637467839049999351856781079
228972587469036774957913385350351336075507321325600291910315513107
283177116250772551531257304962327220860225214648402202842798593292
836688799077140819239883785035622052945336156802820375313954033176
431589405632531123586823947289210428147770904529570491287593524120
513586876032845142582734694488545643193344560610392771958212921941
310874666676659245749138539157944635523988690676799695355659403400
839266309489156370515518332939400050322641708848899460174496659076
686847228668101834234733580748167860825699263614579414341577379697
276195362514816047504644571393528525921757839527856441202769631859
515199253706473854375073484198045852310995245664026394525671148305
359686783111380040816192340692340326098970410456803793483601054492
920692731323910928948941612252877254172588071576980029023276929926
539672222312595423789781879617297369231269862904132940693047792690
340796085936969553082870633498853589806317037906551023455503598110
472263078432437887502680866528666197012358431075487193446996135110
246538230763263859894685743530656058275300173591298306951563954194
337812121118044070153615314384579873166672036184046659229140007286
157047092318388883712590113775110154672815683126173135845444955569
340401606251591221445202630400731678624212347398415663606157002295
757951259606789094918071487219920115133860334201249033432690190315
247111117705376749037925070477108000780724379721999748678051270543
865809773836608455714159223131125076994385057495720844706161764642
897016734248531307265311314113296922449973258986937933620538231043
046881167270296781793531514792526227715087317841347201175082919918
140024385165187293321922367139330218393718018284319234620686122487
712481614464372623846672273871692704343226676282133595720865759252
993357046930167137706293723161840281281466540339392997647994508355
635293134044814997460821573143678277060209036200023656147948179616
695338982033036431519760589388240313104586462453903945756376887059
279419144635131656563853034138055116073830115234965016026289833117
526654089514276454873943642900031046497563418646706338393702640432
719993444501765362119418398091405435431204661107102294914795728223
004888150989288005202982221956031371555319180723675808735157394941
586386346592426492982712468742873788710721177960934285282218507517
612031632878650509567859784696943970668574363944173341905638350440
729438621752610060673994465714452565082185110811234734977092353306
073156034383366681280289728355294978346861207930653666229848868445
897302368695057318071709271048802093698860052594234685582421466323
714836033470887905083467514163185997873182137711360933796792267130
480840063571274044761901699021280503624955146493756285725553472201

552916273600484207174507880795076184591360695778824861874794960279
4821468325536369648055794751958042265961817575455372575780063850007
882894288015404514728664507693636429261656146409237609919442302530
717760664764609748901300712832067009583444148679596428844265653348
062698500890014358597934320495470073979019762402183186450225187355
768195384669571307006288829263756160327876421596559312529249242216
132957450406538220167262398618661648581434298883151920315905796007
336630592644780176824280579377519254991161387408165551961800806191
448772948511662569977245150821371463281903651808773347375322139017
956945546985589460995099448197662316058273897392430853104944407870
847269906403178359352904613848224060814013067392119403592658922911
969016830434362279715304844598073159037135399085230555413585030330
599426307530084474973121329228139004149372925731581039036715734392
981372366096770703723997564711313836503606104054887160986190396184
993610539032305603590895271652168824412076000293777205420054934505
995932847657914451389480417920358508525299387445006490770503204262
460392913479186052964181514073543083458770362016261363564753671667
605974780085903142936133379293319175008485509604389718110409887752
004921222370695585812496257133144760665069336788276888731032445424
398289077351072677332667843932332201926219365644663220548552196362
859886982124590594841453898355243171934249129900618146395923563828
594061690297564763112622914667465366265823575832972216617099689212
152632249540972530092760909689092981539854778104754603970480564097
019438611243783216133017217352016953866778938051847299961133017532
095363920200797294384334427132419629801071959511894080207607854224
753470765972679570860437380133715614849302325710198132874943896149
485487837329709427816336254436333082693990557968810494892037587507
854537640505365757571955571940241392108268760908876905226368654030
187082270188354758472399922894034079079513679637963507263442245541
912809577059031587725558922077896911118686536928072383024038923627
104980728883128755350717511334248096928769720158667518914217143425
576390489594698580750060927981004390924945240817662509527417274156
016145431594518522171855749552684752772716738913902901472023505989
549615741731698904285539944028302783837762365010859093691920154027
694868144088268392159342531859686296886770735568178360341970518419
116791939661833729700019382298015027248308350801097177309111058708
948946723054289271511824641544091066453295323935450519305278990931
728114996492725306034702159871961345650020631071336136517861654416
497035736820976258374943863039224877343571755966711011669312791920
462088982875388710715363136881554667959015531454623653372771094192
927484041691314541970017754019166194192795232601888253730337752336
012196171161255538897835617670837738785260756313420586568197019298
042050503450950135837302702058324470696463969223690638593311081122
013967710006747724553614517398246578733436414551852124685804072880
187810597648717763079789332546458009321561354841948421779175593309
357859671946991950561912931679934411945972942434600010285797589940
496943656661909757932956680542467013837449990948865697217529786249
994440386325648873316760040767769071769110217133246166713693357767
751796687482379811974164138932966510983219131889123061288321306175
347306459432631236902194248765044265680064037237356520012431948237
319111641586119940162345610705558803666260316221668784713489649977
257144363570318750075329860063330828997051279145819777920607806942
050549492682044404634256297157534094927435579725160157207979726607
019969187009861222418896922478331223069883519302680013335158234809
746911378369744867632078154664881263924082841865160249149549798644
272098660518203571764568949935602043071048929581586506395191730563
855938221751430131434807598669332650487479903805646835095656163984

1602315510479659885931684745229784532711563022567963824580570873833
3598486159426999235303174720562022037261527089760668460260887447113
9518675285250056178297288871967524660489541310791051300257310392622
6908884742371565183099163546737457239943835000925165391918101842374
0641827844631996490552888569939325282656262824286907604695912293385
8882636789052588962979926004365835129285916601681627115850385950996
2004502382880525787160799914857795117410714587892789285944554229757
7489266391490606122559018467424204898306960326099241605373198039938
0958031845874187561196551694103025884274613267715286041675625997169
6890091974462057078876061938247144306820078699951582186915234809461
2059947336728416187438018376244684311462271997183540419908572126707
0675220557081779080207642238770083023145963243769724843022813747488
0149945967829765245111647562844948823911265802232072339396724873554
3483796834709037217278071821993045796170874846683226075483119464638
6316295504614289181870344025516066109960439682279760085105109039363
2910919942119388266551364311045937739823375470223489709893823833491
6062224144588181571744869858007680176809831354488908073098010459822
9884067101286138185559779131126585794627976344020932540464256523214
4487854998370452126786486295967723599386702875890628269927949214884
8088902597529717747890672029936712367876345198659570801187477179866
4845108982519553391404526404027575286220156098390974367883923433688
6902937949023880629769925569202312504277051089435097832023702609077
8772210288838691730652029707426870592354303768898474913311508457277
2408927276852932025683038229026985498309266427981696215482643789644
6128368380420732092446348106248237628678481958108547337889172165033
3709317162300827835446095355000157087325853718296069755081704358344
9922043478239737270858232696362370176097674845003041090604011687744
8131236415722492541367350659699974351468311300047904376338946838111
1507504479836224977568918706331215982573656934306098101058107512833
2028464444446692258358776454107654245446160237778278842301432414833
7607752722866645863176868757284362034638726464703378104558038408699
9001847001329490672016291067320866560152720035703770087723639337088
4619152832048823114035058253541286718497691898740183701119711247400
8166154018970145776023023745038112311099710264661414041857261089566
3696058312446625103344217698695531230691835330056188518487114675655
3747128425378375360270025404781526769638680028149067082684714366277
0449383420886829795605591530914319592305379389709091235016831752311
5693892208172366779477179713627192414555888086019038040749460151000
9518157321992631630815367277863953398265037693509319621749307103600
5468274638519238401085893804821537960570375541363419453179102144022
7724400228595051052507885300563625487962039630514167505389028154833
9893826056184605969254309230501184482024440573533399486462324698611
6427152552041418394545883390645070021120281626903764372367863270922
3848083570492855665422565700417166434679427056693169465903559002500
0981102046159970692226960430393134150112385202084330783492768521288
0232291152519737913751743284056717195786548200968348394935498706333
4104510911558023997896555372867167199806356218822908985971359456599
9565839007199084113529007032127984868173787637691975015965034762100
4926792800297988281614426247045499318735873796114461220750417737688
0384233088995124892738217191170599517713453429945729725215214038344
3046073402932129297183599023367167551902048367988934857854281307400
9171121274913518896650388059503648866001930517747973772006038594799
4431466501041077192351722447258169876135731553947360636102260817199
5494774873346575307697623829299706659381130355666982838308327669544
7610966886531811220411325508888982062797980648030112172279233418199
6079841299972072008841839387221139034724731085153277483669837824866
7965448539605467332451782821837371290684884322609750319063553017944

126482389535114738786399505486022460003357691360318382569522393043
941627677865022636715905426082179416260627865341378178728420381565
930074463640673989667549268764939571849031321211365620239026152298
406287309564812816930350186968503713109547232937674722247857296417
081985894052169659810525337889233503198725849488937286407683296645
338400341397336846566429981296207453255651661075482537381673969227
716956365366825813785392959280486393462406800456128973677765649926
444527556162223994317489110997868141300340878616096406890919344660
106857817399649669192940715197977061967355632780830374867624281895
329937993501743770330412678463941074239000407519860591815646594775
860969999412559689622869881578902426577897779204528945726859788015
120391878644971604999362226461249586877214347718177827215403315790
874383331809450293538191572814541832682112481972325972143223494026
289546957476210108078742584765714780160883340496255465063241474442
371159678992370589827766568589771945792599269290408338932723324793
025420327412082794436936354791397957972039636639578210495841631440
396542409386047528332592434350078130659491794990770388167056714485
647590147081936288460634387083087301399925372529836689104103313594
394347713254525111255211109279872778595138270891636659095207417092
752512990262045541030803481032270004620819931349774103396993570520
081349069420803787220379046438289024990240122138046339798024218210
683934685088493016791828966213042549333879965487438610932085149105
332758773226902672412929662567364590687559148963120501742439452638
939790244232370326490359685257821378096515045449893186606855909756
632394422618222951965642157254180903209980449661381395312098534796
711469934269493824514966747515985290047518052766122600719775722496
708151505803914346182401252180929356344269769077593665452090820250
602780467149336326778720581681597025048184007645428436549500337194
233565531706110028442303004205305295293308676376028645654611038275
374154748491009312872595644205697610999302088104035318669489262396
099535657223357475743158786184590483196642956322272610527164819839
854633794370836572964093948882039748696069433331514579163972074807
234334427069762865685088947309498159719068311061200102867523095201
110639978597041881942784387319179548374603671903556930383994015483
738186262489261815817546723094662836205565121691747032788728457031
534544485852236960697986889224934532820969343567616792601084723826
258975990526379232591641503276362559460774627417043325449345744488
947721687627182772707294796799294070372568210612950899937024621719
988989446787668627345794135226403349817753083399390670296652133803
469837272890532476006619392545820659289701415261295072742629227932
465791704383716269320753650111960155752594694061918181848737771342
683444424052930660057334458886905888039317748451177410239735877528
228438595867202823987437435295921155624322438928963002729105687288
726816161177303569527231697743695929142484462118989457501169031295
742514828451744198713371748657674635397474576159541608781521949380
382190631719785463648068772488618103918944897507305385580490920796
321483089352318480379090666813452717823353224661252194992676529142
759089092262117510817467050005956809313519528400804390075726178665
775125745288433053553174841429175337424877509489933543735835955457
882706037397391292269370301243965689712377394516731859670419317393
074231020539449279372556695143497880554570330590834011304552420883
774530182347148368540570383980300834901466615756278297245438449473
653894739985342875432822747853813731163246992938367029583215296762
931690157701637645970731154556827663490194825042032716235543761606
289610103177892081300713313496833865486540725269994243818874654827
286727227810546989992436385383891710091592717082304906672765961623
781686404410858757454793666754385969867095547499965912023647186302

513423428660312308328872542614846504913339140845571348974212133262
795637514158859383437023288367636142721091091632643811993071180581
370532052181871689034040842283314956139714100091017150993735501625
049869802128077552418620045870896844438306344598949555144009876519
220044348268870127019830394069224285391443444376925256906037856331 6
363591695975636285511685563162452502775453761962942890436619458968
023918515806791438606554576306665385508979167196722773975207635829
190576647967180388564538818866035064543168335512453205238283278277
210925962979474365082733419069484117477135866941623551515418976650
273652437782927375010905109308258678984624186849472218794509286730
565647293726572105569324973753017203003429846293990357604055326948
019752126003066980384350399536224586496757173536448662296086766502
211476197190668367000787861952572772496077495301582704019156303489
627631553591293521702092981509995711897771246908544676144850835054
133339784826134395314953719150241321492525701145762701032683591978
855164103614737647596250976223028811188954047134804246179115385416
323284005437108464269095036218683372877564455558445132126070936508
889689962610406609727149015825926516847763506236573352767195383297
892000906729856532354522274816541019480074074983918823027932639144
942369573528899527704109953394755282701081943357336971843195081657
518177313617892037222004623202250257101959975795240224447773214620
837600834855387730627390209188683525101963976707841850327839303456
164014187654569380004166672187859830183324978043066841370878997780
609708751312245373317921047765321963226929206244411860240382393958
269384876943864799215827507678016075065363560192478163288489506739
317047508196646271951189687925950485598142253735349188202252232254
527064031100450586493401962683243996750270941977257999962112631549
818066293540715583610274971906518427406565937254512574742135652740
612551420873683195358915340183005643761475560005901887559432489987
342354418536298897724641429112985184953106090530703685290951747470
466217592782127028442720276324221886500362829327344812778190824737
197178733122826245293390331056612313694376721597019056278625102314
965083850517849547462579286335484676475056193895604871272476315354
271306025732461970730588914499576286610805194016087738399359475968
793420630616497610162893847437876270839809365286890936241353974223
097404401233773452835062258300768194953505737271247291463024293420
118205594285875409672998247743329952532893889102882623850029186860
662230600769541453440141543780274354652779811248059501088156886539
095810551792517892616859476198901851288548533001971913658050934308
651373391567144253106933455853593690680573111213522090148984322616
396432630776114024959572757551801795894194013197745734228922330997
391962454237815316373992053247664553480610143673068325795760516674
364736620234621205488325796206777946589615346666284962251255998837
366356154573809942398223413977857318118526694509219333400278395660
522190434390795218769528629536258345114288337418801389766833483451
992354372759509972488475499853482128754160212142000716742527322818
658471302437403801247212757715517354380686932178170984693047721386
934362393518517720943809190247679191235016341974983001943492514392
273283998952752845430980061397557007914170816782579339825803450530
350435599716301845528168292642279637951739982625697213931034888695
236503388767235345917921388311578797662440444585686266118761866077
854423457825562175139151512175069970282671214823537616753390299724
794386940098439803372392608257591497122524969990916251682241883027
706483153811223687127561226085840232521772823899197546169668710046
806668395139405468301470663243728097173085261750040540584635799643
871306025046653245098513711350478406669674081206228084952470827367
784896750668680665695204615935906403278260228102365520837977749099

9881339305724930668665438786938362894312535175161385304765696084834268921637953176445418916273051752216789720804110223722838862096566304326937505381260580743571556442520301536065982737244631942002726368400072903913523216097806820898002503971154135638074184333838437755945688993432757328763589953934333013215225900120838600512520109318668826735672604998799535122658646076878454488418338341366254221969714632518921172825009741219838894379964774246111828756492740080109580681071631909055544066376841992483030382445386120476391807877747840955329367731266650623046349154209455030131869928385870404977694987623086816011982250603784077829331371486931955769041248096002894285901471563003599521187511349609284646438827763668164442908723542365626241849131109707115881107599568488241862765942931155326435533657810786249366068097352567283282438804714953365163044632204199356237763659235469498248612224043693305064454708669838194561327173167062872112922330882782287685661129367040431097366815821566525309531927357606575536633813081141261504182742591979158468609756617111553592650472452890139797307483656845667637660750300080388682744809256019525018228778677511683518513900923990735105970327066961915407328728911684660750520909200607145646383935659156554266871106258607999663404577588827698230347449917712787416589237797961170443306654990881949703719928121853092042455010101872809707443290433948270288632007292968230071606130096726729562697918386254192392746603900071210997349610532335584725675941583353650389695788836122277161020990818078499423562309210965202007496819097023368204647962109385232105587621508865676768483543211634698215738765508378320373381431990074202634978428101168489575401021897545070983266542762146933390803990467531115202415024832005665615806359792361819323007628827294668878379078853974048969533931470031131324493093227705326130028850543429077890063403191002285599374199590545341982948388657641910838216642991461141910541040721718375771550615135153927714008775520012284097818725816627089312739645464772598088949046387444120338340398470547482648434216601506040978703871976045332968159456039741792770386611691754030605604275947492737317580608753112966079880717230218830918163103554699678999676814113223840584872150451109777541309273348085613994313891956459179137461296122743264902894505828696018397663266768184863672978442961082457532735323785581012799169576075366163284457154796775700222592039479012456471885952733235380132049867071615509158782889567274613439615495902481052675789916395615629228002473414729092945654241442384279751348945730605833955546620662702100141027670794584352116489088168624369796568234197708223331301580282187684116710285191137349625550441565003220132187807208363215672758328941194293009420176277343107493222163016969037110211968178145961129850803567824717557225952337646404023992449941171332270648140922089039340677416590793358224796176127195757906232160753334804425925247216637653281249173787913554545318283886538707564763973408162444498793361431231856965340138644220930574391287276338158138712550673712242883009985818632101563534940227831056311703310767124990400513200129348970272130995215492391507859042140268931300460986561523614052530392725431314097867037236715981350870414441556847409342428580682669188705870133146463205081915056248476004435207080754087821149494621150927923356416767368335016422842786529339283279284533215152892040943012000817086185841075044157621681026060833568283697384319713651082936212468002579767991155399907648403804992817180375653459518384595099340093392603110508797537641335490529395708765991342899729770181614294760801328372843715905906287968664004706149178465951433808979790174722888221305314151452675047969517343623347261533030009304974265653945794747407885636678194708758120346048621221197326833

985031983988067512355607212314224839768206933579702545411426785688
286857621814616682467550295237752661408949262179410234215163541177
570269072944307695709089606441496588167174212166831811496370914477
913934086779172036360471833759073820099690945012308440297824319898
307429912474750965950540243211346298334415639386846663845113041716
880468008283501799096954455742858132774403014003363683787123611627
532239185200931510869547854040603851429675337051449228581682317546
757859933248970433194748116313656876224420921196163984780749399063
255065861047264994627857091184829307640052302395716940453022977484
337534496934791042788046497550916892848110273355938094404693489578
483196619161915687678664744209176769614601596143007118763711598184
357094876341973991380856286178181951683356605131978094532258542655
251653405256418983604191809877564754700933354564638637458818370719
308992777474777651940071210016021292429042884377518855696937984137
461959487866404952885179702994403417092257126983643477923420004450
897240195642776843574000469180688578829638255568576955243348105923
536963237766541213613659416589648936012690830391218907966934638782
699462568989432384269479001954491764907992596728333201502040550563
958228832298654215201273903857125511583389460147882679613070593684
462714073176635850748773515360878547105994508157375037687217575866
897476371420450858593475520371592894144903845551888247782248886056
768179484488505424827117656020412756251081698730294789916929041778
073208202945391238728850578047115027943406781972067987066773468991
759685701709642214988438621317233301403648409062296336613973120512
678548019751401068761497867822382951553014477543880094209195811190
845593172841912844754245930240434415604684960365223220703918197954
739023747928894306287558798955043463327292294265819818993849643390
390174859190074549851943243774688971516350617840447658172638369808
979750933160686709027362906796736528277031546320116423755537799298
474640332327398535516109777781075212622968949860513517165602410287
103772412940827807555891992535075849715477021490914683365543223108
654748777138622887576081007927178589790259875918863519630604566663
336319217407944530334592773012404904323289169886310725490859039501
306666592730117026037662981068329188801540077400682229302138595764
542356841724364975303391034247595466797769708002737594358006471524
868350668199462078500178103542812825835286534039521232796603536324
082231808982544771052047503704252264797228699159145224300070833200
074295977322725795037652993767687202659189314667887983961876650840
897212071621470805053296553068382337586478099701736217752518266225
944889755547910790029432807377769541203788819385753362453555755538
621513721579048564519552478272383904392255558608545983783242042248
996058662215842368888782818875032877205784097787089910123979622359
281304154281462067094690729430442763735707951946382406385353975389
325145532040398658131876665067180128552920929028138846494499131489
621511096573538273671105194612560704832112062881259687496905332546
516609855153284705020721844897915130385996182707552535083094178815
330737133334832472877747905181060994006506218469579141609025863337
653702695033632515901240061077265518504085743720504028696419034506
015434148258748213594896680516971622041292189090136519426616334910
151777093541878234115944342573018458460479674977341123967367460769
375849063542999397454530071743091496740145218588375807908410093952
825123993941887800098000852983250117971552469662980523935942605334
256683484171065964689960240675931818730076077165696460027491847845
392837597739561010543622972283307967124275958191338179078340962140
827730260945983024116813392425402102479082958427192272091231049877
774360082282040479398238357631732443171948315697133001082852534017
809175846522941747359197349372218733486503775663769454517348058412

741929648062378847469600323632964560718750085619940062901963618143
276961079101024847744994817747303697518992281355769357501446845470
381796435604192748202966411484264755388461609284317366732609511714
145514664208775937211606640057131871831940378249303566026421145554
655096381561717598832630660635415029101213817574070546034758943777
657343347443313614570695499585520681596871920795526467023503228932
588692655211583740457176792697869830936584416052175398397969141646
921305288712473482152684048633544160366671645452057287892065390396
896570098833039278228312463988322593681848897300762029501913922174
696391900812982244757810301784071241371181333474206915380637319634
203722700135312823156128209273078733360657318822433035267753616851
440128481421604692792800626149042372647529552898067238689801124635
261708922360941951429831850549387764220559839784235496068384308044
463091873898281103232617494249024592968705429095989327718867278818
149022051859424964978643722019150845872524151377330865901634373899
036909618394184660480476412857748573396024328884856159481653913099
507843261527612427437304198132191310971382332353652196256565684132
100997793465867125309809163123694545655240867099025795737378690735
707957623330415204577601513883455847419623747926673163943170811046
161492806358838918930129277650436642892222952486596196474250156393
651304555422184136981155056022645692242688442709219082491387974604
688426215352222321596952972046003562844801805143092351464906483155
814707337390990940330635162847636452430703990228906910322690633577
603648605519409027826803159378088265928386788589283339814431210743
242105744407797255304875807543827180897381605829460510483029383863
211204406323798531018120096800478401312104193172311588019894128999
509449051823520285501747845472762059863697070096215053673678007104
018661808141385962780769153033085973597922274297796806443236893084
382221616134450290924444241342868204598923914410058649485559820602
849227162477870269955897422814270143672583620201910469241114324811
365678238853166167823059101302957723739494218220628532292532966281
056278942937466150517532071023254039560695420249982143153977132554
329758685525272480132525920496236391864282402295056529171734982073
877274864534744992666383346808047284310211378092719503669398370888
980792873532815339847426064500740808443294502104866023527925853133
129653132245368773308954167066148363110682779419010528654438552547
588213894308783875546974389267645496621380722884257239345052083454
215664457739359032723197581717659160914992230053647772838127334166
622533841472242629942411924622400978544729798291278440392639981696
982498319988102820240201894960606712636566100746939708920646894033
570492380927010705105350938561179427302169798825354162801527272038
979683516042369023818835988721040292019071056087510016790371111051
793917137546623683832541447178593865302970564626260948159605973111
282072557182811133246076104217747759645483911179713618873474878682
539845866897492106177035032173667065708216985559866053152727023642
929621060332762951293492175214297488361749897305387297952317713765
169565607600941025720965264136722804718901948453657730523247184576
856434531334180912602575401390394116388610927763073561477104298203
714855880998828077011820768860435818055569742895134939208502703609
985291365667242000409340681562664800047750369267010067187565498302
678403949779028498408041128649042737318787323574923351577792665464
058755270197331741525534369343335878177439476676986534109034241828
856004682442717355891956299625079790827374560677653849024226242434
139444105147668328626098116986962995732918948031309383657877203054
406356888087392173364316856301974958824077856564691100584485063221
748560278698708254492343500946242878114247925570928758816037133370
498944479355413578617677742593003501994878818935464570699898023884

2859434023529395735903638779955485801844435598231690842488353550065678400248622885397790591902101008326643914042378583471415392112521196644127196798500140377737816113954694556263934396372291698397034431618022638018535077274790383583877603813757838647012136315206550285043820926854716048049446724877051115295639919846196607048019909225438759193604899417764243237878245127509762457528554900919496634300563250421582478503943865657347030265069800272249653816227554125812383002246685055927019280952766320805532391360748859854952576989950792761407664345764642909718181527040843411686487519529152425069868697209121972727641663998948035293815572061036528542998042279339909846309262878679188844745822818384915413790257576173055737219098917335808706095211813913922837017330476881808509917109050444013024907362722374529981247942216588118589638088129678928602717350247906136422666697096556330601017905052265542575044259197988430962928103065781734716370568213331695467538525704127557040755862586832496666639996077175071424542434763807349935092557265250192876408649276184971730458976251487164885915989512553752282229553578092755157717734942544940646365328643887343342175307027972107888439357840805194777569825417393212928035281904328304226608115277615033728093222216146272802255172759402589140495678040276685368356006483751211956556037929089017497056882892495376800055117044514709040276477095266126178911643527084947663363303750476266818134938316846983860367178618075709038409994416681888508885715673375085945238160582885059497191411577351946916382663291000936319693762626563399714388590830624050022106856248393754516645389779526455014543848991742196831219314013729951184100975097941992374688409542501321236476707532895687164905935102896844431703315138814848447542911565514954932398604734701430994530959296573299640696179056571891557139592252223779966163349292409269002121723513543080937580132161231377545123487290335614609148164275810499520023608713598549648012759693337261148782204827141654286109728738531498106973275369685591326889312465886397377860527964731457744387037551291438363101480880102554975018505634383742326494288403807981432555780016392499296908528458983639132925179370625401502266817359646575985941633224415157573672662192304256955666018622138261908801925812037238815460077600385904490388617664212001571276624408763052928397860029377083531090043918658812000874319507410289980656593798887012309731006970179557992604473869636116078651598376486501679432859334319628128655516084529190591426779204939904118967887787866743039299757616764655468134247356325818313412266269003748336985031872001174603213572511554875102276922014334441704147593650389209545499769900214280493035695458920060089088122898084805497614642398124170653574543043763040631682499554358976779787290679404769481126790951355743782017524164675346132975800098129577909972707119039363809449713956296258726823835894718541656384732924275869509842767377721923321752765396866061772823715965708211303558103638151827913256944611930915881335319427340665428840741599708194924029183884976257483153393752546673650828439655401138966301676390463017835475369478652393655479832094346814763378984065784724561420759944989774128751744945814534657383789979602559586269280739502699277569907760849202215589743467392637791753036664387053071485251947022095708928286369504935855848932090955868667023345755431925451442518128800784991514185003301380182835829191679510151350632589157356879487674191838233061591376859223498332250831999552784862550590848674550469516024205215252356676382666432062440113462461848355382319190307897904891564928816756949512976060226185159575090914427722463313568357223509941125528091622824240694113223256899532000390302021969682173861309879698007213116386203903272971919955577059189465177709310867334 35

970190867546375077749418164213662458712283625713096904252214240927
414444286294676411115733390260689928399591420734459182101298789382
713047503738331667957872739006283488172123432793167900780179277820
576279424741963951177750945739527443895863353347367966070550527012
142544299479080491346447357381092368930786035662366461150744159419
230799122635805375263596249358838854994535786088823490647901666245
572094788231038700999172108651627001741277647893143063607031726839
611668179673599740524372180120623481940467735151101150135753039355
361350398387654046363031729240400443934542228866504375595216796385
599047414810736635762226932664330642246622513619647559947939447516
742830393884953878608666313656608760867401686825424385950930983900
950824741461151827971514792538782363231160391015979083705326761335
653050108925597369478256693522289815420801446620485501976532321021
816166219530346571841288016502644831777530378575721075721672703735
192224031414870533281255602523790965285517106044744791180673197071
002068603349095233692899435173460169991071845070490952869577741317
941205305663931582598080094541594568474016733761993444644185952484
585780679184671826721457933027162864842332549702086814740691585705
248301426251349130131793189738382452549317175403435106305944151858
517993322891846398568766128678082982141129066850039256207747696005
665324348516251485428270485614233397106339613269314052482118402280
208764932824600707929518671187707464164573645634222261847181242843
835488266056541755904987953693629595664972541183719335697984699399
826697082328312099109341255994808198732203868645749761500731501308
035940504067340560123257097874696291882994649670095532299328883162
376227702344608416178629584181003305951772290600660895813030583131
395588588048276225962517551839426498063120045127181001922219497057
669748844596592692997691620797266423414339698096085014545299116867
845278772258015085742859764318050407162254946512152689507976140983
569243094174676545181719566747204449842860326968037184108259382733
558497438685580513595228455287596361386027589819453100170760894427
332474687242958911647821885362098458294683030407511008305466766121
316949446563866233697314905363048789078832874042072673383396925834
828135333246261196639727672957698744403654713600165916747714238618
199164530627228981557735662292266108971779771500834627946440936058
431573206378347619517000016581060210092878404435682065201945270285
682643221760713581601752221973467223327780274398943597115597803812
762780652604670385750855602556081051666778183826369162112027595476
357509273561033756517976994657794959611449116213116791600460723425
681348221091747041610254084248399240423509621969126368120916434903
792669349222546351017403410154654375283162070610539082122669353971
414467016387133919572456201351392040509186147323218293619518912364
549208823904972248828791425729913397782224781865210133914143716010
778081000716129662093680467263377030194059184785859655730889364507
857936000878628686633807976368902807806198570100232244772514039330
322119572056967186423880232186334776112599435486499244747516611783
603166952637541604360063566323871059279357921756871199982281111089
142464610154655356596212704209994403197587351534398333195609894173
093865474546514099938939769355392245864303588762315761562586158746
287281878133711235134587883785580421697764398525992789049962429065
388962158212221897887811625838296590736324849697798761200713068188
337251900370377403487225042973496099347660728486400016319929606695
437071427118319214099244239469582566542054191451204553614236488414
816026053774866149864110283759516290999622091232981921678339239642
561390727753657077363937251198229736967869246891513716526486975965
134435767122826858375314401262804184046228693588973582463737878484
474816412107338167587759228223079154982210804795904348319338763433

0733994992519424337213632119153658108725527549390349701179531056527436888894408547466647272707809098080469973094052028161295824460656291655076968023561451397859995356144918568579496089902281540993189622735210747582448567245261951004826725615270172300934394302906880530192645535304297709997828918871272977567312250801215690898921046206103032654195355883084346331184232432667935024698940574739104932355738728624978680751440498738143435118385255825859650848619765348305165577465354849251847062358463611289612310634756134878291962080802902154188956716954705784126360651280509700448653394569212676107464890218260151360021764042075934304251549604712165606382690726688106032814204741220088866734941517997246444314878523028195667730092434525278035472371332498112111447527196051728526390932400074100850410135349534043775070868269290958964505677769755051816997654774249074987137689708054222310307369986214421344497048083338862903619246209941700659527552349945608408883527711995125641178874877554269069537890166583717050597606881779084911618570218746070392004112101273866342584584512364593848810490498891712468573926962218064811341034779991028533450433635293559946999107974838607309383222418565543650497649458385709575475892418107954937764316896260734364589130152744656521145786141557709921049334371327654855020781975775613019026316273124397224267414660169404353621126647620668955718147149979122203905936045317129530955540122855108112121026572969756546972317828275358932526338331110696576581556117359486795475942419029558201244575090753733704603536226154971039544311293340778323908570180904613579628848552716340269965063129190994269695966225589497975628721287757198542419673475301587463470733050737845796145354542520644230878240841408078462796736873887889585204470927908101071211987798727835924233933557556193713249979593876098414779898213818265034322401306385745448854935897070486251427872429652100656649787070156838838645399590365080171114364104266278696724141998326547334112848793309343958086678907543407020267937847743455352656651292901343372346289780107820115522188723937312016093709704068632553677092619190039894188411459261537011666865895636731505221633041077984886772114941600466211065860524850410795479483814251404996368249707396894144246667174873674631685170456357754242310515058098647646417391062874599047379248881072743081426295248909319854957628983241719089619983841001815466443780823753328402254416041489599319087300847247285574881837697581895347939088019845806289421123611333546325400404665357173166732386520784503080166195770809027132411891654620198070895546091872385437261138749662997666582523147148188003237950038066701185989421959948218404892260458854876888023375940142157915429528712356822719394165950006243911835934267816404835416238496792420808770996375733873397271385700510172163901028140061996402955555109205148237278889395862250635820057623558604606700333545148883088032069907961231844923797333900331150588294838020687671024091648595888839443246563446675746335849532241416518803282548820899182410294068318220651171221056358109508052676082430037550648338281503658350774394016308024374809798482956648727702134170055891139662180093523043539548882559026670900065711885335952330130700876190428286557679076216907339408560706158893619301348780259524996703159143624421997785198300437984441454865516590828204141139376731810408771959657893608900600929857187848245431621802453861168378585862345107828491821691458643309724767711314959030827346185247892215957636176194158034130313191841607759441012157439417745313000107950564422525109306737523223688543242791213530557592621003112211862038297502753817842541731173375517119681652409284367663014028433123610329234523189183702230344454974141886397398650837286068616943625131655980642940415960955828152794744894079

006704015606635423305660888224109246225581873588042827934696642062
741124597521522027613182620967360927370341863068042962094801519011
215646323354619949604974083444354531421150067268251668779506672541
821696486833308233724458549241292167319098180229151717027639539076
596084501594587459760737822363718204911724903037217284752147681893
828285852418664014070914099177883713956921617076979010060192305266
297842195100992184012322062914006048217819490156194790264663131287
502908324448371554662484940386152485353273663548381024000726950375
367248133315649581319529832958248945699470154098386358837510527445
038754237416350534548439059129801016033702406509141965440640893099
287456350361224915848602375132873373130617776438334911416797427956
353582643265650934389743876971254048909954397610309447012230170495
967791613454602409207214946497104487480382550964755792337840850157
046965409260993752929750657563244547864017818208689976035501204605
289875237228409656415401043048746627607199592900351813908226465627
800691749938188975755041245526281187695373575052501272801592229277
826773719461371921651640018071110326066546576457256839904111265510
326989847762004945257320763366118794668546807565557788161683365059
804799752893885934462182727482769757353481167038511000881206002684
512193161349872922797354351452516206626446755043513009958875998659
114434873302760578327386061081960325678335362521398537214632713714
373366852594289784092798477878664746644957883589668082045147767271
907031262880771077178087594465928794910582812751317845119390219204
362173999271041748174735530055149680713746137668261024582297889026
864070620871691840805906684021071179755073163609712321042997983319
216599464118767390473835823972710206691386867582223407683714025128
786024336013754569561210121118668569527576098387624201318060097300
151094877041864750146034719095600164459132581601108870034240951086
006596682466186137003404540305650156032108961119564327940113323206
244129685271897339002930438752682641325237281181873418377266831707
982236681984925517311140484292263600497298366464717470320358925111
903145526378203697482737644474657963470343627745210955607492099970
685966310831881197052675407608418520990745264126830901434767342985
506555550495836710687190384924438850171624189592415970643895517919
761248010511832662108395180919193168647150076228549154633210029492
313843480405709777013982744519348392219713060823701654633725680139
350348101212266051149768782946285862320643474121126266335278215774
732452483124135428660441401919056371445619336167340996637827149600
978057687541695344544059947939618148914947728839344493862378544571
071502666829049614037984996997990417731453498520525154680296797462
648196687022861642312147762924124296583127636615013215995687556303
213834957850419502366939282044083814911150686568428096030448529697
382538002417267698709458055882387667508804699912381136464981780323
271388627539998143064746124047754171778696333861396561788596483175
635190236538942860987981324310596410750202204906039359870915954779
421380986417913250939151430229182359194529115029434493134123621519
818215831203202948600394027669012663220706625706516546005274752240
101992387346902997506116316619281850976779226093100513544564936116
459656602849112845526224785726874706115946260327304926038731909842
727022302279363717567119268583647185781515513352034020094255732570
241356749792983260661689237477237909231564483699398221906223959835
129277487404921884865148618006764683647476634904354685227044181503
294734668805980259970451471908672697542090927146372479398724290800
146596030612664416602228604050721331815082946098885070980566227981
549989279243140532399034861738080214933410263315505110372233887514
816204398816296144993711841473065439725635803732060537419376715721
551625202628791243475176956627450405183387160885984370464672049769

2571862630681746111178965071273389413431264004219002284268846322l9
2496026992853768096158931948902304258339012860852902135855253522 87
2936927725731124839805870962208930684664626363416474317898670004 74
0615668576378571075842749474296485796676254876979594106944926811 65
7656925791063739128091743329342766008234744512264681724479134541 12
8328974457551465078695658990528246653499093871511116967951536432 82
6151198278986688971093101695910417845024882873523192384486242263 62
9734975768439282263112020004713218720170178371097575668553713938 24
7585338118980568055245617589253290124104460613862625297201449551 88
4592486107615753201952379210693182246551772858642266047786938398 44
2151913918849477120401248032226146171138594797565685911745747244 41
8275564366755031861737105312840615915488212497193717302126743920 08
2041117549854683639841356774608838167338674171004703304512237269 96
3296753350355683742559327885052848439709953415176590329384028506 92
1996426091089906842903712845293454949079349840370395015943656344 63
1399512982458133353138964830395468537774238675823879959507312791 66
6339121357622930082381374995088042414367706341186794579020222525 19
7702359954488429230463287549234967220873007422618532623944158468 65
0826153186560577857699729253351807440463828973043612131248741664 95
5773205830319852649228400338212296198294000357218896092227607689 21
7373213756128171401278947680860184617347613358304779955557011084 65
8991846526471602906243268230972137919999502600200767792842812801 02
1890465503686449406851637469474009796705228717466533465347668328 52
9930583917529192568422946133303350299266147490355309970592944301 75
6633438343223044154343703476466404927395026581091264882415178063 84
9558473212925984863914337804053563760280606861278168889215248356 45
4361916584590511206537019448479242546205587901558333354325586591 01
8391532755634325304791374070246658885855173264155785108271162140 91
9115020187616175817025131170079441408634863148319055296155411318 67
7747603095539999860807938437497622730370371697491622920021830001 35
3391812999182960402359294816224037573499647898156526226824692246 61
8226600334656315544406919091944613359229476476175309840144569649 49
8541787417212313607795570046231575740701647612827340963897976977 40
1987616019415760152910910925312276183834786795185241937060797916 55
9070575151805129542831018535917318636529202913084205780739267574 11
5631345641060048148590659777277558923397304760176118610946668393 83
1705136767659806086454653275384417193324821035003461438700642574 99
9821742521821218920424698345969460171454108096717354784790289649 00
5709369565850736027996266961684643111823719819499540175555079372 48
7801969337650451347412370232785817170527287540676808677865733191 91
8065414650702346930410760260438076498398418776243353883813581831 39
6332297830451927354200012443477014391410202805835137615248683465 40
0922414855558907372029219460949678309380472522542715397156446139 32
0717562051057479473825563034044998409055189312252581517064469135 99
4549410789766052839379950219126026120477205145883687727742039393 49
2746617423169661272448881420286391420227812419353329742169450946 79
5452067395697738280628009153419557209296208702178162359573153985 80
4940599130964597843674616880332762471313321871636394671809366747 34
4033575552621977254844202499963393174861668116858002416101935718 15
8763913937159153107634250433840677491100623988859795461135553975 58
3965305392425113385151972957150725671949315914454388674809412700 92
9742577221170197678077755411531464441588881354640461003436754633 95
4381365737941755202298370463378124045276311595878742915414204162 06
6248912616238500777039286348472623334350644174622655488896432896 08
4716921233108446333350533714717333033190172115307748181597531874 03
2065206546663038340247240443641929585156620772019573193519488591 62
9815330055105279952540010923346567985970645405142910657105043026 28

4793759359388054120084681207165725958968277943629931119229046287498
93381516161241807541838876597271700031938896653365652735965704729
837055565100268027923851679503365206653091784354680053222118117845
6832436800443266590254628594599103854757965209123438950325105958030
2845145019453098923277198489280787845546749643627564616966261836488
6662036715578498138398682528761956385736085204193320257641086585308
2078346093735426744174587917981650977606748034235879437881661119989
59566679446483821547715844522357513096308613259832304456646819209
72502934490357865898884052055288786406593898270941098662152737161
75244926912647222856267443179067066051325033145720678344046379514
2601733349592062646181273287377940013015357157366237612685283211039
1120166194811558779550403940865122360419497579357189797408115563734
6720742742415773774044410912384855584519673648350488868309931389
823442124854956202339198190060354898518044067135803314087241326581
558085633552923565055624340622173863587100591091666902011060085192
106206152172988987083613379458825841989297281359378463864081462097
321574887645854545290564856934762540928991066919225602464254529100
149820094514753886905850782157499016423832582661233303084236017133
133019740264365928105169746006112974134995436114150778901552316163
627582116073452193855111272300896003399371087363400847445858281169
291728401471592927127197382253553963987645924738369326112803742994
013875808176175069360473808825916076549966028549415839794291304417
893741349812851299433175675824407673417695102424433117320805419812
250315547648257870165086576670230978527121343260960828280847222735
516127980217943248638989060292519154480885294492491323857532148964
128445650583365153439839435370632236908681847489163408293026856719
785796604160121522883409864495030061363798475278879019534177434844
467274800436348276180823399161008740511223516596774451783081921670
275125143549469966872668737082784919199168202590371147765982606846
429716828871519648270565793794566304849953425828271002028745751425
313487886988808012391825275474862935920257975002818219751009946291
783785110346671609157650768942405764348823245410625517145576852355
740815455232660177674320947901564520546687532565105251479763201112
266026752483321395508993126832634930136851924284030942602387905323
204787679384881578179912075883998951182420162549243993752925029268
338089129651247232814990269823023788861443531898799215072001787269
476593216105185240507686364891235175167193707377421624358856294062
359477043120052660625697625096842178121148882988002661604405922232
933162417612290874337902228780456170135772375061952160342686280629
053786496887139338571256241696407932447583136988591827299927578294
929575130482504366602853237140205496447338073824577555825709270075
915358213622487873951980644753650922833873219737894509894881222431
666501069873961667298992096442059681756961923183986619179340847425
786815461594145893864060229613295003812003838976745020863385578266
798810656903699908156782778516378293459936194336698065297922152215
366628883994026803862183878413895499792007228937116950775706172400
234487289868380888946932582186337823435691207402895687188566870960
612738621934987326322409606596069917602005453603816589660214387177
128755309837099020713308471230391797557448381005068328095118932927
219123165494090664021456835987446321626557573979283730870286061293
977236838581491993925841574254914633515482041412850525611641438473
862157948502590959169401670192222715205159244638478673684403410197
602254850585962037452021034019586721608171270192646070460795992871
312107480351188250682335304496981265520956708088454194102253519913
136835291159722281977965191751091412574906675271987992843990372741
064588671698118350910120568349817677310095484699100664217037510129
640279526680792620134649082657083731273088770349853816883018041591

07350878027897814445251654077081274884737965503318298936026105151709009201102220710016694799486064988416099255778210332925422202382431616937945524450771166127819572028999490592371787630713791620773280519004359506302783720524286071686319756831994495359654617582379331954922183557140638217262170118990624363016468349879943067324897484029900626756368663934498668702957463295592763582274173904767366468327098725400825658274079373013421250157872246935933602320278802133447547116925472442788234788572020478481096682495732594650693818393289944085629329548452346954732470720957681550003136286818305873597665524456292333709800392024465397081980880975167759000829452339338253873797516636668484819906191718923053029327528205228873899777985775746443306673842846683423819777822394151522436389874249517010656678530267666437085462406145075109823826508232921923116946593605521624370127430023949246000846441913713453739088171105432971996259217859583689002275354693441992705635449944646484635692114739545423420930350956191259629427603323140283815641958123992168435705926115521864367293908114049884299540135030458261668561511919247042480677787488387131898718967382619247397490892216965648998157671704289017449666205968008686199091956648398712799600060660098336650850131726705067680738105362533240436156109801108476755494877494236585163719465279328497990577018451049091701533568613632443894879659034367590349560021664265581524443928278722717359459483078938720284734203222900521336068460531292940974975988932013490501554663997880699917008737158891759567768947270618115030196472891325767848161909193884597730528881739137963419101391228288186895766691581750664019066425759118576388754829343629921171912710549773853730155778381018844418606578305924104527243196692276439468819023029366036893929143527900678345492052288961178860518754083104918089177592609625711828832708643634672781816274725571485025357509356019445337050429727931651832436970736387485609272821695707553952179828293176304039885438950572501794655341196643840611832817122580580931386536901632431550423553948803977100712507041056787741620258599084007176820989414486746229922762892025508580816217315083897553880453494279190567344876604830970791086659225293101759747853825571471946452962908784519565174095947894396337685688784133633407353907274376637220528022445916053457375406618371695805242171800321860228583753225978883501880423178875689402319751974374446133525974578974005546624424324975934404953762682364015057347269539801101002565825131195753891584938212512967996772536212764607639106722691844111059166671823174812066194772280535025793861898710732931143196219558359007573254549265440534485876237997048696398212906230465260237154569746398218504024061606472122473862853691454227582815893032578671920038152313070301231450016203835585597084636288728568661829588038151412597924271222800658072175375995609753028168132431908826758112139786458977991567077123341300614050720737874775422713347772318791387780604116028338928073229462986109438994804268776309041382820082493276437844569466685596913509728092965602968378424831906376648975894022974765233737070759029573229676410744477902854220571083318641606283483284039376713381480941530810038363462098674092314162577259260164241310768383853609677439389645388121987184708783576028465758500662643013183563775983439423256319567388921786474251153914648306105617618522661484986211735299300394196267978351154324719792100990235995010185045226336213662954175879041155529116300595092988709372051119953209519197611911117855668563145823742527336348744262178943734255594438827210995525834404807815336301231817250476112098586213911950381276857684222706022880857922802277899270135450268982898128670846948085869077368731048824135209253377992815178280722473043295605706622345618996569294079904301031800

558838515495600371015362883393296308388611837572513442929623743625
690286239908180896674784072154164821536466985251118356093769538838
247792682054035562293103398234617217749928761143107112618698176716
510102132817484322686049289996213744264891787470800521778991459793
683257690825447049955736546073833295445503760545561693846299352695
559825481436952274513515963501284438165762387821902834477841943484
916754332208988657251072163801257455920500626138323533310017463563
269678829979522312213359229559877714784256215281966009582480397960
741880686481462221846735023846499620948290023721674715130176161834
866485690095804452712924136107744855016454016588210094695318516709
496532028368556343942755258676230939902626468802521002348398810810
313959156722167521036403116827698020447084682751021600765291285961
812328923919989837615465401528847640238956400800911170777168663258
471518886521341810096309789246814277767444249098481946207209911860
617837882725606027748920250775654960922415372184898191399949304356
168693621596429177109525695097069900632310061085648555448231768169
491892033538259383979779552017806002615045384660223480584280668080
054097272424887098899181403017210837408519716844655506868668259576
213176185347414437764098116897462020371211318615031805348163709928
051005793939581839605381572799053173564620472564675646573375232496
044286662754228334119477101158614822513290574723369645459350778630
281397035026933558672025420653201911364568427852227113049930847401
550832055345022071115182925037824584151595423857290920559093155527
093715730436507139197066270720836605065359257807538799662427829626
027190863678584203426179427292783872074227039258647899698885201728
543732963891417985649549871231317421078111745847834714810113022006
691881171390633223774639144278713501339101361465475823547313216387
797859422925909287326603980617051451051893526138463564900758234863
291520258655103110341381404910157351617886075764396461883410175654
441487477439695871259318206839292181168088355971272265371195267463
913547288909010252777742990668168005319870623247556963164794199431
877289989589073717447913822106916830314430210883271873693722363715
982485112777376585439522066498763027698123461345369762104739754844
398066496855150018242872413962930020784239040770171753087400621103
886981275161331107671042265609534206562796480309195917122225686050
866069749195871952851172018630145722311125595805803005959045178016
209156003392715813561939615245058294094238306752231048760275683319
313953706159405690082546716340768851873806202839376494141695224789
764482741592439389073858703368311064748295916563631940759787977389
368568253656567981194055582946890756209748639705158628061604955380
199298790107269885264068694896100332327284203406188454212897943218
868970727382736277850137270114963870884664078607942655552555485664
825367262388553019570089909441814119681927822521474367302375772647
906302136270092943519353752024482465044502817747353031305587840428
905295653616695575746030446840020130258347285787860347964296622856
338390938504059599633820520131345977594954959152824913675826557737
086309853431031656991864774935235587698561676402569436794965082659
516493618563906776134086344949610923085281595759473244692997843787
506957796523406627034893439922003933142022159640475307987724854719
289903190331136067538740992626587614582952454629627447825306071370
861009325656109106290159370323457846510942541565848633675971714103
682469068213645950225938235868980342052145842415621097712594198860
517418460981052180233091349159305532364021180135399382739076096018
812708570022161499420235228530119785151482540926695185656765341040
444548548817766062915333423935588304097708038262943189443850770239
040847501710409323686830979044978493238921559850021435870077134287
158470069302471676631228530283911202961584833228762187312702544027

509886977752418671972580398456783452867233726268194259137689223732
798696369957194750828057492990801609296385648875774366813059933003
010651656716864331160038178433180947698249242660826392564722108563
028212285843591291142036032720601825232379462931092541025124541700
516649174969785017658680012863254457378725293267127745162433436012
734039785930222159961775173614866679396765633221951493429837679037
493082517016185284933834424250418323030264100557818831854428936408
740320396600889234387100234092685238849673228445668736570423431566
989381131170854980556334241109039029402069878836686500964163691705
281565858356477475504883191164843064598996632703398001097062714315
487174370481121700620918608416245963219627581891687594715082363689
276171748516314584518070543563797072327895745053875844710075645587
473724567162607587558263162416383017589481237273465832842643349842
119906790332769950618788667306344903282783764859091686806539844039
317138256966595923657348223568760950460020695736736953943537344892
8789454142994492422296541992068707171799082027511232288302063740933
243082840768023659962230745072395482913251001462315228385669963646
481619930610803501193409855128773081595450154979098326100700084351
632209140971316683905093077706782579384891592132099286598075166477
627404210228706958031691019769066584929411630144904175524152840798
558419204594222472240857954524899661499631295674599317874497834135
019747600248558309355697881536973136321445251140829284181280450249
199295984561729788649836529671737406535027575784653418707842130980
573575850987089232183386027668096878674458767393704250610529455934
480000337948441186910343848981992721780045698408825618002774024697
155696345353705817713249665431707954879525776642112068569434074073
694165211045301707775144950296642015085673418561330879369079908598
888195417742618803144141748693529301286286876979634971644124217738
001969097486279960894609364253067910417459357128319040298311315505
930386112061927540034742996012976984567285680075747868256852655888
055044650282472340621226723098765095246795551167576075518973671081
866487339135554730387177148259924982090655636246368887442816354759
738020092703372797235756205852019488731175736415208568879983962553
950672045765637086678684961673992899051663954734806468841632161269
623214043004303497879376589552559126127334944313749318755851522035
048877154206128323215542501036958420117770605811310857406721768844
739241215189067429767995284346046208510422989295590153886171777859
625965902453747996448057375425903395571736901793975160019987583699
094035346020060061145708129727286492441555885975024274901019975278
569583453344943250025780204344440868289075077439617367055383761578
786385387000953573335902594668119751237389838726653687955430018415
044807205276494457025799468680349949294168674710474523631365047115
269827810552059962650022454407342871399194980253833385058853936499
417336369643189980369532114631746171702038807086634906478634042245
846913559042424514028142597209433680394042646957622035197605253746
691968646840574852273222141126346820073268099128359680433712489865
124847133386599958155703624128431192371380520698554630522396286001
693260924761875232125700995941645450175979130483158522690092440553
118658153197845931405135496797501971591305636407967874274388697431
812159633202424536950908108540107486745322336694887417447584560189
776395844902174934597104770315419794721755903104895515071303375092
264289474366150114617112854048983628782321775540335581513089008600
231119089283171979461527339639814755795610481654721822820928241262
244086617316118295314627011962136619959410879358356432093296418935
628950752183416094956286605476082023394390369382944107069073784215
937110084355080993495125848055614260279488811735778231410921563097
755633435689280906240147043040680967454142850010531291101440719318

1060055619529375994409816126454374436773978928455823616806573056 86
818893290555248377738869788338482126900338552557729632948503625724
161794560688062505674398343584068858652798471320568203326801584011
861225371072994592972198314039824954643013641412093794464784632967
308041240315791671468107172154657975950843790654639268944164367020
267173332142868727930006752568089594724605400773921436623774703 66
937064798928068343630666235735491883630674089690534541962549218595
948296352991442506812421957849397624936269976684320117178309478976
453428215921105441925395673890680258742952347024625362720586244529
916142578749920154783492516043423853492438434103038072737707765701
474373435807984511214989021387726113074931251848497128991745909500
393219062568077239325454554691767350021142782515915371392247521510
261957518125558991922377560556251862577787152040242356430080154406
473786864717745485337568513303957730505542984102745208488245638018
117432441150886669417202922513871405259332921890393023484952178373
235334465326269377747325041092055082762701360107626880573492834106
150143211791258410932812267491152949691944140579833540382007949205
272620731238583327858875647790567211041654416614707612883610006243
841305310501400810107987555773152250424635872420813465170781968132
664730526526687009753901023548400543191030305850507328485666218923
073610160979873010960457878627259697182149777459319121724208552038
322309774373362726009107917085415906540069540475769464526935273895
890894656609355321694271294261140189336817558212336609288093686836
108412959313689766825463416180797337993114349199450619767414038367
395910433250837896097654632163442968447504718087753879660115946910
584698569346315467151967310540189434725327351012330555664924462530
897985525988963444453829414488382570967123605338919829313649034991
332122842196608736575713694328636338387496569415447710706138034367
393954329945548894604432862117042281029757649010846130362580988520
444565288925386561835543746690507579482110698111609436227278171946
884422390136435558225224330140937115484011366213884108247980900542
972492869087707863943383569758089134485548375376777196589593658751
543275029493401163628628419330604817109392399879190088420348729434
372149461239701703430337079169831624576605061362459054918358805245
203073129842425880187096078491816358337632141776552648466086267449
477751311633746098532615677168216013147819044560577089203080185215
408812688822461085420684333127975848092195444438896671131444617893
147412936651281987902593291945652736873448363988933899843612116806
898657975674885165488863376900353752919877576930810573551739514437
952727038004470490072857309252626316730990740006849045997587871320
935334814799807297803068592527492154032508062062967936802909636571
196554547498326575576094672472292408920613710562170097933992793206
656709458921208390498460475864801144552327813602814534457954387336
599185402955060100187896258232064467145096398089199675661465982370
141287366468803859403266522240875088605288410671979991408544870072
930220172202603047863807108861726314153139237489947781917810407754
525553693605459036378161928639420022669648039758682263453758128535
507962060646362022763410015625391199463257867883608702524372526283
033010210448943262262753220736676529109162819988871916167866976986
172106895009023640592917572185945847630689212470436502753632835065
004334618318970305082839153585060525172234422933189629437257761631
522268739500581359156379950090704572007260968988373875369824262186
314951213988357167356388063005629032547514519966181726778207896272
799165637748029910225094724409419801468690188625285100423366590664
307650167100236787351898041750864760380556088271198478863911696605
712575811161433220316239861953996081064489115129903832189244967115
181985798502770446978518416280732953187522170737542780783674506060

843688776930498302304143646891398370082693964060694562881641695291
665443739084757281969614641195715806636881312484878296005192365381
669691441316437821280803774582231914250665372731866015855576310005
458819146086341512013406605686183053991092842220972227727666420070
998758231590762943912951563496720838098972472304203873278350860147
411604828520420074395960779396766574545741573438143762929561095311
584820920001996834922274622233203492297879772093259373458931853036
322002185233292266043263277738699295254400374606548044762949827240
422914656005290459866149053053303411842327747134752876324177468600
510351968025950489335416177387650238931910840665213804667466529643
577196052289272879058233362671718010478707415097865327441555228155
097901531432569914109132995250276991641218479890353417341802888078
594370474700374687166980729136987810519134823174319971817569732471
693411240421932383237581583407505032512102423272159997622559536081
716396595545921520062634938327793871745098766955342878789774664436
385517065026504485771475878951663905261261876717387540459387759244
936972468702219846805151918260343414635153375173543983465840366500
780082513376195811125396059589417188047217874636046685077559560876
646149799759072572546693095018122660597563383204512084638644649947
755674711048825818624518114821602417311351155337639418016198608293
258482850297215641249354354937014722183714909313527465161404229884
034725873584804710030497103678619969039664003189027014102187471439
739304796671271469674524858219615904435885750474711610835582761860
115988679925232776700779134880627067843058230376844322408372855777
585082162732677755215753854931391889443311370971879765493099063043
708381210797273160414688741044273294030727774363782884423977594872
346291732896432364895042303033952547723285292251820978632941279227
761069976483964461549803039103687476367007442072013486804209783446
567078085008512489260912708157237896817953897147166531635417927413
249374555104906770883053829104660986180133549273647157882317517022
952925574767294380718432352827893878730585071721698784087093608489
127582967318450352330091008245008946000168372896985534781567708986
066370243799181871271374835942442963643209472757271104180443346013
051070221778247291988409544429155924729679314766416864679909456377
046036998870079612857346705087176357992672641907758648297958015096
149717986439323118705902309745168343571252335874425716502513078384
396781248954102878996867215558351818219767292372675088271913259289
045705392169962315734135981016260634384197411159559871219485570791
540409912608431534494729361825971466635209403043017943612630797077
809538770794982864536667632635334220689453430306269748572960188084
656490209749955256673401338028230788629806818705205412520401199904
304289199124015463064896075523480019294548752880557065055452354879
178955987440250913007416419180939972946822103570189811867672154904
495028446259968376782516887270792953349935513985117238049116955666
124418804935182119542314545793295497329011549763279700425725292885
167605567069578881891666892649627826606842817888551356822010598648
644268973104042064203886202141593133433565060797764837286117478541
013181953882096326373978186750156702010351613827622355499078167081
762580063265190907230973113261264539480612746157639746972903819915
758063074587538517334833468607608896462270121404016579559790815513
643179269714327811600039509295305301566405385440144681956741689143
950050601298995325206242564025699973540563356851170626312937882096
557630557832675616162922170394518589959392779546333735205016889846
436488820731461399285601576461906088270052183882944905283501856406
504336417535013934985705100635004423277553280516632501555360016855
860632161801678822889859277739807082344301218764982988219507648793
745273249775716467943768259786538077709093158268698932185675410221

8113706628915050719169240557175153729798546795477169440460872858340
0200716825587850350258068980279430946184672580186255717699914366669
2567766247888256367102390508929757982489522270941846744341466441119
1197624863088675226917379560846434163676355883085129548653711250074
4903732288271992572715199660002166693895605038279519066233710710029
6452611253548201808162340593161238338327872154509090544271980032006
4422532360012498934484363675937191423227785159626576845253075848555
3735830841651524777849983556099679145290553712899338041735803322333
1380434826019161910280534759866238541512038956061132700556496689288
1316755512979967633665355404709079398886689530685781017330266056888
5368956021180772162258921919924311730489252249712553122821175882255
2826509235822912252041383700828638795994087533142292025537883192599
0178881759789430772711316048915678508678373881223628875585526611866
5733674460226117363328802255620686149584672266053779357525558360933
4098916382963659980073078450013699458821205197427166295188936366177
8872451938798839149850746367011614623559091808914648782476983237755
9787096345593154570680055282070629464310763848171836412428448832222
4163453064177764928060031678970019137344145995290818130082735712022
4454178146061237267144018753822527453515155242450079079753687991877
1156710284530318732656311281918735814205042307746297225403696352333
5748306562048561086409342738331833463432735127159264239390049127977
3028883783463744236046441965815843840531910829032323939150063705255
3777010659429219076639318081087876557596907078407317323973235506344
4135855674600292812281944826263869185813672160413954633187907256166
9308154099694376002147684823666895958338644584339139734195773954455
8947379964993965019731801875821543881858049244015386570718876787899
0605894343970572439680676623307775021542477708237790441269041207600
6617175145832906568124019088806520592144597223687602261730245554633
7405620748081399377467009412522215327344884170636815244358256118699
6626136383402928664497006603799675017937631676391806943767843386211
4908962356182010564061401237788509883566708473114371688891394268477
9485387646650984117195433702892158483507258601976515246041543560677
6274641178103795805511058527509424472965571294588954450204682256722
0106209862067718216674868855967781333673048941388830396566121918933
3058714047784551328767280301432209927052902106177139212773759052611
2468035783233612231672451314301832827898769529904655069884850334344
8398335992274164810683359631797050404801716357581169611089887526500
5039455450818904578203339888055273361740589066076256788760234489966
5581821950713067982798437470147130567036780400279088826260968751799
8433062161683649757733948961813441882416886502289967808162797562566
9227498087402088768810359436929920395726561305068128838761441195911
8624002236445248003947999424405825317268246513520948959665872693666
3488401509928375984646475342403056155906510544916912421860787811766
8003899307609069048350672795121403003404594882920845356727163295011
2007112146837654494140706925962143328567874574683801853930454624311
3698559873264207073373620952682533002246595654211021883163555532211
0223258354198699266649135319296318782349014915870014774992191089466
5012801726186584241199577478446380888179235896723654961582275353544
9969841302939493205679621375776989665420961561839357548510610187366
6314026732506199565814384095884354592710427524744855320153629002888
7902736371511709761157510447444857500232585814856078898512835095566
1221244135323878162333181656119292576209991851687924286242308017055
8600765585346450992122213862919320062916671040534441325309940503144
8420160032899923191032840172480360326411739587737364393158054756344
4611667442195905341694665636800499746089176326163936997268005671199
1900811164600029600999062976664950801085080051586703858197181305522
3173246301735287693034978985330460761267069151980521041879216938611

999113136828410258438748308631022755665240828141236888951950624472
937522403669031592181864323402691929323768871517708076749523898992
149245741762991858043348629606089363110625810014138063060123149436
279306873326876877147445496118241966037173011732267211548894144715
807643463644764575907033408588793793885511751946742353404539412252
406457071214465904665673480924261538841750263649967640397964039506
453603305846710659160869493642767063841875250763968961560317311929
268633832386744633518113308307439130354337227907141030795282271658
841103444348578821809080282082955442812200380195266021863595246105
666063149576127025158230333522494707890466105078851861326007087053
125210092418814033311098034325447218753564339432204046595402692850
448855646142510526547958472166305729945635788271560772802148217504
478700112477936570705673098921138721930592905808649783986319434663
257922428340202752079620107667460469407170560953513333993760749271
301176506022224078447808214938396398812005477893800566578035990431
148710163727703521449472844806598021024629628637432933375005342109
840248586097715946034626507089275768480320183619054988522892809537
682131515043558251720372860169596095876425139501382209840496122262
422817340434028089399726225773933036610298681992213377579163735603
453780755018132559615693550103283299423849974751524338100115195012
131780501387964656284915433248919433718326947019268167675960615918
788976365260320865126585226424524119959018981878845082876944376766
318492238487992413740076722940680731052803953540236603520998420550
430592120388275565593048083911659730624501772525278790798854685084
258555173838338519943442889159122536441186696441712424001358879 6
072191061349423083302978966344308827110746700052362997432610231802
714226622261875057254396907738147426352215524483240080437569669907
102947264051780301516189102680092635876981841801303452664710551995
073160643267550404874531772816479749849316816351888113254614996403
183140120849999754505654405665114835838717438107104444681995736346
286893002713717643069604147832273275678903050809576914347830867035
401616202818491144123200843999282131818484332288134255124888668654
485270842304284009883138554901003794026484476236363753646511055008
102940660991524814792631730877440642070953919991675563931676247589
083224270729482954432815122952903164750609810715170949321661681302
220084899907335192848409001433236988693791759977923872805644858636
356047169644366020445259704868221514419781591232274757877216398657
527609840899889373777508937404065845611540453448898263567944962864
224707161326587499595583440080244940052564753112758294582455523833
993886160216709540903950962298436975360579443816778281566351717190
156086785010229710669378772149098891936845438672597300797493811034
294535811892130291048572049967356221167333663500764326274058829544
861575696143204789633059172525002965595468048765362628154975767658
027787559023678734816250424531570274183539064997237143086239536428
333798525880936563580878758721141673582000237858579171465416121120
260342725573842215518015874630577677939529367891253297770050822625
008193741645114168473736572522677789087457996823734527732736062994
642924169967155086229280608031678771501902041616630204935075883776
906618674616296470167705634418308967626618874403297051778814524340
125122267941041217761721828885081597216420838479333398295669940349
593790728203397800879604970137807029401457061832275296034853028371
922261005939564499124150927787546136682314612894699816725882471189
854476146641359747240400116726464033832999040150263527121857991381
875183821542253047992153889028461653792947236379633347931270846642
722737043541076853791213190343311924506345207673334380916812903926
710929875717714802822273307085859022591392905258974002437571021699
553265761333518518766386027619970039805239305274289337090169102367

520745177016964047237538638287654319043029035798193044682863204543
018914216075051699668512336445188313943158140465206850355976752840
620968648400146329880263832549562721325827573448535583000222551331
859622886497724944819666415281904070287971095056777558383647075089
292801299214655089846527007269657168897401324328795719821723119028
109909224942106911519427044773587520266021778729973938043291783216
346721288728433697903169348592455772175986332169229101312996493456
569456831267284809584292509355156153586820337367220136128517195799
179067888794897787415579507858280400519879514379310240973513754244
522910665873007865462514188208080730719268983913504925377543744202
657016514854903903784915335783523919509184229410079581794626130462
168818441217468062207228710462514938764917833389258535941543991358
005859024298540855725044894291031130668410610525215294364058942822
561951509029885349670118520896464332041879321533366847500909379474
586244050094419795259305808470573044171422807785657037127947580934
562908770479883469716932355169605915512903946546491946976956580104
477212211529717885424206301449359990364704881686963945459873956649
568446800827974064859397628886154206344959520477876479602222481404
518711220576212828951209642426243976910777918759891509169674884969
014041781462488218992047215397897010041004451916374635484937776724
048963056176085749019066419920856498824416659259136411497972110570
920048346356219112592053159495207728572853502277178691134317095074
741774046112597710544066392888757183933236000244502603875999517421
359497976494040004144093986809319328642332313807310726052347022269
955029753364133333637683830769912223911477705585997784287425696452
597304589798916184400911875473810469804380559517006296303294337501
124376916592072295301512543213940544337789162781914062155168208847
363453419799988795161172610284106323369853456622714089825020691286
704441169025820479657650680608338935449086211438738256599464349788
032327217582926945169986312673587510954845587846314075971720196243
370852199677928830820417083628218867104294024260058440043773587533
107041888142219209246071491335029636905846644883203194741017346112
878673517942209414546604185340301551815562321431657473326661079898
031090681700826887321019364595617858517345054728589800787287211541
725674024419790288432253154101921401350912386711103232137314594051
156147067212895932638196758037690723130321615824730407013885893346
366335976771547070197732495488145171495615889159727040316443495121
859747041467171509731132947384808502107073004895212374842154038998
185951322490144185729193570943752415921554569296311501449384703394
893076243553834235439507857917705875887328687263613772313179576318
811917493997364582955995596168471447844151898543077414559430091627
277706400678452622218860633810672484726902440264267413390721935300
584244062259464253948368565478450534349052967430589748649564389293
525069687282557307388653479795697379637394163125122113572366124201
402646831987523491375325919651580619387266619391605104935926527132
169220962246396992453394941681487697594502275693160173729782522593
211392279726446990787079721129270100728931641413289755405112986071
300454244972199825592301733559399196662588628489028016102977414728
147217996074304686368394358376209663705921780035815169912947673154
832624347225298003800959587555545136352485292336603666133452157849
202685061519492034529021461785142032423310422848635208968797421845
400387349417283201176273782264796397846777136587351119302070722256
003750749407810394633895199845441663143229731608084404982813543030
383363163531454052991483164256012510682085656900160302972916584678
918322105869948910040780107692477825728067218658664493575923770660
199972606595255433273364250389479833660143199307308480934516150880
480764636667529086671693620624928739814887990436533387163969116727

369702731265374284086097348697293255278854199301904168428232139585
796602487375406543926084953186341346946867892358336068033944557618
564870113259642775582026319256809971589448934540735451669323844921
499118554933828244577076688230525469796128224404159966892371592950
939237321195478945074080677444890038062443457522461155572389422683
859305152775497654543180834902387291984674869316260887179215124829
247615893514149141589042351050735349679694874918633443047936252036
510556721569888239520349805230153122385212513261664494737046124818
609901439565463727101755621611221104722479265060881879218785645647
702019187081740982742638851785178231952934190481931571564040017826
008047464154536425857968822131471202195068707370393121533322394296
471014338817639918115074215554226048219902450082052031551588031076
765688121985750384512044736027969238848943985040776693919191780385
131179046372645787280056649950159576253027673424749035577873032069
466976206793710953140878746609071909005478715022757386156228403119
997936014817401814072685593464247081865137267612797342776412408940
702412250575912833204487675083824823354900622431962572928264805660
096775092853257303888341824250441019443837490829289077044151815134
327901263186270934410280583331971839380845112478775779052879961424
809685375809766676370156948434874317475748991463889163350433836273
988511029559099726899559047151129179455591269835942930673857430486
989898559443261989642534349217117176194986881381153736011925283763
481221877710943925932205737095626981646452645930525413081768047684
917996709459097562709945746416687312998517771315588620765543315102
630236084922353201840024644269498222009388561981417423529421101204
488878651762047723100723557737117569645402677378698782932384884658
685482430725132245997181951763782065167701734963907291197323152110
450838896369003436345649771388418056802984140532309783687878873323
574584371677859623193118212996544264227460331165621899580738570914
074817090777072060125825537255988182554000170967909097413385517915
050346241362796294337527980392121612449422857348055409299617422186
755267066387154019716495925804198284572723394358727384912980625052
299082304144179642018632393359756408562647211409871027568423284710
544204769273722795869343255162372870613062489483176830059503162735
392722215559603719126092705632090016884464223997459907628360386145
156011467908671952274422534153735630436368076582092944816815756244
075835420944504148183694007247871993716080747143704805272412272057
620014826556738425852761520422575616775663448908355159040347559705
527811498513025087412165561605854272923028993316547354990791561217
866471781343392824994159050140923632016984086805996772364631180032
309172314490659601839443357324679947213636671430933226872592276995
978663421984860476403833121515982463348157538913621374705062677609
493915654344496650307157560190525614934341239865008633497687725820
142616035876421886575309174051824174917841215303222383004188066393
854558891787620068788140487669276059762638850841876717239068821513
753446907420527968759386296574986544177629425187030091149613528443
892051450071551108730946649594990708997930523401295734938668817859
272442308152159066064996075502723760812723870585121372745528886177
354454495938515895687751951802687798564825202662409444861882867270
542074750435367998458468021181612451191791640838822097788641827568
105850767756572864848283603702493287158198060435558799803757574763
317200005449598498725166885657063033528760680930815901814105937213
785607881031512925317504110509609751654253710308551748548992807927
921650826702477524637499837850472341148722403887877968562165891841
573565939687030319350750298138289529968303573043060712075466299805
847951077322904191430681628702950900718814134214582841561163276458
979779431852446703335722015183008067730098434281459855594365738971

9903262861007167469115090265946427923755624937423512174450803121345
9987410210504026254115763114123064033738402302484473936132777143317
7832648722787200003132437991158454107320083254717655335778841973888
1119878308116128253343500137910973264580456753562692848345510253177
5697613783144368252477854306937063143255096407622494270969727621066
1679816307458647731362102916913190193505391736338772095930772880211
1384952253085233564200914758211321508141634559373276638164620996411
5041814279261478485611225096974418073994012186495761708774298539088
3941990118885877336373113130171013577790334756204439526260767797655
6853850415178002862202601739831535789490454442716570559649205222311
8835447428311193469603711941218609396474369683521630084113092122133
7612361931555091187753464456042937379215166896202425471680377818277
4638590796820735640934299433427179208028875221125433179011414911600
0479638960331877220471455192593058948693350499223357652070639336655
7861080859200577595735770605634693457603884910805066955160938106944
3662128758827331613228648314314717672115704619235614650037740538722
1762741113660178235855845173100298207789993646817768759805771969044
4293265641492888950616174327395453482331666399791748498402747835400
5359120022260943990531207076601966727432146673132505991961537491911
2061092648781953777906142535189223466139609531960625261784257158699
9243782660916171746497163472047738961314867194294824902919894191677
5830888923397311741555417268094753310273779799709817565045054736022
2767862106975404505926143883778151617925379010606402291673802696255
7343430464530042110425276623030552072475739306792726393713188722888
0126958554904248663228307022774015552803422055731726091592927513288
7204433777236381546602242627227955242640479069128534664743956703900
1536664482511862340278040253780886661135356644106913769723882365400
5370572032648513307118001886217776805979532180654367532102225042800
0043994061851812889536140733723950663115170700057138631530213293688
5538018489869696302851089301202179506470724877503209994836756871722
4700290558145698405144674694507188717376368028734735561968531753077
5661201569305703443098761497230689528664441564074834588089865256611
6643797202895868442203921819431715127564111776147563714059368640000
1035880263891259692381706227637167628748062838160227594105114626922
2888091294330277664959472497384473093376327460037108435907859976677
1800558687028730183229667292566511959261005941581003650892906260399
9978910764693101952271744645199443616999155564156412151087143820800
8868075229785081480228623413531843920566639711524608904813184451922
3149291063281540279224893782282515457682716245961176395668864617422
3953715865744626643996155478905163732521825783332535644589892905955
1926058659798671344827447826266678984191962736059352022149668157044
3655690416708257527445881757281160956148185722436954647505083028444
3075317077923557132934876117839081302910599183552262237468671157577
0593774909379757938195247331632266235982695699804734334402616879655
4751304293461624266134607473252695703114881469691642933690719481544
5481790829291072069429731875971973101542619933564615328361822870155
1559033107061465304217006688253379701323449506071416835268609881311
2272205409030946646066185857999914153978144847741564082258903540644
4906463510615433719400401386160350714559736014278623451486573479622
1797846757021898995133336443819291905300857739950452349349571896844
6127113768895759793323495332089538145398467702851241091399996240944
2861535615495201564188996212593005126442096865972528994184350366811
8804807529105972336008365482357019198685509260350048765737882951622
9237418327132367686584946400059670950677834536100367442594918858199
5595926902512393110725951212115633824158960673748007183246877841300
7809693824148291518956042755017542065174420881340145436070713556022
6763499597575960041036160961213773621820223563980101455924936015688

9714897933365854991863497304103495007905509710373294892197640588699
9532018966493350820431004885230594298486801785556564538971529638686
71398239389278862831305388987044163387485323665505625430238286131
68314743993446156093107653849475846489316215158358898933919567329
4
433479039090964500201525452974223609334873774857090601864807051699
1257559332518203044120573389116924949793744441817210180048695274881
582486075771221724138298525297670352688504213303463703205901112769
2708423122473740399034467618957001025917858966147045611886905543181
000135741145453848091623845601939821457698015403674473093324214164
727555219087739691741737350641459518460785124018137745458837629851
790660942517996950365872351329115406941185580040575610780435791910
515438952930178607056885781172174213915509532072119708984152215425
316479193046160498117600999404341319099118921551365122611550181311
073519406748964186094028486928305502211992434386630966122998376165
898127473066900407133131532581930320281496745570289271198050230834
294907246105491095799550789366026346984656628188055490104387898957
440931415296414337769026050643640983268217633628709882627239743023
005506385167528922648375095088613721983335346069848906855685902444
678886336439604378182364931607506979525366177704480786285210468209
326826682897220715910980081977801926495253830472463607958939173700
369328966358022050659802853387029968092228675427129133869994026633
577360863754047202114992733399559638671394141599506355503816227131
799287614329892459586632102280507272017663282902813951362463925987
940841197742421478497488792853481329226175804296953605684964163335
883612464776047176630339853772671737323232435192979733423764606700
725905697847782259010224718618495510870041401552763492243058506497
917469994122470166700310104432762653099301528420684246859523591053
096968105843118551037608085368103331709534908134883131172235937743
874146218392650171560903279402818993561269449639671433207829047319
166667808518255197717288006277354539915927890340107862889636611570
807579263712515753212564345879767582279860562178539046344387826022
476983164473091167731376986543944139748134480038182981037549505885
398354291463227532912260623917829319962139869188177111184244196277
187899230573504472457753831194338517932212857660352121687790114047
765897677843569635136532915149309638039104754501169967587802799979
553895585500590455332979356370264077033348112055967910966088046544
581991175696733538179402029774208446714055476253800166579619571991
262008078166820288591586248572361559940162554777079141116006764078
260807710789473437289911567613068507322496315912316341975884627647
288192023676271637519476695332542049089161024916483733496591727080
014711527101290890296121104047246206562282096328362667088897284648
491945054852414755813392377362692127662809010703960329946262725094
714117691214291335397513015143177467168584029059686222170801110366
607146302062064220739673674027544451115318680357371197061263214355
234685554438245653255194962230924422262761618107635327121848671103
874863324167078904688522332921111501979009872376674015547916753447
485891162812686867360422299435607682697833173517639411375681873118
531093914733161347146429574802588661209843333626447892327799217189
381104902575089833295752311385116384118101924499132930087784725362
736588016792732391195667737734602923116714725275438773239540964407
417449308810335690168994473265062935681240746859168925465092110914
231643396643496535539990522603047114871175019510860362143788792840
744982527033242516917795343239338053753415428633449200572757968191
874218427218858846662660281339159122650870329556297431210060847646
238240612020974088585109713450244534562696748452174937951998366013
595995980442105533930579946354121565926037395454813070900268161647
358075309070057946985951218576692820433593133365802104393580161079

0827942664487820352801574984777187536663886871469284922335979702O
1859216375263706470723923280711774975523653624170626315463270059O2
663040247398045335302040939313049739713079171815148863238516035140
918715172725963206039775181898773794298335489621492988306516879726
173233429518602919791235420914661761858081206578509755405181262454
785358714234987228245076280218555416439373557287341317707953318264
106958023181267827292621724790478673313230260287901476485433580999
324437234918849958599486258306760001220473363446686800302177442830
895673212065731090929852126853082935352033162609612387192704749103
169411516483884747974567712343355744298126844614327533710603770238
115873068862889693941323630060605042899652004510603748676961364917
251172141710453972369837657482509286253199176103796050507004745275
198706924383079720813365107458086253398704529503657739479437519432
553660014210556464148224360616467707917165851176561085923563460948
549764477962116551131870096990291407315148390390899181591857833265
027795395784182519705615246751810745633045708295944288915066671592
976041280335474515510043994933991135740036810821452010037166333769
521213375323959064451506523337907475042857815969527569618178470423
817842031599241711215728175313825528990831722270803193340184997462
466150686413717867935948059327285196433573688027414315869007652087
234546637363983186912020965620754134887411550435179457052021920866
286215704650129595131279374407246762041922665567445333444729681714
873544938733848016654282642378338483175654383336174408732187921997
143097193907561528997991933481684566486989431576014380286263353313
618572379316723660636754943800525296713997403509940712193373758571
204555949602844456404613060336222636216293412245761511654193879168
481328096246952444569546212508791189353983221963789994987057551748
771886105104525870912001550271811121400833033945999772865870452341
916673040685570047172861172633588496827107174500353890336310666580
911221611227953520597356315423878627922117400279299276602723091008
788964486719775106448528542367606806783287027160214912208907383598
679167790798465468476544328863327545926899764713611821919363719709
430918976095893307419509153578998159456268174031091186213611238703
266328745925123801722185923759642039717801197330135454863031156287
645397333010353519936890891716582118447202539404709317833060123964
167270931216369379193323918425977305276147922930212301316365295613
762333052845463774496678385572416305553286105327552078438940442472
330870014940075648539493897085636662472351155496842637074224198534
072188433171180862478510999981762322580581202049072702367515599603
855846672839734732595961271044969489969280704087235561355018834860
982733449421192795115963891421701337136254059591584006576371033621
859435409072149507971926424741687886613509620131303193981656443184
231910367414205125568633280985520770932399557422045837289243830948
110842330087641536630847241689763751941939984808639276953179016437
278029776888061624908419337641036450961260406512736947334321364751
668674541875423533249045251400126199102550494220608990865348912185
197785208035382979351647361636394852849756284971488562703642543761
525303485679142181383415467656303629359432715688885113964534175501
135552342266095177381781803893864430908305399273865319883923708251
443497669579512540664055821324953476082446423795952046740371691040
228650601644011882128168872783923427369292606206409640919596145904
314517234161617915107061776717415112970097436263571691798097913107
607554440072748231658536391707691259190055511285073280816770513474
907414501195024810842767773577308103608450037555650268658270894906
640961146299690429226983808434968138914924798862248716712812408926
279700650937412914280120188192206542159389736338193225912707130384
894216293191100490714922536282186203561764468544699594307641907271

338781826338479026905141348852408834159704093166717645848516539046
001096347293231702452686080786491800770245426053385920091663315079
277873248325901604421715668749405791518967711591318927501780445182
499374387432993291435543746809468340260834642526817073513602678441
171175476803025782843274127129555092671085740230474696002644571189
301805811218925757250024179106647302011294693754953338392710767838
158555808875670613299964991589394990408749778235503921051363016 4671
634086226936539403456769518652775268560312868088156891699160460136
793560002887848650173870361186136616823370063762490171870354839165
300888065752373767990681554788889386462338043367881447386263697514
446353315136450336525098779541309399414676011222285012782734557551
595619844872672888621691139127864441826501071593433318160552880980
931375760219544842366891814048761296983574036801175518913300572269
947591922872439694710724497704047329675133848537289891985144879126
933995627276286301571782705735523845019366528869425030157128864909
899305589774514806497400710813760206766061002833539832072435945672
059494512168440253056141611504723767968712526931563193098160823297
950425898166748008781526486773641449356958428795387951111209004138
824350699988820915655540328925022880514169678792992662686222467052
549066749536250132697003182451011407351929815270911682876316152545
336231324226804522288961497091739711353525544012360861881545414708
532046722994693907148818860332682826172282696478516984097556132809
109049299420589020997586802701182971438113061665016560694050941744
708413659317294603683231488678378340158466652627793811034718565273
429011264696899513522043813883592540845087574293404830480525702636
746819999711139249943082380948147319257601152853824735720831491052
716081699222814186753299117955244774879202469824783577017905817684
337666777689021776490621936995896546765996942872180109781369213674
462209747830040927181905137635612325486127214522261680518029325681
831093141396659245310344236884339706735287266383000454195146442303
262301907189759856124702358650054207598252489819907503165380324950
260169372305831481731475243043594249891487918906280263409122726735
334485377798532768897047616726158528835140603525270885199292171330
705785763874939374555940096761537521778280116269037726528989620344
126159881063216825320644381640612917117212009556747383916722296235
557461243901559905448832262644162568712687048500344921141575761431
548788382262449382571907205282243565403066864339495278663919782619
662128890293170809150693354760936306950387796483806500970877125842
074421149971698556158998974787651375057853627245365217806628977750
732715703498547747167890295666395835111199772543088210830083871970
300163603754823203181103451963419971957080162637542560696966183436
297269070662230614313186361811611331684184951612964799463540815516
628864531220105617962381014438462014132524685102641379341166216666
044355543396726083900293342498560592304772543016048596898781615324
252348894799274995680405750878596158465639968827705058248080375262
444099228426558107196531396214742222341535077003136186652290242424
273397522322011973008959689104985405447427697563805962622690878847
643676551937568195199630442280902471965977981411229976113099668948
406547030430616154284052898460555610527743167094547976542569994432
561515127041177684024726299051846873938440317490922778671374650487
756540035261823361358220969159516531003029947026121379832699551547
943004528250404116178992299479111764121739926937741658202028350242
611557953577101928695026460543592411800668078233417498334223525119
403957869035786809979573555664634818410923535663805321625058733961
273016517920915269630774160353934361487650865695894416687593102819
722708421300606989032768124813643408829145069353500784269002833896
928900367663065196212569113708251495264130730020572342600614347947

8418466207633742474019652349063930296622337730820640228704088095403944892602375593027578381867271119555903626438180369441026989560997022402685189290570563411576345663453530917836449127065514652145274516095709269601981935148250423083093324020856938232573732465561978380507982367839148964413212119032538371930512612143512054346721380249172084457240675607838911836144206172196093241887871539065311934562423143050595975813896800145932726803699031531485898178421841408627035413234057140637242334416230520114600537243354544085804784915273835605370083298419441940878577289428942989055641118489012798817424271309417325022464998977618499584448243196333877136064170050575881120626018903546125859345154561817568409731473384201495189375815899601208752575627603329500301183188095642910867929936491408742632266721386849152241299032914629320268237349095662579032064280453385167557256633596432829836906797154489491441442844573661312147165257729283228387225191227818503331845753752311813889104687301120253329343303322817674447909206656325018838874991783124527795687803251857087877108213218175422991370299903463408243198220018181430169501586756477231845517351601935397411806816255498633469297427936383683122862090150084763296027154205540923472197748755577372771253584379299733675504135390096260754601770478320092090000437030477206239693112361996923069451921228075128062610903396080855119939362576645605845474892984566105164377632302047629334883313664553345734804735715674449977347178219815739262943566148533256352573800753734245856962732264432925391218548350084718726153761193599211755449468751722095340217149673323008543031277343008442170392235658052374699781195238474449333837385774851142746225220393467572123278506610526913279773063462887372622224195846716672022151680829100052670223641512652274077600461979496685044241492903303752615324755653009315314557741560785488843720415714060087651280761331140002151760928982489862945062647986397278120873344792984785453151232933405140684725574692848626315035477092571914420142218588780257279128331177982212336807793116875865477713999462395439860017821714044511587793376458252175919910881923830051663310282837236134127214072246237953912933883641879315532993289487987486153861391523074689174100662618607772267913487136322147516568508441991780694861954601934089370819232141926382775337591945703264502363043475687173452958399553670973947311374513943328197791122226939725459124938379823126607096382225967019008381453286290461060658685632097801508542233484811059061738522986205281789604950073257042722202039361363824795831035432598550726214034098596277860172168955987503032882817680409468520938864033636523649442857653338109795334202587523066099473777917483409964056208373304316767108759298266668435467009599704858953748415115221450224994544152838657802928530176585629101388144172669383790207050034191012138679134635465228748140715338202901919235146721268382751000173948051792235759103106294117826715838186378195464884312297363020759072949613132264235510849102649984741887018127403987203067935831231548287878038686720763454984951991134450991244247310505227252766832066034853805673485126369319466529925162902626465894163413960915097218723640275500269701088386832494142125712048869645658296361609865368598837883902802070607029639962089291692420117564629212717841443866094448415307132753827418051247560470084561419607860495448592558130716152717681871096104170286462445106386992799031329802393832292307860024611121256253749299206962360554973977933709055091506159958074626476930706146547336572953880108465930773709264393270961733589798755133298517353358057619820375607173964951210260568242153539432206578780654333681668379183925431029629978625583138150842902346041464285063318207802667408575042965493539544948651852756470881435132319597349789917141

516937325688338933162833896451848870322639893055689451839191243082
932515654023675385004309455227522986219363499930799560689684466187
459894748823413664085188532193673114375894635657021422230371741481
201272628291057331857839227334795260680041312240444469069570034326
579109561734228465513830287770817092800437032752644557620090294898
701726471822893276178823467995953896680114028668705263367060063042
612994608494995638275599060264777652197025375830641181461287543876
098578289963422105950225341504398260961876098352165231654331697721
441251770038039021598137974891320292927755438711703391163224807524
657249729623124765093517943567483811431528641333029089123777146612
469044864551164926799346341556211882281756423024051694895444281683
141404904380578860590107370067182984993650407494702785573862720327
108426027326956900641201555809469137101298425529054495764506457560
037403149458790821054735591136399067278064814591917064338706971477
366524778443386302556983881025898793095019713128407089187196967493
940026571940572215929586883457866981031818359493810271931161525153
017409040319451723832245963305267862642100074573633679726461435297
149888460552919078229572134569264638347921759405780513036734887954
494733446456067966769127826799049420036288069900260352216652526648
809722467212129461678228224742717834105358584909381808438207696712
262215564925244641011600663839118183087308563542267215017218891349
111443407423167201858015440968394172184552924703066633174396992032
099913723079392087063326814950270241836323739355756594835586434275
852715303647534674601181623121808611137993248354514822898630625369
332793747372640469312673756534019973009076142621228650115856894482
080371428361204858316174750390771287604650336123613522431214204911
409620458582922554357490090271711431005620277966427328203684088351
421899736766128515417417015505596692954335533849886870232490206106
445807169228633433918553944346597418310331545329102591303606462266
687977945573490454674882327531737599593723227310371044521133115338
289304247739724195727440116541848431556489404892135805570855762755
849553488913856437916383424089396022097880195875047614164578733 8
434443198087351575166749682003791537961029734944321094760732700463 6
334366125907117926038296577650489833996820052846423420685449469930
387124964664248581160442000466693398574168555172983698292635849104
471793384468325043384471758725269936686233757079858637995117647437
877422102959326217388171799211256496076654905036475301128460597199
864223972784339196777403895823191755732599419379008549282598066076
789498548433335533052044297814686422621546390705667804793891317765
192204993576166388219632235722413875804881872875547783430553371416
242915918144072491018337360725861313058583937963691373160504638653
787616199765683527896039165412211971231637064638435087505880465755
319672008048106320831182153795613800983535595260936370006453170806
442028883772669082680094247506157736530695369994647344426417990880
723658569162389963651757807623731861366280300067759525456983035935
020931034010665488238760590630966715258031902701805651077417965996
417788950664060278884717068077927555703510222371473067950065096075 3
805342639820261540712721378560322743288616802417338945979050503213
797484661490309530174023009549575261795889698360970314291408480458
384201770593330872789882921065398608549784177022680019943172312560
727966935093784616738081453471081329376345219647441631933117869064
998248237276162056150244439447232337910696083968856032674365944761
324366862391058343526372587026552727235468109736136753799885434022
478297321958647384707984985141728538675277923065840917432060501099
102238929818938645721604168949234020855940480597988871990753899448
362457591817958726478548243687178428051181657010359994896167564581
441177435999415574156405419809407770607818178732780883923516652729

811729470451824894886940253978497040401257850170852522948003264485
539829339541025049341054446143561304537123696168220242708754680322
577722467645386906917358463290996597892708572413606852947228418998
881119769492577756734731492045418824993538607544853832734931602494
458301840052011005971211224881899260140903390584301410505598071884
441547633560933892955827033563839189207244115662413634679375541673
890893091868608031263789230912916607550098980840430877173868768493
062385333509150410600038306016394885368792106123894105743940346062
401637185484252177167545163976002550502264396115259942943086934986
907462978375997016129503084380366066005892265852930563788669584667
848757260025329183930718547261012014353181230082628245390756526384
816628430671241409153532301737357772231705454533185733039863611629
092807965140007625802958683252113035625213499854006783290579810026
266376780517206247540163537025216821873552872040199635961887360693
473067284096081288649892281654521852408328279128184938636352722030
085982754459989899958351115743687878881270485571738148574030780362
942048594206443341579016938395968153358527750878157439719243227798
831706054634005330969611599543732039412995517719740924937281938691
042471916807457558054131728168336553796527595104025829376600693794
847630502436866930874986129115155790299089147511471436165509778108
916891593890432286116309808961601543654239707131733987625561383933
492789060574714538169156926488201510262147218325034091656245429353
117328396837417555069788772460439855626108533737402877099728804761
149157785765104752908911381780654692220721713254159467978055595740
544953255877928432324750482025729610721193054272034454311190184326
515998329511924254995688662924512061554435485187784337602284573185
525530203857806799642333473943283255079768143174935290365355235708
336227295402976036224596787022467961087290065369158110329772411271
968718463171201531087202282912167851368328682889984100630830596997
329512401834379280807586687788984960437727540275895229293668539226
751399282371615964473732982701750908375680274466691591111497799446
671135691088924379199309424721308073081984262593144347965790856700
825628858836114463307069019106360685995185387041710623856804324112
299406997697652171894899349718804503864321759828643313402327317350
344875527937834864131041994965955257706690456718435502156201896727
939734268216256860859224881131666473414298910138757127570483051459
436636099246610627201124409872399971042075654391506863102013575984
601467302651199034298650639676000696687958282892433978259058748567
826269263303468372332124066157760295156537226106822903836613368341
504999895934280932018654247036073590765608162195997593438201724618
076958178347221271503991239373308059816434946231367174959999463042
117638181478301910213344735692656258805710164468798455661720375874
281490998433930465239312200035644248650280200221038723815085543608
061085953817427853246549792311015101812667413846629462674003407290
924306775649178579342775165295098460009862821986519350148631413113
382340818641810195988872295935856034372242367239601514627896565485
335331740074198424260136066735529840754402573177714954021927548762
566366320979513483892323984730934282729939095492262868525828037625
710408140414070921533779824712193346482520718387853744500723852593
605676595762204021945192479291241307585464859181278455595125339485
377327439546532520168622505372850013045372400046474447907459782510
294447904759726899493753746928089331155435505142051612363683441007
349842994707086534872826168261194995444598888503596079143671119639
139320911200954133512885508992493392853794766561641592545275885347
906803485930421014317785771172451137418462432155337224056541214942
322346734100328640923722757147317038093058466611410528665349292157
043843719387582548918498944658974892112398043559253649190865890669

173908088675009132330542665482077157364025208162483016589873036086
598083796157673641177362734669761566653921348293456423991292807859
979878815204292215190914169078549736187251693099991322700067499723
351557657951436647470237487661496440492613486082997609783626049278
231738894979224685209775995080498826972392495765987223064695118767
799160549567269969085152582265295227385885439302173427475574391874
411376633994128594831234384848812794576013671006676165974395896325
545306708168429451211409122120091086669899891500102055692484852372
255421310716613919828276574298188291751833720841752386967682805910
231519925312801445377221647436825950860888636443467208040799574561
042901019656088083930982871606160491216360458690862228973756455741
357430715910893672423316644773328296824188314921716494972514011949
369056709529615270432919617564101018514059608395422101125300432032
447729045095686728686928379789944533473254078320054283548804513088
741363193695581682874607904656694590040744288418738123256769967164
692679986955886052080637298383211238624681202881704348155814062949
883062634593344998884038652605737422307385786640002377415312885909
455125753539336940869444293940752218284710010776658095127567020147
754082982594365539007779061803003710403019109218529328478241165518
909228702901240416004521493170935775360816342085655233201443845388
958342206841713882399532270635638724261133021723608875319692482011
790652227508481546536063468432083525195108332160684317334365846805
913015740878701822959876582283002042528355669320450198198817145826
117159840001172323248462236802337849839057195842083394188330250004
100260037883422114836730547496096779242970449998379947904405434971
089626589676691300284990960386063046240093337979092035755162551666
400571121877172390300150396095405184581699938643044980401039916128
659347449558276066834824890933733862926698964697053174156089229666
242891438192737235672603030501103415970150390759411599156179251165
622892441767557720263927108978526059947131533570045904830124535860
224570771605821233218529587582203051937289020017734320619428734214
752378860830070299796531556810301128799258939183387796470067520270
368877240584066436919090287438763388209714580101749510134645840281
278011316813989780650900740767464220963899804533262076514960825977
452275842390413450268461861681457953371759462268303063666145365992
028030084325285149817881771272573867535502851338367923056743243686
962027275690495694721422424679884360411922631691556788276484222391
196274036714598974144543180061688629337635623975254816109201806289
442065086508865174388445174402936157089106653051819134408352417385
390895294733126909002288147617359240547275574100872211860248070655
273478546467081003325288049487281884647664513871948464700273983663
967869110872249068944525449930136135982302100966496626582497907417
933026044796164678961217630473547094105905476778743627698111464819
594676539533132602160451880568520123818538359935250905586730481695
893931266888871072451637580786918529804644375984939014986408867291
215615146935054468003927753771628002844461708872834613320160278469
351417103718981359285654440473889353364342252995356306714864357582
266150708472242121395749058812364726080795665391821078069759191962
729961376825052719016801350182593650390431489237422218299729435910
504766510198435496771583639035605090274409454737620008662551895379
897398695524944209452836893729162255864458818572322005097340211242
024270133813809750638707368786224134616266076141865890367575672804
946851392949246947497670448286278503799394283278791220332971397543
843644722779419524830053313308326594126816548143183672418519071645
371183945618853767186114634510098763556103968824034693227431638685
638936692078262878666463162305865623208034467033224148965844290862
011917977518360789811784708762629615319400347815464050634565985845

395933678392047177816196115197815991533483239756111621222104528968
308713835459988065857801354859374904263956020172957868115494079887
899895278594495312912475824817137108859096914070619330361800303323
891913216840242371178559414793817512261537355292820484620119087835
578241076795898728264838018836306051625874581323807170212707031160
159931956653211055908684463723011219393528829932843569560659719893
014841894192469651419504713100362091384684087143678688323812487187
380582217796916687267705286949172329692975741293715765031048614982
649963942542515355227892655817659328122813519904998628338917695098
649870938852865224641624149800913360480941616720693342425001725333
590241224520696627428380607915709746101932343274422842790300921971
678197965979059549127210553864472407600831000588081819072447870343
657454279475046660211686153282079367042283157677410978706565288995
809215120790091062488938646517486033663048808838585836547541959063
529016960795986671979195154726753999884776218884785107366055679223
745515800961273463703729547099641448954403570700509795971249707914
989405750420165030739210083757394132816578085719802851130424796134
514504277763666054870573901649799638800674927633569990174214247086
042763368701538895425544860519661560114570743110126783606189763376
540859558441673969989899171468666484090241900149311117346206295823
077870579486764638556758721099513646830997771609454655720168122853
937767374099428303951557494531692065820371452045827753578337982711
615753554754759598809028882500151326903062183753558815228008049946
219926313951475900767150444120102864042232346757214652225543337464
540769554429637336518329440811481655311231788856853449362565109233
822325088751970064021785626240504392039311551274241981278661180457
520379031352263821500210772130502406624183002862477655911114130894
749764170442763287774736669514152962797298473622901963622315436319
141841799696896280359277506155139875578536726635378140081715318318
793314798031663073541838249854774614347582122035033039491346267250
843739731331346134971878652215484795211328065589745100203248729792
239256892753749027042598668561490405375284504662614426425991229576
994984595616886612934274152168604536950858277105538068424706396860
778132899310628551128799543943367009919152088861445556457442279253
309475103278639998286086647782469776693646959682093306304832523027
286162884091854021075857505952335491745175635055894316749129117086
207384696004878978263910905625739599487492495979011090191614659080
207484962639358279265058364767670838301196885550505186157980972185
298078202754679077735284594885548642095718480957735502641837966220
105606201767241016475961823177144419881009610279477760819625624682
085457499375939175577255504390164427090909940333682021018189188094
314468725119448839760726106428947637705083816809284728704530854716
107278666310122036688758290646249653294421504042608960795596028483
768115833106563981887154102229185636375546808614676806062617591254
751326265896334165706265117268170549301094065863026692204229894830
237644323671421946364900320018910295105537319742039399303809428707
866552914769288138564587814966477980823314826640216655484671340624
018597141217542440978712771828778534134383738258099537774555668639
030970006149284077302470091720199524620624539198585923713450742399
985171822495428895132343503182334483788319295955334879010992117189
922536529429365336258259539094655296358137449729369974651187533853
748709421770808174570174225160409043884612157412445285020237983903
699911389696734778804970420888639312843891579868614995357206376948
214920930628125131228080499666262553224283839917352025667452522990
840994632586468341113042084589880324142878241486082621057749475330
037706021516825542168588825520528913719387724986908202539336294047
304750500997044070946935891969900533478304463581196491048316381606

807432397475188737745048539320801189209217620032541285900192128507
800878010809612186997215672787878360378342850502233591047386100379
003368195821534795312420332192379118697973810932850103678278806081
274528288310391831570441480372715269111958913827350206266167881367
389300589434987192627542175867837758616929115641969549780500502717
441482142253177166456489762559437582676430949126055292857753556527
311492956087911082159619401757024920446262077946805377695544163790
238444286270760013358829372290589561353109924487923773970012638010
390621036297100540090233266205286855129238893654007663966398392572
450824496898926245992439438450876557890902818985683433451099619638
409116437670596054841952535056878723052067916205797398008695875004
656119615450401629767770096547018528433497764467949602803722422923
120925815523806451507317582639784897165956107629449587379456851984
590609369134973227024282382935848347620097279573203973908244049026
524593739625729544911772960859885910979831916191923715574314777305
613275865030186712879223339994092210626790946258508116928279669238
172379855127629935238608831771468972857155910479691135290085367737
548995512471868903957446600048479540144780288223208242567018451147
545838594639977604121232182945120720779081768233151618455421959874
974455890151199270623605189634073539348756409531560340706935958257
608166769558749209824048066652756245519232200325145294175539646827
190235219576379637897594175052158675420192853655966620145045633855
278357125671205128227519609295390924578418855401271282860622031840
304162523045733499198620336839418549191744312814170274683480533123
636546408009522798679980816786143876702299176420421935770303028892
406338233711883166689234725665314715426197369248818567744423683067
628580803557766708524939432726759182713058028204744986831092388451
839656929128269141358022850879202638155759445885778391763041538247
774502736300479676856895905742907753282403183887419532847250575823
699898418557360973793479262107564800127606600568485628952962703650
334072849924570768216606004308519214499399461592740186790670249250
918808425497538250005736411527656278820683168374561361164661059452
960987647876178106573256994413006960404412757484805908154315252191
475930781041409918043677066395667263443535624561935640751356546727
167909411879488480868092309383287382250042851308615564673823134489
119765303305903494885070904364085511708968159681885355596836776708
287592695900122268130634079052180831417534288387501316529218766333
357431437101016347796658883618869883499832898116400702596550204761
199068845930641188013743352809379510983052205865755190255331324739
355184215726088231016831817640972417966428217055392357331823599721
055914675809909601571254536259146573583451080849769670807172669437
183081249664139285293242058148352262744693758585695716870345022377
577778359815858095456674554627297947307975693205085626405035283025
567228667754448284086209981389793037092532642596403853499617054638
608372303148948100137199901319701262801084969868327908059952507493
775423599997878374465778371237535757852677710638143561367890794737
247924261815992801915542363584092241092695194986758370140080691259
459445559254670473203928004701116001559541702028795035929201770396
860113456304449233397743545571654572714951735345290462215877669321
039725654053386823913058096600212123248311387049072616349881777525
063398803735283044137885040535291419573448626221480332949544888908
545079248054268374194066918855516757216622110920899731852667678293
526613290427617120717343300234525891953735574750926874315293634284
496407717856739958438148942104628518103849643427735519244385401105
600364091860906598300233736845914995840144499012936937258939528898
348115564558106103079454580475664650489357678527521118340799459874
420567550698461628297481692743403195744811212692198913243550319837

05466442496096363374848655871436934240008426830694664726867821605
430760555551571130105499636942141201452860567154928145035636088579
354204498831255719599558707858336533055121083928499841126847905712
972202465501387082052447492723419195036030393946034767708515347254
338076913543021032331182709941052543731637179189960813384440367350
920911106317337658740160001869730425298420244888527033172514692497
4753931982350352522261761609438480970535124570875131868926737005074
427741207097904073463122620529000639189290990331964353335337782773
033800956435520237281189341422221316384124662187626562926213165374
744095230545401691905912102983325487384431499690081791766624445625
710550014060366800133249580906410283487716419356471430409550576380
385738522098716167959104852220807083954438166529535008774606811360
273082488566261392866772837170303237832334671640641865105991624817
670706345653146764074492658990400249294338203476654827303415226579
042351013109297567830484813632976397632274673272990989392744963857
214412908487064480704661630671832626973018955052261750367044376560
638608975474809199526394403536046543998237735619024650269312958914
022210598873408816322256258686174453244115894930355509977482474151
507373411947573337355652762741851916424514620104987826294536895088
446232117635800351184183592675986429712813985384144690969171907995
167404678189358750274435035511807996777624987062847592913272616884
488849391411287453205724835916236067416163446388013123511612633214
157350735873789089864603319101047904951088053276243634380195320531
364134355459364704198439973273192818302576008576753025832169671464
683435884003914203707242670826017616253390298986715267562219813060
352959484464640403968856006481766109033056079065038768968446731694
854343891836893537933416898764610405060241093598555326643129997593
902636796969251376936926159102285117216541488921572622359773667701
463984585521047074763889722549022179557834738536300819334378988748
156802769759994951212544157027137649027751507877994910956148957426
227398794033221282575324578456195527149717737489231107175800448526
108753397144093342364167000739474760533876638025429586355293691303
476986899061333624590847353805299916952374065057657039349015473906
556528925808194469628401221392455111987603807405660994105231164360
192568472205328510725875883708878783540746177976015317304950058293
812475052503021700236109573670907840223511622259723813014440798479
181330321054432443110271979100591373809348377586361399771943672006
559245699381470276191846661211804296171866528310695776609243771615
983151245936172801039016365520466193709252512536313965592011778214
276801942804765865348581587470311992677097913350491107205165243246
231253831574487512954156035527502636796145461093444168535781027313
899699954686734351810344325525951693002330050592572799781590482022
358905260479203482507504217173455466425312528525947844068421333789
797245599838145290249134127724342450971795118644615062815283928650
237212926436840813268942316931518881895385268180047631030778038992
441215187198582722254498999677875145879160239707666604413330594001
772519682882761813890254014214115403222188075221493138730394389483
863488048858725731296054402267540119444344271239556902379071500713
861064198583888795688054863351728084446447248132772385956105213013
091015106264293276316247222859852571026371594629994013226550518804
465739898003775442184629979193304006051761618798602655576076891495
679624033020920353382300641985751212805490876812649998662968202160
083935774256923900145096765518968300114985803950066246338616802255
066870759127483197530001455406015411980784113494829465680601707418
219448269420291459193117972944253523513933101121868831678002326637
691951938989304956559636443049982636233222213173795863375272901598
026762438208490894364283124967962162500163529966893044625845804167

249071090414279544743227764055860644979937748159790612922202930619
833526180042611796654967580548290181068947372216120265716263043635
302282129337245083943534370967854324380583128895052786635657171288
036985284548714950798562466555779317050790289986859714364593077973
507014015227544766934198239263898929453534319021801693875850287786
879702046168231973519928076697586512760646823839169601486711150096
038459388200510615266462562727086373994715025771810723089620436264
155255715212790458354295905910120518508605199833582952027644524251
235773515361451329122133578341196718707585660635000297664587218996
568468098354225556797699786152958316206574320737210996844061946085
275213997207746028379618294067782659809969835866089743865103656242
556250842354354563015121971111673283365507058324791727356514276941
098498635706661880252843453611977423490001604109135980658253251047
772348737585884666978580299992241973665041155119628160047321576507
005166289845399637919414471961275368496384841840783539219495160760
752984767084138274604403017707579996667675686125361051400391716817
256780501389783718658379689761501720984806022721512087636711163552
935619613040209273964185286936047265139668755630400875358568683131
412868609228255512422695956799303502490113667709364034990374845874
198910890189457051985781247844035757867139319708554989380999706541
057916902095988974987384472726137243518065616499316389735111970331
039397804092809479973433772650212249714340982378236519658928862792
232779903941820506856983767116623772151441202276633794917374373422
831797279401193745390490579714461718360256732214055219462186285914
543896562340248945379811955964968707073021860780513193094678528484
442021284324993071541356442307938627252658520849226948439939485305
352727068233586394860817057740751697385212021062895941771607925413
069913460814382463286693523126590734303668095385956084501673932290
965428288540978637787221825907274341956466116595934087134481202995
796040005764146848563841920840258326855212379549624891158626009400
987654135858706192511365371948148608571077083760209723746595531144
030733949423484486152523722666253172090816226940002112275918342552
982816899719687610143851919012898807424280528355553325232571548587
561447752011946801115509440542965731019362159591875821948220747561
530783348030085499433087398213402707000311285887927967396273660920
712697115138195377155464106337455584919631691755255599189224089797
833124273545384179602784595898647060095284180866467711094641598431
500095974947022075958749369609348923513155308795226753192288751932
690569926959011242800843780897580223727211128142771580921578619031
438232822215843119736386797272276849581363281470182765236169987038
316548057146175201779780107490052009862225386713437898798488104450
302717738606821067182348566610328159840918571490847707412577372152
962362895142819394934492310024755294687688142282688263381992107050
031482296907812706850236096795245615631762537844390868388545471766
250548688614538858940190650918410158852088336961298773167275269197
562386427609513694583842618521833895705186413263202522931391348380
821287964338813629845539042373128573855900623287197915909121817103
349208828736572596006751034516917303484066477312472853649869703225
505802851210314581397165500540219991258467124752296233047947620417
483573396512933884625986054669020687274310798920093600862996258526
495569263422443490758898712075405572391778889837474006283110359893
639753683143163791553508445994998151790357191664595797264053563579
622852232320999562529072956596862566647611821743688936552658420973
588048382356327038462917410427463403276404424721791963389233300452
352920028757301356303821117289713316943637220617508581520290849724
636905566762892184262651781976519538524643036425620321295916089585
335981540706502452521657088226438896955320033071238601771994269799

874271196603530485283581844146085491345064443171308666656732474479
432280547339137606275818904283656586598954664885617098590233571893
647110221915544801416081086328652657202503734779658698028969756875
969566551715729978174149125519450833779497446698060268643181523422
924316776326510155053746777092041564764624751249672301142884839539
706060560724653142273218895838355013985022479806163823494536612899
404093559178092658682360641984947863949273925514675962185564843402
871639984241656407922432049921519352709427492550972098376405547995
076369623700896158531420828549780644065756946107401242830116770917
540880488062665750487449700100644817281703371857168769905205043126
912675894235464242632192681612607135255937799846876848766637463737
084830913023031875975519252439917826264027996616367094369112530086
284350297886671483877355700954085095109254267237087162850872049910
014666606934352543968132422775052041208431177836208642591374140370
189390584913088530767180337775977981545040600450842816926539549424
241734396825797942963322331213218107801293219793602750388852631045
872578879049933017249371699290336354529074965146405609127548752881
574874850466564788157133643242701577120650882647257091154529355415
106455103509471072017880017924641359721384299487104597755279842745
069774265641488340683008092305464626038948326722396040624646594574
202522108428812826688967527898024346826557896265626637974536891092
934689209248410970235713162753302389020769867314325842760948183881
245857587340140970686718956181311222947002197844824158154450981988
915294242890693466056260795656643943393427998358823571167575116329
255621499470951835223312458109131586557735917584703694148488150386
326409866052441608994421423724467318576854052616459608035904616045
947747232056287891088699234201957552645554915186288103709855628981
849208453628176074175578224666387907260467755483451744348189049688
056376503250353592627137451498862405482956247369333449623309027391
137081058407123726554039444066616546669812794016117438031442545836
113138700180051064222504742126749539970759097152710314165536334773
200549635491466719499256643771113519647122484421338334482991474019
169297097827330482096570236574416621640413859757199401107550548138
356750975367702086214802247690575931284579612052010606527221595997
455895639292741610135447771486602722228078789190310493304860642348
889412653650919804680472667929079707702290502025767138443684581563
482900222665872245389242075867812648074259843103723144835073934916
328568708798935308983035538438395007970780150899316677212153557850
476824480668120600816092524900550656068820053943975294042977799777
390954812182338828159978628439344893791861555638458479425929894905
438450373697647333225685242402160195904472401639944492589154522209
473819728573560814162944201208296923421367519056921053373592377816
006656687636414636657904357378244366516685104935195776579079193354
900542453748362582641051684378644502959183589839644056859368882636
863710502768783853127777056659956030015723582371471547219056714260
143368796646843649143949995727221505804289921810098950799344944214
199021446892553928676917510398246758246373438052397350830280687187
344606418762993203121704070483046129164263198208628507869517290189
970014342896826244178078191626441719504450757666856324245674581755
185913604359995857459882503553846674132820452537010805090235114840
481953058880641604082355235129412814048454488103708569426260002716
392301008603721424248429126495719569873219052427563394901622464546
259347456703005672837508467249825279836734956177089836516547827889
426186105183276920850360362178003391524933714844455014157911625050
689091071382758022446505098609868832767797118325793918716216767883
562241988675386839315756589776865201639452827388674406517875660068
949821735574807444325577590692736378481805133570962701897152058909

7081198620052276793499133040582845672035856647241058894553087522236
4618384396402596011254852876608866284830763601287006667228026700003
614942302612541655045829616993163843705829675070532292691091611967
493612737291631205863688479052509527351543806222193273002895992407
939074438573669093529492586894401073422178024370771528161242531908
822717327154338237401474543621843332568029599407713014983323704510
969965453202745335070217703707061138191051635880307474770819808265
319510552403434618908040877285588710261912991092295950882251819205
851887441986348625188245665450780329536348102634843303083724181136
556278301939101618351740322384509791468752162387714423922323245576
364107974700125539832471226019053048866664933322848632905380868351
709643540440256866791168844434216940251772691672005423658795245864
872919319419639837059108346595565457374554274722525638720491964846
804561216346755578001839114580507202910409177461978829650486123555
287269755200042382038183207642553640963208933924544967598152309215
189473050197853510015299573530542811283648423659474359596095956980
162027530239594199533446282082649792360794218868041106024158741508
575194580615688808343018541253781954596974142367787418706672158427
522319352770701887762803032337402862660420730505237852035421042577
244255914042700874907643524826938681071637669307303727237417175424
585224773575827029599664985410231151013874323704799159178790299448
550168255865451538812548574254146042912012322855614889532717717240
122627994410826869139972987438255681581112623873262610426424919146
730313932407899673786143290414208441146741535167426897337032190690
287477060200884221903212516552891171738567477731136615373439175196
270795492161709378005434045787378968957940658402609222670666397470
647461914851144652443807415205521286862020067172326368471796723154
915335949245342892887485931766426993620967340749774505307056843141
013326328777592130576231470087437384507626030587577497873242071406
651361799495694560108192843193736732841798935189595423519702289347
297697710497535864995673185046950987396628013953152473360674595746
536734225096595010987669623734140606839350348198382718211868440601
761576560254701139537357267834526945596079177094497172723469473343
678038722377574791686895552041362153801428254867377695283703841427
934004400130568978355622798607136070596604468533433322470819960517
276152201080667106523795019070974937418216335299386518917007788988
347636092361880526906006408280797134349789427595928872026107851555
411239737304609759231788346880725383510590800218660449028979118967
259367552139647290685797350736757182169740366706989613457874506109
712035014795653751641661531216473254416789277507245943628192382562
336298103756532891328239232227250679417094691318566996226763008474
933294923772482025168055066631619903457800502962160950971278313497
549748497080750146928617797205392087735573542634465404691750787836
297830371222126344995376045870682546656732927753972286036781924732
607587537503639605557551524704479046892790074174408099162153535237
955159316825039170841157338947214833770587893695415348273160717030
232024929094546655312055250126322531741427372940893582323130414035
967091049257183835201953577511103030189373873667295688347590028046
690150280415692206279410789768280962696610121374881195563119677798
046812493064783740531627476062834586847164594382436775342760826955
765323442760533997129870805208989856144206593472215753513573135315
096432568632699760118167688723309047847387826108830027187650260826
292523319447690994041670026400655559713699181466979113567780657451
057296471196382643806989602338811353072149858536870862858717892687
962978016089416393630120941635523027773429963015263435775125041351
983411873620583345473118538074572684337206905220856255010506100937
942856140474184559211793392727085972511528800569402805361411449240

209246208794874183622485445370167347935902015006990894711195009547
716996064515693409809576087230611679859305447424945855927637542655
079098507826227452414280564196195794701618141018859396702928840881
750713269491264514792458713883472209570125453762871154613584471013
113232014954909446401476000302376328571713953654714900135558696330
692581126404792005317280921179128700967881389373295949068769162309
178222864353334059339679160242893274844466315594574856113204517830
64649166224181324629576750918590298833230655145023629404347405492
556117642216093884711734189574071998503527366986933866985170257393
806602302791062808535254935316619458529388540134761981829790192702
699755397627097213320775214288831363827940377954810436396846216952
494822984432296896920853355530853174095397100274487325283527573624
794580127804455036106064558578035736262525563606477349056863832460
058826457299672867064706881971880489959182095387698672412610581231
337188328153873053240635171604883731863483194487855245340213105960
543269787362789902736235815268667728648413763217540668998973488261
186018002936002236261588495903893818383478150216473108913836953738
086831643699087980859301283735287622060053622758728767946579168057
635814324092530550238865482949257251276097710430841424132714922301
455502491538011651570107259919660889103344587780201842019868725579
834858927941157916548984180796559816529244002860008928330899598461
251541347364124755370565807249607337289686395655103449758583001718
801392934081593465774074916873140199038284277122623332446058875673
983859350076951311855631684573838655512292940803068422036256724591
811386063504801552261670635649642867323459656693799243587293291166
884983936420697970390191593194559703612592627063708371713607972229
244838973659949263221859430952934455170540094592748703284351993881
402670859152894963595076363807323470534623093244150957569185048089
195717391916531000241571429356686909706755384850261080407434064574
263428325221102071034503745383407217192728609307970908786402740375
603419620326095180233319446604704393480054063586910294183143819807
662636922920151962674547889054873008533422088159740328925356782478
045723448555663884299365178593815428714734705407762504079807108683
257127209659524702809312984905979030619675080599444217988506983161
0963804318575734932089702792144339134282900983890292760099810349
716753400553502665754851358206981718943173652187372727038665243420
592696839958587716580753629304917458210275330126702362227330521370
927475754927540322486653632392842887880718119434477544394315746337
377421905144626384014838452230601326365027884514717047905831805834
894085694942499441515548386334237720406996019335803137534497602844
499515410901138156066413232943105354035663349825009005341362149597
475298028239846197283670062105846139778158274676579826017847296576
463958941877424963316958842283911915905656402281934968017581638401
394292081420882045469029946376520599881978317544801271199655622131
732442716080219316644607184506702451604612011797638272392113483394
387989629058401796863609432553006506288897323925136163270239075239
598265348939946806580594876864627514109406499311534198732172991431
259100977718868694557124444935828613812597646375511342798457376202
343562568983122530420590214907099967416032154670753881650296586399
155315134290551333165324830885034701954905567448410103218765899567
583945582382868831081418628354731947552527471157540254348046617748
038786859837871569491342785308294728873541204319023209059529543286
106613269760762669266113521146625276984127734085241913826858280955
075837578751829441953816699647593380581097441970408876883252573743
856182591108975019643147937257207080940589605539709828580044556307
859986110829784519803998823094162509868026351628228075608165070483
489644168361836594632976919733266450443327026529644073326083594871

2972056368036299922692205555021936131309439292561689825893809531154
34813289518491654287254628635197810302373003490379917930768861220453265131810138168987919567846678661443310580143812599127914158876671702906759990712229281727452785443191763775186488544690552141829475460755373456060855634642039617667095752874549490120466035196463687357729297428234750549678654459273606276089892469782418907136691030009266781913030559195116956931783197540796240338421104664465240458186863932609646353033471129213154369571442206723727019032161283163660683535359140279885260953147441976705764010907530604721386570676654997265613995625908185085303045559284076141246522180996543530716318507488647893313715980401910580102425541713566189612060110697612033871217695362774814702404628795944796568929166656151629117736946184946177683166359452851171641400879610965586719421163816545789355943747416596019104026506996537608910884905409088076624223624452531328521785687211710750728725802437027495835664624563513977205964778734767213709697787437222228544415051625814759001600103498734216428737941520917280874385287068745299675850634623615656838065684685866591288392993987491928045097599357621915303453396402416281637564573379859690128292741879627625038064030579982239393509589219952785102916463804783293620919278040771504187300689178573817825379312653226956429848057505704338593699343393456044962325937243304357667147711664262056671619377737577018204936159782065517759604455742714015958506242086143202210279470032864409749853119493397220525601724380678398080630198033038714010823737020217802399919659484742081004162463139998938726781296983713965334369780639466764286002415282487378563941292793538360770760830075008546883668496834473813800019480999463927939725480926175571232307228799147294996278293181211799953119139336829142170800391710839203996253246571242671148076218732388866302732632605102274855876858248299627378563037502052629488316960894901291631372634885804981924875455352488732623943936750450165476893402068214585655661710507751194373805894134256960413139475819197066823026324234090244505409588341087688988058360019058008561994910332388450133139604194546882835906148062791702742550569836303868190408076986074650884423677617054622608454397222194035542026520331044552690070468827745821456966366744699942884173471148070234795179430778361527574001167542381049782265169967932701790991325359692564131021203176759602636795510869259891936051529316116399937906052216218262573447363342026307505726425225525500696250372133805324484465377149717057771217385550214036410911783897214179763547317648609973237020876571662328627364066666525224448442370474312602701940529325392038812456116783922607147800119571847504556116152503844822082691866745295001945479554742670311953388463367504753411924305172890558306396064273009317899033971343931584059161008586393822138202271708192475778210015039163848666017090813909135953340619014626904240956805262401070564777661840736519965983120159148619124791045328208490037696235790452049281474814484658172687429160111256780098117726912220907023785148661124371445919846685763094737512094243352004465053297391251670830182554297130226067466098005260391962755798389509069243190047375640183607454934859101794475577162863150554887610286729181867586476644478659627827294039993209905335496913847574304220358026682005018352485651517034209943110726037475082164349588541432104573557419801182940065163845907783130947300992993954182718180599773199552253765623522616879880482847203149589062569689442427840761719747852121117086752944603670533555703336195269940643523308190957437080465607841235006193415649510049733173836204004227344378915789653495861159191813589724449560707032232278280157914855808866326700924042342031392716468963013705622185503990346229467917697832970152412757358

458013089759525863985502154636770509007033290797558326525697330992
519942335234267432452628783434878039320990147869741317281125496445
904277797369126687707533793810529597921956009451964724521456644781
129408884259739950228931567320489003595653148818181335248844869869
480061253647427755000504204046210344255558808662144252379324645861
308670915261439688781633677349695124090077391672641409412421645618
536462085838052194808988737746342851400043979235067024246706670697
307923553229765566845704762902563225978319618333972491546952552514
351434797307250589853935034414301037276933082870107555261221323794
891532424850154784570097745683673957064624532316783427160599513253
350384476461804529889100892576142364568920937121623357779190101698
527465074331339403860558383560512529911464752510497400839238188040
952466569782190675007745127340413746948598903243038421773757608092
588363984942852491661239742134030663996839945731531459218956185429
736941639291274586602149193256062908354788945387058909910287768426
344909242758195382277154455075508282078488360093885750407133806431
446435106635772542001072151282148738012783255219477266669643519639
951388097664532433272355768426415313809782298046321315377462523540
429060358017056192744688484775984917808674554983296585195346162001
081254224267667244659198500373724670009453141832851380224433867264
250159567592114147496245184912047206467560940593359887917979059001
367488538645068696206561499083496822578568113455648395727288903768
564734858702787470924437841701540033745698274823246922177670738059
985075586166871378718683096809676558370216611140772207852210640268
269888730728960516843783520367402250033012942208799728073355203320
849825187947636617429055283759128564164974137281936511433254132159
665447975088966378440583413844824557338593122367508775691745807770
666376143138370336043345867465015719999493570926314983135394760109
974600000537658144945733267458610633049321502973839393544273709938
641506048173133810760582530943941987857532365723323047959249575058
023465548576017407830040764894676825864095103880437439926955341506
926095520996684963621960975419902566892730018303988411552635487584
101918625856519589499175436701377526296212355626089075981447245106
345316843742039269634125122549425532446603922385414921802547488287
657536406695665685449904948149152805038253528556467200442522894314
635745970560541321113477618345914350068040975165789396711785485165
229206778357107525513953145282312224607743264857802147106967125824
905495325200298011874329803856098208474987810516242573853621749468
345607944013868042725973721779959761348492683692590494544728545348
555476728550926269663335154395319199262090222901179165035405320535
415573239628658778850100121050944836436935545656529870251042733731
127036864327018539304622986390184984977908527046638100741060641993
467683487921490182379262315357767600452539830948834995312973156738
110357671380950602689881032606604431764355029953307435121783536374
226307308941189098334119638605515220249684439394253053142728238451
977244601660403995835472791372579948769056309963892047062937605056
521820542134579977355489353836803365282076081251489436246900174250
148369489103249786394191146005402306216185569908610246731548646098
802027810734737377704918834398152960696061717154770915580453914721
379448863070275106259100795373999513948617449030229789218152339558
821015764964020945919409001606116587411111980734335103381902040120
299293240314432987716472194187589256763459232199092290155723933728
886071369406177616450934567152280499827475092783026359931981639916
855626044956799351948320384470396500989985380112658613333794775521
303288916197879337327684474132831621538213505022329824795198558425
306440627327567040485421579537173343830136579227169765815254227253
190269172158356347906550143393222118454577433731865452718559410210

622948825204347308783812222983168723577837337344515599482329233926
957892944799824200949392664270739432327471320097160347570744107285
030796303907572702838050209591617550700050166277924293181245052386
723996858519317795903884046755651332557582149431535179594987901759
399540186995861620669715389333257560018092077957850127158525013243
702679838153216831510588027374558939822516507965568067405529335804
164586928523165289250624410345072547517466969576647599120655684798
317788386244416469541919134116638313595094269840789705549465807294
598318386546217752106311455104336335366177573050374063429208912775
022362094183093820379420494301832564881514621747314953122724966519
403326669465481748253417252291247497051146161600542818805403541989
472345725590790141985182981481459902714051432660710262296349194812
593421453378987245830976048618886695851303907291733920772256896098
365209127931148217974750644655976134038757592240223960347357084918
337811214989258295323354443785318333610174372171270755616191438053
272660244948668475034380752518392245923957178302347141902235035038
079411272774872895040023080474072245560012476207315992125045788619
133864990339126851472433091060855943660562484867647533010336365985
774896315464134652817637412615811007817367012495447965411601224900
939460349933099940239274943813504008029448991687939366761086755035
469238657089414703946164778455893070118950360169684300781588665329
135620556891697251578127543955416215195210530013133622187193814571
974435467846367988318741333305512922100157473047822274735436233806
082009833664536855868925633157469202431516831234067297731417050798
536830021146553627357812063386973246879064859587581672286764887437
654650449048380565180229732111795405654379446150420215634066456080
621749083449296578888295379303504726086216823201549849336065885036
959606666076136341254667714265766966938253333538296866778018554763
758741375614974085168362938644445437282528212759657334188069780403
863756243213593533382769143640318722051944488269989986780437905031
726519533324288476168006516298029907502324788344342406567828812886
076963740649602563071565676750520370530839136166283921641845098284
467430512284442398334641301530273921750420119266145727508281390376
733635763925446052971601765375773898946913977067171842123029668128
720497136453255289930864012330523226054081611387889253194878617232
763152748020476997010841422239979291101028956919632942803327708353
525389035143185882863193742926542221292762852600422545397998100595
536678399989239291809150387773614009281530819407860664748423822595
763528517849241474448436843425206682156596691976972880573667036215
635512499443612266893305803948045462775097887356727161237582571383
913941087243195519516053376515555892535518269797147560668931735310
531915212298359173023026758392741649314224393897443100874491196222
448073715852494755275828413716873388568451397193571743513766510489
523902901706309271226468406692783483998862859594239679364564173558
718401990187572546346067620706262789623220348053718363517946910877
638519911078379366902264789614265281989949894409583646926514431656
582124717920789203351405936678284940177989652979815054754358031775
856225586906101230234010936129553535763584329974630792884081670233
667889701281459588474281994287498661437711859701046078611831222856
749469131900448256430282620072487875253943979012522035179906701088
644441733329427038504777629594843814990998912625348880022470112685
386605943766222703650826722123222351572550376503854095253101757586
873383531199693602416600396509280727438071375470484844568868489196
872123109819909873074795320541401039597361969675230524421640561900
526742759939791372686862785354305517912575047157660184923718223934
849391969295394499883801965726625036517574940331196959794117212576
237138316511479626055791784402781881225538340896398270497890725743

044303341179108109059950541712207737379747750303681258203099584411
948679998579401117139332423952627036199270637724170339781113332382
715682773420147905472616543401932267144218019610533705026333742731
904551879487134852498626682222111113189144557622104228983473903499
812597781108090131864256708891036742980304913636514213249820339892
382623311457754007631638251268666848503158411111411558864267907213
460409221705074598247207024552431403520119565313924583310091425363
49587897907439371365970955272555666007024202839100745946246631307
454467511305993777512041192805564972915123491505532781022986430608
405376440989174443107699871727600381516344286065218306921009179927
941709319362942477458068173353359701759893286031485320156876979156
521241896700403095917277570816030186945971407998244363332875431922
140735996952626830385659584520895655497781013274539434086438652695
414066042052501513083780866457299749256903761709300281616225031870
030327371448605125164072390070088238239068114739958043555903512412
218232982743667778903853858623918147815883532581378931913051647239
015905150073292582746204289143926675349521549429240927856129414258
693729514689314270544422700093241610933444781762618884916441692560
813590775794473862060159240401206337499895425291163409524485314231
824745868679213510269662875170521064607847049746661545188141510351
673498157830888050629025247278491328835858571968770316330097553904
904884566448974688882484225042274107690691547824158619851842195790
945913926945539349707417082601299136137293319908996124476112702770
438892717017234886176319636850246720826698760848197526515117846839
743308317260487854030332942786443609114897628797413020336753926893
185945801618329179440100958324980587506458366412769529285982657703
330062345826549555323166532305637373512195284921489639294238105955
982270927599730329947375056874498728129347026066244776158346661704
916269757179758724292911418797507487821715334199745268055732256003
141704634220318975782077302373862469785041650979758445271645852204
355139759287529508954652280662696943449901488020041811864203977422
040427026695544603299092549594352025279648873458005434584684945297
535391583792911305703761773663375795239771087393379547332118548790
619268542240083953610368778991522104521065020038005180834770931615
105441297268508996642282464489776423231947675602438097694631001688
776057256798936928008650248744676082454595750132838100012297473056
539991376611276067858345129580303840502530416631173982221137922074
743939663003407049607643288219873398773338028597936098215354655910
072431709715706097105968688690664790679515081011519705136357516361
120759637386375738584999837864530579030443943012950410974378372747
321582107022267675703966141860877443969096247776142982681257255182
073821062914291792898257797002330749298885823539931935639425268061
948642067083324510468170670405542134187651641921977618868029589218
724367391297929670217002604707954075998806965382947068262947500799
209178054501087213183671030214034123993988674101404729131764442090
801109198035244321133365358285271828432623672503700241162594822559
744880831760673701548562891186654465504563052137790450573281851201
979665409430270049744632546121224141128329366437940321984479276656
109271707635594012205535902446730707378406810891604840226316131653
788226130623476493228155229195223409251839601714955706253393019190
674597189900776543585394537305708587673393775225561887590862665572
607148136026843048094633781089487053325334693152865228184850150399
380033663878973389341128843457735233219997625754387619478290608410
492317086979272668565017717845357601444068717168690095280680343189
335630427097277870650886333372970310015932022324797004101814946764
613369688447909453611490174462989749323003758025319176955052416250
065528426114373076226542082682213459467537033662184218165664434775

720963001368851514596794720360121393994632611454144468275264866158
675668160232392170474512570134865906164308600588556879208478336062
463041958464174708303366065330053420620428368631888832426681603517
521400746402690075876108947946351508449596170005018277089668242632
747552939134464826875600962762224250729627218837874695585396808698
731268923748126981350128702594852987093853722712995055630159371662
858218865916052074038057260330451319721679291477186756305293557276
882390292266219730580487311401175308133892170118618011733725143663
530875657342089417048072193359887479736426861987941028542129529410
436548061666466560953506812679860837723426852206158774774504544085
972412357281362939502487721322918144746035282409050040101773662698
641702181670351818974670512042796054366627945217494148564864034233
759590549060136096930916841062916367946892321891209127401951706180
387212284307087960773113725441306054172989950548378827727046663864
191137798869740632776799960810327556562870906770161485811851671525
572067310925943266024855593887184124304225616774615108389728834242
258914850508472905176061899777583007065652520847408208842173373910
767398114880773332201658891141005158542238840636728656725089712885
038452940316291883714453787866130540009170501111547185436355831033
207211981334858631153423601920293718304352616908440195500481450658
937687152384712418582070564413530487420515614512086668096886553647
307014517115558399645835678003490949039327445144117799163796310338
254450612672966298207689283473834827563761713839607939250893828751
938890837424828395334225664013005888776657917835977404067075017710
871939114578468254250012110401156781381295662572551091764603659677
805799613086282001150125167924849476048498842037333939543468668590
235457523095407381530411675919196403395008232212122031948582192443
475529337530173935181814669205300676835498326089762673603011784585
548752703073220035324122391029670664816719559254532213478249740250
027027480599816837621411818338760834879258098138151661604146420807
520205374549580130513552975387831795560660953452750289995284305259
958631497799031259959268523867599757644136022576047065119871932352
626491081301935915996762477542005468332913608093323184530910326642
695702736368861586841986355898696621612636942346269870652951646036
590889776309436953289214971802597126310791986342343368337985427815
924375361059523136767058842514726866925962255623338825444915338951
480780353160096236272362629321093838121344292596168977607129610965
328581263856352840691870726909508719908487588059768061543438498330
786223732995053859544652872580091738482163952476186691942844092020
325285863597342736521084177924065337699487091904006536284002657991
027808588169428112419867803212676611908212068769439025689831855029
507358136283325881329349787561199657064770323354601359330157371869
985275952788401552313044666467007044570167374730294477842583797133
957981023419274301141663356310472002062303466720043473633620918607
406379387410837798372659102262266281668368174614508881058679402091
696237070267227078556702466966215235923248906556541142321653001230
668315813709501175164974741770771047867114423127030825964970280652
309726522595350260937603204641810401282570297152909966301797287496
716078187386434604365603126009130801990559134496982430598104481214
223239198832330517487617761060380242248693360782698348799053187120
193656571881137988285470003661803376461641808005621106566571354457
380355721627020669870665961163026692813351285972342273474043550450
301843661570597586025918972971762937820758515214366300584413754353
015287363863937559202494019912296147831205339020402152495716237517
713920740481216320695616878374406751427661181935704092622544281257
244674793566990224000161627935699977379362229328899510966718814725
472447442332450832816113588506261778134752263774166893067961890698

173854262071168345202086617225540215131520301426153635292417624887
240193843284703145335685532116346032411910969004980661636537048300
440101181291865610897469806955769191358515559383379158906798187857
369687334916653170293483274482623496789367134407267722684084039078
504473370916901619483417492844768576605582389499762665707260959172
810261123708822042404896741798176105971216524341898769732540518357
639068967524643049459814039960198336818628217058607337201469935697
285000231851541357699941300289798454638720609259916567500425745577
213855821606623818818432608559086488423057729024583754833271946592
218906082255771930310244284508802380411824587454595405991187938986
652434677760671624111861001010409073491303067136969073215943484812
974545321465061611701587079237826776752243663566391919604273126428
902144018734759285470742567034499691767523359847813886556570589998
331860123461503647593817115860385697047892499359044412797604188982
091303483302149530678261969030240608250991840949624111714750193668
254719668444733985153038785005110697902006497353545593857570788333
676889246110793462714441980272903059667094654269466800036557248250
538537265700346455298437548560576643654846895919870325550908590937
420980486241309926743237286356117618097163687365885258754292899868
407066740913105233311691390175906117790840555041040973012675087716
768600432640471731730874894457953682806516682884188097638768775167
722540150700393369379883713582313675501585287524033755398687094783
975615794630852599146212072385609522922010241942264365500964372816
212365929564921203419310855804805792520705609707331100361087257336
551244363974172687751532206542256393391424987919220299243040151353
261830425163982175998799403271770630652960196594660331660919322521
397851742027560453282255800911070557016085197780657101431630121188
091255806498603094804914667610772074550263450695615815328307044196
446264440197895304167380833292384654515372513331684033152563896589
471100879881182953236468004613394537670149121770428219428285050662
218846305088040978357011532665491625524952638509627579674947577160
349234735962801761556267439062330347004453811940952869755093858067
970266114568484484630899149431515248817802441697409989060390843944
185025304735724693730561618537934068829460142540221142337313972408
574494586237761932255185568911036463768407051600360614064357081184
779777040599564120010460141300089078808937759529574504765503905318
359914685455407570254194453588172823021718408734015606594770669821
729663865913212771651925166629124216002608240455641818282420715559
304141284792123814859514483996567150576460271361040734548881707227
180083296814012039662237524091762593050119645743753899286461890218
741075016941551730748796555794341221340186194571111414514347679110
508738584379543228146239251032152517806102200298506117151152292468
440623367092708922645324107817862349300203648615299307013684697050
663695876213038719184967362628612877313530772131662208880690117845
223199493653227244317747904408052101242682827577605768520721103235
336355173322284658538557907259299765849786886901193452927464227525
558504878241741596277439272695086300373919723243280964233209858067
469745511572367038795593244575845312260023956451863424137001098615
026519509650127633382819673659764355940000898370507219226837562534
245796421520814153814035283423274574528218865399845402774412225452
294226541450102462883885257064639199041273858637472377197018166150
155930655258040244909298244953501327780953256426342626343279899516
866922969197876946230763821342879185340166382658613898105566506740
106342082853947818002045364226967901634799177968142697019624314183
701793323920820696391145686534357517893702466426959525960065432609
160427090327733412487937622089785456943184741943451062039746655514
720561706101946122268668159690483839429043099283167735414442937221

9257639217779234223773397148488181910169982018278621131812845363263
3984386215655096776531988541783185586741582390043053451170737372860
7280188233545785306959967788067417964300979384132540544812380831900
30586540851532278542313542837423537587216882363220550706527064952525
1356963675212104632064184322393563779520998965454720016968351074300
7701939884197870709476949874864200855470745726706021712740956692666
5431438337769024013142789997756778724179571357223060632305238563511
4763132557264467597733776986284175094033938121692142673563864623544
3402066943063507513940274428897658237003075649301065734518698212699
4757885041191961361046093431644074153374395772435885256502313780944
7543195773054518785207209863861162273043345329587547485512733832799
7221918503504787189788424928710689618210899417158677612083801516188
8865145400128585971646301364496516055149382279283444908376743281988
9211429104310611108686921655279207982016493293745813421507655118788
4892767382548793511783235161120855178410837621175281500785185477811
8607679428641484323323319109726685003293412891404585820443155761077
7878576257742383848993157237395983811060781246778635855689965273688
8452409425287045964359207605793466843241453255963562487488211791200
8183970347846417549291422486198816983583681912923190240717129570000
7687463345058546053618974136529114874878826670127663175041210072033
1578108892437664036773091175530904092817119613621053923413873342255
9376787685262571351224341348244924378633188527682753743104903544555
2421435713693138564029040006569936253681779918785587184473077058255
2974350574866412708465442603847274453318352984893683898897808289011
8623074484047084490852849403039434295546385274085475901526881600033
7477252281178116115742371398195074067417534318414635054434243835744
5192486115808800396066834394019089873781924404002198322845207651544
7921136925507478741658366024221854621946430775152186135581519887544
0463551761409590543738570052501358093904859672162021606984416156900
7877168406812741437661409111813963108559915166148107954451532495999
2136682549963271237356256841474541431231206048819565493502823579799
9437677757183566590069020417993369091728241049062313271244249416011
4285160962807790636038335841419927091542276842581774992219930572588
0325951237712012994424840701227968679444734180679258265793495891477
6788837891544093263165670060889473109325610561988030860548652087744
5645452474853531540501116812428474957904372159415539436702907125777
8653689754228949640116185024437131408434630354358064772127114350433
1362548438660924361550031965108550050907158337041502556889102458400
0418193352025212449845716767925568221802326639623157096458907968699
9494137343262118149547389785624882172010558278984533333136548489455
0888785675190404459592653195215811924489811352902213455038356598277
1936949317656578186760047007731691816455034194766774380181590333099
9302566595666806010250926530115150160622468616389719309021432141700
4002191457726858407865209722168098063403409743086907298822309751955
1983100298612670489081778827687757961178330223290184600190716087477
6842315224050774360779330699714208266188407940469258063274247275044
1565742546714723309962603957286538590552888005911222577468976219288
2389040655521371974945223212768338451551457684661127766882078834755
8858600648865735763165275569994119108346614456186706812749463392866
4273661511558912240868597078927007503394219875836535973430041069555
9226761035533059931059176312793511629714079606501253293619401366500
6307941570050211188043581494533791320858732548430463659635754453477
0236895764075477044155714931768679302277753119882184837301911786288
9306940111589359951274829912053068129551929824938272147795541012944
4377345175642511716526216166999185835646874649357924097724551332800
2362936675709907697852514226641191193585434501374096079376005086555
2834228065726478022042061307951699639533247616622891546684694096911

451525256341542697672709654289236696840319253509490673845090202972
431809123127018255195138346002937882176207767661470179105698709532
770660030841618105920658748656005148395218482499254325485613250858
519743641707255380319640692807156322132217334545187661557552639031
833939656842002946070111912900374032234397670106259189549411081661
777562192162312113709031397199510930006010300715333345290159788935
879859588478418005253796008798347110926578754895419075386106622018
995978954059343787394706384236767750218336928872866052783454452202
405805711362960075974665197771111263096946950342384651053143366709
511076068629058782907882208713346420036439036633298098850085133781
496316618857710806631255804432420769864751221658236162083468148414
083152527539605062706669652630190259384874403412660635747377192472
521516522939406695524534224812999183265659442375912055988200472864
204206707422287275907409713982157237963214549916729673080286486448
406832219033684902698992971020092041186578702517859183575055270334
768877563858546273960750997614740057219289818296672620120311458260
815855382692225101382561102542944306796243640089978100544006780213
427670764254992593671010228467486622594117529405166755581862694175
059399711537675399665098330161573697092270055730969595564927238518
257578755341788875263978855596462447492326407482162854233803633594
937489952680601675414219788350902373105768750328191825905212533184
931830610070220267858052785156302432419555393856571133062252246234
147971144793257899373626522022284579923034601177104157440941246819
729500291141398676155035259981948073523915452858111822298181564944
792756355332235062904962376021888577294081893514505639433389353397
765545634086655528265813600081646333452544948450595556670516310770
887250520662602256057362921445167472113886016916293005420512420641
555527240194558735950975262553372909389990752880852423425526878962
326127453557578081715309102459635355394814762771969164198426111827
588625890580436615487562068163743408004760016441984380293734146828
677717616041428541260642564158093743961591292427136313673177612445
899338591777306113329884665524574828349252311945870699891238106008
382022702659856257633391903367294000126429069966838423817943612746
986659318961904532222329360316632960149436871828093274304915238932
256255191114730075314812880720642684222698113618552015447980876010
728760945026924945406148795259778098636006966910137781412349002068
691983892641537672255176874951520401488303120411302022780645964589
480587137799676887349391870379821439167206459086965189722569169850
999031020309665736330187721579107878142644572561741158418587769963
563529157661151716117556191214637721380113652263627127850352145333
065842404271934657080561805642862699883193272737246850808063725345
867743143564713432991361084587114567017680602415639874524038583363
793983563393494459503071442769421392165933515161002806826001862171
080275899091634546246022698586717454231097729730601950455750212178
667292686336651258071050500174721336920726980719277906330129190334
291822013011713020686124637361536176394805561122679035959983458207
368030321560508366401669154640260872605066519849075749621296331192
046086424701059966275204067990852111188739395262221717183945674358
436625025940756778745520688317702101822639289293331994618955621433
939875377741823349077638559935400871935321557810634349264692166801
973069587793471722254480791181111963926392764800123517725719274788
305783971136690606455254331919032228919360954971843249100904540662
729238502740563383854859018826814943584364584398026261111617176584
281609795765250678761179511632399263517003261953415092975005534048
866409658351916597949193508634882192615981448436924375455651122041
948055268230753324769740884727787435452359272108804052625835368689
199319844609897160844674263673591680055284786340626912717217317175

606167717146347556161980788439031135847771642605104747457663614383
208549936721974573997978665227750353980618914088883859093213743752
720336230257877956104729285638608513091577846496000873633392031048
977816919904548372115769326147221016937339567708656913761110869153
278354055689486050710822954248091805580809585284066735287814803865
380214664675714389654758086043451295539355130958693211086299311106
058399394249657601065749524026449463655244424073059903652849089666
480404679455176056890276317171918768727725748903365671778563823216
530569212911505032641281573270750113835519789309408910748803426109
088274141371194091230943716786961363607247765710462348615040606854
704645771878916603821401434750973053691031108440796955045623775381
198275521595213650187756339707354395801204719660195128825105450331
730516216341090518192260525546312264355322592957475728820016262708
082360424445903581361990459604491675403755372720618198899951477716
149327607979993540532317930374352758499542681718721374730002593356
153619211112926163891621846956695620335649705965093323716885518784
203330418075030665055606251741605052623316640919252223825887095521 8
902881295750521711655979171308253404608433079774654768816669196814
476897328483917921776776427103215174524479507358807632890541673160
318119261024170038177565961182565415251809679876026163430172783703
279617329250813470476548576560590107276735213854598276892987332975
832994468536565991927202723128419689666325935947726672235001137195
026467308449262860959852620522409521822359200314706982697792667225
042365592919249205435035444239094088057620105046530926977313494108
572799763801130492797398655841989887658332015933439610468750796352
017847298731730440842726696584060961805465465631930250501495988840
192508559631880923328014730387912919579582510129204377653347410891
807580724712724027616662968626222223166070448752292147150714615960
773351238272166915455272913078876136704003344771052077005942899727
117736591924299132120809706489631255884391194426424834555020727461
522672099256445652834679899490660341741368476155773134407346980037
980421412267132037246532107321735737604919320627556467665490391302
868997801527791202724751053292459552739864206624529571800868091573
355539701965129310048323147041350494293596511826572404982044313975
670314705370985061314615599154596790803820633271127053976438946130
683352466915676444805847905318562649578393545468362970975088640725
578236692990650812706432076742539043688571381094074585565967418113
481026729780128765977058162672845756159328126606457532869835675416
943733517186915449429803953280956253296717647427841921710549638534
142832198621486189526791483040045423024372446249427695881885130478
794805150924022184727268743260289620485985683180743752148629099213
391399218069538074436347110623021020239908016642831219790393108898
902868127744913987781601236963493538379048337388616497398864240856
403886001217356037125663028241932844139371526035502553650068469137
995125330157088169317619805957660961132814536248638143747081376099
733927934071387102183560443794655957632108597263805611317386277996
186628281065800063606056696516050027546320006428383399004706861062
158978013591870802388375768955791117132702187191386124460922850946
621788009123566467142528458131688323343861702634545310635732686171
417326825210992719583249078323219289804851229823033793785926972269
319589503335412606776368451920279901129435132900852589604906134817
684612448185863452673249441239503370242895528566745576377654831303
915449072417446990333489630103269608512640536887822212146215219423
825090781889402643536751568910448856832921283602581574800998458320
548765308408242561350893597229603185883885803835818566441215386708
767601248310104630844744321880144790933674746884478564148174459091
245398103230088592063710156358756516430959611273964015861769781314

087950737142883177604366898196264134750069719405651950455051677423
979401968998625278900852374458073288670697417739635725450609854234
567898520425073228607094202639484182866925660616654440720457756839
393231226540781247831666880180301842250452005355186868485055845308
525384975426120579430535330807477508264960885294455727850034413955
893793350511840302252987061629150596422599960058564895723365317986
913669699442786657891252568462604147981108656855717390721330789331
085259033331137185877287034926279027156732916866271667490819931825
831668328285001575707801611931692219315147549377551598046540928399
910949374201037170856086058817854490057041041360404351376424689981
526806092554011234653295043491805374773561666671046929830956789203
164820639317392212484055120347806321113168133732240632164554155882
378460919427380885028383123622665497443005580998982995742584323537
642986314656350552835604770907574732826367704396309792346562979493
445664139608514643713039321367742124709044527215406879215426306425
972602920189946552981151426126049007638671417302357272768390415597
234506666938664605882920124711441788317822348215338918760583632761
818194332276955531125819048475174629056200134689964407161982320543
471846110205113155509302268251074919901496081785626051088590365847
451503763849151340003295163991062192405572830081035217619796168322
139816924083576395562116571261121929050871632552585586496166382541
935914821818761959232920569955063764581826855752211527870118029943
354674153627620774978540541333031363354236824101084647637490638852
798414900764646976485400947963589549754614481376369705916356998368
119875250547930693532075707667801484477014247162419081668224900742
071118648815477289171865359677653957993350334272821460541696496009
847069795855926430428703636647130713147823306115764199132224206460
998988307626858360555274099047846761076042417842150628517557352999
647862552954283674298706645794337580101407402116186144843297657442
634285287047785563083096314352787830419450197029465757777328167468
580874539316039372533158992805794346314087358608617788263349277461
511849116551306818467136773488233410851364039479392088768863363394
613823583447940815696109142938773471389342377361910964605642444747
790820760496602713561689541064448321365980829389097296189121183429
149061638963861069375208953468839833444671898212434780723874074576
975545074368467471350248588183996655681963445288119418331726368250
506118649003941255205745712036035578025141904352671837219213848299
058032246958424323158984432510396544353505354322921674704077861468
485976255744615351188003143056995492784716745449726976128393325183
819722232836070752278129281301065694126294873063426883733818174217
060864754827639424239140275321804295190341163517046980742335155605
785756245099925320178749963664047347703898558730650760387099773184
312810989789882085435595509432539023718952168202334424557257530787
926339855090164559423733966252233516487505895569421729724489599882
508923211203479589415465460303787861759157166139886932687374968473
054965329378214756481057938082853005324470805065692942234001095934
829461453907889066162640215013073533003319207456372637707709993999
228862122432488020626348508885303601072343689013606427581425283987
859491799796112196379757651924521867096088092137111977500087815930
430729344883930957574159241375285977797291893453850508038319867745
900251865791723708085741642971538078840607130686803619824197157747
638950725346840456919275953193722370222901558006560760473854735990
447799674874996976942713766869553319512533776409858709668386326392
616494560868414037456842071940595070174303546918215090046649399855
174138938519757312156826162286223188109672974760601302833119371611
408747270676255856777511995666748615196491297019331808499410961813
929649278936090212535443327375064260624299412032736255824417498345

0947309453436615907284163193683075719798068231535737155571816122156787936425013887117023275555779302266785803199930810830576307652332050740013939095807901637717629259283764874790177274125678190555562180504876746991140839977919376542320623374717324703369763357925891515260315614033321272849194418437150696552087542450598956787961303311646283996346460422090106105779458151

www.ingramcontent.com/pod-product-compliance
Lightning Source LLC
Chambersburg PA
CBHW071339210326
41597CB00015B/1505
9781632705204